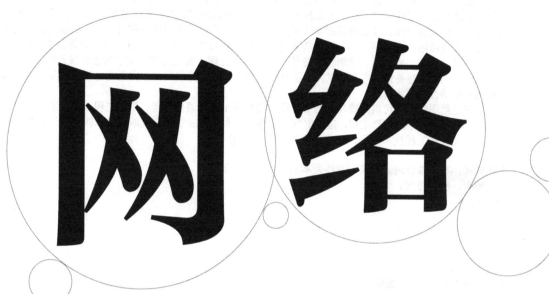

# 网络综合布线

## 综合布线

### 第2版

刘化君　编著◎

电子工業出版社·

**Publishing House of Electronics Industry**

北京·BEIJING

## 内 容 简 介

本书全面、系统地讨论了网络综合布线基础理论、系统组成及设计、布线施工技术、布线系统测试与工程验收等知识；并针对当前网络布线领域的最新技术发展，给出了若干具有代表性的综合布线系统设计方案及其典型应用。

全书共 10 章，分为 4 个知识单元。基础理论单元主要介绍网络布线所要用到的理论基础。布线系统工程设计单元讨论网络布线系统的组成及设计、布线工程解决方案等。布线施工技术单元讨论网络布线系统的安装施工、双绞线电缆、光纤光缆的布线技术。布线系统测试与工程验收单元重点介绍网络布线系统的测试与工程验收方法，以及布线故障诊断技术等。附录给出相关的综合布线系统标准参考目录、常用名词术语，以及常用图形符号。为帮助读者掌握基本理论和技术，每章末附有一定数量的思考与练习题。

全书以观念新、内容新、体例新为特色，知识结构合理，实用性强；文字叙述由浅入深、循序渐进；概念描述准确，清楚易懂；内容组织突出了有线网络，并涉及无线网络，注重理论联系实际，是一本理论与实践紧密结合的技术著作。

本书适用面较广，可供高等院校网络工程、物联网工程、通信工程、信息工程、电信工程及管理、广播电视工程、智能电网信息工程、建筑电气与智能化、系统集成等专业及职业技术教育作为教材使用，也可作为相关领域工程技术人员、IT 管理人员的技术参考书。

**图书在版编目（CIP）数据**

网络综合布线 / 刘化君编著. —2 版. —北京：电子工业出版社，2020.7

ISBN 978-7-121-38675-6

Ⅰ. ①网… Ⅱ. ①刘… Ⅲ. ①计算机网络—布线 Ⅳ. ①TP393.03

中国版本图书馆 CIP 数据核字（2020）第 037323 号

责任编辑：刘志红（lzhmails@phei.com.cn）　　　特约编辑：李　姣

印　　刷：北京盛通商印快线网络科技有限公司

装　　订：北京盛通商印快线网络科技有限公司

出版发行：电子工业出版社

　　　　　北京市海淀区万寿路 173 信箱　邮编：100036

开　　本：787×1 092　1/16　印张：29.5　字数：613.6 千字

版　　次：2006 年 6 月第 1 版
　　　　　2020 年 7 月第 2 版

印　　次：2023 年 7 月第 6 次印刷

定　　价：98.00 元

# 第2版 前言

网络综合布线技术为什么得以持续发展？为什么它与社会信息化、网络化密切相关？一个简单明了的答案：综合布线系统是信息网络的"神经系统"。不管出于什么原因，《网络综合布线》出版已十余载，仍然有众多同行及广大读者对此书给予厚爱，也从一个侧面诠释了综合布线技术的应用基础和发展。然而，自此书出版至今，综合布线领域发生了许多有意义的重大事件，包括"光进铜退""宽带中国战略"的实施等。为适应综合布线技术的发展，满足广大读者的应用需求，决定依据国家颁布的最新标准全面修订出版第2版。

综合布线系统近几年的应用发展一直稳步向前。除了体现在应用场景、规模的扩增，在标准规范体系的完善方面也得到了充分体现。例如，新颁布了《综合布线系统工程设计规范》GB 50311—2016、《综合布线系统工程验收规范》GB/T 50312—2016等国家标准。此次修订在保持本书第1版体例结构、编著特色的基础上，为适应我国宽带网络发展的战略目标需求，依照国家新颁标准着重新增了建筑物内光纤到用户单元通信设施设计与布线施工、互联网数据中心、无线网络的组建等内容，剔除了一些不再常用的技术，重新组织、增添了网络布线工程案例，修订、更新内容达到60%以上。通过这次修订，本书更加全面、系统地体现了理论与实践紧密结合的编著思想，反映了综合布线系统领域的最新技术和研究成果。

全书分为4个知识单元共10章内容。第1单元为基础理论单元，包括第1~4章，主要讨论综合布线系统的基本概念、网络传输媒体、网络接续设备及信道传输特性等。第2单元为布线系统工程设计单元，包括第5~7章，主要内容为综合布线系统的组成、综合布线系统设计及布线工程设计案例。第3单元包含第8、9章，为布线施工技术单元。第8章讨论综合布线施工技术，主要讨论工作区、配线子系统、干线子系统及设备间的布线与安装，综合布线系统的管理与标识及网络设备的连接。第9章专门讨论光纤光缆布线技术。第4单元即第10章，为布线系统测试与工程验收单元，重点阐述综合布线系统的测试方法、故障分析与诊断，以及布线工程验收等知识。全书4个知识单元内容紧密相关，逻辑严谨，形成了一个科学、完整的综合布线知识体系。附录给出了相关的综合布线系统标准参考目录、网络综合布线常用名词术语和综合布线系统图形符号。为帮助读者掌握基本理论和技术，每章末附有一定数量的思考与练习题。

本书适用面较广，可供高等院校网络工程、物联网工程、通信工程、信息工程、电信工程及管理、广播电视工程、智能电网信息工程、建筑电气与智能化、系统集成等专业及职业技术教育作为教材使用，也可作为相关领域工程技术人员、IT管理人员的技术参考书。

在本书编著过程中，得到了众多同行专家的支持和帮助，是集体智慧的结晶；同时还参考了一些图书资料与网站信息，限于篇幅，未在参考文献中一一列出，在此一并表示衷心感谢！

综合布线系统的发展速度较快，囿于作者理论水平和实践经验所限，书中定有疏漏甚至谬误之处，恳请广大读者不吝赐教，批评斧正。

刘化君

2020 年 4 月

第<u>1</u>版

# 前　言

　　随着全球计算机网络技术、现代通信技术的迅速发展，人们对通信网络性能的要求越来越高。综合布线系统作为通信网络建设的基础，在通信网络设施中具有最长的生命周期，其重要性越来越被人们所认识，而且正以其鲜明的特点和优点逐步取代传统专属布线。网络综合布线已经发展成为一种可持续发展的产业。

　　综合布线系统秉承布线结构化、综合化的宗旨，适应了通信网络标准化、宽带化、综合化和模块化的发展方向。所谓标准化，是指综合布线采用符合国际工业布线标准的设计原则，支持众多厂家的系统及网络；宽带化是指综合布线所采用的传输媒体具有较高的数据传输速率，能够适应通信网络高速、宽带的需求；综合化是综合布线最为突出的特点，它将建筑物中多种信息传输综合在一套标准的布线系统中，能够满足包括语音、数据、视频图像及控制信号综合传输的要求；它的模块化结构使布线系统易于管理，能够满足通信网络布线的灵活性及可扩展性等要求。

　　经过近 20 年的应用实践探索，综合布线系统在向纵深发展的同时，在应用的深度和广度方面也得到了迅速增长。一方面通过不断更新综合布线的管理理念，实现了通信网络物理层的有效管理；另一方面，立足于结构化、综合化扩展其应用，为适应智能建筑及智能小区的需要，开始向集成布线和家居布线发展，为智能建筑及智能小区的智能化系统集成提供了信息传输平台。今后，综合布线系统可望继续高速增长。毋庸置疑，良好的布线产品能带来稳定、高效的通信网络系统性能，但是如果布线安装与施工不当，则达不到应用目标要求。据报道，在通信网络系统的常见故障中，有 70% 来源于布线系统，可以说，综合布线系统的质量对提高通信网络性能起着举足轻重的作用。如何规划设计综合布线系统，选择什么样的布线产品，以及如何正确地进行布线安装与施工，都是不容忽视的问题。因此，《网络综合布线》针对综合布线系统应用发展的需要应运而生。

　　事实上，一个网络工程是否成功，不仅仅凭几台先进的网络设备就能解决问题，通信网络的规划设计、工程的实施同样重要，而这些都离不开网络综合布线技术。网络综合布线本身就是一个系统工程，不仅涉及复杂的各类标准，同时本身也包括了建筑群子系统、干线子系统、配线子系统、设备间、管理区和工作区等多个部分的规划设计。更重要的是，布线工程是一项综合性工程，常常与建筑物的室内装修、控制、安防等系统联系在一起。显然在布线施工的时候，要求就更多了。为此，本书在比较全面介绍综合布线系统知识的基础上，重点讨论介绍综合布线系统的组成、布线系统的工程设计、布线施工技术、布线系统测试与工程验收等内容，力争反映当前网络综合布线领域的最新技术和理论成果。

全书分 4 个知识单元，由 10 章内容组成：第 1 单元为基础理论单元，主要讨论网络综合布线所要用到的传输媒体、接续设备及信道传输特性等内容。第 2 单元为布线系统工程设计单元，主要内容包括综合布线系统的组成、综合布线系统设计，以及综合布线系统的计算机辅助设计技术与方法等。第 3 单元为布线施工技术单元，主要讨论网络综合布线的"一间、两区、三个子系统"，即设备间、工作区、管理区、配线子系统、干线子系统和建筑群子系统的布线安装施工技术。鉴于光缆布线系统的特殊性，其施工技术从理论到实践，与电缆布线相比要难得多；而且这是综合布线系统工程的重要内容之一，故单列一章就光缆布线系统施工要求、光缆布线系统的构成、光缆敷设技术、光纤连接器的组装、光纤连接和管理标识等进行讨论介绍。第 4 单元为布线系统测试与工程验收单元，重点阐述综合布线系统的测试、故障诊断，以及布线工程验收等知识。全书 4 个知识单元内容紧密相关，体例严谨，形成了一个科学、完整的知识结构。

附录给出了相关的综合布线系统标准参考目录、常用名词术语和图形符号。为帮助读者掌握基本理论和技术，每章末附有一定数量的思考与练习题。

本书在撰写时，严格遵循综合布线系统的技术标准、规范（以综合布线系统国际标准、国家标准、国家工程建设标准和国家推荐性标准为依据），并体现出以下三个特点。

① 内容丰富，系统全面。本书从理论与实践密切结合的角度，比较全面、系统、完整地阐述了网络综合布线的技术知识，其中既包括计算机网络、通信与信息系统、智能建筑、系统集成等专业应掌握的综合布线系统理论基础，也包括适用于该领域工程技术人员的技术知识。

② 技术先进，体例新颖。本书采用国际、国内及通信等行业公布的最新标准规范和当前最新技术成果，尽可能多篇幅反映网络综合布线领域的最新技术和理论成果。例如，对 6 类、7 类布线系统及其标准进行了较为详尽的讨论和介绍。尤其是在综合布线系统的计算机辅助设计等章节中，在总结综合布线系统设计技术的基础上，为实现综合布线系统设计的自动化，介绍了综合布线系统计算机辅助设计思想、设计软件及其操作应用，体现出技

术的先进性。在各单元知识内容安排上，从基础知识到当前最新的集成布线系统，从布线标准到系统设计、布线施工技术均进行了详细的讲解。重点突出，体例新颖，层次清晰，结构合理，形成了一个严谨而科学的知识链。

③ 取材科学，实用性强。本书所涉及的内容具有较强的系统性和较好的技术平台中立性。为便于读者理解和掌握，配有许多精心设计的综合布线系统案例。同时，为推动光纤到户（FTTH）的普及应用和发展，将视频、数据和语音等宽带业务通过光纤送入用户的家庭终端，列专题进行了讨论。这些也是本书的一个突出特色。通过对本书的阅读，读者能够系统地学习综合布线系统的基本理论知识，全面掌握综合布线系统的设计、先进的布线安装和管理技术，以及布线系统测试与工程验收等知识，体现了工程技术的实用性。

总之，本书在体现内容丰富、技术先进、实用性强等特点的基础上，还反映了作者多年来在该领域的教学经验、实践技术经验和研究成果。另外，在文字叙述上力求做到由浅入深，循序渐进；概念描述准确，语言流畅；图文并茂，清楚易懂。

本书可供高等院校网络工程、通信工程、信息技术、智能建筑、系统集成等专业及培训班作为教材使用，也可作为相关领域工程技术人员、IT 管理人员的技术参考书。

本书是经多位同志共同努力而形成的一项成果，倾注了作者大量心血，希望对读者能有切实的帮助。在编写过程中，刘枫、解玉洁等同志做了许多工作，给予了大力支持；本书作者的研究工作得到了教育部立项课题"地方应用型本科院校人才培养目标、模式和方法的研究与实践"项目（教高函[2005]23 号和南京工程学院高等教育研究基金课题 No：GY200602）的资助支持。另外，在编写本书过程中还参考了一些图书资料与网站信息，未能在参考文献中——列出，在此一并表示衷心感谢！

综合布线系统的发展速度很快，囿于作者理论水平和实践经验所限，书中定有疏漏甚至谬误之处，恳请广大读者不吝赐教，批评斧正。

刘化君

2006 年 6 月

# 目 录

## 第9章　光缆布线技术 / 359

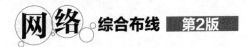

# 第1单元　基础理论单元

# 绪 论

社会信息化的发展，人们对信息设施的需求日益迫切。在《智能建筑设计标准》GB/T 50314—2015 中，提出了信息设施系统的概念，将信息设施系统中的所有软硬件，如通信系统、计算机网络系统、通信管线等部分都归结为信息设施系统，并且把综合布线系统（Generic Cabling System，GCS）作为重要内容列入其中，而且非常具体和完整地规范了执行条款。

综合布线系统是社会信息化、网络化的一个必然产物，它正以其鲜明的特点和优势逐步取代传统专属布线，信息技术领域已经越来越多地意识到精良的综合布线系统的重要性。国家新近颁布了《综合布线系统工程设计规范》GB 50311—2016、《综合布线系统工程验收规范》GB 50312—2016 等标准，为综合布线系统的建设和发展提供了有力支撑。

## 1.1 何谓网络综合布线

网络综合布线是一门新发展起来的工程技术，涉及许多理论和技术问题，是一个多学科交叉的研究领域。网络综合布线也是计算机网络技术和通信技术紧密结合的产物，并与智能建筑密切相关，是智能建筑的基础设施，已经被广泛应用于各类智能建筑之中，并且具有非常广阔的应用发展前景。

### 1.1.1 综合布线系统的发展历程

综合布线系统是一种模块化的、具有高度灵活性的、可即插即用的建筑物或建筑群之间的信息网络传输通道。它的产生与建立伴随着计算机网络技术和通信技术的发展。

最早，计算机网络是一个争用型无线频道传输系统（ALOHA），然后快速发展到目前大面积普及应用的有线网络，例如 1000Base-T。在这一发展历程中，日益复杂的通信网络缆线像蜘蛛网一样繁杂无序，尤其是网络的不断升级使得网络维护、管理更加困难，迫使人们不得不面对网络布线方面的麻烦。人们开始思考有没有一种网络布线技术可以应付网络通信线路的许多尴尬局面。正是在这样的背景下，一种融计算机网络技术、通信技术、控制工程和建筑艺术于一体的智能建筑系统（Intelligent Building System，IBS）开始推向市场。IBS 抛弃传统的专属布线技术，寻求了一种规范的、统一的、结构化易于管理的、开放式便于扩充的、高效稳定的、维护和使用费用低廉的、更多地关注健康和环境保护的综合布线方案。

在推动综合布线系统形成与应用发展的过程中，比较典型的案例莫过于 1984 年出现的首座智能建筑。它当时采用的是专属布线方式，存在许多缺陷与不足之处。为了规范布线系统，在 1985 年年初，中国计算机工业协会（CCIA）提出了对建筑物布线系统标准化的倡议；美国电子工业协会（EIA）和美国电信工业协会（TIA）开始了标准的制定工作。美国电话电报公司（AT&T）Bell 实验室的专家们经过多年的研究，在自家公司的办公楼和工厂试验成功的基础上，于 20 世纪 80 年代末期率先推出了结构化综合布线系统（Structured Cabling System，SCS）。SCS 是一种集成化通用传输系统，采用标准化的铜缆和光纤，为语音、数据和图像传输提供了一套实用、灵活、可扩展的模块化信息传输通道。SCS 的代表产品是建筑与建筑群综合布线系统（SYSTIMAX PDS）。自此，布线系统进入了标准化时期。

1991 年 7 月，《商用建筑物通信布线标准》ANSI/TIA/EIA 568 问世；同时，与布线信道、管理、电缆性能及连接硬件性能等有关的相关标准也同时推出。

1993 年，我国邮电部和建设部颁布《城市住宅区和办公楼电话通信设施设计标准》。

1995 年，我国工程建设标准化协会颁布《建筑与建筑群综合布线系统工程设计规范》CECS72:95。

1995 年年底，ANSI/TIA/EIA 568 标准正式更新为 ANSI/TIA/EIA 568-A。制定 ANSI/TIA/EIA 568-A 标准的目的是：① 建立一种支持多供应商环境的通用电信布线系统；② 可以进行商业大楼的结构化布线系统的设计和安装；③ 建立各种布线系统配置的性能和技术标准。

同时，国际标准化组织（ISO）推出了布线标准 ISO/IEC 11801:1995（E）。2000 年，ANSI/TIA/EIA 修订颁布《商用建筑物通信布线标准》ANSI/TIA/EIA 568-B。时至今日，综合布线系统不断修订逐步形成了一系列布线标准。

纵观综合布线系统的发展，已经从最初的传输速率低于 1Mbit/s 模拟语音信号的 1 类（Cat 1）缆线，逐步过渡到 2、3 类缆线，传输速率和应用范围也相应提高到 4～16Mbit/s，并能够应用于令牌环 IBM 布线系统和 10Base-T 以太网。此后，伴随以太网技术高速发展，大量应用的 5 类（Cat 5）和超 5 类（Cat 5e）电缆可以提供 100～155Mbit/s 的带宽用于 100Base-T 以太网传输。紧接着，6 类布线系统问世并应用于实际网络工程，电缆的传输速率达到了 250MHz 的带宽。在 7 类布线标准出台以后，甚至可以提供 600MHz 乃至更高频率的宽带应用。当 ISO/IEC 11801、IEC 61076-3-104 和 IEC 60603-7-7 第 2 版获批后，7 类/F 级系统及其部件的标准又已确定。7 类系统提供的是完全屏蔽的电缆，这种标准说明不仅整个电缆是屏蔽的，而且其中的每个线对也是屏蔽的，可提供 UTP（非屏蔽双绞线）布线无法达到的性能。

在综合布线系统国际标准不断完善的同时，我国综合布线系统作为信息基础设施也一直备受重视。2000 年颁布《建筑与建筑群综合布线系统工程设计规范》和《建筑与建筑群综合布线系统工程验收规范》为国家标准。自此以来，伴随着计算机网络技术的飞速发展、普及应用，为满足信息网络传输的需求，综合布线系统的技术与标准也不断更新、完善与演进，到目前为止已经进行了 3 次较大的修订。2016 年 8 月 26 日，中华人民共和国住房和城乡建设部发布《综合布线系统工程设计规范》GB 50311—2016、《综合布线系统工程验收规范》GB/T 50312—2016 国家标准，使我国的综合布线系统工程标准更加规范。我国综合布线系统工程标准的演进历程如图 1.1 所示。

图 1.1　我国综合布线系统工程标准的演进历程

## 1.1.2 综合布线系统的基本概念

网络综合布线是跨学科跨行业的系统工程技术，内容广泛，含义丰富。在智能建筑中，自动化系统包含了建筑设备自动化系统（Building Automation System）、通信网络自动化系统（Communication Automation System）及办公自动化系统（Office Automation System），即 3A 系统。其中，综合布线是通信网络自动化系统的基础，通过对各种终端设备实现对语言、图像、控制信号等的传输、利用，从而保证智能建筑通信渠道的畅通。随着信息技术的发展，网络综合布线的内涵得到了进一步丰富和发展。在此，对网络综合布线常使用的基本概念作简单讨论和阐释。

### 1. 传统专属布线

所谓传统专属布线是指不同应用系统（如电话语音系统、计算机网络系统、建筑自动化系统等）的布线系统各自独立，不同的设备采用不同的传输媒体构成各自的通信网络；同时，连接传输媒体的插座、模块及配线架的结构和标准也不尽相同，专属某一类系统。

传统专属布线方式由于没有统一的设计规范，不但施工、使用和管理不方便，而且相互之间也不能实现资源共享；加上施工时期不同，致使形成的布线系统存在极大差异，难以互换通用。尤其当工作场所需要重新规划，设备需要更换、移动或增加时，只能重新敷设缆线，安装插头、插座，并需中断办公，这使布线工作费时、耗资且效率低下。因此，传统专属布线的主要缺陷就是不利于布线系统的综合利用和管理，限制了应用系统的发展变化及通信网络规模的扩充和升级。

### 2. 综合布线系统

综合布线系统自 20 世纪 90 年代引入我国以来，已经历了数次更新换代。从 3 类布线到 5 类布线，再到 5e 类、6 类、7 类布线，每一次布线技术的突破，都是与网络技术发展的要求相适应的。将摩尔定律运用于布线领域，显示出每 5 年布线技术将提供 10 倍的带宽以满足相应的通信网络需求。因此，综合布线系统的含义也随着通信网络技术的发展而不断丰富与完善。

1）综合布线

所谓综合布线，就是指建筑物或建筑群内的线路布置标准化、简单化，是一套标准的集成化分布式布线系统。综合布线通常是将建筑物或建筑群内的若干种线路系统，如将电话语音系统、数据通信系统、报警系统、监控系统等合为一种布线系统，进行统一布置，并提供标准的信息插座，以连接各种不同类型的终端设备。

2）综合布线系统

综合布线系统与计算机系统一样，随着科学技术的进步而不断发展，所以它的定义也在不断发生变化。综合布线系统引入我国后，由于产品类型不同，对综合布线系统的定义也有差异。我国邮电部于1997年9月发布的YD/T 926.1—1997通信行业标准《大楼通信综合布线系统第一部分：总规范》中，对综合布线系统的定义是："通信电缆、光缆、各种软电缆及有关连接硬件构成的通用布线系统，它能支持多种应用系统。即使用户尚未确定具体的应用系统，也可进行布线系统的设计和安装。综合布线系统中不包括应用的各种设备。"

何谓综合布线系统？事实上，到目前为止，还没有一个公认的定义来统一描述概括综合布线系统。目前所说的建筑物与建筑群综合布线系统，简称为综合布线系统。简言之，所谓综合布线系统是指建筑物内或建筑群体中的信息传输媒体系统，它将相同或相似的缆线（如双绞线、同轴电缆或光缆）及连接硬件（如配线架等），按一定关系和通用秩序组合，使建筑物或建筑群内部的语音、数据通信设备、交换设备及建筑物自动化管理等系统彼此相连，集成为一个具有可扩展性的柔性整体，并可以与外部的通信网络相连接，构成一套标准规范的信息传输系统。目前，它是以通信网络自动化系统（CA）为主的综合布线系统。

综合布线系统是一种有线信息传输媒体系统，应用通信网络技术实现语音、数据、图像、多媒体信息传输，成为公用电话网、局域网及多媒体通信网的物理载体，可以构成智能建筑中的各种信息通信网络。综合布线在智能建筑中构成的信息传输系统被称为智能建筑综合布线系统（Premises Distribution System，PDS）。综合布线系统在智能建筑中的配置水平和类型体现了建筑物的智能化程度。

一个良好的综合布线系统应具有开放性、灵活性、可靠性、可扩展性、经济性和模块化等特点，并对其服务的设备有一定的独立性。综合布线系统是由许多部件组成的，主要有传输媒体（如双绞线、大对数电缆和光缆等）、配线架、连接器、插座、插头、适配器、光电转换设备和系统电气保护设施等，并由这些部件来构成各个子系统。按照ANSI/TIA/EIA 568标准，综合布线系统由建筑群子系统、垂直（干线）子系统、水平子系统、工作区子系统、管理子系统、设备间子系统和进线间子系统组成。我国《建筑与建筑群综合布线系统工程设计规范》GB/T 50311—2000规定，综合布线系统由工作区子系统、配线子系统、干线子系统、设备间子系统、管理子系统和建筑群子系统6个部分组成。而《综合布线系统工程设计规范》GB 50311—2016的表述是：综合布线系统的基本构成包括建筑群子系统、干线子系统和配线子系统。虽然，GB 50311—2016中未提出综合布线系统由几个子系统组成的概念，但为了便于直观形象地把握综合布线系统的内涵，通常把一个综合布线系统表述为是由工作区、配线子系统、干线子系统、建筑群子系统、入口设施（如设备间、进线间）和管理系统 6 个子系统构成的，如图 1.2 所示。一个智能建筑的综合布线系统就是将各种不同组成部分构成一个有机的整体，而不是像传统的专属布线那样自成体系，互不相干。综合布线系统分七个子系统，此概念在 2007 版规范中有提及。

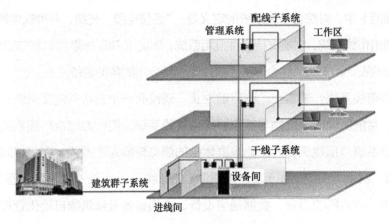

**图 1.2 综合布线系统构成示意图**

综合布线系统是为适应综合业务数字网（ISDN）的需求而发展起来的一种特别设计的布线方式，它为智能建筑和智能建筑群中的信息设施提供了多厂家产品兼容、模块化扩展、更新与系统灵活重组的可能性。既为用户创造了现代信息传输系统环境，强化了控制与管理，又为用户节约了费用，保护了投资。毋庸置疑，这种科学的、规范的、能提高管理和维护效率并节约成本的布线技术有着广泛的应用前景。

**3．网络综合布线**

随着全球社会信息化、网络化的深入应用和发展，人们对信息共享的需求日趋迫切，需要一个适合信息时代的布线方案。因此，兼顾数据网络和电信网络线路铺设的综合布线系统得到快速应用，但对综合布线系统一词却有多种表述。在我国颁布的第一个综合布线国家标准《建筑与建筑群综合布线系统工程设计规范》GB/T 50311—2000 中，将其命名为通用缆线铺设系统（GCS）。当然，有时也翻译为建筑及建筑群缆线铺设系统（Premises Cabling System，PCS）或者智能建筑综合布线系统（PDS）。无论采用哪个词汇，综合布线系统已是一个众所周知的术语。目前，能得到大多数认同的比较一致的表述是：综合布线系统是一种高速率的传输通道，可以满足建筑物内部及建筑物之间所有的网络通信及建筑物自动化系统设备的配线要求。综合布线系统采用积木化、模块式设计，遵循统一标准，使得网络通信系统可以集中安装、维护、扩展和升级管理成为可能，也使单个信息点的故障、改动或者增减不会影响其他信息点的正常运行。

综合布线系统已是广泛使用的专业术语，本书也使用综合布线系统这个词汇描述相关内容，但其含义更多的是面向网络工程，侧重计算机数据网络通信线路的规划设计、安装施工和测试验收，故称其为网络综合布线。

### 4．综合布线系统与传统专属布线的区别

通过以上讨论可知，综合布线系统能满足实现智能建筑各种综合服务需求，用于传输数据、语音、图像、图文等多种信号，并支持多厂商各类设备的集成化信息传输媒体系统，是智能建筑的重要组成部分。形象地说，综合布线系统是智能建筑的神经中枢系统。

综合布线系统与传统专属布线的区别其实就是布线系统的结构与当前连接的设备位置有无关系。在传统的专属布线方式中，终端设备安装在哪里，传输缆线就要铺设到哪里。而综合布线系统则是先按照建筑物的结构，将建筑物中所有可能放置设备的位置都预先布放缆线，然后再根据实际连接的终端设备情况，通过调整内部跳线装置，将所有设备连接起来。同一线路的接口可以连接不同的通信设备，如可以连接电话、数据终端或微型计算机等设备。

一般，传统的专属布线是总线形拓扑结构，而综合布线系统采用星形拓扑结构。在工作区的各个位置有充足的端口可供选择，而且每个工作区（房间）都有预留缆线，扩展空间大，便于集中控制和统一管理。

另外，采用综合布线系统，可以使电话点和数据点互换使用。在规划设计、布线施工的时候，可以先将可能应用的地方都布置好信息点，留待以后使用时根据具体情况再予以决定。

## 1.1.3　网络综合布线的含义

所谓网络综合布线，是指按照标准的、统一的和简单的结构化方式编制和布置各种建筑物（或建筑群）内各种系统的通信线路，包括网络系统、电话系统等。因此，网络综合布线是一种标准通用的信息网络传输系统。目前，随着云计算、大数据、"互联网+"的兴起，无论是个人还是企业，对网络通信的需求都日益增长，综合布线已经像照明、供暖、电力一样，变成了建筑的基础项目之一。网络综合布线已经广泛应用在建筑物、建筑群及各小区的配线网络中，同时，在工业项目中也有着广泛的应用，包括智能化生产线、产学研中心及实验室等。

在智能建筑及园区内部，网络综合布线是以一种传输线路来满足各业务之间通信需求的。网络综合布线发展的初衷是将语音、计算机数据及视频图像的信息综合在一起，组成一个完整的信息传输系统，以满足智能建筑、智能园区信息传输需要。因此，网络综合布线具有高度的综合性、兼容性、通用性和灵活性等功能与特点。但是，应用实践证明，网络综合布线系统不可能高度综合所有系统，这是因为综合布线系统会受诸多因素的限制，特别在我国尤其如此。

例如，在智能建筑中，建筑自动化系统或各种弱电系统的类型、品种繁杂，设备性能不一，传输信号各异，尤其是各种系统的终端设备、低压信号传感装置或自动控制设备的安装位置，因功能和应用需要都有所不同，与综合布线系统的配线接续设备和通信引出端的具体位置有显著差别。这些都说明不能采用过于强调综合的技术方案！否则，不但会增加工程建设投资、日常维护费用和维护检修工作量，而且也不能满足其他系统实际使用的需要。

另外，我国的相关主管部门也规定不应综合所有系统。例如，我国国家标准《火灾自动报警系统设计规范》GB 50116—1998、《火灾自动报警系统施工及验收规范》GB 50166—1992 等明确规定：火灾报警和消防专用的传输信号控制线路必须单独设置和自行组网，不得与建筑自动化系统的各个低压信号线路合用，也不允许与通信系统，包括综合布线系统的线路混合组网。

由于语音通信和计算机网络系统的通信引出端的安装位置和缆线的路由分布基本一致，传输信号均为低压的语音或数据信号，且其电气特性和使用要求大致相同，可以采用同一性质的传输媒体和布线部件。因此，目前综合布线系统的综合范围基本上是以语音通信系统和计算机网络系统两部分为主的，主要传输语音和数据两种信息；其他信息系统的纳入，则应根据具体工程的实际情况和用户的客观需要，以及现场的具体条件予以确定。但是，随着我国智能建筑的不断发展，综合布线系统作为智能建筑信息高速公路，在承担语音和数据传输功能的同时，还要保证建筑自动化系统、通信自动化系统和办公自动化系统的有效结合。尤其是在现代智能建筑中，所采用的都是综合布线系统。综合布线既能支持电话、计算机、会议电视、监控电视等系统的传输和需要，同时还为这些系统的信号传输提供更加灵活的解决方案。总的来讲，综合布线是网络互连互通的传输媒介，是信息传递的通路，也必然是建筑的智能化神经中枢。

综上所述，也再次阐释了将其命名为网络综合布线的主要原因，以便既遵守国家有关规范，又可以重点突出数据通信网络的综合布线特点。

## 1.2　网络综合布线的意义及特点

伴随着现代通信和计算机技术的迅速发展，特别是最近 20 年来通信网络技术的突飞猛进，大数据、云计算、物联网等新兴技术的发展应用，网络综合布线的应用形式也不再仅限于最后 100m 接入的宽带应用，而是在物联网、云计算、智慧城市和智慧社区，以及数据中心中都有了新应用场景。

### 1.2.1　网络综合布线的意义

网络综合布线系统可服务于多种系统，它支持数据、语音、视频图像等信号的传输，也支持多种设备，还支持多方面的系统架构。网络综合布线系统是信息时代的必然产物。近年来，智慧城市的发展随着城镇化进程加深而不断加快，网络综合布线系统作为信息传输通道，是智慧城市最重要的基础设施，它将城市中的每一个系统通过网络相连接，通过信息交换的方式为城市装上中枢神经，从而实现城市各系统间的协调运作。在智慧城市建设浪潮的推动下，网络综合布线行业将有巨大的发展机遇。

**1. 网络综合布线的经济效益分析**

近几年来，综合布线系统的市场发展一直稳步向前。根据《中国智能建筑行业发展报告》（2013—2018）数据显示，我国的建筑业一直保持着每年 20%以上的增长速度，每年的建筑智能化投资在 4 000 亿元以上。从布线系统发展报告可以看出，近几年的年均总体规模约为 50 亿元人民币，年均增长率达到了 10%～15%。这主要是因为网络综合布线具有良好的初期投资特性。

1）综合布线系统在通信网络总投资中所占的比重最小

综合布线系统的使用寿命一般在 15 年以上，在用户所拥有的计算机通信网络资产中，综合布线系统的寿命居第二位（第一位是建筑物的主体工程）。在智能建筑中，整个通信网络设施的投资大致可以分成四个部分：软件、工作站（硬件的主要部分）、局域网（主要是指 LAN 的管理）及布线系统。它们各自所占的比例如图 1.3 通信网络投资分项比例所示。由图 1.3 可以看出，在整个通信网络投资中，软件的比例占了五成多，工作站与局域网两者所占的比例也有四成多，唯独标准布线系统的投资在整个通信网络系统中仅占 5%。

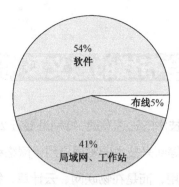

图 1.3　通信网络投资分项比例图

2）综合布线系统的投资特性随着应用系统的增加而迅速提高

综合布线与传统专属布线方式初期投资比较如图 1.4 所示。由图 1.4 可以看出，当应用系统个数是 1 时，传统专属布线方式的投资约为综合布线的一半。但当应用系统个数增加时，传统专属布线方式的投资增加很快，其原因在于所有传统布线都是相对独立的，每增加一种布线就要增加一份投资。而综合布线的初期投资较大，但当应用系统的个数增加时，其投资增加幅度很小，其原因在于各种布线是相互兼容的，都采用相同的缆线和硬件，缆线还可穿在同一管道内。例如，一座建筑面积为 28 000m$^2$、22 层高的办公大楼的语音、数据和保安监控点估计约有 2 800 个，其中包括 1 100 个语音点、1 100 个数据点、100 个保安监控点及 500 个建筑物监控点等，通常设计应预留 10%～20%的余量。因此，像这样一座建筑物，其数据部分工作区采用 5e 类双绞线，配线子系统采用 5e 类双绞线，干线子系统采用 6 芯 62.5/125μm 多模光纤，综合布线材料费大约需要 240 万元人民币。从图 1.4 还可看到，当一座建筑物系统个数为 2 个或 3 个时，综合布线与传统专属布线两条曲线相交，生成一个平衡点，此时两种布线的投资大体相同。

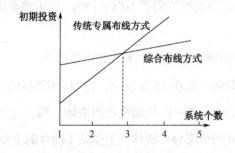

图 1.4　综合布线与传统专属布线方式初期投资比较

3）网络综合布线系统具有较高的性价比

网络综合布线系统的使用时间越长，它的高性能价格比体现得越充分，可以从图 1.5 看到这一点。如图 1.5 所示，随着时间的推移，网络综合布线方式的曲线是上升的，而传统专属布线方式的曲线是下降的，大概在布线系统竣工一年之内，网络综合布线方式的高性能价格比这一优点还体现不出来。这一阶段，系统的维护费用比较低。但是，随着使用期的延长，系统会不断地出现新的需求、新的变化及新的应用，此时，传统专属布线对此无能为力，就须重新布线。而且由于传统专属布线方式管理特别困难，使系统的维护费用上升。由于网络综合布线方式在设计之初就已经考虑了未来应用的可能变化，所以它能适应各种需求，管理维护也很方便，为用户节省大量运行维护费用。据一家调查公司对 400家大公司的 400 幢办公大楼在过去 40 年内各项费用比例情况的统计结果表明，建筑物的结构费用（初期投资）只占 11%，运行费用占到 50%，另外，变更费用占 25%，其他费用占14%。一个建有网络综合布线方式的建筑物（包括写字楼、商住楼、办公楼等各种智能建筑），其售价或出租价都远远高于其他普通的建筑物，而且更受市场欢迎。

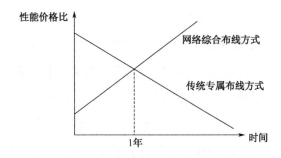

**图 1.5　网络综合布线与传统专属布线的性价比曲线**

4）综合布线系统工程费用较低

综合布线系统的规模经济性特别明显。虽然综合布线系统设备的价格比较高，但由于它是将原来相互独立、互不兼容的若干种布线类别集成为一套完整的布线系统，并由一个施工单位完成几乎全部弱电缆线的布线，这样可以省去许多重复性劳动和设备占用，缩短布线周期，并且信息点越多，每个信息点的平均费用也越低。

另外，当用户需要把设备从智能建筑物的一个房间搬到同层的另一个房间或另一层的房间，或者在一个房间中需要增加其他新设备时，只要在同层（弱电井）的电信间和总设备间进行跳线操作，很快就可以实现这些新增加的需求，而不需要重新布线。一幢建筑物在设计和建设初期往往有许多不可预知的情况，只有当用户需求确定后才知道通信网络配置需求。采用综合布线系统后，只需在电信间的配线架作相应的跳线操作，就可以解决不断变化的用户需求。

**2. 网络综合布线的应用价值**

一个单位需要具有各种功能的设备，如电话机、计算机、传真机、安全保密设备、火灾报警器、供热及空调设备、生产设备、集中控制系统等。通常，一个建筑物墙体结构的生命周期为 50 年，软件生命周期最短仅为 1 年，PC 或工作站的生命周期也仅为 5 年，大型服务器的生命周期为 10 年左右。而在所有的通信网络部分中，综合布线系统的生命周期最长，可达 15 年以上。一个基于标准的综合布线系统可保证和支持未来的应用。一般说来，综合布线系统都可以向用户提供 15 年以上的承诺，而其寿命则远远不止 15 年。显然，在通信网络中，生命周期最长的布线系统占投资比例却最小。因此，应当注意如何根据具体的需求正确地选择并安装不同的缆线，以保障通信网络中物理层以上的高层协议能正常工作。

许多计算机系统管理员或者软件设计者可能会有这样一个误解，认为布线是一个很简单的事，只不过是网线两端接上水晶头，缆线拉到位再接通就可以了，却不知道单是缆线和接头本身就有许多学问。统计数据表明，约有 70%的通信网络故障与低劣的布线技术和电缆部件问题故障有关。实践经验告诉我们，一段像头发丝那么细的导线接触到了墙后空间的某个地方，或者因为一台小型通风电机启动而产生了一个电场，这个电场在传输缆线上产生了噪声，就会导致功能强大的计算机硬件、复杂的网络软件及实行精密纠错控制和网络协议管理的模块无法工作。如此看来，无论怎样强调综合布线系统的重要性都是不过分的。因此，综合布线系统中的缆线和接头对于通信网络系统来说是一个关键项目，关系到通信网络能否正常运行。

综合布线系统为通信网络正常、有效运行提供了物质基础，属于 ISO/OSI-RM 七层模型的最底层，即物理层。在数字通信技术中，布线工程师的任务只是保证建立一个流畅、稳定、低成本、易于扩展和易于使用维护的综合布线系统，而不会去理会像路由选择、电子邮件或网上聊天之类的高层应用。如果物理层工作不正常或不稳定，就根本谈不上 TCP/IP 等。所以，综合布线工作的基本原则通常有三点：① 保证通信网络稳定、流畅；② 保证网络使用和管理更容易、更透明、更廉价；③ 保证网络配置的灵活性、先进性，使其有较长的生命周期。

随着互联网和信息高速公路的发展，各国的政府机关、大型集团公司也都在针对自己的建筑物特点进行综合布线，以适应新的需要。智能建筑、智能小区已成为 21 世纪的开发热点。

### 3. 网络综合布线将推进宽带中国战略措施落地

网络综合布线的应用价值不仅体现在市场规模的增长数字上，在标准规范体系的完善、推进国家战略措施落地实施中也可窥见一斑。在《综合布线系统工程设计规范》GB

50311—2016 中，新增了建筑物内光纤到用户单元通信设施设计的强制性条文。这一要求是为实现《国务院关于印发"宽带中国"战略及实施方案的通知》中关于我国宽带网络发展的战略目标而设定的。为适应经济社会发展需要，需要建设下一代国家信息基础设施，实现光纤到楼入户、农村宽带进乡入村，宽带网络全面覆盖城市与乡村。

不管怎样说，网络综合布线系统是通信网络的基础。随着大数据、云计算、虚拟化等概念渐渐广泛地应用到新一代数据网络中，如何更好地设计综合布线系统，如何更好地维护与管理布线系统已经变得越来越重要。

## 1.2.2　网络综合布线的特点

布线技术是从电话预布线技术发展起来的，经历了非结构化布线系统到结构化布线系统的发展过程。作为智能建筑的基础，综合布线系统是必不可少的，它可以满足建筑物内部及建筑物之间的所有计算机、通信及建筑自动化系统设备的配线要求。与传统专属布线相比，网络综合布线的特点主要表现在标准化、结构模块化、开放性、可扩展性、可靠性和经济性等方面。

### 1．标准化

系统平台、网络协议、网络技术和网管标准均应遵循国际标准、国家标准或行业推荐标准。布线产品必须符合新版国家标准要求。

### 2．结构模块化

综合布线系统的接插元件，如配线架、终端模块等采用积木式结构，可以方便地进行更换、插拔，使管理、扩展和使用变得十分简单、容易。

### 3．开放性

综合布线系统采用开放式体系结构，符合多种国际上现行的标准，它几乎对所有著名厂商的产品都是开放的，如联想、IBM、HP、DELL、SUN 的计算机设备，华为、中兴、AT&T、Cisco 等交换路由设备，支持所有的通信协议。这种开放性的特点使设备的更换或网络结构的变化都不会导致综合布线系统的重新铺设，只需进行简单的跳线管理即可。

### 4．可扩展性

综合布线系统（包括材料、部件、通信设备等设施）严格遵循国际和国内标准，具有很好的可扩展性。无论计算机设备、通信设备、控制设备随技术如何发展，将来都可以很方便地将这些设备连接到系统中。综合布线系统灵活的配置为应用扩展提供了较高的兼容性。

### 5．可靠性

综合布线系统采用高品质的标准材料和组合压接的方式构成一套高标准的信息传输网络。每条信道和链路都采用专用仪器校核衰减、串扰、信噪比，以保证其电气性能指标要求。综合布线系统的星形拓扑结构使任何一条线路发生故障时均不影响其他线路的正常运行，同时为线路的运行维护及故障检修提供了极大便利，从而保障了系统的可靠运行，为用户提供安全可靠的优质服务。

### 6．经济性

与传统专属布线方式相比，综合布线系统是一种既具有良好的初期投资特性，又具有较高性能价格比的高科技技术。综合布线系统可以在相当长的时间内适应用户业务需求，满足几代网络的升级改造要求。

## 1.3 网络综合布线的相关标准

一些曾经做过网络工程的技术人员认为，综合布线系统工程与安装多媒体教室之类的工作一样，依靠经验就可以很好地完成。而事实上，综合布线系统工程是依靠执行布线标准来保证综合布线系统工程的先进性、实用性、灵活性、开放性及可维护性的。

### 1.3.1 制定布线标准的组织机构

网络综合布线这一概念从提出到现在已经普遍被应用，其中许多技术也已走向成熟，这得益于国内外标准化组织的积极参与，如 ANSI/TIA/EIA、ISO/IEC 等都是长期以来从事计算机通信网络及综合布线系统标准开发和颁布的组织机构。

#### 1．国际标准化组织（ISO）

国际标准化组织（International Organization for Standardization，ISO）是一个非官方的国际性标准制定机构，1947 年成立于瑞士日内瓦，其官方网址为 http://www.iso.ch。ISO 的组织机构包括全体大会、主要官员、成员团体、通信成员、捐助成员、政策发展委员会、理事会、ISO 中央秘书处、特别咨询组、技术管理局、标准委员会、技术咨询组和技术委员会等。目前有近百个成员国，中国是该组织的创始国之一，现在，我国的国家标准局代表中国参加该组织。

国际标准化组织主要致力于促进知识、科学、技术和经济活动等方面的标准开发，所涉及的内容之广泛是其他组织无法相比的。ISO 所制定的国际标准涉及各行各业，其技术工作是高度分散的，分别由 2 700 多个技术委员会（TC）、分技术委员会（SC）和工作组（WG）承担。在这些委员会中，世界范围内的工业界代表、研究机构、政府权威、消费团体和国际组织都作为对等合作者共同讨论全球的标准化问题。在综合布线方面，主要由 IEC（国际电工委员会）和 ITU（国际通信联盟）于 1995 年 7 月共同颁布了著名的 ISO/IEC 11801：1995《信息技术——用户建筑物综合布线》的标准。2002 年 8 月通过了 ISO/IEC 11801：2002（第 2 版），定义了 6 类和 7 类缆线标准，同时将多模光纤分为 OM1、OM2 和 OM3 三类，其中，OM1 指传统的 62.5μm 多模光纤，OM2 指传统的 50μm 多模光纤，OM3 是指万兆位光纤，能在 300m 距离内支持 10Gbit/s 数据传输。2017 年 11 月 21 日，正式发布国际标准 ISO/IEC 11801：2017。该标准分为 6 个部分，是信息技术设备互连通用布缆系统领域的重要基础性标准，由 ISO/IEC JTC 1/SC 25（国际标准化组织/国际电工委员会第 1 联合技术委员会第 25 分技术委员会）组织制定。这些标准的颁布和实施给综合布线技术带来了革命性的改变。

### 2．美国国家标准学会（ANSI）

ANSI（American National Standard Institute）是美国国家标准学会的英文缩写，这是一家私有的非营利成员组织，由 5 家工程学会和 3 家美国政府机构于 1918 年创立的，主要从事对各种标准的制定，其成员包括约 1 400 家私人公司和政府机构及国际会员。其官方网址为 http://www.ansi.org。

ANSI 协调并指导全美国的标准化活动，给标准制定、研究和使用单位以帮助，提供国内外标准化情报，同时又起到行政管理机关的作用。通过 ANSI，使政府有关系统和民间系统相互配合，起到了政府和民间标准化系统之间的桥梁作用。ANSI 是 ISO 的创始成员，同时既是 ISO 管理委员会 5 家永久会员之一，也是 ISO 技术管理委员会的 4 家永久会员之一，其与 TIA/EIA 共同颁布的商用建筑物通信布线标准及其 TSB 系列综合布线系统是权威标准之一，对计算机技术、通信网络技术等的发展起到了重要作用。

### 3．通信工业协会/电子工业协会（TIA/EIA）

通信工业协会/电子工业协会的官方网址分别为 http://www.eia.org 和 http://tiaonline.org。实际上，TIA/EIA 是两个不同的机构。前者是通信工业协会（Telecommunication Industry Association）的英文缩写，后者是电子工业协会（Electronic Industry Alliance）的英文缩写。EIA 创建于 1924 年，当时名为无线电制造商协会（Radio Manufacturers Association, RMA），

总部设在弗吉尼亚的阿灵顿。EIA 制定了许多有名的标准，主要涉及 ISO/OSI-RM 的物理层标准。

1991 年，TIA/EIA 的专家们合作颁布了一个叫 TIA/EIA 568-A 商用建筑物通信布线标准的权威行业标准，并不断对其进行改进，其中包括更高级的布线规格、模块化插座的测试要求等。这便是所谓的通信系统公报。1999 年发布了一个增补版，命名为 TIA/EIA 568-A 5，并推荐了 5e 类、6 类双绞线的相关内容，2000 年，TIA/EIA 568-B 标准出现，新版标准 TIA/EIA 568-C 也已正式发布。TIA/EIA 568-C 分为 C.0、C.1、C.2 和 C.3 共 4 个部分，C.0 为用户建筑物通用布线标准，C.1 为商用楼宇电信布线标准，C.2 为平衡双绞线电信布线和连接硬件标准，C.3 为光纤布线和连接硬件标准，这些标准成为综合布线技术发展的重要参考。

### 4. 国际电工委员会（IEC）

IEC（International Electro technical Commission）是国际电工委员会的缩写。这是一家成立于 1906 年的国际电工专门组织，主要颁布与电子电气相关的技术标准，促进国际合作。在综合布线系统方面，1995 年，与 ISO 合作开发了 ISO/IEC 11801：1995《信息技术——用户建筑物综合布线》的国际布线标准，同样成为综合布线系统技术中的重要参考，其官方网址为 http://www.iec.ch。

### 5. 电子电气工程师学会（IEEE）

IEEE（Institute of Electrical and Electronic Engineers）是电子电气工程师学会的英文缩写。该学会成立于 1963 年，由美国电气工程师学会和无线电工程师学会合并组成。其官方网址为 http://www.ieee.org。

IEEE 是美国规模最大的制定标准的专业学会。它由大约十七万名从事电气工程、电子和有关领域的专业人员组成，分设 10 个地区和 206 个地方分会，设有 31 个技术委员会。这是一家非营利性的国际性权威机构，负责全球约 30% 的电气机械、计算机、通信和控制领域的技术文献，并开发了 800 多项的国际标准。IEEE 制定的标准主要有电气与电子设备、试验方法、元器件、符号、定义及测试方法等。其中，最引人注目的成就之一是通过 802 方案对 LAN 和城域网 MAN 进行的标准化。802 方案含局域网和城域网方面近百个单独的规范，符合 IEEE 的 LAN 包括以太网（IEEE 802.3）和令牌环网（802.5），802 系列标准和所有规范限于物理层和数据链路层。IEEE 的 802 参考模型实际上将 ISO/OSI-RM 的数据链路层分成了两个独立的部分：媒体访问控制（MAC）和逻辑链路控制（LLC）。MAC 子层负责通过传输媒体物理地发送和接收数据，而 LLC 是能够提供数据帧的可靠传输的部分。

IEEE 802.3ab 定义了 1000Base 的 Ethernet，IEEE 802.8 定义了光纤技术，IEEE 802.11 定义了无线局域网等。

### 6．国际通信联盟（ITU）

ITU（International Telecommunications Union）是国际通信联盟的缩写。为适应电信科学技术发展的需要，国际电报联盟成立后，相继成立了 3 个咨询委员会，其官方网址为 http://www.itu.int。1924 年在巴黎成立了国际电话咨询委员会（CCIF），1925 年在巴黎成立了国际电报咨询委员会（CCIT），1927 在华盛顿成立了国际无线电咨询委员会（CCIR）。这三个咨询委员会都召开了不少会议，解决了许多问题。1956 年，国际电话咨询委员会和国际电报咨询委员会合并成为国际电报电话咨询委员会，即 CCITT。1972 年 12 月，国际电信联盟在日内瓦召开全权代表大会，通过了国际电信联盟的改革方案，国际电信联盟的实质性工作由国际电信联盟标准化部门（ITU-T）、国际电信联盟无线电通信部门（ITU-R）和国际电信联盟电信发展部门（ITU-D）三大部门承担。其中，ITU-T 由原来的国际电报电话咨询委员会（CCITT）和国际无线电咨询委员会（CCIR）的标准化工作部门合并而成，主要职责是完成国际电信联盟有关电信标准化的制定，使全世界的电信标准化。

ITU 主要致力于通信领域中各种行业标准开发，由于计算机网络与通信技术的结合越来越紧密，ITU 的标准也常常用于计算机通信、网络布线等方面，著名的 CCITT 建议书等就是由该组织提出的，并对促进通信技术的发展起到了积极的推动作用。

我国于 1920 年加入国际电报联盟，1932 年派代表参加了马德里国际电信联盟全权代表大会，1947 年在美国大西洋城召开的全权代表大会上被选为行政理事会的理事国和国际频率登记委员会委员。中华人民共和国成立后，我国的合法席位曾一度被非法剥夺。1972 年 5 月 30 日，在国际电信联盟第 27 届行政理事会上，正式恢复了我国在国际电信联盟的合法权利和席位，我国开始积极参加国际电信联盟的各项活动。

### 7．欧洲标准化委员会（CENELEC）

CENELEC 是欧洲标准化委员会的缩写。这是一个立足欧洲，面向全球的国际性标准机构，它在计算机网络及综合布线系统方面的主要贡献是积极参与了千兆位网络标准及 6 类、7 类综合布线系统标准的制定工作。1995 年 7 月，制定了综合布线的欧洲标准（EN 50173），该标准在 2002 年进行了进一步的修订。

### 8．中国国家标准化管理委员会（SAC）

中国国家标准化管理委员会是国务院授权履行行政管理职能，统一管理全国标准化工作的主管机构。国家标准化管理委员会的英文名称是 Standardization Administration of the

People's Republic of China，简称 SAC。国务院有关行政主管部门和有关行业协会也设有标准化管理机构，分别管理本部门本行业的标准化工作，所颁布的标准具有法律效力。其颁布的《综合布线系统工程设计规范》GB 50311—2016、《综合布线系统工程验收规范》GB/T 50312—2016 作为国家标准，由中华人民共和国住房和城乡建设部发布实施。

## 1.3.2　综合布线系统标准概要

综合布线系统是随着社会信息化建设而兴起的。随着智能建筑的发展，对布线技术的要求越来越高，从而丰富了我国综合布线系统工程的建设标准。

目前，综合布线工程标准主要涉及办公楼布线系统、工业建筑布线系统、住宅建筑布线系统和数据中心布线系统四种建筑类型。国外标准包括国际标准 ISO/IEC 11801 相关系列标准、欧洲标准《信息系统通用布线标准》EN 50173 及 EN 50174 系列标准、北美标准《商用建筑物通信布线标准》TIA 568 系列标准等。中国标准包括全国信息技术标准化技术委员会编制的国家标准、住房和城乡建设部发布的工程建设国家标准（如《综合布线系统工程设计规范》GB 50311—2016、《综合布线系统工程验收规范》GB/T 50312—2016、《数据中心设计规范》GB 50174—2017 等），以及住房和城乡建设部、工业和信息化部发布的行业标准。还有与综合布线工程应用相关的其他标准及相关图集。表 1.1 是与综合布线系统相关的一些主要标准，这些也是综合布线系统工程方案中引用最多的标准。在实际工程项目中，虽然并不需要涉及所有的标准和规范，但作为综合布线系统工程的设计人员，在进行综合布线系统方案设计时应遵守综合布线系统性能、工程设计标准；综合布线施工工程应遵守布线测试、安装、管理标准，以及防火、防雷接地标准等。

表 1.1　与综合布线系统工程相关的一些主要标准

| | 国家布线标准 | 国际布线标准 | 欧洲布线标准 | 北美布线标准 |
|---|---|---|---|---|
| 综合布线系统性能、系统设计 | GB 50311—2016<br>GB 50314—2015<br>GB 50174—2017<br>GB 51171—2016<br>GB 50373—2006<br>YDT 5228—2015 | ISO/IEC/11801：1995<br>ISO/IEC/11801：2000<br>ISO/IEC/11801：2002<br>ISO/IEC/11801：2017<br>ISO/IEC 61156-5<br>ISO/IEC 61156-6 | EN 50173-2000<br>EN 50173-2002 | ANSI/TIA/EIA 568-A<br>ANSI/TIA/EIA 568-B<br>ANSI/TIA/EIA 568-C<br>ANSI/TIA/EIA TSB 67-1995<br>ANSI/TIA/EIA/IS 729 |
| 安装、测试和管理 | GB/T 50312—2016<br>GB 50339—2013<br>GB 50374—2006<br>GB 51171—2016 | ISO/IEC 14763-1<br>ISO/IEC 14763-2<br>ISO/IEC 14763-3 | EN 50174-2000<br>EN 50288-2004<br>EN 50289-2004 | ANSI/TIA/EIA 569<br>ANSI/TIA/EIA 606<br>ANSI/TIA/EIA 607 |

续表

| | 国家布线标准 | 国际布线标准 | 欧洲布线标准 | 北美布线标准 |
|---|---|---|---|---|
| 连接器件 | GB 50846—2012<br>YD 5206—2014 | IEC 61156 等<br>IEC 60794-1-2 | CENELEC EN<br>50288-X-X 等 | ANSI/TIA/EIA<br>455-25C-2002 等 |
| 防火测试 | GB 50016—2014<br>GB 50116—2013 | ISO/IEC 60332<br>ISO/IEC 1034-1/2 | NES-713 | UL-910<br>NFPA 262-1999 |

### 1. 国际布线标准

国际标准 ISO/IEC 11801 的全称是《信息技术——用户基础设施结构化布线》，是由国际标准化组织 ISO/IEC JTC 1/SC25 委员会负责编写和修订的。该标准描述了如何设计一种针对多种网络应用（如模拟和 ISDN 技术，多种网络传输协议，如 10Base-T、100Base-T、1000Base-T、1000Base-SR 等）的通用结构化布线，也可用于控制系统、工业自动化等应用。双绞线及光缆布线的性能等级和传输距离等都在该标准中有明确的阐述。

ISO/IEC 11801 第一版于 1995 年正式公布，历经 2 个版本的修订后，于 2017 年 11 月形成了第 3 版，即《信息技术——用户建筑物通用布缆》ISO/IEC 11801：2017。该版本将原先分散的多份结构化布线标准，包含 ISO/IEC 24702 工业部分、ISO/IEC 15018 家用布线、ISO/IEC 24764 数据中心整合成一部完整的、通用的结构化布线标准，同时新加入了针对无线网、楼宇自控、物联网等楼宇内公共设施结构化布线设计。按照具体应用场景，ISO/IEC 11801：2017 由 6 个部分组成，如表 1.2 所示，内容涵盖办公场所、工业建筑群、住宅、数据中心、分布式楼宇设施等不同类型，支持包括语音、数据、视频和供电等应用。

表 1.2　ISO/IEC 11801：2017 布线标准概要

| ISO/IEC 新版标准号 | 替代标准号 | 描　述 |
|---|---|---|
| ISO/IEC 11801-1 | ISO/IEC 11801：2002 | 结构化布线对双绞线和光缆的要求 |
| ISO/IEC 11801-2 | ISO/IEC 11801：2002 | 商用（企业）建筑布线 |
| ISO/IEC 11801-3 | ISO/IEC 24702 | 工业布线 |
| ISO/IEC 11801-4 | ISO/IEC 15018 | 家用布线 |
| ISO/IEC 11801-5 | ISO/IEC 24764 | 数据中心布线 |
| ISO/IEC 11801-6 | ISO/IEC TR 24704 | 分布式楼宇服务设施布线 |

该标准定义了 100Ω 平衡四对双绞线的链路及信道传输等级，包含以下等级。

Class A：支持带宽到 100kHz 的链路及信道。

Class B：支持带宽到 1MHz 的链路及信道。

Class C：支持带宽到 16MHz 的链路及信道。

Class D：支持带宽到 100MHz 的链路及信道。

Class E：支持带宽到 250MHz 的链路及信道。

Class EA：支持带宽到 500MHz 的链路及信道。

Class F：支持带宽到 600MHz 的链路及信道。

Class FA：支持带宽到 1 000MHz 的链路及信道。

Class I：支持带宽到 2 000MHz 的链路及信道（仅在 30m 范围内有效）。

Class II：支持带宽到 2 000MHz 的链路及信道（仅在 30m 范围内有效）。

以上所描述的链路及信道等级的组成可以由相应等级的双绞线和连接器组成，所描述的双绞线和连接器标准可参照 IEC 60603-7 连接器标准和 IEC 61156 双绞线标准，对应的等级如下。

Category 1：支持带宽到 100kHz 的缆线及连接器。

Category 2：支持带宽到 1MHz 的缆线及连接器。

Category 3（3 类）：支持带宽到 16MHz 的缆线及连接器。

Category 5（也常称 Category 5e，超 5 类）：支持带宽到 100MHz 的缆线及连接器。

Category 6（6 类）：支持带宽到 250MHz 的缆线及连接器。

Category 6A（超 6 类）：支持带宽到 500MHz 的缆线及连接器。

Category 7（7 类）：支持带宽到 600MHz 的缆线及连接器。

Category 7A（超 7 类）：支持带宽到 1 000MHz 的缆线及连接器。

Category 8（草案）：30m 范围内支持带宽到 2 000MHz 的缆线及连接器。

**注意**：Category 8.1 及 Category 8.2 都称为 8 类，均能在 30m 信道长度内支持 2 000MHz 传输。当信道长度范围在 30～100m 时，Category 8.1 对应的性能与 Category 6A 类似，Category 8.2 对应的性能与 Category 7A 类似。

该版本标准同时定义了如下多个光纤光缆等级。

OM1 多模光缆：多模光纤类型 62.5μm，在 850nm 支持模态带宽 200MHz·km。

OM2 多模光缆：多模光纤类型 50μm，在 850nm 支持模态带宽 500MHz·km。

OM3 多模光缆：多模光纤类型 50μm，在 850nm 支持模态带宽 2 000MHz·km。

OM4 多模光缆：多模光纤类型 50μm，在 850nm 支持模态带宽 4 700MHz·km。

OS1 单模光缆：单模光纤类型 9μm，支持衰减 1dB/km。

OS2 单模光缆：单模光纤类型 9μm，支持衰减 0.4dB/km。

### 2．国家布线标准

我国于 2012 年年初启动修编《综合布线系统工程设计规范》GB 50311—2016 和《综

合布线系统工程验收规范》GB/T 50312—2016，历经四年多时间，2016 年 8 月 26 日由国家住房和城乡建设部正式发布，2017 年 4 月 1 日起实施。其中，《综合布线系统工程设计规范》是以建筑群与建筑物为主要对象，以近年主流的铜缆布线、单模、多模光纤应用技术为主的，从配线的角度结合建筑及信息通信业务的需求，为各类业务提供安全、高速、可维护的传输通道，以布线工程设计为主题，侧重于应用。《综合布线系统工程验收规范》既为保证工程质量提供统一的测试验收标准，也为施工企业制定布线操作规程，更为工程监理公司掌握和控制工程质量提出实际要求与规定。

新版国家综合布线系统工程标准修订的内容主要包括两方面：一是对建筑群与建筑物综合布线系统及通信基础设施工程的技术要求进行了修订完善；二是增加光纤到用户单元通信设施工程设计和验收要求，并新增强制性条文。

新版国家布线标准的主要内容和特点体现在以下几个方面。

1）同步国际、国家新标准

新版布线国家标准 GB 50311—2016、GB/T 50312—2016 与最新版国际标准 ISO 11801和地区标准 TIA 568、EN 50173 接轨，在设计理念、系统构成、系统指标、测试方法等诸多方面都符合最新国际标准的相关规定，对我国布线标准缺失的部分进行了修订和完善，对工业环境布线、开放性办公环境布线等内容进行了补充。同时，这两个标准还结合我国相关国家标准、行业标准的技术要求，与同时启动的国家标准，如《数据中心设计规范》GB 50174—2017、《住宅区和住宅建筑内光纤到户通信设施工程设计规范》GB 50846—2012、《住宅区和住宅建筑内光纤到户通信设施工程施工及验收规范》GB 50847—2012 等，就布线、光纤宽带接入等内容进行了协调与统一。整体来说，GB 50311—2016、GB/T 50312—2016 标准涵盖了布线系统安装设计、测试验收的全部内容，具有很强的适用性和实用性。

2）更新完善布线系统分级等技术规范

根据布线技术的发展，新版布线国家标准进行了更新与补充，主要包括以下几个方面。

（1）更新了系统分级、组成、应用、产品类别及相关技术指标。在系统设计部分，参照国际标准 ISO 11801 补充电缆布线系统 EA/FA 等级与类别，以及光纤布线系统的分级及构成。

（2）详细规定了平衡电缆布线系统 3 类 ~ 7A 类、光纤系统 OM1 ~ OM4、OS1 ~ OS2等技术指标及工程建设要求。

（3）修订屏蔽布线系统的选用原则与设计要点，提出了建筑物在不同的使用场合和选择不同等级的应用时产品组合的具体要求。

（4）规定布线各子系统的缆线长度限值，以及在各种网络应用中所能支持的传输距离。

（5）参照建筑电气等国家标准对安装设计的内容进行了完善，提出了14类建筑物的个性化系统配置方案，以满足不同类型建筑物的功能及设备安装工艺要求。

（6）补充修订了开放型办公室布线系统和工业环境布线系统的具体内容。

3）更加贴近布线工程实际

在《综合布线系统工程设计规范》GB 50311—2016中的系统配置设计部分，将布线设施与安装场地分开描述，即从工作区、配线子系统、干线子系统、建筑群子系统、入口设施、管理6方面分别描述，对安装场地面积和安装工艺要求则在其他章节描述，更加贴近了布线工程的实际情况。

针对管理系统，提出了管理的等级、内容及要求，以适应智能配线系统的应用要求。

结合民用建筑电气设计规范等相关标准，完善了工作区、电信间、设备间和进线间的设置工艺要求，使布线系统的安装工艺要求更加完善。提出进线间的面积不宜小于10平方米的要求，以满足多家电信业务经营者接入的需求。

在电气防护及接地部分，提供了综合布线与电力线、电气设备及其他建筑物管线的间距要求，提出了接地指标与接地导体的要求。

在防火部分，根据国家标准补充了缆线燃烧性能分级及相应的实验方法和依据标准。

4）新增光纤到用户单元内容

为响应国家"宽带中国"和"互联网+"战略措施，推进光纤到户工程建设和规范工程建设，在《综合布线系统工程设计规范》GB 50311—2016中新增《第四章 光纤到用户单元通信设施》，主要内容包括用户接入点设置、地下通信管道设计、配置原则、缆线与配线设备的选择、传输指标等。

在《综合布线系统工程验收规范》GB/T 50312—2016的相关部分增加了光纤到用户单元通信设施工程的测试及验收要求。

光纤到用户单元的规定对多家电信业务经营者平等接入和通信基础设施同步建设提出严格要求，有助于宽带网络战略措施落地，规范了市场竞争，保障了用户权益，具有较强的创新性，填补了国内外光纤到户领域标准的空白。

## 1.4 网络综合布线发展趋势

网络综合布线虽然只是一个配线系统，但从早期的电话双绞线电缆配线系统，到如今的结构化综合布线系统，对建筑智能化的影响很大。综合布线系统是智能化系统中基本的组成部分，也是不可缺少的信息通信设施，是一切智能的神经枢纽。因此，综合布线具有强大的生命力。伴随云计算、大数据、"互联网+"的快速发展及应用，综合布线也将迎来前所未有的关注。

### 1. 光纤到户

为推进宽带中国战略的落地实施，国家发布了《住宅区和住宅建筑内光纤到户通信设施工程设计规范》和《住宅区和住宅建筑内光纤到户通信设施工程施工及验收规范》两项强制性国家标准，使光纤到户得到广泛的应用。光纤宽带接入是指采用光纤将通信业务从业务中心延伸到园区、路边、建筑物、用户及用户桌面，是我国宽带网络的技术路线，属于国家信息基础设施。无论在我国的《民用建筑电气设计规范》中，还是在建筑智能化的相关规范中，都明确指出应将不少于 3 家电信业务经营者敷设的光缆引入到一个建筑物的入口设施（进线间）和建筑物的其他相关部位。

尤其是新颁布的《综合布线系统工程设计规范》GB 50311—2016 提出了如下三条强制性条文规范光纤到户工程的实施。

"4.1.1 在公用电信网络已实现光纤传输的地区，建筑物内设置用户单元时，通信设施工程必须采用光纤到用户单元的方式建设。"本条强调针对出租型办公建筑且租用者直接连接至公用通信网的情况，要求采用光纤到用户方式进行建设。

"4.1.2 光纤到用户单元通信设施工程的设计必须满足多家电信业务经营者平等接入、用户单元内的通信业务使用者可自由选择电信业务经营者的要求。"本条强调规范市场竞争，避免垄断，要求实现多家电信业务经营者平等接入，以保障用户选择权利。

"4.1.3 新建光纤到用户单元通信设施工程的地下通信管道、配线管网、电信间、设备间等通信设施，必须与建筑工程同步建设。"本条强调由建筑建设方承担的通信设施应与土建工程同步实施。

### 2. 绿色节能、安全环保

对于建筑物尤其是数据中心，作为业务应用和运营的核心，能耗问题已经越来越受到重视。企业如何降低能耗成本、运行成本将成为绿色建筑节能的主题。绿色节能涉及电源系统、空调系统、机柜系统、布线系统、网络系统和运维系统。综合布线系统如何满足阻燃、低烟、无毒的性能，将是体现安全环保的主题。因此，如何针对各类建筑物的功能需求做出绿色节能、安全环保的优化布线方案，将是综合布线系统的研究发展方向。

### 3．布线技术热点纷呈

智能建筑的出现可以满足社会发展和人们工作生活的需要。网络综合布线技术作为实现建筑智能化的关键技术和重要保障，在大数据、云计算等新一代信息技术浪潮的推动下，既面临创新挑战，也面临多样化的应用前景。就网络综合布线的发展趋势而言，将呈现以下热点技术。

（1）广泛应用 6A 类、7 类、7A 类布线技术，以支持万兆位网络的传输需求。

（2）广泛应用 OM3、OM4 多模光纤、单模光纤实现光纤到桌面、光纤到用户、光纤到民用建筑用户单元。光纤的广泛应用是主要发展趋势，并且在技术上已没有任何问题。

（3）采用屏蔽布线系统。如何让网络的信号传输更加安全，在提供网络大带宽的同时，减少高频电磁污染是人们非常关心的问题。从网络空间安全的角度考虑，也需要采取屏蔽电缆系统的方式，以便从根本上解决电磁泄漏问题。

（4）普遍使用电子配线架及其管理软件系统。电子配线架主要是直接对端口进行实时管理，通过硬件和软件随时记录使用情况，既可以保证网络安全，又可以减少运营维护量，降低维护费用，提高工作效率。

（5）端到端的优化解决方案，即实施从一个工作区的端口到另一个工作区的端口或与外部网络的直接连接。在机房（数据中心）着重于区域配线，选用等级较高的缆线产品，采用高密度的连接器件。

（6）推广使用电力布线系统，即利用综合布线的线对，既传输信号，又提供电源。利用综合布线系统供电有两种方式，一种是两对线供电，两对线传输信号；另一种是传输信号和供电在线对中同时进行。

（7）工业级布线。为在工业生产环境中建设信息网络，需要工业级布线。工业级布线对接插器件在防水、防尘等方面具有较高要求，以便在恶劣的工作环境中仍能够保证信息的正常传送。

（8）采用高精度的工程测试仪表和标准化标识。随着布线系统等级的提高，需要采用高精度的工程测试仪表来检测布线信道和链路的性能指标是否符号要求，做到工程标签内容标准化，记录文档自动化。

当然，随着网络综合布线技术的不断发展，会有更多的技术热点将被市场追捧。

## 思考 与 练习

1. 综合布线系统这一概念是从何时提出的？

2. 何谓综合布线系统？

3. 综合布线系统由哪几部分组成？

4. 综合布线系统的特点是什么？

5. 为什么说综合布线具有很高的性能价格比和良好的初期投资特性。

6. GB 50311—2016、GB/T 50312—2016 是有关什么方面的标准？

7. 如何获取相关的国际和国家标准文件？试在互联网上检索相关的综合布线系统标准，认真阅读理解。

8. 你曾经在互联网上调研综合布线系统这个领域吗？试与同行通过网络研讨网络综合布线的最新状况及未来发展趋势。

# 网络传输媒体

所谓网络传输媒体是指网络连接设备间的中间介质，也就是信号传输的媒体。作为网络中的传输媒体，缆线的品质在很大程度上决定了综合布线系统的性能。因此，了解不同缆线的构成、性能和特点，以便在网络工程实践中能够有针对性地进行选择使用，对布线系统具有重要的意义。

在网络综合布线系统中，常用的传输媒体通常可以分为导向传输媒体和非导向传输媒体两大类。导向传输媒体一般为某种类型的缆线，主要为电缆和光缆。电缆是由两根或两根以上的绝缘导体集中装配在一起组成的缆线。电缆是一个组合体，它由绝缘导体、加固元件和护套构成。护套的作用是将导体和加固元件固定在一起。一般，电缆可以分为铜质非屏蔽双绞线电缆、屏蔽双绞线电缆或同轴电缆。光缆是由若干根光纤组成的缆线。非导向传输媒体包括卫星、无线电波和红外线等。在无线信号传输中，非导向传输媒体是大气，微波通信和卫星通信都是通过大气传输无线电波的。其他的无线通信系统用光（可见光或不可见光）来传输通信系统信号。

本章主要讨论介绍有线网络系统中几种常用导向传输媒体，包括双绞线电缆、光纤光缆和同轴电缆。

## 2.1 双绞线电缆

双绞线（Twisted Pair，TP）电缆也称为对绞线、双扭线电缆。双绞线电缆是网络布线工程中最常用的导向传输媒体之一。

## 2.1.1　双绞线电缆的构成

双绞线由两根具有绝缘层的铜导线按一定密度螺旋状互相绞缠在一起构成，把一对或多对双绞线放在一个绝缘套管中便成了双绞线电缆。双绞线电缆中的各线对之间按一定密度逆时针相应地绞合在一起，绞距为 3.811 4cm；外面包裹绝缘材料，基本结构形式如图 2.1 所示。

图 2.1　双绞线电缆的基本结构

双绞线电缆的电导线是铜导体。铜导体采用美国线规尺寸系统，即 AWG（American Wire Gauge）标准，见表 2.1。

表 2.1　双绞线导体线规

| 缆　线　规　格 | 线　　　径 | | 直　流　电　阻 |
| --- | --- | --- | --- |
| AWG（美国线规） | 毫米/mm | 英寸/in | Ω/km |
| 19 | 0.912 | 0.035 9 | 26.4 |
| 22 | 0.643 | 0.025 3 | 53.2 |
| 24 | 0.5 | 0.020 1 | 84.2 |
| 25 | 0.455 | 0.017 9 | 106 |
| 26 | 0.4 | 0.015 9 | 135 |
| 28 | 0.320 | 0.012 6 | 214 |

在双绞线电缆内，不同线对具有不同的扭绞长度，相邻双绞线的扭绞长度差约为 1.27cm。线对互相扭绞的目的就是利用铜导线中电流产生的电磁场互相抵消邻近线对之间的串扰，并减少来自外界的干扰，提高抗干扰性。双绞线的扭绞密度和扭绞方向以及绝缘材料，直接影响它的特征阻抗、衰减和近端串扰等电气性能。

常用的双绞线电缆绝缘外皮里面包裹着 4 对共 8 根线，每两根为一对且相互扭绞。也有超过 4 线对的大对数电缆，大对数电缆通常用于干线子系统布线。在国际布线标准中，双绞线电缆也被称为平衡电缆。

在 4 线对的双绞线电缆中，每个线对都用如表 2.2 所示的不同颜色进行标示。

表2.2　4线对双绞线的色彩编码

| 线　对 | 1 | 2 | 3 | 4 |
| --- | --- | --- | --- | --- |
| 颜 色 编 码 | 白/蓝，蓝 | 白/橙，橙 | 白/绿，绿 | 白/棕，综 |

对于大对数双绞线电缆，线对的数量一般以25对为增量变化。通常将25对线分为5个组，一组有5个线对，每组有一个特征色，每组特征色按如下方式来确定：白色：线对1～5；红色：线对6～10；黑色：线对11～15；黄色：线对16～20；紫色：线对21～25。

每组中的5个线对按照组的颜色和线对的颜色进行编码，一个组的5个线对的颜色编码如下：蓝色：第一个线对；橙色：第二个线对；绿色：第三个线对；棕色：第四个线对；蓝灰色：第五个线对。

超过25线对的多线对，再以每25个为一个包扎组，每个包扎组用彩色的标记条捆扎。这些标记条再按照色标顺序：白蓝、白橙、白棕、白灰、红蓝、红橙……25对线的色标顺序循环。

通过对线对进行编码，使得每个电缆的线对易于跟踪，避免了线对的混乱。

如图2.2所示，是4线双绞线电缆和25线对大对数电缆的外形图。

图2.2　4线对双绞线电缆和25对大对数电缆

## 2.1.2　双绞线电缆的类型

双绞线电缆作为最常用的网络综合布线系统传输媒体，有许多品种类型，可以从不同的角度进行分类。一般按照两种方法进行分类：一种是按照是否屏蔽进行分类，另一种是按照电气性能进行分类。

### 1. 按照是否屏蔽分类

为了提高双绞线的抗电磁干扰能力，可以在双绞线的外面再加上一个用金属丝编制成的屏蔽层，构成屏蔽双绞线，简称为STP（Shielded Twisted Pair）。因此，双绞线电缆按其结构是否有金属屏蔽层，可分为非屏蔽双绞线（UTP）和屏蔽双绞线（STP）两种。

1）非屏蔽双绞线电缆

非屏蔽双绞线（UTP）电缆是目前综合布线系统中使用频率最高的一种传输媒体。UTP

电缆可以用于语音、低速数据、高速数据和呼叫系统，以及建筑自动化系统。UTP 电缆一般为 22AWG 或 24AWG，24AWG 是最常用的尺寸。非屏蔽双绞线电缆由多对双绞线外包缠一层 PVC（聚乙烯化合物的氯化物）绝缘塑料护套构成。6 类 4 对非屏蔽双绞线电缆如图 2.3 所示。这种双绞线电缆的产品特征是单股裸铜线聚乙烯（PE）绝缘，2 根绝缘导线扭绞成对，聚乙烯或聚卤低烟无卤护套。可应用于语音综合业务数据网络（ISDN）、ATM 155Mbit/s、622Mbit/s、快速和千兆位以太网以及其他专为 6 类电缆设计的应用。

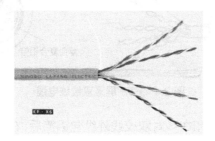

图 2.3　6 类 4 对非屏蔽双绞线电缆

非屏蔽双绞线电缆采用每对线的绞距与所能抵抗的电磁辐射及干扰成正比，并结合滤波与对称性等技术，经由精确的生产工艺而制成。采用这些技术措施可以减少非屏蔽双绞线电缆线对之间的电磁干扰。非屏蔽双绞线电缆的特征阻抗为 $100\Omega$。

非屏蔽双绞线电缆的优点主要有：线对外没有屏蔽层，电缆的直径小，节省所占用的空间；质量小、易弯曲，较具灵活性，容易安装；串扰影响小；具有阻燃性；价格低等。但它的抗外界电磁干扰性能较差，易产生电磁波向外辐射。

2）屏蔽双绞线电缆

屏蔽是保证电磁兼容性的一种有效方法。所谓电磁兼容性即 EMC，它一方面要求设备或网络系统具有一定的抵抗电磁干扰的能力，能够在比较恶劣的电磁环境中正常工作；另一方面要求设备或网络系统不能辐射过量的电磁波，这会干扰周围其他设备及网络的正常工作。实现屏蔽的一般方法是在连接硬件的外层包上金属屏蔽层，以滤除不必要的电磁波。屏蔽双绞线电缆就是在普通双绞线的基础上增加了金属屏蔽层，从而对电磁干扰有较强的抵抗能力。在屏蔽双绞线电缆的护套下还有一根贯穿整个电缆长度的漏电线，该漏电线与电缆屏蔽层相连。

屏蔽双绞线电缆与非屏蔽双绞线电缆一样，电缆芯是铜双绞线，护套层是绝缘塑橡皮。只不过在护套层内增加了金属屏蔽层。按增加的金属屏蔽层数量和金属屏蔽层绕包方式，屏蔽双绞线 STP 又可分为铝箔屏蔽双绞线（Foil Twisted Pair，FTP）、铝箔铜网双层屏蔽双绞线（Shielded Foil Twisted Pair，SFTP）和独立双层屏蔽双绞线（SSTP）三种。

FTP 电缆是在 4 对双绞线的外面加一层或两层铝箔，利用金属对电磁波的反射、吸收和趋肤效应原理，有效地防止外部电磁干扰进入电缆，同时也阻止内部信号辐射出去干扰其他设备的工作。FTP 屏蔽双绞线电缆如图 2.4 所示。

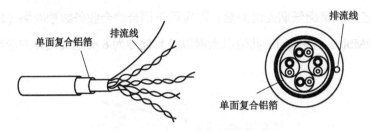

**图 2.4  FTP 屏蔽双绞线电缆**

SFTP 电缆由绞合的线对和在多对双绞线外纵包铝箔后，在铝箔外又增加了一层铜编织网构成。SFTP 屏蔽双绞线电缆如图 2.5 所示，SFTP 提供了比 FTP 更好的电磁屏蔽特性。

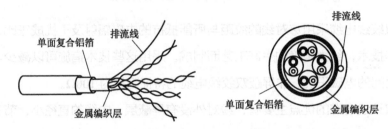

**图 2.5  SFTP 屏蔽双绞线电缆**

SSTP 电缆的每一对线都有一个铝箔屏蔽层，4 对线合在一起还有一个公共的金属编织屏蔽层，可以取得非常优异的屏蔽效果。根据电磁理论可知，这种结构不仅可以减少电磁干扰，也使线对之间的综合串扰得到有效控制，7 类双绞线就采用了这种结构。图 2.6 所示为 SSTP 屏蔽双绞线电缆示意图。

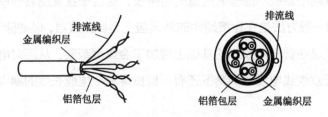

**图 2.6  SSTP 屏蔽双绞线电缆**

屏蔽双绞线电缆在铝箔屏蔽层和内层聚酯包皮之间还有一根排流线，即漏电线，把它连接到接地装置上可泄放金属屏蔽层的电荷，消除线对之间的干扰。

屏蔽双绞线电缆外面包有较厚的屏蔽层，所以它具有抗干扰能力强、保密性好、不易被窃听等优点。

屏蔽双绞线价格相对较高，安装时也比非屏蔽双绞线困难一些。在安装时，屏蔽双绞线的屏蔽层应两端接地（在频率低于 1MHz 时，一点接地即可；当频率高于 1MHz 时，最好在多个位置接地），以释放屏蔽层的电荷。如果接地不良（如接地电阻过大、接地电位不均衡等），就会产生电势差，成为影响屏蔽系统性能的障碍和隐患。由于屏蔽双绞线具有质量重、体积大，价格贵及不易施工等缺点，一般不被采用。

**2．按照电气性能分类**

根据双绞线电缆电气性能的不同，通常分为 1 类、2 类、3 类、4 类、5 类、超 5 类、6 类、7 类和 8 类线。不同类别的双绞线电缆其性能、应用范围等都有很大不同。其中，1 类、2 类、4 类双绞线基本被淘汰，3 类双绞线电缆主要用于电话语音传输。

1）5 类双绞线电缆

5 类（Category 5，Cat 5）双绞线电缆是一种 4 对 24AWG 非屏蔽双绞线或者 25 对 24AWG 非屏蔽双绞线电缆。该类缆线增加了绕绞密度，外套一种高质量的绝缘材料，传输频率为 100MHz，用于语音传输和最高传输速率为 100Mbit/s 的数据传输，主要适用于 100Base-T 和 10Base-T 网络。这是早期常用的以太网电缆。

2）超 5 类双绞线电缆

超 5 类（Enhanced Category 5，Cat5e）双绞线电缆是对 5 类双绞线电缆的部分性能加以改善后的电缆。与普通的 5 类线相比，Cat 5e 线的近端串绕、衰减串扰比、回波损耗等性能参数都有所提高，但其传输带宽仍与 5 类缆线相同（100MHz）。Cat 5e 缆线可以提供 155Mbit/s 的数据传输速率，并具有升级千兆的潜力，主要应用于 100Base-T 和 1000Base-T 网络。

3）6 类双绞线电缆

6 类（Category 6，Cat 6）双绞线电缆采用规格 23AWG 的单芯裸铜为导体，聚乙烯类高分子材料为绝缘体，外皮材料采用阻燃型高分子材料，颜色为灰色，在外形和结构上与 Cat 5 或 Cat 5e 缆线都有一定的差别，增加了绝缘的十字骨架，将双绞线的 4 对线分别置于十字架的 4 个凹槽内。该类电缆的传输频率为 1～250MHz，传输性能远远高于 Cat 5e 标准，适用于快速以太网和千兆位以太网，它与 5 类和超 5 类相比，具有传输距离长、传输损耗小，耐磨、抗压强等特性。6 类缆线还分为 6e 和 6ea，6e 缆线的传输速率为 200Mbit/s，6ea 缆线的传输速率为 250Mbit/s。

4）7 类双绞线电缆

7 类（Category 7，Cat 7）双绞线电缆主要是为满足万兆位以太网技术的应用和发展而研发的，它不再是一种非屏蔽的双绞线电缆，而是一种屏蔽双绞线电缆。Cat 7 缆线的传输速率至少可以达到 600MHz，是 6 类缆线和超 6 类缆线的 2 倍以上。Cat 7 缆线分为 7f 和 7fa 两种，7f 缆线的传输速率为 600Mbit/s，7fa 缆线的传输速率为 620Mbit/s。

5）8 类双绞线电缆

目前，国际标准已基本认可 8 类（Category 8，Cat 8）双绞线电缆布线系统，主要作为高速数据电缆应用于云计算中心、数据中心、工业环境等场景的综合布线系统，传输速率可达 40Gbit/s，距离为 30m，是目前网线的最高标准。8 类缆线分为 8.1 和 8.2 两类，8.1（提供 1 000MHz 的带宽）与 6 类布线兼容，8.2（提供 1 200MHz 的带宽）与 7 类布线兼容。

为了便于布线，还有一些双绞线与同轴电缆复合缆线、双绞线与光缆复合缆线，这些特殊的缆线主要应用于宽带多媒体网络接入场景。

## 2.1.3　双绞线电缆的性能

在网络综合布线工程中，需要从多个方面衡量双绞线电缆的性能，主要指标包括电气特性和物理特性等。

### 1. 衡量双绞线电缆电气性能的主要指标

衡量双绞线电缆电气性能的主要指标为衰减、串扰（串音）、直流环路电阻、特征阻抗、衰减串扰比（ACR）、回波损耗等。

1）衰减

衰减（Attenuation）是度量链路信号损失的一个指标。信号在传输媒体中传播时，将会有一部分能量转化成热能或者被传输媒体吸收，从而导致信号强度不断减弱，这种现象称为衰减。测量信号衰减是通信传输的一个重要特征。信号衰减程度不但是评价网络通信质量优劣的重要指标，而且直接影响网络通信系统的扩容升级、通信传输缆线布置中的中继距离等特性。

2）串扰（串音）

串扰是指在双绞线内部一根电缆中不同线对之间由于耦合而产生的不需要的信号。串扰分为远端串扰（FEXT）和近端串扰（NEXT），测试仪主要测量 NEXT。由于线路损耗，FEXT 的量值影响较小，在 3 类、5 类布线系统中可忽略不计。

3）直流环路电阻

环路电阻是从电源正极点出发，经过回路上的用电设备，到电源负极后所产生的电阻。环路电阻值是表征导电回路的连接是否良好的一个参数，各类型产品都规定了一定范围的值。若环路电阻超过规定值时，很可能是导电回路某一连接处接触不良。在大电流运行时，接触不良处的局部温度增高，严重时甚至引起恶性循环造成氧化烧损，对用于大电流运行的断路器需加倍注意。国际布线标准规定：一对导线电阻的和不得大于 $19.2\Omega$，每线对间的差异小于 $0.1\Omega$，否则表示接触不良，必须检查连接点。

4）特征阻抗

特征阻抗又称特性阻抗，是阻止电流通过导体的一种电阻名称，不是常规意义上的直流电阻，属于长线传输中的概念。各种电缆有不同的特性阻抗，双绞线电缆有 $100\Omega$、$120\Omega$ 及 $150\Omega$ 几种。

**注意**：我国不使用也不生产 $120\Omega$ 的电缆。

5）衰减串扰比（ACR）

衰减串扰比也称信噪比，是在某一频率上测得的串扰与衰减的差。对于一个两对线的应用来说，ACR 是体现整个系统信号与串扰比的唯一参数。6 类（ISO/IEC 11801 E 级）标准中指出，在 200MHz 时，ACR 不能少于 3.0dB。

6）回波损耗

回波损耗又称为反射损耗，是电缆链路由于阻抗不匹配所产生的反射，是一对线自身的反射。不匹配主要发生在有连接器的地方，但也可能发生在电缆中特征阻抗发生变化的地方，所以保证良好的施工质量是提高回波损耗的关键。回波损耗将引入信号的波动，返回的信号将被双工的千兆位网络误认为是收到的信号而产生混乱。

**2．衡量双绞线电缆物理特性的主要指标**

双绞线电缆的类型不同，其物理特性有较大的不同，而且双绞线电缆的物理特性是系统设计、施工安装的重要依据。双绞线电缆物理特性包括以下内容。

（1）护套材料。护套材料主要包括 PVC、低烟无卤、低烟无卤阻燃、阻燃等。

（2）对于室内和室外双绞线电缆，其物理特性包括质量、直径尺寸（导体、绝缘体）、曲率半径、承受的拉力、温度（安装和操作）。

**3．双绞线电缆的安全性能**

目前，对双绞线电缆的使用安全性提出了较高的要求，并规定进入建筑物的数据通信电缆必须满足表 2.3 所示的安全要求。表 2.3 中的 MPP、CMP 为最高等级，应满足 UL-910

试验规定的阻燃、低发烟等特殊要求，这种电缆须采用 EEP 媒体绝缘及 Flam arrest 之类的高阻燃 PVC 作为护套。表 2.3 中其他类别电缆称为 non-plenum cable，其阻燃要求有所降低。目前国内敷设的 5 类电缆多数为此类产品，其安全性尚待改进。

表 2.3　数据通信双绞线电缆的安全级别

| 使 用 环 境 | UL 标志 | 阻燃试验要求 |
|---|---|---|
| 天花板隔层等强制通风 | MPP | UL-910 |
| 通道内的水平敷设 | CMP | |
| 楼层之间垂直敷设 | MPR | UL-1666 |
| | CMR | |
| 通用环境 | MP | UL-1581 |
| | CM | IEEE 383 |
| 限制使用（居民楼或金属管道内） | CMX | UL VW-1 |

注：电缆直径应小于 6.35mm（1/4in），MPP 为多用途天花板隔层电缆，CMP 为天花板同层通信电缆，MP 为多用途电缆，CM 为通信电缆，CMX 为限制使用的 CM 缆线。

#### 4．双绞线电缆的环境保护

通常，所使用的许多电缆中含有卤素。卤素是一种非金属元素，当含有卤素成分的物质一旦燃烧时，便会释放出伤害眼睛、鼻子、肺和咽喉的有毒烟雾。更严重的是这些含有卤素的烟雾及烟尘将使得建筑物内部的疏散工作难以进行。因此，为了防火和防毒，在易燃区域进行网络综合布线所用的缆线应具有阻燃护套，连接件也应选用阻燃型的。这样在火灾发生时，不会或很少散发有害气体，对疏散人员和救火人员都有较好的保护作用。如果缆线穿在不可燃管道内，或在每个楼层均采用切实有效的防火措施时，可以选用非阻燃型缆线。

目前，阻燃防毒缆线有以下几种。

（1）低烟无卤阻燃型（LSHF-FR）。不易燃烧，释放的一氧化碳（CO）少，低烟，不释放卤素，危害性小。

（2）低烟无卤型（LSOH）。有一定的阻燃能力，燃烧时，释放 CO，但不释放卤素。

（3）低烟非燃型（LSNC）。不易燃烧，释放 CO 少，但释放少量有害气体。

（4）低烟阻燃型（LSLC）。情况与 LSNC 类似。

如果缆线所在环境既有腐蚀性，又有被雷击的可能性时，选用的缆线除了要有外护层之外，还应有复式铠装层。

## 2.1.4 双绞线电缆的标识

当使用双绞线电缆组建网络时，需要了解双绞线外部护套上印刷的各种标志记号的含义。了解这些标志对于正确选择不同类型的双绞线，或迅速定位网络故障会大有帮助。双绞线电缆作为数字通信用对称电缆产品，主要有以下几个方面的标识。

### 1．双绞线电缆的类型编码标识

按照标准要求，综合布线系统双绞线电缆采用统一命名的推荐方法，使用 XX/YZZ 编码标识，如图 2.7 所示。

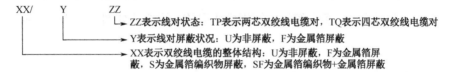

图 2.7 双绞线电缆类型的编码标识

按照此规定，双绞线电缆可以分为 U/UTP、F/UTP、U/FTP、SF/UTP、S/FTP、U/UTG、U/FTQ 和 S/FTQ 8 种类型。

### 2．双绞线电缆型式及规格标识

（1）双绞线电缆作为数字通信用对称电缆产品，其标识包括型式和规格两部分。双绞线电缆类型代码的标识如图 2.8 所示，其中产品的型式代号规定见表 2.4。

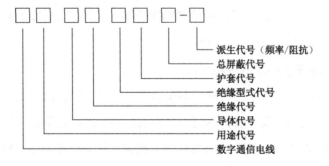

图 2.8 双绞线电缆型式代码的标识

表 2.4 双绞线电缆形式代码

| 划分方法 | 类　别 | 代号 | 划分方法 | 类　别 | 代号 |
|---|---|---|---|---|---|
| 用途 | 主干电缆 | HSG | 绝缘材料 | 聚烯烃 | Y |
|  | 水平电缆 | HS |  | 聚氯乙烯 | V |
|  | 工作区缆线 | HSQ |  | 含氟聚合物 | W |
|  | 设备 | HSB |  | 低烟无卤热塑性材料 | Z |

续表

| 划分方法 | 类　别 | 代号 | 划分方法 | 类　别 | 代号 |
|---|---|---|---|---|---|
| 导体结构 | 实心导体 | 省略 | 护套材料 | 聚氯乙烯 | V |
| | 绞合导体 | R | | 含氟聚合物 | W |
| | 铜皮导体电缆 | TR | | 低烟无卤热塑性材料 | Z |
| 绝缘类型 | 实心绝缘 | 省略 | 总屏蔽 | 有总屏蔽 | P |
| | 泡沫实心皮绝缘 | P | | 无总屏蔽 | 省略 |
| 最高传输速率 | 16MHz（3类电缆） | 3 | 特性阻抗 | 100Ω | 省略 |
| | 20MHz（4类电缆） | 4 | | 150Ω | 150 |
| | 100MHz（5类电缆） | 5 | | | |

（2）双绞线电缆规格代码的标识又分为两种情况。非屏蔽双绞线电缆规格代码的标识方法如图 2.9（a）所示，屏蔽双绞线电缆规格代码的标识方法如图 2.9（b）所示。

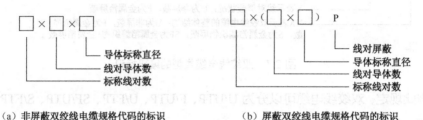

　（a）非屏蔽双绞线电缆规格代码的标识　　　（b）屏蔽双绞线电缆规格代码的标识

**图 2.9　双绞线电缆规格代码的标识**

例如，4 对 0.4mm 线径实心聚丙稀聚氯乙烯护套 100Ω 非屏蔽 5 类数字对称电缆可以表示为：HSBYV5 4×2×0.4。

再如，2 对 0.5mm 线径绞合导体聚乙烯绝缘低烟无卤护套 150Ω 屏蔽 5 类工作区电缆可以表示为：HSQRYZP-5/150 2×2×0.5P。

**3. 双绞线外部护套上印刷的各种标识**

由于双绞线外部护套上印刷的各种标识没有统一标准，因此并不是所有的双绞线都会有相同的标识。通常使用的双绞线，不同生产商的产品标志可能不同，但一般都应包括双绞线类型、NEC/UL 防火测试和级别、CSA 防火测试、长度标志、生产日期、双绞线的生产商和产品号码等信息。例如，AVAYA-C SYSTEIMAX 1061C+ 4/24AWG CM VERIFIED UL CAT5E 31086FEET 09745.0 METERS 是一条双绞线的标识，以此为例说明各部分标识的含义。

（1）AVAYA-C SYSTEMIMAX：指的是该双绞线的生产商。

（2）1061C+：指的是该双绞线的产品号码。

（3）4/24 AWG：说明这条双绞线由 4 对线芯 24 AWG 线规的线对所构成。其中，AWG

表示美国缆线规格标准；铜电缆的直径通常用 AWG（American Wire Gauge）单位来衡量。通常 AWG 数值越小，电线直径越大。通常使用的双绞线均是 24AWG。

（4）CM：指通信通用电缆，CM 是 NEC（美国国家电气规程）中防火耐烟等级中的一种。

（5）VERIFIED UL：说明双绞线满足 UL（Underwriters Laboratories Inc.，保险业者实验室）的标准要求。UL 成立于 1984 年，是一家非营利的独立组织，致力于产品的安全性测试和认证。

（6）CAT5E：指该双绞线通过 UL 测试，达到超 5 类标准。目前市场上常用的双绞线是 5 类和 5e 类。5 类线主要是针对 100Mbit/s 网络提出的，该标准最为成熟。在开发千兆位以太网时，许多厂商把可以运行千兆位以太网的 5 类产品冠以增强型 Enhanced Cat 5，简称 5e 推向市场。ANSI/TIA/EIA 568 A-5 是 5e 标准；5e 也被人们称为超 5 类或 5 类增强型。

（7）31086FEET 09745.0 METERS：表示生产这条双绞线时的长度点。这个标记对于购买双绞线非常实用。如果想知道一箱双绞线的长度，可以找到双绞线的头部和尾部的长度标记相减后得出。

再如另一种双绞线标志：AMP NETCONNECT ENHANCED CATEGORY 5 CABLE E138034 1300 24AWG UL CMR/MPR OR CUL CMG/MPG VERIFIED UL CAT 5 1347204FT 1953，除与第一条有相同的标识，还有以下标识。

（1）ENHANCED CATEGORY 5 CABLE：表示该双绞线属于 5e 类。

（2）E138034 1300：代表其产品号。

（3）CMR/MPR、CMG/MPG：表示该双绞线的类型。

（4）CUL：表示双绞线同时还符合加拿大的标准。

（5）1347204FT：双绞线的长度点，FT 表示以英尺（1 英尺=0.304 8 米）作为单位。

（6）1953：指的是制造厂的生产日期，这里是 2019 年第 53 周。

## 2.1.5　常用双绞线电缆简介

从 20 世纪 90 年代初期出现 10Base-T，90 年代中期升级到 100Base-T，今天发展到 10 000Base-T，通信网络的数据传输速率在以 1 000 倍的幅度增加。在此期间，网络综合布线系统也在不断升级，从以 3 类为主发展到如今以 6 类、7 类为主。

目前，在实际网络工程中，语音传输系统有时还在用 3 类产品；用于数据、视频传输的干线子系统、配线子系统布线则主要采用 5 类、5e 类及 6 类产品。因此，为适应通常网络工程的建设需要，重点介绍 5 类、6 类、7 类双绞线电缆。由于在双绞线电缆中，非屏蔽双绞线（UTP）的使用率最高，如果没有特殊说明，一般是指 UTP。

### 1. 5 类双绞线电缆

典型的 5 类 4 对非屏蔽双绞线电缆是缆线规格为 24AWG 的实心裸铜导体，以高质量的氟化乙烯做绝缘材料；与低级别的电缆相比，5 类 4 对非屏蔽双绞线电缆增加了绕线密度，传输频率达 100MHz。5 类 4 对非屏蔽双绞线电缆物理结构如图 2.10 所示。

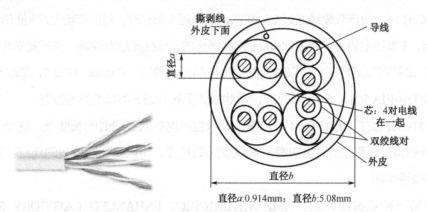

直径a:0.914mm；直径b:5.08mm

**图 2.10　5 类 4 对非屏蔽双绞线物理结构**

5 类 4 对非屏蔽双绞线电缆的电气特性见表 2.5。其中，9.38ΩMAX.Per 100m@20℃是指在 20℃的恒定温度下，每 100m 双绞线的电阻为 9.38Ω。

5 类双绞线电缆用于语音传输和最高传输速率为 100Mbit/s 的数据传输，主要适用于 100Base-T 和 10Base-T 网络，5 类双绞线是通信网络布线常用的传输媒体之一。

### 2. 5e 类双绞线电缆

5e 类双绞线（1061/2061/3061）的导线线径为 0.511mm（24AWG 号线规），线对间紧密绞距（每 12mm 或更短就有一个线绞）。因此，与 5 类双绞线相比，5e 类双绞线的衰减和串扰更小，具有更好的通信网络性能，满足大多数应用需求，尤其能支持千兆位以太网 1 000Base-T，给网络的安装和测试带来了便利，成为目前网络应用中较好的解决方案。原标准规定的 5e 类双绞线传输特性与普通 5 类双绞线的相同，只是 5e 类双绞线的全部 4 对线都能实现全双工通信。目前 5e 类双绞线已超出了原有的标准，市面上相继出现了带宽为 125MHz 和 200MHz 的 5e 类双绞线，其特性较原标准也有了提高。据有关材料介绍，这些 5e 类双绞线的传输距离已超过了 100m 的限制，可达到 130m，甚至更长。5e 类双绞线主要用于高速以太网。

表2.5　5类4对非屏蔽双绞线电缆电气特性

| 频率需求（Hz） | 阻　抗 | 衰减值<br>（dB/100m）Max | NEXT（dB）<br>（最差对） | 直流阻抗 |
|---|---|---|---|---|
| 256k | – | 1.1 | – | |
| 512k | – | 1.5 | – | |
| 772k | – | 1.8 | 66 | |
| 1M | | 2.1 | 64 | |
| 4M | | 4.3 | 55 | 9.38Ω |
| 10M | | 6.6 | 49 | MAX.Per |
| 16M | 85～115Ω | 8.2 | 46 | 100m@20℃ |
| 20M | | 9.2 | 44 | |
| 31.25M | | 11.8 | 42 | |
| 62.50M | | 17.1 | 37 | |
| 100M | | 22.0 | 34 | |

5e 类双绞线具有以下优点。

（1）能够满足大多数应用要求，并且满足低综合近端串扰的要求。

（2）可为高速数据传输提供解决方案。

（3）有足够的性能余量，为布线安装带来便利。

**3．6类双绞线电缆**

随着计算机网络技术的飞跃发展和高速通信系统的需求，对网络数据传输速率的要求日益提高。作为通信网络平台，综合布线系统的带宽也在不断增加。为顺应这种形势的发展需要，发布了6类双绞线标准。6类双绞线分为非屏蔽双绞线（Cat 6e）和屏蔽双绞线（Cat 6ea），线芯分为23号、24号的裸铜导体。

1）6类双绞线的物理结构

6类双绞线与5e类线在外形和结构上有一定的差别，最明显的不同之处是6类双绞线拥有更紧密的缆线绕绞，同时线对间采用了圆形、片型、十字星形、十字骨架分隔器。十字星形填充的双绞线电缆构造是在电缆中间有一个十字交叉中心，把4个线对分成各自的信号区。这样可以提高电缆的近端串扰（NEXT）性能。6类双绞线电缆（Giga SPEED-XL系列）分为1071E和1081A两种系列。1071E系列采用紧凑的圆形设计方式及中心平行隔离带技术，可获得最佳的电气性能，其物理结构横截面如图2.11（a）所示。1081A系列采用中心扭十字骨架技术，线对之间的分隔可阻止线对间串扰，其物理结构截面如图2.11（b）所示。外皮有非阻燃（CMR）、阻燃和低烟无卤三种材料。

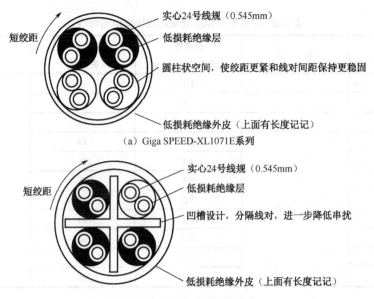

短绞距

实心24号线规（0.545mm）

低损耗绝缘层

圆柱状空间，使绞距更紧和线对间距保持更稳固

低损耗绝缘外皮（上面有长度记记）

（a）Giga SPEED-XL1071E系列

短绞距

实心24号线规（0.545mm）

低损耗绝缘层

凹槽设计，分隔线对，进一步降低串扰

低损耗绝缘外皮（上面有长度记记）

（b）Giga SPEED-XL1081A系列

**图2.11　6类双绞线结构横截面**

6 类双绞线电缆采用十字骨架分隔器，可以减少在安装过程中由于电缆连接和弯曲引起的电缆物理上的失真。由于 6 类双绞线电缆所采用的十字骨架是硬体结构，刚性大，增加了缆线的外形尺寸和弯曲半径。若采用这种缆线布线，需要对原有基于 5 类或 5e 类系统的线槽尺寸和路由设计进行改动，空间需求会增加 20%～40%，因此，施工难度和成本也相应提高。

为了减少衰减，电缆绝缘材料和外套材料的损耗应达到最小。在 6 类双绞线电缆中通常使用聚乙烯（PE）和聚四氟乙烯两种材料。由于聚四氟乙烯具有火势蔓延和烟雾扩散速度慢的特点，因此在 2061/2071/2081 电缆中使用了聚四氟乙烯绝缘材料。

2）6 类双绞缆线的性能

6 类双绞缆线的传输频率为 1～250MHz，6 类布线系统在 200MHz 时综合衰减串扰比（PS-ACR）有较大的余量，可提供 2 倍于超 5 类的带宽。6 类布线的传输性能远远高于超 5 类标准，最适用于传输速率高于 1Gbit/s 的应用。6 类与超 5 类的一个重要不同点在于：改善了串扰及回波损耗等性能。对于新一代全双工的高速网络应用而言，优良的回波损耗性能是极其重要的。

6 类双绞线是一种标准的 4 线对缆线，用 1 对线实现 500Mbit/s，而其频率范围可达到 250MHz，1Hz（周期）上产生 2bit（正好是一个周期的高电平和低电平）便足够使用了，因此编码方式比较简单。

6 类双绞线电缆已经成为中高端布线市场的主要代表，有许多实际工程案例供用户体验和借鉴。作为进一步的发展研究，目前已经推出以 10 吉比特以太网（10 Gigabit Ethernet）为目标的新一代综合布线标准 Cat 6a（超 6 类系统），信道带宽达到 500MHz。

3）6 类双绞线布线标准

6 类布线系统是在 TIA TR41 基础上研发形成的。6 类布线标准的内容体现在 TIA/EIA 568-B 的文档中，TIA/EIA 568-B 主要是超 5 类、6 类和光纤布线标准，由 568-B.1、568-B.2 和 568-B.3 组成，并包括了 568-A、TSB 67/72/75、TIA/EIA 568 B-5 及 TIA/ EIA/IS-729 等标准的内容。6 类布线标准的目的是实现千兆位网络方案。千兆位网络方案最早是基于超 5 类布线系统而制定的，而采用 6 类会比超 5 类降低一半的成本。6 类非屏蔽双绞线布线标准是 UTP 布线的极限标准，主要用于大中型机构千兆位、万兆位、十万兆位以太网组网。6 类双绞线布线标准给出了传输媒体、布线距离、接口类型、拓扑结构、安装实践、信道性能及连接器件等方面的具体要求，主要内容包括以下几个方面。

（1）6 类产品及系统的频率范围在 1～250MHz 之间。

（2）6 类布线系统在 200MHz 时，综合衰减串扰比（PS-ACR）有较大的余量。为了确保整个系统具有良好的电磁兼容性，对缆线和连接的匹配性提出了建议。

（3）6 类标准取消了基本链路模型，采用星形拓扑结构，要求的布线距离为：永久链路的长度不能超过 90m，信道长度不能超过 100m。

（4）对系统中的缆线、连接硬件、基本链路及信道在所有频点都需测试衰减、回损、延迟/失真、近端串扰、功率累加近端串扰、等效远端串扰、功率累加等效远端串扰及平衡等参数。测试环境应当设置在最坏的情况下，对产品和系统进行全面测试，以保证测试结果的可用性，所提供的测试结果也应当是最差值，而不是平均值。

### 4．7 类双绞线电缆

2002 年 6 月 1 日，IEEE（电气和电子工程师协会）正式通过了人们期待已久的万兆位以太网标准，数据传输速率达到 10Gbit/s，这是第一个以光纤为骨干的以太网标准。2002 年 11 月，IEEE 802.3 委员会成立了一个 10GBase 研究组来评估在 UTP 上传输速率为 10 Gbit/s、传输距离为 100m 的技术及其标准化问题，以便与光纤互补。为此，全球网络布线商开始寻求网络终端电缆的解决方案。为此研制和生产了分相屏蔽 7 类双绞线电缆（每个绞对有铝箔屏蔽，外加一个总屏蔽），又称为 PIMF（Pair in Metal Foil）电缆。

实际上，在欧洲，出于战略原因及应用安全性的考虑，数据电缆生产厂商在多年前就已开始采用并推广这种日趋重要的 PIMF 电缆。如 1996 年，德国标准草案 ED1N 44312-5

提出了 600 MHz 高速传输双绞线电缆，并在整个德国进行布线重组和推广。

1）7 类双绞线电缆结构

7 类双绞线电缆的设计标准与电缆特性密切相关，对电缆的使用也具有非常重要的意义。7 类双绞线电缆的结构如图 2.12 所示。根据 IEC 61156-5 标准，7 类双绞线电缆导体的直径为 0.50～0.65mm，而在实际缆线制造中，一般控制在 0.50～0.55mm。导体采用高导电率、低衰减的无氧铜。为了获得低衰减和低工作电容，并尽量减小电缆外径，绝缘采用皮泡皮结构，发泡度控制在 60%～70%，绝缘线径控制在 1.35～1.50mm 之间。采用较大节距对绞，且节距差要小，以减小电缆变形，降低时延和时延差。线对采用铝箔屏蔽，以提高共享能力，消除并减少环境的电气干扰，提高电磁兼容性。在铝箔屏蔽外采用铜丝编织，以降低转移阻抗，使电缆结构和传输参数稳定，消除或减少环境的电磁干扰。护套多采用低烟无卤阻燃聚烯烃材料，以满足绿色环保的要求。

编织
导体
箔缘
尾线
铝箔
撕裂绳
护套

图 2.12　7 类双绞线电缆结构

2）7 类布线系统特点

7 类布线系统的一个最大特点是带宽在 6 类基础上得到了极大提升。由于 7 类系统采用的电缆为全屏蔽电缆，典型的 7 类信道可以同时提供一对线 862MHz 的带宽用于传输有线电视信号，在另外一个线对传输模拟音频信号，然后在第 3、4 线对传输高速局域网信号。

7 类布线系统的另外一个显著特点是其具备连接硬件的能力。7 类系统的参数要求连接头在 600MHz 时所有的线对提供至少 60dB 的综合近端串扰，而超 5 类系统只要求在 100MHz 提供 43dB，6 类系统在 250MHz 的数值为 46dB。要达到这个要求必须做到全程屏蔽。所谓全程屏蔽，就是不仅电缆需要被屏蔽，相关的各种接头、接插件和信息终端都需要被屏蔽。同时，由于 7 类电缆的高带宽性，使得其对设计和施工也提出了更高的要求。

7 类布线标准提出了 8 种不同类型的接口形式：2 种为 RJ 形式，6 种为非 RJ 形式。其中，非 RJ 型的 7 类布线技术完全打破了传统的 8 芯模块化 RJ 型接口设计，从 RJ 型接口的限制脱离出来，不仅使 7 类的传输带宽达到 1.2GHz（光纤的传输性能），还开创了全新的 1、2、4 对的模块化形式。这是一种新型的满足线对和线对隔离、紧凑、高可靠、安装便捷的接口形式。例如，就西蒙公司的 TERA 连接头及 1、2、4 对的模块化多种连接插头而言，一个单独的 7 类信道（4 对线）可以同时支持语音、数据和宽带视频多媒体等混合应用。也就是说，7 类双绞线电缆完全满足 600MHz 以上，甚至 1.2GHz 的传输性能要求，是真正实现在同一根电缆上传输多媒体信号的解决方案。完全可用于 SOHO（小型办公室家庭办公系统）、CCBD（建筑物内的指挥、控制与通信）、高质量视频影像传输等交互式应用系统。

在实际应用 7 类布线系统时需注意，以上这些特点要求在设计安装路由和端接空间时要特别谨慎小心，要留有很大的空间和较大的弯曲半径。如果 8 芯双绞线电缆中有 1 根缺陷心线，那么整根电缆将出现缺陷，应被废弃。

## 2.1.6　双绞线电缆的选用

在网络综合布线工程中，是选用 UTP，还是选用 FTP 电缆，关键取决于外部 EMC 的干扰影响。干扰场强低于 3V/m 时，一般不需考虑防护措施。双绞线电缆性能测试表明：在 30MHz 频段内，UTP 与 FTP 的传输效果和抗 EMC 能力相近；超过时，则 FTP 较之 UTP 的隔离度明显要高出 20～30dB。总之，需要根据工程实际需要恰当选用双绞线电缆。

### 1. 语音级双绞线电缆的选用

5 类双绞线电缆可以支持语音和 1Gbit/s 以太网的应用。另外，在 TIA/EIA 568-B 标准中已经建议采用 5e 类双绞线电缆产品。在国际标准和国家标准 GB 50311—2007 中，就已将 5e 类双绞线电缆产品归属于 5 类产品，而不再提及 5e 类双绞线电缆产品。

6 类双绞线电缆可以支持语音及 $1～n$ 个 Gbit/s 以太网应用，能适应终端设备的变化。

大对数（50 对、100 对）3 类、5 类双绞线电缆可以用于电话业务的主干电缆。

### 2. 数据通信级电缆的选用

目前，千兆位以太网铜线（5 类线）标准是 1 000Base-T（IEEE 802.3ab）。1 000Base-T 以 62.5MHz 为传输频率，采用 4 个线对全双工传输信号，两端的设备（网卡、交换机）必须分别设计 4 个收发器，致使千兆位以太网设备价格较高。

1 000Base-TX 是针对 6 类布线的千兆位以太网规范，具有较高的技术优势，可以设计成用两个线对完成一个方向的单向信号传输，另两个线对完成相反方向的信号传输，即两个线对用于发送数据，另两个线对用于接收数据，也就是半双工操作。因此，设备端只需 2 个收发器，所以 1 000Base-TX 的网卡成本要比 1 000Base-T 低 30%～40%。

此外，由于 1 000Base-T 采用全双工方式工作，对回波损耗非常敏感。因此，在支持 1 000Base-T 的网络设备上需要配备有源数字信号处理器来补偿回波损耗。而 1 000Base-TX 的网络设备可以不再需要有源数字信号处理器，因此其成本可以降低许多。

目前，布线市场主要是 5e 类与 6 类布线系统的选择与应用。计算机网络已经从 10Mbit/s 发展到 10Gbit/s 的以太网。如果组建 1 000Mbit/s 以太网，选用 6 类布线系统具有较好的性能。另外，6 类缆线的结构相对于承受的拉力较大，对保障链路的特性也很有益处。

### 3. 数据中心双绞线电缆的选用

数据中心双绞线电缆的选用应满足《综合布线系统工程设计规范》GB 50311—2016、《数据中心设计规范》GB 50174—2017 和 YD/T 1019 标准要求。建议使用 6A 类/EA 级别，这类双绞线信号高于 500MHz，可以支撑 10Gbit/s 的链路要求。

概括起来，常见电缆类型及应用范围参见表 2.6。

表 2.6　常见电缆类型及应用范围

| 编号 | 电缆类型 | 最高传输速率/Hz | 最大传输距离/m | 应用范围 |
| --- | --- | --- | --- | --- |
| D | Cat 5e（屏蔽或非屏蔽） | 100M | 100 | 以太网 |
| E | Cat 6（屏蔽或非屏蔽） | 250M | 55 | IP 电话、服务器集群 |
| EA | Cat 6e（屏蔽或非屏蔽） | 500M | 100 | IP 电话、服务器集群 |
| F | Cat 7（屏蔽） | 600M | 100 | 高端工作站 |
| FA | Cat 7fa（屏蔽） | 1 000M | 100 | 高端工作站 |

## 2.2　光纤和光缆

光纤（Optical Fiber，OF）是光导纤维的简称，它由特殊材料的石英玻璃制成。光纤是一种新型的光波导。从 20 世纪 80 年代开始，宽频带的光纤已开始逐渐代替窄频带的铜电缆。光缆（Optical Cable）是指由单芯或多芯光纤构成的缆线。在综合布线系统中，光纤不但支持 1 000Base-FX 主干、100Base-FX 到桌面，还可以支持 CATV/CCTV、光纤到户（FTTH）、光纤到桌面（FTTD），因而成为综合布线系统中的主要传输媒体。

### 2.2.1　光纤结构

光纤是由中心的纤芯和外围的包层同轴组成的圆柱形细丝。一根标准的光纤包括光导纤维、缓冲层、加强层和保护套几个部分。其中每个部分都有其特定的功能，以保证数据能够可靠传输。如图 2.13 所示是一根标准光纤的结构示意图，请注意各个独立部分及它们之间的相互关系。

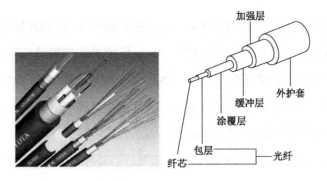

图 2.13　光纤结构示意图

光纤裸纤一般包括三个主要部分：中心高折射率玻璃纤芯，称为芯线，纤芯的折射率比包层稍高，损耗比包层低，光能量主要在纤芯内传输；中间为低折射率硅玻璃形成的包层，包层为光的传输提供反射面和光隔离，并起一定的机械保护作用；最外面是保护性的树脂涂覆层。由于这三个部分之间关系紧密，通常一起生产。典型的光纤剖面芯层、包层及涂覆层尺寸如图 2.14 所示，自内向外分别是纤芯和包层及涂覆层。

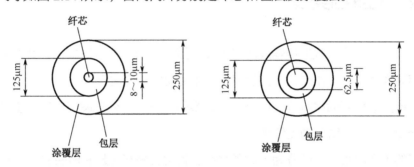

图 2.14　光纤剖面芯层、包层及涂覆层尺寸

根据光的折射、反射和全反射原理可知，光在不同物质中的传播速度是不同的。当光从一种物质射向另一种物质时，就会在两种物质的交界面产生折射和反射；而且，折射光的角度会随入射光的角度变化而变化。当入射光的角度达到或超过某一角度时，折射光会消失，入射光全部被反射回来，这就是光的全反射。不同的物质对相同波长光的折射角度是不同的（不同的物质有不同的光折射率），相同的物质对不同波长光的折射角度也不同。光纤通信就是基于这个原理而形成的。

光纤的纤芯由高纯度二氧化硅（$SiO_2$）制造，并有极少量的掺杂剂，如二氧化锗（$GeO_2$）等，折射率为 $n_1$。事实上，有许多材料可用来制造光纤的纤芯。每种材料的主要区别在于它们的化学成分和折射率不同，掺杂剂的作用是提高折射率。包层紧包在纤芯的外面，通常也用高纯二氧化硅（$SiO_2$）制造，折射率为 $n_2$，并掺杂 $B_2O_3$ 及 F 等降低其折射率。包层的主要作用是提供一个使纤芯内光线反射回去的环绕界面。根据几何光学的全反射原理，包层的折射率要略小于纤芯的折射率，即 $n_2 < n_1$，以便光线被束缚在纤芯中传输。除了包层和纤芯外，在包层外面通常还有一层 5～40μm 的涂覆层。涂覆层的材料一般是环氧树脂或硅橡胶，其作用是增强光纤的机械强度，在光纤受到外界震动时保护光纤的物理和化学性能，同时既可以增加柔韧性，又可以隔离外界水气的侵蚀。

平常谈到的 62.5/125μm 多模光纤，指的就是纤芯外径是 62.5μm，加上包层后外径是 125μm 的光纤。50/125μm 规格的光纤，也就是纤芯外径是 50μm，加上包层后的外径是 125μm 的光纤。单模光纤的纤芯是 8～10μm，外径也是 125μm。需要注意的是，纤芯和包层是不可分离的，纤芯与包层合起来组成裸光纤，光纤的传输特性主要由它决定。用光纤工具剥去外皮（Jacket）和塑料层（Coating）后，暴露在外面的是涂有包层的纤芯。实际上很难看到真正的纤芯。

## 2.2.2 光纤的类型

光纤主要用于高质量数据传输及网络干线连接。光纤的种类很多，分类方法也各种各样。可按照制作材料、工作波长、折射率分布和传输模式等进行分类。

按照制造光纤所用的材料分，可分为石英系列光纤、多组分玻璃光纤、塑料包层石英芯光纤、全塑料光纤和氟化物光纤等。

按光纤的工作波长分，可分为短波长光纤、长波长光纤和超长波长光纤。在光纤布线系统中所使用的光波波段为：800nm～900nm 短波波段；1 250nm～1 350nm 长波波段和1 500nm～1 600nm 长波波段。在这些波段中，光纤传输性能表现最佳，尤其是运行于波段的中心波长之中。所以，多模光纤运行波长为 850nm 或 1 300nm，而单模光纤运行波长则为 1 310nm 或 1 550nm。

下面主要讨论按折射率分布和传输模式分类的两种类型。

**1. 按折射率分布情况分类**

若按横截面上的折射率分布情况，可将光纤分为突变型（或阶跃型）、渐变型（或梯度型）和三角形等类型。其中，三角形是渐变型光纤的一种特例。

1）突变型光纤（SIF）

突变型光纤（Step Index Fiber，SIF）的纤芯折射率高于包层折射率，使得输入的光能在纤芯至包层的交界面上不断产生全反射而前进。这种光纤纤芯的折射率是均匀的，包层的折射率稍低一些。在突变光纤中，沿径向距离 $r$ 的折射率分布可表示为：

$$n(r) = \begin{cases} n_1 & r \leqslant a \\ n_2 & r > a \end{cases};$$

式中，$a$ 为纤芯半径。在突变型光纤中，纤芯到玻璃包层的折射率是突变的，只有一个台阶，所以也称为突变型折射率多模光纤，简称突变型光纤，也称阶跃型光纤。这种光纤的传输模式很多，各种模式的传输路径不一样，经传输后到达终点的时间也不相同，因而产生时延差，使光脉冲受到展宽。所以这种光纤的模间色散高，传输频带不宽，传输速率不能太高，用于通信不够理想，只适用于短途低速通信，比如工控。这是研究开发较早的一种光纤，现在已逐渐被淘汰了。

2）渐变型光纤（GIF）

为了解决突变型光纤存在的弊端，人们又研制开发了渐变折射率多模光纤，简称渐变型光纤（Graded Index Fiber，GIF）。渐变型光纤的包层折射率分布与阶跃光纤一样，是均匀的。在渐变型光纤中，纤芯折射率中心最大，沿纤芯半径方向逐渐减小，折射率分布可表示为：

$$n(r) = \begin{cases} n_1[1-2\Delta(\dfrac{r}{a})^\alpha]^{1/2} & r \leqslant a \\ n_1(1-2\Delta)^{1/2} = n_2 & r > a \end{cases};$$

式中，$a$ 为纤芯半径，$\alpha=1 \sim \infty$。渐变型光纤中心芯径到玻璃包层的折射率是逐渐变小的，这样可使高次模光按正弦形式传播。显然，当 $\alpha \geqslant 10$ 时，折射率分布为突变型；$\alpha=1$ 时，为三角形。渐变光纤通常取 $\alpha \approx 2$，即按平方律分布。

定义 $\Delta = \dfrac{n_1^2 - n_2^2}{2n_1^2} \approx \dfrac{n_1 - n_2}{n_1}$ 为相对折射率差。在石英玻璃光纤中，$n_1 \approx 1.5$，$\Delta \approx 0.01$，即包层折射率仅比芯层略低一点。

渐变型光纤能减少模间色散，提高光纤带宽，增加传输距离，但成本较高，现在的多模光纤多为渐变型光纤。

由于高次模和低次模的光线分别在不同的折射率层界面上按折射定律产生折射，再进入低折射率层中，因此，光的行进方向与光纤轴方向所形成的角度将逐渐变小。同样的过程不断发生，直至光在某一折射率层产生全反射，使光改变方向，朝中心较高的折射率层行进。这时，光的行进方向与光纤轴方向所构成的角度，在各折射率层中每折射一次，其值就增大一次，最后达到中心折射率最大的地方。在这以后，与上述完全相同的过程不断重复进行，由此实现了光波的传输。由此可以看出，光在渐变型光纤中会自动地进行调整，从而最终到达目的地，这叫自聚焦。

### 2. 按光在光纤中的传输模式分类

按光纤中信号的传输模式，可分为多模光纤（Multi Mode Fiber，MMF）和单模光纤（Single Mode Fiber，SMF）两类。

何谓模式？我们知道，光波是电磁波的一种形式，光波在光纤中的传播就是电磁波在介质波导中的传播过程。根据介质波导的结构，电磁场将在其中构成一定的分布形式。电磁场的各种不同分布形式称为模式。在光波导中，传播电磁波的模式要比金属波导复杂得多。除了存在无轴向电磁场分量的横电场模式 TE 和横磁场模式 TM，还有轴向电场、磁场不为零的混合模式 HE 和 EH。另外，还可能存在若干不被封闭在纤芯中的辐射模式电磁场，这将造成光能的损耗。各种模式的电磁波，其实质是对光纤边值问题的求解。但是，光纤中究竟存在哪些具体模式，则要根据光纤的圆柱体边界条件，通过求解麦克斯韦方程组来决定。

模式其实就是光线的入射角。简单地说，在光纤的受光角内，以某一角度射入光纤端面，并能在光纤的纤芯至包层交界面上产生全反射的传播光线，就可称之为光的一个传输模式。当光纤的纤芯直径较大时，在光纤的受光角内可允许光波以多个特定的角度射入光纤端面，并在光纤中传播，此时，就称光纤中有多个模式。这种能传输多个模式的光纤就称为多模光纤。显然，以不同入射角入射在光纤端面上的光线在光纤中会形成不同的传播模式。入射角大就称为高次模（High Order Modes），入射角小就称为低次模（Low Order Modes）。沿光纤轴传输的称作基模，因而还有一次模、二次模等之说。

工程实用中往往关心光纤中传播的模式数目，以及模式数与哪些因素有关。根据模式理论，可以推导出光纤中传播的最大模式数为：

$$N_{\max} = \frac{\alpha}{\alpha+2} \times \frac{1}{2} V^2 \ ;$$

式中，$\alpha$ 是因折射率不同引起的系数；$V$ 为光纤的一个重要系数，称为归一化频率。$V$ 可按理论计算得出，也可进行实际测量。其理论计算公式为：

$$V = \frac{2\pi\alpha}{\lambda} \sqrt{n_1^2 - n_2^2} \ ;$$

当 $V \leqslant 2.405$ 时，光波在光纤中以单一模式传播。对于突变型光纤，因 $\alpha = \infty$，其最大传播模式数 $N_{\max} = \frac{1}{2} V^2$；对于渐变型光纤，$\alpha = 2$，其最大传播模式数 $N_{\max} = \frac{1}{4} V^2$。

只允许传输一个基模的光纤称为单模光纤。单模光纤纤芯很小，为 8～10μm，而且用于单模应用的光源一般来讲也是激光（只有少数在 1 310nm 处使用发光二极管）。这样，进入纤芯的光线是与轴线平行的且只有一种角度，所以称为单模。单模光纤使用 1 310nm 和 1 550nm 的波长。

多模光纤相对单模光纤直径要大得多，纤芯的外径是 62.5μm，这样光线可以多种角度入射，因此称为多模。多模光纤使用 850nm 和 1 300nm 的波长。多模光纤的成本比单模光纤要低。

单模光纤中只能传输一个模式，多模光纤则能承载成百上千的模式。目前光纤通信中实际应用较多的三种光纤如图 2.15 所示。

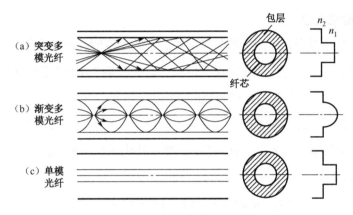

图 2.15　不同传输模式的光纤

在图 2.15 中，突变多模光纤是指光纤的纤芯和包层的折射率沿光纤的径向分布是均匀的，而在两者的交界面上发生突变。这种光纤的带宽较窄，适用于小容量短距离通信。渐变多模光纤是指纤芯的折射率是其半径 $r$ 的函数 $n(r)$，沿着径向随 $r$ 的增加而逐渐减小，直到达到包层的折射率值为止，而包层内的折射率又是均匀的。此类光纤带宽较宽，适用于中等容量的中距离通信。单模光纤是指纤芯中仅传输基模式的光波，由于纤芯直径很小，制作工艺难度大，其折射率分布属于突变型。单模光纤的带宽很宽，适用于大容量远距离通信。

## 2.2.3　光纤的传输性能

目前，世界上 80%以上的数据信息传输量是由光通信系统完成的。因此，光纤的传输性能在光通信系统中非常重要。对于多模光纤可采用几何光学的方法分析其光线传播性能。然而，由于单模光纤的纤芯很细，可与常用的光波长相比拟，不能用几何光学的方法分析单模光纤的光线传播性能，而应该用波动光学的方法才行。因此，在此只对多模光纤的传输性能进行简单讨论。

### 1. 光源与光纤的耦合

把光源发射的光功率尽可能多地送入传输光纤称为耦合。常用耦合效率来衡量耦合的程度。耦合效率定义为:

$$\eta = P_i/P_s ;$$

式中,$P_i$ 为耦合入光纤的功率,$P_s$ 为光源发射的功率。一般,发光二极管的光源与多模光纤的耦合效率为 5%~15%;激光二极管的光源与多模光纤的耦合效率为 30%~80%。

### 2. 光纤的数值孔径

光纤的导光特性基于光线在纤芯与包层界面上的全反射,使光线限定在纤芯中传输。入射到光纤端面的光并不能全部被光纤所传输,只是在某个角度范围内的入射光才可以。通常把这个角度称为光纤的数值孔径(Numerical Aperture,NA)。

当光线从光源入射纤芯端面的入射角 $\theta \leqslant \theta_0$ 时,进入纤芯的光线将会在纤芯与包层界面间产生反射向前传播;而入射角 $\theta > \theta_0$ 时,光线将进入包层散失掉。入射临界角 $\theta_0$ 与光纤折射率的关系为:

$$\sin\theta_0 = n_1\sin(90° - \theta) = \sqrt{n_1^2 - n_2^2} \approx n_1\sqrt{2\Delta} ;$$

凡角度在 $\theta_0$ 以内的入射光线均可在光纤内传播,定义入射临界角 $\theta_0$ 的正弦为突变折射率光纤的数值孔径 $N \cdot A$,即:

$$N \cdot A = \sin\theta_0 = n_1\sqrt{2\Delta} ;$$

用于表示入射到光纤端面上的光线中,只有与纤芯轴夹角为 $\theta_0$ 的圆锥体内的入射光线才能在纤芯内传输。渐变光纤的径向折射率分布 $n(r)$ 是随半径方向呈抛物线规律变化的函数,其表达式为:

$$n(r) = n(0)[1 - 2(\frac{r}{a})^2\Delta]^{1/2} ;$$

式中,$a$ 为光纤的半径,$n(0)$ 是 $r=0$ 处的折射率,因此,光纤端面各点的 $N \cdot A$ 也是 $r$ 的函数,用局部数值孔径 $N \cdot A(r)$ 来描述,可表示为:

$$N \cdot A(r) = \sqrt{n^2(r) - n_2^2} = n(r)\sqrt{2\Delta_r} ;$$

式中,$\Delta_r = [n(r) - n_2]/n(r)$ 为纤芯 $r$ 处与包层之间的相对折射率差。显然,当 $r=0$ 时,$N \cdot A(r)_{max} = N(0)\sqrt{2\Delta}$ 为光纤的最大理论数值孔径。由此可知,光纤的数值孔径 $N \cdot A$ 是一个表示光纤捕捉光射线能力的物理量。$N \cdot A$ 只取决于光纤材料的折射率,而与其几何尺寸无关。光纤的数值孔径越大,表示光纤捕捉光射线的能力越强。从提高光源与光纤耦合的效率出发,显然要求 $N \cdot A$ 值大一些好。当然,$N \cdot A$ 越大,纤芯对光能量的束缚越强,光纤抗弯曲性能也越好，对于光纤的对接也是越有利的。但随着 $N\cdot A$ 值的增大，将使光纤的色散增加或带宽降低，而影响通信容量。所以 ITU-T 建议，$N\cdot A$=（0.15～0.24）±0.02；我国一般取 $N\cdot A$=0.2±0.02。

### 3．光纤的损耗

光纤的损耗特性是指光信号的能量从发送端经过光纤传输后到接收端的衰减程度。由于损耗的存在，在光纤中传输的光信号，不管是模拟信号还是数字脉冲，其幅度都要减小。光纤的损耗在很大程度上决定了通信系统的传输距离。

光纤的损耗可以用衰减系数 $\alpha$ 表示，单位为 dB/km，它直接影响通信系统的传输距离。一般情况下，信号在光纤中传输时所受衰减可定义为长度为 $L$（km）的光纤输入端光功率 $P_1$ 与输出端光功率 $P_2$ 的比值：

$$\alpha(\lambda)=\frac{10}{L}\lg\frac{P_1}{P_2}(\text{dB/km})$$

如光功率经过长 1km 的光纤传输后，输出光功率是输入的一半，则此光纤的衰减为：

$$\alpha_f=3\text{dB/km}$$

光纤损耗的机理主要有两大类，一类是吸收损耗，另一类是散射损耗。吸收损耗是由 $SiO_2$ 材料引起的固有吸收和由杂质引起的吸收产生的。散射损耗主要由材料微观密度不均匀引起的瑞利（Rayleigh）散射和由光纤结构缺陷（如气泡）引起的散射产生的。

造成光纤损耗的主要因素有本征、弯曲、挤压、杂质、不均匀和对接等。

（1）本征：本征是光纤的固有损耗，包括瑞利散射、固有吸收等。

（2）弯曲：光纤弯曲时部分光纤内的光会因散射而损失掉，造成损耗。

（3）挤压：光纤受到挤压时产生微小的弯曲而造成损耗。

（4）杂质：光纤内杂质吸收或散射在光纤中传播的光，造成损耗。

（5）不均匀：光纤材料的折射率不均匀而造成损耗。

（6）对接：光纤对接时产生的损耗，如不同轴（单模光纤同轴度要求小于 0.8pm）、端面与轴心不垂直、端面不平、对接芯径不匹配和熔接质量差等。

光纤对传输光波损耗测试结果表明，光纤的损耗还与所传输的光波波长有关。在某些波长附近光纤的损耗最低。把这些波段称为光纤的低损耗窗口或传输窗口。多模光纤一般有两个窗口，即两个最佳的光传输波长，分别是 850nm 和 1300nm；单模光纤也有两个窗口，分别是 1 310nm 和 1 550nm。对应于这些窗口波长，选用适当的光源，可以降低光能的损耗。

**4. 光纤的模式带宽**

虽然光纤采用了渐变折射技术，但在光纤中模态散射依然会存在，仅仅是程度有所不同。即使是单模光纤，在光纤的拐弯处也会有反射，而一旦有反射就涉及路径不同，因此还会发生散射。所以，光脉冲经过光纤传输之后，不但幅度会因衰减而减小，波形也会越来越失真，发生脉冲宽度随时间变化而展宽的现象。如果这种扩散太大，展宽的脉冲可能对某一端的脉冲造成干扰，进而在传输系统中导致码间干扰和相应高比特差错率，使两个原本有一定间隔的光脉冲，经过光纤传输之后产生了部分重叠。为避免重叠的发生，对输入脉冲应有最高速率限制。若定义相邻两个脉冲虽然重叠但仍能区别开来的最高脉冲速率为该光纤链路的最大可用带宽，则脉冲的展宽不仅与脉冲的速率有关，也与光纤的长度有关。所以，通常用光纤传输信号的速率与其传输长度的乘积来描述光纤的带宽特性，用 $B \cdot L$ 表示，单位为 GHz·km 或 MHz·km。显然，对某个 $B \cdot L$ 值而言，当距离增长时，允许的模式带宽就需要相应减小。例如，在 850nm 波长的情况下，某一根光纤最小模式带宽是 160MHz·1km，则意味着当这根光纤长 1km 时，可以传输最大频率为 160MHz 的信号；而当长度是 500m 时，最大可传输 160MHz·1km/0.5km=320MHz 的信号；而当长度是 100m 时，最大可传输 160MHz·1km/0.1km=1 600MHz=1.6GHz 的信号，其余情况依次类推。

对于 50/125μm 光纤，在 850nm 的波长下，最小信息传输能力是 500MHz·1km。

最小模式带宽意味着光纤所应有的信息传输能力最小值应当是 160MHz·1km 或 500MHz·1km。这也正是最小两字的由来。

为什么在 100Mbit/s 时可以支持 2 000m 的多模光纤，在 1Gbit/s 时只能支持 550m？其主要原因就是因多模光纤的不同模式延迟（Differential Mode Delay，DMD）而产生的。经过测试发现，多模光纤在传送光脉冲时，光脉冲在传输过程中会发散展宽，当这种发散状况严重到一定程度后，前后脉冲之间会相互叠加，使得接收端根本无法准确分辨每一个光脉冲信号，这种现象称为微分模式延迟。产生微分模式延迟的主要原因在于，多模光纤中同一个光脉冲包含多个模态分量，从光传输的角度看，每一个模态分量在光纤中传送所走的路径不同。例如，沿光纤中心直线传送的光分量，与通过光纤包层反射传送的光分量具有不同的路径。从电磁波角度看，在多模光纤芯径中的这个三维空间内包含着很多模态（300～1 100）分量，其构成相当复杂。

**5. 光纤的色散**

色散（Dispersion）是光纤的一个重要参数，它是在光纤中传输的光信号因不同成分光的时间延迟不同而产生的一种物理效应。用一块三棱镜对着太阳光或者日光灯，可以看到光被分成了赤、橙、黄、绿、青、蓝、紫七种颜色；还有雨后的彩虹等，这都是最简单的色散现象。顾名思义，色散就是指一束光通过透光物质后被散开成不同颜色光的现象。光纤的色散是由不同的光脉冲以略微不同的速度传输而引起的光脉冲展宽。色散和带宽都是衡量光脉冲展宽大小的参数。色散越小，带宽就越大，所产生的脉冲展宽就越小。所以，在光纤通信中，色散和带宽是一对矛盾体。

光纤的色散主要由模式色散、材料色散和波导色散组成。其中，材料色散和波导色散又与波长有关，所以被又统称为波长色散。

### 1）模式色散

模式色散是由于不同模式的时间延迟不同而产生的，它取决于光纤的折射率分布，并与光纤材料折射率的波长特性有关。在多模光纤中，传输模式很多，不同模式的传输路径不同，所经过的路程就不同，到达终点的时间也就不同，这就引起了脉冲的展宽。对模式色散进行细致的分析比较复杂，这里仅作简单讨论。我们知道，在同一根光纤中，高次模到达终点走的路程长，低次模走的路程短，这就意味着高次模到达终点需要的时间长，低次模到达终点需要的时间短。在同一条长度为1的光纤上，最高次模与最低次模到达终点所用的时间差就是这段光纤产生的脉冲展宽。

### 2）材料色散

材料色散是由于光纤的折射率随波长而改变，以及模式内部不同波长成分的光（实际光源不是纯单色光），其时间延迟不同而产生的。这种色散取决于光纤材料折射率的波长特性和光源的谱线宽度。严格来说，石英玻璃的折射率并不是一个固定的常数，而是对不同的传输波长有不同的值。光纤通信实际上使用的是光源发出的光，也并不是只有理想的单一波长，而是有一定的波谱宽度。光的波长不同，折射率就不同，光传输的速度也就不同。因此，当把具有一定光谱宽度的光源发出的光脉冲射入光纤内传输时，光的传输速度将随光波长的不同而改变，到达终端时将产生时延差，从而引起脉冲波形展宽。

### 3）波导色散

波导色散的出现与波导结构参数与波长相关，是由于波导尺寸和纤芯与包层的相对折射率差。由于纤芯与包层的折射率差很小，因此在交界面产生全反射时，就可能有一部分光进入包层之内。这部分光在包层内传输一定距离后，可能又回到纤芯中继续传输。进入包层内的这部分光强的大小与光的波长有关，这就相当于光传输路径长度随光波波长的不同而不同。把有一定波谱宽度的光源发出的光脉冲射入光纤后，由于不同波长的光传输路径不完全相同，所以到达终点的时间也不相同，从而出现脉冲展宽。具体来说，入射光的波长越长，进入包层中的光强比例就越大，这部分光走过的距离就越长。这种色散是由光纤中的光波导引起的，由此产生的脉冲展宽现象叫波导色散。

一般说来，三种色散的大小顺序是模式色散＞材料色散＞波导色散。

对于多模光纤，总色散等于三者之和，在限制带宽方面起主导作用的是模式色散，其他两种色散影响很小。

对于单模光纤，因只有一个传输模式，故不存在模式色散，其总色散为材料色散和波导色散之和。为减小总波长色散，应尽量选用窄谱线激光器做光源。

对光纤用户来说，一般只关心光纤的总带宽或总色散。光纤光缆在出厂时，也只标明光纤的总带宽或总色散。

在 DWDM（密集波分复用）系统中，特别是在信道数为几十到上百、单信道速率为10Gbit/s 和 40Gbit/s 的情况下，光纤的色散对系统传输质量影响十分显著。为了适应长距离、大容量光纤通信的要求，需使光纤的色散降低频带展宽。因而降低光纤色散是光纤研究的重要课题之一。

### 6. 截止波长

通常单模光纤工作在给定的波长范围内，导波在纤芯中由纤芯和包层的界面来导行，沿轴线方向传输。当波长超出给定范围时，导波就不能有效地封闭在纤芯中，将向包层辐射，在包层里的导波按指数迅速衰减，这时就认为出现了辐射模，导波处于截止状态，把此波长称为截止波长。只有当工作波长大于截止波长时，才能保证单模工作状态。

综上所述，影响光纤传输性能的因素较多，但主要是芯径、材料、传输损耗及模式带宽等。几种常用光纤的主要性能见表 2.7。

表 2.7　几种常用光纤的主要性能

| 光纤类型 | | 纤芯直径/μm | 材　料 | 传输损耗/（dB/km） | | | 模式带宽/（GHz/km） |
|---|---|---|---|---|---|---|---|
| | | | | 850nm | 1 300nm | 1 550nm | |
| 单模光纤 | | 1～10 | 纤芯：以 $SiO_2$ 为主的玻璃<br>包层：以 $SiO_2$ 为主的玻璃 | 2 | 0.38 | 0.2 | 50～100 |
| 多模光纤 | 突变型 | 50～60（200） | 纤芯：以 $SiO_2$ 为主的玻璃<br>包层：以 $SiO_2$ 为主的玻璃 | 2.5 | 0.5 | 0.2 | 0.005～0.02 |
| | | | 纤芯：以 $SiO_2$ 为主的玻璃<br>包层：塑料 | 3 | 高 | 高 | |
| | | | 纤芯：多组分玻璃<br>包层：多组分玻璃 | 3.5 | 高 | 高 | |
| | 渐变型 | 50～60 | 纤芯：以 $SiO_2$ 为主的玻璃<br>包层：以 $SiO_2$ 为主的玻璃 | 2.5 | 0.5 | 0.2 | 1 |
| | | | 纤芯：多组分玻璃<br>包层：多组分玻璃 | 3.5 | 高 | 高 | 4 |

## 2.2.4 光纤的标准

光通信用的传输媒体为光纤、光缆。ITU-T 对光纤、光缆的标准主要是从应用性能方面的要求来规范的，有关结构、环境试验等方面的要求在 IEC 的标准中有更具体的规定。由于光通信技术的发展日新月异，国际、国内对相关标准的研究也在不断改进，因此标准更新的周期越来越短，新的标准也不断出现。所以应关注标准的变化，使光通信的研究、开发、建设、运行和维护工作能适应光通信技术发展的步伐。

为了降低损耗和色散，通信用光纤的研制先后经历了 850nm 短波长多模光纤和 1 300nm 长波长多模光纤（ITU-T G.651）、1 310nm 普通单模光纤（ITU-T G.652）、1 550nm 色散位移单模光纤（ITU-T G.653）、1 550nm 非零色散位移单模光纤（ITU-T G.655），以及宽带光传输非零色散光纤光缆的特性（ITU-T G.656）等重要发展阶段。

### 1. 单模光纤标准

单模光纤的国际标准有ITU-T建议和IEC建议。我国的国标GB/T 9771.1 ~ GB/T 9771.5 —2000《通信用单模光纤系列》标准共有五个部分，每一部分在主要技术内容上都参照了国际标准的规定，某些特性要求也参照了国际上同类产品的先进技术指标，它们的规定是协调一致的。

单模光纤包括了从 G.652 到 G.656 共 5 个系列，涵盖了到目前为止所有品种的单模光纤，其中 G.652 单模光纤是我国的核心网、城域网、用户网及其他专用网大量使用的品种。单模光纤类别按 ITU-T 标准分为 G.652A、G.652B、G.652C、G.653、G.654、G.655B；按 IEC 标准分为 B1.1、B1.2、B1.3、B2、B4。我国对光纤型号的命名采用了 IEC 规定，它们之间的对应关系见表 2.8。G.652 和 G.655 类光纤是国内常用的单模光纤，而 G.653 和 G.654 类光纤在国内很少使用。

表 2.8　ITU-T 及 IEC 及国标光纤类别型号对照

| 光 纤 名 称 | ITU-T | IEC | 国　标 |
|---|---|---|---|
| 非色散位移光纤 | G.652A、G.652B | B1.1 | B1.1 |
| 波长段扩展的非色散位移光纤（低水峰光纤） | G.652C | B1.3 | B1.3 |
| 色散位移光纤（DSF） | G.653 | B2 | B2 |
| 截止波长位移光纤 | G.654 | B1.2 | B1.2 |
| 非零色散位移光纤（NZDSF） | G.655A、G.655B | B4 | B4 |

### 2. 多模光纤标准

多模光纤类别按 ITU-T 只有 G.651；按 IEC 分为 A1、A2、A3、A4 类多模光纤，A1、

A2、A3、A4 类又分别分为 a、b、c、d 等。我国对多模光纤型号的命名也采用了 IEC 规定，表 2.9 仅列出了 3 种常用的渐变型多模光纤的型号对照。

表 2.9　3 种常用的渐变型多模光纤的型号对照

| 光 纤 名 称 | ITU-T | IEC | 国　标 |
| --- | --- | --- | --- |
| 50/125μm 渐变型多模光纤 | G.651 | A1a | A1a |
| 62.5/125μm 渐变型多模光纤 | — | A1b | A1b |
| 100/140μm 渐变型多模光纤 | — | A1d | A1d |

在常用的多模光纤中，主要有 A1a 类 50/125μm 和 A1b 类 62.5/125μm 两种类型。50/125μm 渐变型多模光纤的芯径和数值孔径都比较小，不利于与 LED 的高效耦合。而 62.5/125μm 光纤芯径大、数值孔径大，具有较强的集光能力，被普遍选择使用。

国际标准化组织在《信息技术——用户建筑物通用布缆》ISO/IEC 11801：2017 中对多模光纤定义了 OM1、OM2、OM3、OM4 几个等级。一般来说，OM1 指 850/1300nm 满注入带宽在 200/500MHz·km 以上的 50μm 或 62.5μm 芯径多模光纤。OM2 指 850/1300nm 满注入带宽在 500/500MHz·km 以上的 50μm 或 62.5μm 芯径多模光纤。OM3 和和 OM4 是 850nm 激光优化的 50μm 芯径多模光纤，在采用 850nm VCSEL（垂直腔面发射激光器）的 10Gbit/s 以太网中，OM3 光纤传输距离可以达到 300m，OM4 光纤传输距离可以达到 550m。其实，OM3 与 OM4 的区别并不很明显，有时也将 OM4/550 光纤称作 OM3/550 光纤。

## 2.2.5　光缆及其性能

为了保护光纤的固有机械强度，通常的方法是采用塑料涂覆和应力筛选，即光纤高温拉制出来后，要立刻用软塑料（例如紫外固化的丙烯酸树脂）进行一次涂覆和应力筛选，除去断裂光纤，并对成品光纤再用硬塑料（例如高强度聚酰胺塑料）进行二次涂覆，做成很结实的光缆。

### 1. 光缆的结构

一根光纤只能单向传送信号，如果要进行双向通信，光缆中至少要包括两根独立的芯线，分别用于发送和接收。在一条光缆中可以包裹 2、4、8、12、18、24 甚至上千根光纤，同时还要加上缓冲保护层和加强件保护，并在最外围加上光缆护套。图 2.16 是松套管室外铠装多模光缆的结构示意图。

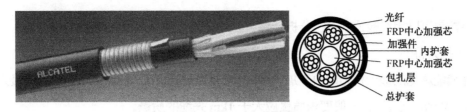

图 2.16 松套管室外铠装多模光缆的结构

光缆一般由缆芯和护套两部分组成，有时在护套外面还加有铠装。

1）缆芯

缆芯通常由涂覆光纤、缓冲器和加强件等部分组成。

涂覆光纤是光缆的核心，决定着光缆的传输特性。

缓冲器即放置涂覆光纤的塑料缓冲保护层。一个缓冲器可放一根或多根光纤；缓冲器主要有紧套管缓冲和松套管缓冲两种类型。紧套管缓冲是在涂覆层外加一层塑料缓冲材料，它为光缆提供了极好的抗震抗压性能，尺寸也较小，但它无法保护光纤免受外界温度变化带来的破坏。当温度过高或过低时，塑料缓冲层会扩张或收缩，而导致光纤的断裂。紧套管缓冲光缆主要用于室内布线。松套管缓冲是用塑料套管作为缓冲保护层的，该套管内有一根或多根已经涂有涂覆层的光纤，光纤在套管内可以自由活动，这样可以避免因缓冲层收缩或扩张而引起的应力破坏，受温度变化的影响较小。但这种结构不能防止因挤压和碰撞引起的破坏。松套管缓冲光缆主要用于室外布线。

光缆通常包含一个或几个加强件。加强件的作用是为了在牵引时使光缆有一定的抗拉强度，释放光纤承受的机械压力。加强件通常处在缆芯中心，有时配置在护套中。加强件通常用杨氏模量大的钢丝或非金属材料如芳纶纤维（Kevlar）或纤维玻璃棒做成。

2）护套

光缆的最外层是光缆的护套（Sheath），它是非金属元件，其作用是将光缆的部件加固在一起，保护光纤和其他的光缆部件免受损害。因此，要求护套应具有良好的抗侧压力、密封防潮和耐腐蚀等性能。

护套的材料取决于光缆的使用环境和敷设方式，室内、室外光缆所使用的护套材料并不相同。通常的护套由聚乙烯或聚氯乙烯（PE 或 PVC）和铝带或钢带构成。

**2. 光缆的特性**

光缆的传输特性取决于涂覆光纤。对光缆机械特性和环境特性的要求由使用条件确定。光缆生产出来后，对这些特性的主要项目，例如拉力、压力、扭转、弯曲、冲击、振动和温度等，要根据国家标准的规定做例行试验。成品光缆一般要求给出如下一些特性，这些特性参数都可以用经验公式进行分析计算，在此只作简要的定性说明。

1）拉力特性

光缆能承受的最大拉力取决于加强件的材料和横截面积。多数光缆能承受的最大拉力在 100～400kg 范围内，一般要求质量应大于 1km 光缆的质量。

2）压力特性

光缆能承受的最大侧压力取决于护套的材料和结构，多数光缆能承受的最大侧压力为 100～400kg/10cm。

3）弯曲特性

弯曲特性主要取决于纤芯与包层的相对折射率差 $\Delta$ 及光缆的材料和结构。实用光纤最小弯曲半径一般为 20～50mm，光缆最小弯曲半径一般为 200～500mm。在该条件下，光辐射引起的光纤附加损耗可以忽略，若小于最小弯曲半径，附加损耗则急剧增加。

4）温度特性

光缆温度特性主要取决于光缆材料的选择及结构的设计。采用松套管二次被覆光纤的光缆温度特性较好。温度变化时，光纤损耗增加，主要是由于光缆材料（塑料）的热膨胀系数比光纤材料（石英）大 2 到 3 个数量级、在冷缩或热胀过程中光纤受到应力作用而产生的。我国对光缆使用温度的一般要求是：低温地区为-40～+40℃，高温地区为-5～+60℃。

**3. 光纤及光缆的标识**

光缆中每根光纤都可以用颜色进行识别，通常通过纤芯颜色（全色谱）或光纤排列顺序（领示色谱）进行标识；也可以按产品规范中的规定进行标识，其色序标识方法与铜缆有些类似。如采用全色谱标识的 12 芯光缆，这 12 根光纤的颜色排列顺序参见表 2.10。

表 2.10　光纤颜色的排列顺序

| 序号 | 1 | 2 | 3 | 4 | 5 | 6 | 7 | 8 | 9 | 10 | 11 | 12 |
|------|---|---|---|---|---|---|---|---|---|----|----|----|
| 色谱 | 蓝 | 橙 | 绿 | 棕 | 灰 | 白 | 红 | 黑 | 黄 | 紫 | 粉红 | 青绿 |

光缆型号及规格标注形式如图 2.17 所示。光缆型号中常见代号见表 2.11。

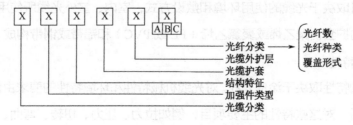

图 2.17　光缆型号及规格标注形式

表 2.11　通信用光缆型号中的常用标注符号

| 分类代号 | | 加强件类型 | | 结构特征 | | 光缆护套 | | 光缆外护层 | |
|---|---|---|---|---|---|---|---|---|---|
| 代号 | 含义 | 代号 | 含义 | 代号 | 含义 | 代号 | 含义 | 代号 | 含义 |
| GY | 室（野）外光缆 | | 金属 | T | 填充式光缆 | Y | 聚乙烯 | 23 | 绕包钢带铠装聚乙烯 |
| GR | 软光缆 | F | 非金属 | | 非填充式光缆 | V | 聚氯乙烯 | 22 | 烧包钢带铠装聚氯乙烯 |
| GJ | 室（局）内用光缆 | G | 金属重型 | Z | 自承式结构 | U | 聚氨乙烯 | 53 | 纵包钢带铠装聚氯乙烯 |
| GS | 设备内光缆 | H | 非金属重型 | B | 扁平形状 | A | 铝塑综合 | 52 | 绕包钢带铠装聚乙烯 |
| GH | 海底光缆 | | | | | S | 钢塑综合 | 33 | 细圆钢丝铠装聚乙烯 |

**4．光缆的选用**

光缆是光纤的应用形式。选用光缆时不仅要根据光纤芯数和光纤种类，还要根据使用环境来选择具有合适护套的光缆。选用光缆时需要注意以下几点。

1）选择光纤类型、纤芯数

光缆中光纤类型的选用与网络的传输速率、容量和距离密切相关。通常是根据光缆适用的网络酌情选择不同的光纤。例如，核心网选用 G.655C 光纤、城域网选用 G.652D 光纤、接入网选用 G.652B 光纤、局域网选用 G.652B 或 G.651 光纤等。需要注意，光缆传输特性是由其中所用的光纤类型决定的。

选择纤芯数时，要注意不仅应满足当前需要，还应估算未来网络通信的应用发展需求，留有适当余量。

传输距离在 2km 以内时，可选用多模光纤；当超过 2km 时，可用中继或单模光纤。

2）选择光缆结构

要正确选择光缆的结构，在满足性能要求的前提下，光缆结构越简单越好。所选择的光缆要便于施工安装。户外用光缆直埋时，宜选用铠装光缆。架空时，可选用带两根或多根加强筋的黑色塑料外护套的光缆。对于建筑物内干线子系统可选用层绞式光缆，配线子系统可选用可分支光缆。

3）选择新材料

注意光缆制造采用的新材料。新材料既能促进光缆结构的改进，如干式阻水料、纳米材料、阻燃材料等的采用，又可赋予光缆特殊性能，扩大光缆的应用领域。在选用建筑物内用的光缆时应注意其阻燃、毒和烟的特性。一般，在管道中或强制通风处可选用阻燃但有烟的类型（Plenum），在暴露的环境中应选用阻燃、无毒和无烟的类型（Riser）。

概括起来，常见光缆类型及应用范围参见表 2.12。

表2.12 常见光纤类型及应用范围

| 光纤类型 | | 纤经/μm | 1 000Base-SX | 1 000Base-LX | 10GBase |
|---|---|---|---|---|---|
| OM1 | 多模 | 62.5/125 | 275m | 550m | 33m |
| OM2 | | 50/125 | 550m | 550m | 82m |
| OM3 | | 50/125 | 550m | 550m | 300m |
| OM4 | | 50/125 | 550m | 550m | 400m |
| 单模 | | 9/125 | 5km 波长 1 310nm | 6km 波长 1 310nm | 10km 波长 1 310nm |

**5. 光缆的优缺点**

1）光缆的优点

相对于双绞线，光缆的主要优点表现在噪声抑制性好、有更小的信号衰减和更高的带宽等方面。

（1）不受电磁场和电磁辐射的影响，噪声抑制性好。因为光纤传输使用光波而不是电磁波，因而噪声就不再是影响因素。唯一可能的干扰是外界光源，但它也被光缆的外护套屏蔽了。

（2）较小的信号衰减。光纤传输的距离比其他导向传输媒体要长得多，信号还可以不经过再生传输许多千米。无中继段长从几十到100多千米，而铜线只有几百米。

（3）更高的带宽。光纤的通频带很宽，理论可达30亿兆赫兹。相对于双绞线和同轴电缆，光缆可以支持极高的带宽，也就意味着极高的数据传输速率。目前，数据传输速率和波特率并不受光缆本身限制，而是受到现有的信号产生和接收技术水平的限制。

（4）光纤使用环境温度范围宽，寿命长；安全可靠，可用于易燃、易爆场所。

2）光缆的缺点

光缆的缺点主要是安装维护难，极其脆弱。安装维护难是指在光缆芯材中的一点点粗糙和断折都将导致光线散射和信号丢失；所有的接头都必须打磨并能精确地接合；所有连接的芯材尺寸必须完全对齐并匹配，并且需要进行完善的封装。由于玻璃纤维比铜导线容易断裂，极其脆弱，因而光缆不适合在硬件移动性较高的应用环境中使用。

另外，由于光纤芯材的任何不纯净或是不完善都可能导致信号丢失，必须万分精确地进行制造。而且激光光源开销也很大，因此光缆是很昂贵的。

# 2.2.6 通信光缆简介

随着通信光缆技术的发展，光缆材料、制造技术、应用场合也在随之不断发展。针对通信网络传输线路长、路由复杂多变的特点，人们先后研制了许多结构复杂的直埋、管道和架空室外光缆。针对城域网多业务、大容量、中等距离的特点，人们又研制了结构适中的光缆，如大芯数的光纤带光缆、无卤阻燃光缆、雨水管道光缆等。针对接入网短距离、小容量等特点，人们研制出了结构简单的轻便光缆，如小 8 字形光缆、开槽光缆等。可以说光缆类型多种多样，通常将光缆分成常用通信光缆和通信用特殊光缆两大类。其中，常用通信光缆又可以分为普通光缆、FTTH 引入光缆和光纤带光缆，而特种光缆是指在特定环境下使用的光缆。需要指出的是，"常用"和"特殊"是相对的，不同的应用场景、不同的地域可能有不同的理解。

**1. 普通光缆**

普通光缆是最早在通信网中广泛使用的光缆，类型较多，主要有 GYTA 光缆（又称管道光缆）、GYTS 光缆（又称架空光缆）、GYTA53 光缆（又称直埋光缆）和 GYTZA 光缆（又称阻燃光缆）等。

1）管道光缆（GYTA）

GYTA 光缆为层绞式结构。将光纤套入松套管内，套管内填充防水化合物。缆芯的中心是一根金属加强芯，对于某些芯数的光缆来说，金属加强芯外还需挤上一层聚乙烯（PE）。松套管（和填充绳）围绕中心加强芯绞合成紧凑的圆形缆芯，缆芯内的缝隙充以阻水填充物。涂塑铝带（APL）纵包后挤制聚乙烯护套成缆。GYTA 光缆的结构如图 2.18 所示。

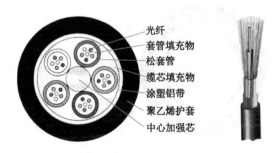

光纤
套管填充物
松套管
缆芯填充物
涂塑铝带
聚乙烯护套
中心加强芯

**图 2.18　GYTA 光缆结构**

GYTA 光缆具有良好的防水性能，适用于以管道敷设方式为主的场合，也可以采用架空敷设方式。

2）架空光缆（GYTS）

GYTS 光缆与 GYTA 的缆芯结构基本相同，如图 2.19 所示。不同的是，其护套为双面镀铬涂塑钢带（PSP）+聚乙烯。与 GYTA 光缆相比，GYTS 光缆具有更好的抗侧压性能，适用于对光缆侧压力要求较大的场景，如既可用于以架空敷设为主的线路，也可用于管道敷设方式。

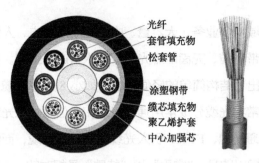

图 2.19　GYTS 光缆结构

GYTS 光缆主要分为 GYTS 多模光缆和 GYTS 单模光缆两种类型。GYTS 光缆是拥有像光一样传输速度的通信缆线，具有带宽高、传输速度快、保密性好、抗电磁场干扰、绝缘性能好、寿命长等特点。

3）直埋光缆（GYTA53）

GYTA53 光缆的结构是将 250μm 光纤套入高模量材料制成的松套管中，松套管内填充防水化合物。缆芯的中心是一根金属加强芯，对于某些芯数的光缆来说，金属加强芯外还需要挤上一层聚乙烯（PE）。松套管（和填充绳）围绕中心加强芯绞合成紧凑和圆形的缆芯，缆芯内的缝隙充以阻水填充物。涂塑铝带（APL）纵包后挤一层聚乙烯内护套，双面涂塑钢带（PSP）纵包后挤制聚乙烯护套成缆。GYTA53 光缆结构如图 2.20 所示。

图 2.20　GYTA53 光缆结构

GYTA53 光缆具有良好的防水、抗侧压、抗拉伸性能，适用于直埋、地埋及穿管方式敷设。直埋光缆主要用于长途通信、局间通信，尤其适用于对防潮、防鼠等要求较高的场合。

4）阻燃光缆（GYTZA）

GYTZA 光缆与 GYTA 光缆的结构相同，其结构是将单模或多模光纤套入由高模量的聚酯材料做成的松套管中，套管内填充防水化合物。缆芯的中心是一根金属加强芯，对于某些芯数的光缆来说，金属加强芯外还需挤上一层聚乙烯（PE）。松套管（和填充绳）围绕中心加强芯绞合成紧凑的圆形缆芯，缆芯内的缝隙充以阻水填充物。涂塑铝带（APL）纵包后挤制聚乙烯阻燃护套成缆。

GYTZA 光缆主要用于通信网络的核心节点、重要汇聚节点的进局段，一般每段进局光缆的长度不宜少于 500m。

### 2. FTTH 引入光缆

为了推进光纤到户（FTTH）的实施，以便将视频、数据和语音等宽带业务通过光纤送入用户的家庭终端，光缆制造厂家根据 FTTH 网络特点研制了许多 FTTH 引入光缆产品。

FTTH 引入光缆主要用于 FTTH 的引入段（从光缆分纤箱到用户家庭 ONT 设备段）。FTTH 引入光缆又分为普通蝶形引入光缆（GJXH）、自承式蝶形引入光缆（GJYXFCH）、预成端蝶形引入光缆、隐形蝶缆等。

1）普通蝶形引入光缆（GJXH）

GJXH 光缆是将光纤或光纤带置于中心，两侧平行放置两根平行金属加强元件（FRP 或钢丝）作为加强件，再挤包一层低烟无卤阻燃（LSZH）外护套或 PVC 护套而成缆。GJXH 光缆结构如图 2.21 所示。

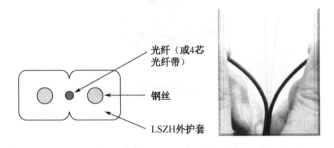

图 2.21　GJXH 光缆结构

GJXH 光缆的常用芯数为 1 或 2 芯，护套短轴和长轴尺寸分别为 2mm 和 3mm，短时间内允许拉伸力（最小值）为 200N，宜沿墙或穿管布放，不宜悬空布放。GJXH 光缆主要用于光纤到户楼宇布线。

2）自承式蝶形引入光缆（GJYXFCH）

GJYXFCH 光缆是在非金属普通蝶形引入光缆（GJXH）的外侧再附加一根增强原件（钢丝或钢丝绳），其结构如图 2.22 所示。

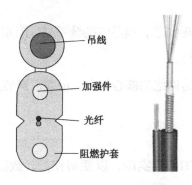

图 2.22 GJYXFCH 光缆结构

GJYXFCH 光缆的常用芯数为 1 或 2 芯，允许拉伸力（最小值）为 600N，可短距离（小于 50m）悬空布放，主要用于室内水平或者垂直布放，比如楼宇内垂直走线架与水平走线架；用户室内外、吊顶上、地毯下等场景。

3）预成端蝶形引入光缆

预成端蝶形引入光缆是在定长的 1 芯 GJXH 或 GJYXFCH 光缆两端预制了 SC 型的活动连接器插头而成缆的。预成端蝶形引入光缆如图 2.23 所示。

图 2.23 预成端蝶形引入光缆

4）隐形碟缆（GJIXH）

GJIXH 光缆的结构与普通蝶形引入光缆基本一致，不同的是，GJIXH 光缆的中间部分是一根单芯的隐形光缆（GJI）。GJI 光缆实质为紧套光纤，是在未着色的 G.657 光纤外面包裹一层直径为 0.9mm 的透明护套而成的。GJIXH 光缆与 GJI 光缆的结构如图 2.24 所示。

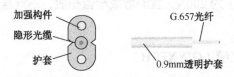

图 2.24 GJXJH 光缆和与 GJI 光缆结构

隐形碟缆一般用于 FTTH 末端布线，其光纤除了具有较好的抗弯曲性能外，还能与光纤链路中其他光纤兼容，即与 G.652D 及 G.657 系列光纤之间具有较低的熔接损耗。GJI 光缆外径细、全透明。敷设时，GJI 光缆一般顺延建筑物的墙脚线、门窗装饰条周边，采用胶水粘贴固定即可。当引入光缆采用 GJIXH 光缆时，户内部分可撕开并剪去光缆的加强构件和护套，仅留下 GJI 光缆进行敷设。

GJI 光缆的敷设难度较大、敷设成本较高，一般用于对户内布线的美观、隐蔽性要求较高的场景。

### 3. 光纤带光缆

光纤带按照相关的标准，将多芯光纤（如 4、6、8、12 芯等）平行排列经紫外线（UV）固化成的薄平带。缆内采用光纤带的光缆就叫光纤带光缆，又称带状光缆。最常用的有 6 芯、12 芯带的带状光缆。

大芯数光纤带光缆采用带状光纤熔接机接续，可提升光缆接续的效率，但接续的衰耗较散纤光缆略大。光纤带光缆适合在城域网、有线接入网中光缆纤芯数较大的场景使用。常用的光纤带光缆分为层绞式（GYDTA）和骨架式（GYDGA）两种结构。

1）层绞式光纤带光缆（GYDTA）

GYDTA 光缆与 GYTA 的结构相同，不同的是，GYDTA 光缆每根松套管内放置 4 芯、6 芯或 12 芯的光纤带，而不是放置散纤。GYDTA 光缆的结构如图 2.25 所示。

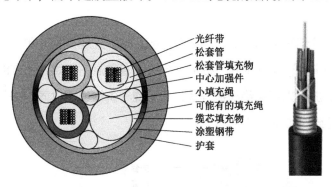

图 2.25　GYDTA 光缆结构

GYDTA 光缆适合采用管道或架空方式敷设。

2）骨架式光纤带光缆（GYDGA）

GYDGA 光缆的结构为：将光纤带放入由高密度聚乙烯（HDPE）制成的骨架槽内，骨架中心是单根钢丝或多股绞合钢丝。在骨架外包一层阻水带，双面涂塑铝带（APL）纵包后挤制聚乙烯（PE）护套。在铝带与阻水带之间放置撕裂绳以便于护套开剥。GYDGA 光缆结构如图 2.26 所示。

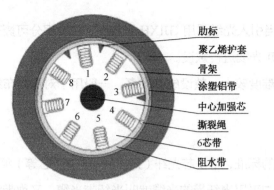

肋标
聚乙烯护套
骨架
涂塑铝带
中心加强芯
撕裂绳
6芯带
阻水带

**图 2.26　GYDGA 光缆结构**

　　GYDGA 光缆适合采用管道或架空方式敷设，缆内光纤带一般为 4 芯或 6 芯。GYDGA 光缆的刚性较大，虽然曲率半径的要求与普通光缆一样，但操作起来比较费力。

### 4．通信用特殊光缆

　　常见的通信用特种光缆有光电混合缆（GDTS）、轻型全介质 8 字缆（GYFXTC8F）、普通非金属光缆（GYFTY）、全介质自承式光缆（ADSS）、层绞式微型气吹光缆（GYCFY）、加强型直埋光缆（GYTA33）等类型。

　　1）光电混合缆

　　光电混合缆是近几年发展起来的一种新型光缆。这种光缆是将光单元和电单元集成到一个缆芯中，进行同步敷设，减少施工费用、节约管道资源。例如，GDTS 混合缆就是在 GYTS 光缆结构中，放入光纤和绝缘铜导线，从而使一条缆线可以同时进行电力及信号的传输。GDTS 混合缆结构如图 2.27 所示。

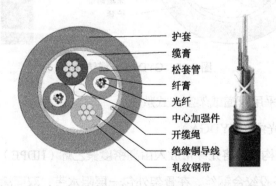

护套
缆膏
松套管
纤膏
光纤
中心加强件
开缆绳
绝缘铜导线
轧纹钢带

**图 2.27　GDTS 混合缆结构**

　　GDTS 混合缆主要用于分布式基站直流电远供系统中连接 BBU 和 RRU。直流电远供系统的电压通常为直流 380V。GDTS 混合缆中的导线通常为 2 根，导线的截面积（平方毫米）主要与远端通信设备的功率和传输距离有关。

GDTS 混合缆可采用架空或管道敷设方式。从安全性角度看，GDTS 混合缆线路属于强电线路，施工和维护时应注意安全。

2）轻型全介质 8 字缆（GYFXTC8F）

GYFXTC8F 光缆是一种非金属光缆，为非金属加强吊线、中心管填充式、非金属纤维增强聚乙烯护套 8 字形自承式结构，如图 2.28 所示。

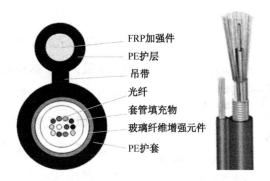

FRP加强件
PE护层
吊带
光纤
套管填充物
玻璃纤维增强元件
PE护套

**图 2.28　GYFXTC8F 光缆结构**

GYFXTC8F 光缆适合于距离在 50m 内、最大不超过 100m 的自承式架空敷设；可以附挂在 10kV 电力杆路下，或用于电力引入线比较凌乱的场景（如城市内的棚户区、农村居民点）。适用于有线接入网的末梢，不宜用于骨干传送网，或接入网中光缆接头比较频繁的段落。

3）普通非金属光缆（GYFTY）

GYFTY 光缆为层绞式结构，套管内填充防水化合物。缆芯的中心是一根非金属加强芯（FRP）。对于某些芯数的光缆来说，金属加强芯外还挤上了一层聚乙烯（PE）。松套管（和填充绳）围绕中心加强芯绞合成紧凑的圆形缆芯，缆芯内的缝隙充以阻水填充物，缆芯外挤制聚乙烯护套成缆。GYFTY 光缆的结构如图 2.29 所示。

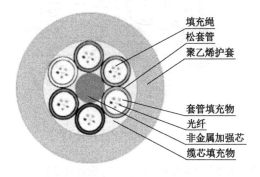

填充绳
松套管
聚乙烯护套

套管填充物
光纤
非金属加强芯
缆芯填充物

**图 2.29　GYFTY 光缆结构**

GYFTY 光缆可用于强电区、多雷区，适合采用管道或架空敷设方式。例如，利用电力杆原有吊线附挂、通过电力沟敷设等。

4）全介质自承式光缆（ADSS）

ADSS 光缆也是一种非金属光缆，可理解成在普通非金属光缆（GYFTY）的护套外面双向绞绕两层起加强作用的芳纶，最后挤制聚乙烯（PE）外套或耐电蚀（AT）外套成缆。ADSS 光缆的结构如图 2.30 所示。

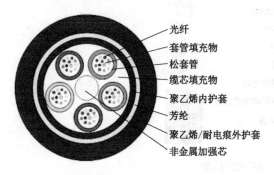

光纤
套管填充物
松套管
缆芯填充物
聚乙烯内护套
芳纶
聚乙烯/耐电痕外护套
非金属加强芯

图 2.30　ADSS 光缆结构

ADSS 光缆适用于电力线路下的自承式架空敷设，由于这种光缆具有较强的抗拉力，也可以用于跨越河流、山涧等大跨距场景。

5）微型气吹光缆

微型气吹光缆又称气吹微缆，采用了非金属加强件且无铠装的结构，可采用在已敷设的通信管道中敷设微管，再在微管中气吹微缆的方式进行敷设，一次气吹的距离可达 1km。气吹微型光缆的松套管由两层材料组成，一层是聚碳酸酯（PC），另一层是聚对苯二甲酸丁二醇酯（PBT），既提高了松套管的机械稳定性，又使光缆的使用温度范围扩大到-40～70℃。气吹微缆分为层绞式和中心管式，其产品特点是结构小、重量轻，适合采用气吹敷设；具有良好的抗弯曲性能及温度特性；光纤密度高、衰减小、传输信息容量大、传输距离长；具有良好的抗拉、抗压特性。一种气吹微缆（GYCFY 光缆）的结构如图 2.31 所示。

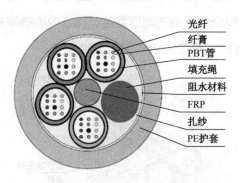

光纤
纤膏
PBT管
填充绳
阻水材料
FRP
扎纱
PE护套

图 2.31　GYCFY 光缆结构

GYCFY 光缆的外径比较细，可有效利用现有管孔空间。常用的 GYCFY 光缆芯数为 36、48、72、96、144 芯，不同芯数光缆的外径及适配的微管规格参见表 2.13。

表 2.13　常用芯数 GYCFY 光缆的外径及适配的微管规格参考

| 光缆芯数/芯 | 光缆直径/mm | 适用微管/mm |
|---|---|---|
| 36、48 | 5.2 | 10/8 |
| 72 | 5.6 | 10/8 |
| 96 | 6.4 | 10/8 |
| 144 | 8 | 12/10 |

GYCFY 光缆应敷设在微管中，适合于光缆芯数不递减的段落长度较长的场景，如干线、城域骨干网，不适合在居民小区宽带接入网工程中使用。

6）加强型直埋光缆（GYTA33）

GYTA33 光缆属于水底光缆，为以示区别，姑且称之为加强型直埋光缆。GYTA33 光缆可理解成在 GYTA 光缆的护套外面经单层细圆钢丝铠装后，最终挤制聚乙烯外护层成缆。GYTA33 光缆结构如图 2.32 所示。

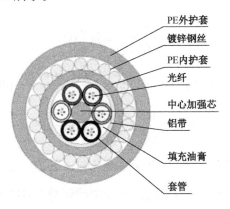

PE外护套
镀锌钢丝
PE内护套
光纤
中心加强芯
铝带
填充油膏
套管

图 2.32　GYTA33 光缆结构

GYTA33 光缆具有较强的防水、抗拉伸、抗侧压性能。根据抗拉伸力的大小，GYTA33 光缆分为 1T 和 2T 级别的两种产品。抗拉伸力为 1T 的产品主要用于山区、丘陵等对抗拉力要求较高的地段直埋敷设，抗拉伸力为 2T 的产品主要用于河床及岸滩稳定、流速不大的水底敷设。

## 2.3　同轴电缆

同轴电缆（Coaxial Cable）类似于 UTP、STP 双绞线电缆，它的中心有一根单芯铜导体，铜导体外面是绝缘层，绝缘层的外面有一层导电金属层，最外面还有一层保护用的外部套管。同轴电缆与其他电缆不同之处是同轴电缆只有一个中心导体，图 2.33 是同轴电缆的结构示意图。金属层可以是密集型的，也可以是网状的。金属层用来屏蔽电磁干扰，防止辐射。

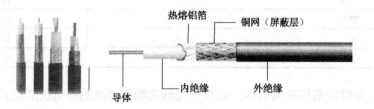

图 2.33　同轴电缆的结构

由于同轴电缆只有一个中心导体，通常被认为是非平衡传输媒体。同轴电缆的主要物理参数有中心导体直径、屏蔽层的内外径、外部隔离材料的材质和最小弯曲半径。同轴电缆用于较高频率范围时，一次参数和二次参数可近似计算。其特征阻抗 $Z_0$、衰减常数 $\alpha$ 和传输速率 $V_p$ 分别为：

$$Z_0 = \sqrt{\frac{L}{C}} = \frac{138}{\sqrt{\varepsilon_r}} \lg \frac{b}{a}(\Omega)\ ;$$

$$\alpha \approx \frac{R}{2Z_0} = (1.317 \times 10^{-5}) \times \sqrt{\varepsilon_r} \times \frac{\sqrt{f}(1/a + 1/b)}{\lg b/a}(\text{dB/km})\ ;$$

$$V_p \approx \frac{1}{\sqrt{LC}} = \frac{3 \times 10^5}{\sqrt{\varepsilon_r}}(\text{km/s})\ ;$$

上述公式中，$a$ 为内导体半径，$b$ 为外导体半径，$\varepsilon_r$ 是介质的相对介电常数。

根据内、外导体尺寸 $a$、$b$ 的不同，同轴电缆可分为中同轴（2.6/9.5mm）、小同轴（0.2/4.4mm）及微同轴（0.7/2.9mm）等规格。对于前两种同轴电缆，$b/a \approx 3.6$，此时 $a$ 最小，其特征阻抗近似为 75Ω。

同轴电缆还可按其特征阻抗的不同，分为基带同轴电缆和宽带同轴电缆两类。

（1）基带同轴电缆：特征阻抗为 50Ω，如 RG-8（细缆）、RG-58（粗缆），利用这种同轴电缆来传输基带信号，其距离可达 1km，传输速率为 10Mbit/s。基带同轴电缆多用于早期的 10Base-2 和 10Base-5 计算机网络。目前这两种电缆已被双绞线和光纤所替代。

（2）宽带同轴电缆：特征阻抗为 75Ω，如 RG-59、RG-6，这种电缆主要作为视频和 CATV 的传输电缆，它传输的是频分复用宽带信号。宽带同轴电缆用于传输模拟信号时，其信号频率可高达 300~400MHz，传输距离可达 100km。

衡量同轴电缆的主要电气参数有特征阻抗、衰减、传播速度和直流回路电阻。

同轴电缆主要用于对带宽容量需求较大的通信系统。由于早期的 UTP 电缆没有足够的带宽，同时由于光缆和光电子器件的价格过于昂贵，所以早期的数据通信系统和局域网一般采用同轴电缆。现在数据通信系统和局域网都使用 UTP 电缆和光缆作为传输媒体。CATV 和视频网络成为同轴电缆的主要应用领域，它们都能够支持高频信号的长距离传输。

同轴电缆的低频串扰及抗外界干扰特性都不如对称电缆。当频率升高时，由于外导体的屏蔽作用加强，同轴管所受的外界干扰及同轴管间的串扰将随频率的升高而降低，因而它特别适合于高频传输。当频率在 60kHz 以上时，同轴电缆中电波的传输速度可接近光速，且受频率变化影响不大，所以时延失真很小。同轴电缆的下限频率定为 60kHz，上限频率可达数十兆赫兹。

同轴电缆因外部设有密闭的金属（铅、铝、钢）或塑料护套，以保护缆芯免遭外界机械、电磁、化学或人为的侵害和损伤。同轴电缆具有寿命长、容量大、传输稳定、外界干扰小、维护方便等优点。

## 2.4　端接跳线

端接跳线简称跳线。跳线（Jumper）是指不带连接器件或带连接器件的缆线，用于配线设备之间的连接。跳线主要有铜跳线（包括屏蔽/非屏蔽对绞电缆）和光纤跳线（包括多模/单模光纤跳线）两种。

### 1．铜跳线

综合布线所用的铜跳线由标准的跳线电缆和连接器件制成，跳线电缆有 2 芯到 8 芯不等，连接器件为两个 6 位或 8 位的模块插头，或者有一个或多个裸线头。跳线根据使用场合不同，有多种型号。模块化跳线两头均为 RJ-45 水晶头，采用 ANSI/TIA/EIA 568-A 或 ANSI/TIA/EIA 568-B 针结构，并有灵活的插拔设计，防止松脱和卡死；110 跳线的两端均为 110 型接头，有 1 对、2 对、3 对、4 对 4 种；117 适配器跳线的一端带有 RJ-45 水晶头，另一端不终接，常用于电信设施的网络设备与配线架的连接；119 适配器跳线的一端带有 RJ-45 水晶头，另一端为 1 对、2 对或 4 对的 110 接头，常用于电信设施的网络设备与配线架的连接；还有一种区域布线跳线，线的一端带有 RJ-45 水晶头，另一端带有 RJ-45 插座。跳线的长度根据用户的需要可长可短，通常在 0.305～15.25m 之间。部分铜跳线的实物图如图 2.34 所示。

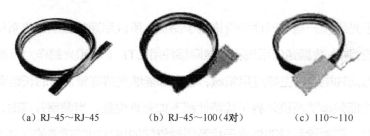

（a）RJ-45～RJ-45　　　　（b）RJ-45～100（4对）　　　　（c）110～110

图 2.34　铜跳线

目前，市场上有多种颜色的 5e 类标准跳线，其彩色护套既可方便地辨别系统以免拔错跳线，又能在拥挤的配线架上保护插头。常用的 5e 类标准跳线如图 2.35 所示。

图 2.35　5e 类标准跳线

对于跳线来说，一个重要问题是弯曲时的性能。一般用户用普通双绞线自制的跳线可称为硬跳线。由于普通的双绞线一般为实线芯，缆线比较硬，不利于弯曲，同时实线芯缆线在弯曲时会出现很明显的回波损耗，导致缆线性能下降。而软跳线则没有这些问题，软跳线是布线生产厂家加工生产的原装跳线，软跳线的每一芯都是多股细铜线，制造工艺较好，便于理线，不容易折断，用起来方便。虽然价格高一些，但可以确保系统的整体性能。

**2．光纤跳线/尾纤**

光纤跳线/尾纤是实现光纤通信设备及系统活动连接的无源器件，也是光纤、光缆配线的重要组成部分。

光纤跳线由含有一根或两根纤芯、带缓冲层、渐变折射率的光纤在两端端接 ST、SC、LC、MT-RJ 等连接器而构成的。跳线可以是单芯的，也可以是双芯的，长度从 0.61m（2ft）到 30.48m（100ft）不等，用户也可根据实际需要向厂家定制。光纤跳线可采用单工光纤及双工光纤两种结构。它们都放在一根阻燃的 PVC 复式护套内，如图 2.36 所示。

光纤跳线一般用于光纤配线架到交换机光口或光电转换器之间、光纤信息插座到计算机之间的连接，两头都接有连接器插头，如图 2.37 所示。光纤跳线长度一般在 5m 以内，其两端的连接器可以是同类型的，也可以是不同类型的。光纤跳线有单模和多模之分。单模光纤跳线（FS2EP-sc-35）采用单模 ST/SC 两芯光纤软线，单模光纤跳线一般用黄色表示。多模跳线有 50/125μm 和 62.5/125μm 两种，多模光纤跳线一般用橙色表示。

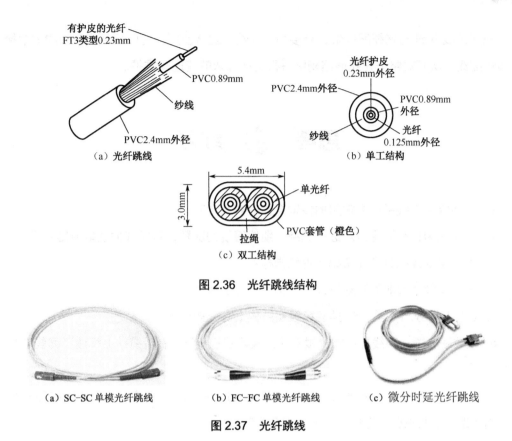

图 2.36　光纤跳线结构

（a）SC-SC 单模光纤跳线　　　（b）FC-FC 单模光纤跳线　　　（c）微分时延光纤跳线

图 2.37　光纤跳线

　　光纤跳线的种类很多，实际中还有一种野外型光纤防水尾缆，专用于光接收机。这种光纤防水尾缆损耗小、抗损力强、防水性能好，有单芯和二芯之分。二芯的其中一芯为反传光信号用或作正向备用；接头型号可由用户指定（常用 FC/APC）。

　　尾纤软线用于室内电缆到各种中继设备的连接。习惯上将尾纤软线也称为跳线。尾纤又叫猪尾线，它与跳线的区别是：跳线在两端都端接光纤连接器插头，而尾纤只在一端端接光纤连接器插头，另一端是一根光缆纤芯的断头，如图 2.38 所示。尾纤通过熔接与其他光缆纤芯相连，常出现在光纤终端盒内，用于连接光缆与光纤收发器（之间还用到耦合器、跳线等）。

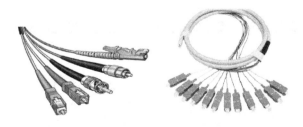

图 2.38　尾纤

光纤跳线/尾纤与光纤配线架、交接箱、终端盒配合使用，可以灵活实现光缆的熔接、跳线和配线，从而对整个光纤通信网络进行灵活高效的管理与维护。

1. 简述综合布线系统中常用的传输媒体有哪几种？

2. 双绞线为什么要将线对进行缠绕，缆线缠绕的次数，对缆线的性能有影响吗？

3. 在选用双绞线时应注意哪些性能指标？

4. 屏蔽双绞线和非屏蔽双绞线在结构和性能上有哪些差别？

5. 6 类双绞线与 5 类、5e 类双绞线在结构上有哪些改进？

6. 双绞线有哪几种线规？拿一根双绞线实际观察一下，看看缆线上标注了哪些电气特性指标？

7. 按照光在光纤中的传播模式来分，光纤可分为哪几类？各有什么特点？按照光纤适于传输的光的波长来分，光纤可以分为哪几类？

8. 什么是单模光纤和多模光纤，常用的光纤有哪几种？

9. 已知某一实用的多模光纤参数为：工作波长 $\lambda$=850nm，纤芯半径 $\alpha$=50μm，数值孔径 $N \cdot A$=0.26，试求该光纤中的可传输模式是多少？

10. 已知某一均匀光纤的参数为：$n_1$=1.5，$\lambda$=1.3μm，试计算：① 若$\triangle$=0.25，为保证单模传输，其光纤纤芯半径 $\alpha$ 应取多大？② 若取 $\alpha$=5μm，为保证单模传输，$\triangle$应取多大？

11. 设有一光纤通信系统，发送端的光功率 $P_s$=20μW，经 10km 的光缆（损耗系数 $\varepsilon$=2.5dB/km）传输后，试问接收端的光功率 $P_r$ 为多少？

12. 光纤跳线和尾纤有什么区别？布线时使用生产厂家加工生产的原装跳线有什么好处？

13. 实际观察单模光纤和多模光纤，区别一下室内外光缆，看看缆线上标注了哪些特性指标？

# 第3章

# 网络接续设备

网络接续设备是综合布线系统中各种连接硬件的统称，是指用于端接和支持通信缆线的所有连接部件，不仅包括各种缆线连接器、连接模块、配线架/箱、跳接设备、端子设备，以及配线管理组件，也包括网络连接设备等。

本章将有重点地分别讨论和介绍与网络综合布线相关的网络接续设备。

## 3.1 双绞线系统连接部件

双绞线电缆系统连接部件包括配线架、信息插座和跳线等，主要用于端接或直接双绞线，使双绞线电缆和连接部件组成一个完整的信息传输信道。网络综合布线接续设备多种多样，不同的综合布线系统，布线方式所使用的接续设备不同，通常有以下几种。

按连接硬件在综合布线系统中的线路段落来划分，主要有：① 终端连接硬件，如总配线架（箱、柜）和各种信息插座（即通信引出端）等；② 中间连接硬件，如中间配线架（盘）和中间分线设备等。

按连接硬件在综合布线系统中的使用功能来划分，主要有：① 配线设备，如配线架（箱、柜）等；② 交接设备，如配线盘（交接间的交接设备）和室外设置的交接箱等；③ 分线设备，有电缆分线盒和各种信息插座等；④ 网络连接设备，如网卡、集线器、交换机和路由器等。

若按连接部件的硬件结构可分为架式和柜式（箱式、盒式）两种；若按安装方式划分，可分为壁挂和落地式。信息插座分为明装和暗装两种，并且有墙上、地板和桌面安装方式。

若按连接硬件装设位置划分，通常以装设配线架（柜）的位置命名，分为建筑群配线架（CD）、建筑物配线架（BD）和楼层配线架（FD）等。

## 3.1.1 双绞线连接器

双绞线与终端设备或网络连接设备连接时所用的连接器称为信息模块，常用的信息模块主要有两种：一种是 RJ-45，如图 3.1 所示；另一种是 RJ-11，如图 3.2 所示。

图 3.1　RJ-45 普通模块、紧凑式模块、免打模块

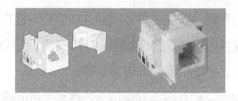

图 3.2　RJ-11 电话模块

### 1．RJ-45 信息模块

RJ-45 信息模块插座一般用于工作区电缆的端接，通常与跳线进行有效连接。它的应用场合主要是：端接到不同的面板（如信息面板出口）、安装到表面安装盒（如信息插座）、安装到模块化配线架中。如图 3.3 所示是一个信息模块插座的实物结构图，以及它端接到信息面板后的外形图。RJ-45 信息模块插座分为非屏蔽模块和屏蔽模块，如图 3.4 所示是屏蔽信息模块结构图。

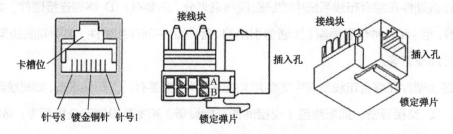

图 3.3　RJ-45 信息模块结构图

屏蔽双绞线和非屏蔽双绞线的端接方式相同。它们都利用 RJ-45 信息模块插座上的接线块通过线槽来连接双绞线，底部的锁定弹片可以在面板等信息出口装置上固定 RJ-45 信息模块插座。但屏蔽双绞线在电缆线对外有一根贯穿整个电缆的漏电线，模块插座的屏蔽层与电缆的屏蔽层通过漏电线相连，这样整个电缆可以从连接器开始为电缆导线提供保护，

使电磁干扰产生的噪声被导入地下。目前,信息模块一般都满足 5e 类或 6 类传输标准要求,适用于宽带终端接续。现将常用的几种信息模块产品介绍如下。

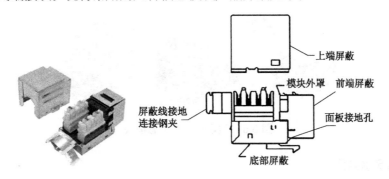

图 3.4　RJ-45 屏蔽信息模块结构图

1)5e 类屏蔽与非屏蔽 RJ-45 信息模块

这种信息模块满足 5e 类传输标准要求,分屏蔽与非屏蔽系列,有用工具和免工具端接型,采用扣锁式端接帽作保护,适用于设备间与工作区的通信插座连接,如图 3.5 所示。这类信息模块可应用于快速以太网、高速以太网等工作区终端连接及快捷式配线架连接。

图 3.5　5e 类屏蔽与非屏蔽 RJ-45 模块

2)6 类信息模块

由于综合布线 6 类系统是一个强调物理层传输能力的结构化布线系统,因此,6 类信息模块多数采用电脑微调和电容补偿技术,提供具有高性能、高余量的 6 类指标,如图 3.6 所示就是一类常用的 6 类信息模块。它采用独特的阻抗匹配技术,以保证系统传输的稳定性;还采用了斜位式绝缘位移技术,保证连接的可靠性;采用了阻燃、抗冲击 PVC 塑料,以使系统具有兼容性能。6 类信息模块主要用于 2.4Gbit/s、1 000Mbit/s 以太网等工作区终端连接及快捷式配线架连接,与超 5 类模块相比,有更大的传输带宽,更优越的传输性能,适用于数据传输量大、对网络的可靠性要求高的布线场所。

综合布线系统可采用不同厂家的信息模块插座和信息插头。在一些厂家的产品中,对信息模块插座与配线架进行了更科学的配置,这些配线架只由一个可装配各类模块的空板和模块组成，用户可根据实际应用的模块类型和数量安装相应信息模块插座。在这种情况下，信息模块插座也成为配线架的一个组成部分。

图 3.6　6 类 RJ-45 信息模块

### 2. RJ-45 水晶头

RJ-45 水晶头俗称 RJ-45 插头（RJ-45 Modular Plug），用于数据通信电缆的端接，实现设备、配线架模块间的连接及变更，其结构如图 3.7 所示。对 RJ-45 水晶头的技术要求是：① 满足 5e 类或 6 类传输标准；② 具有防止松动、自锁、插拔功能；③ 接点镀金层厚度为 50μm，插拔寿命不低于 1 000 次。

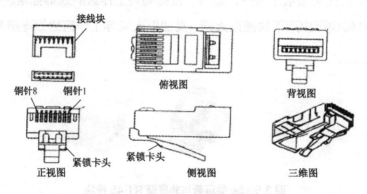

图 3.7　RJ-45 水晶头结构图

RJ-45 水晶头通常接在双绞线的两端，形成跳线。RJ-45 水晶头插入 RJ-45 信息模块插座时，水晶头的插入部分被顶部的塑料片固定在相应位置，将塑料片压下去插头就被释放出来。图 3.8 是 RJ-45 水晶头与双绞线端连接后的实物图。

图 3.8　RJ-45 水晶头与双绞线端连接后的实物图

RJ-45 连接器是 8 针连接器，在图 3.9（a）中分别标出了 RJ-45 水晶头和 RJ-45 信息模块插座每个针的序号。线对和针序号的对应关系，有 ANSI/TIA/EIA 568-A 和 ANSI/TIA/EIA 568-B 两种国际标准。表 3.1 给出了线序标准。图 3.9（b）中插座的推荐颜色及线对分配是按照 ANSI/TIA/EIA 568-A 标准给出的。根据表 3.1 不难画出按照 ANSI/TIA/EIA 568-B 标准的对应关系图。

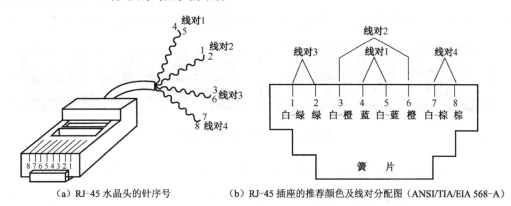

（a）RJ-45 水晶头的针序号　　　（b）RJ-45 插座的推荐颜色及线对分配图（ANSI/TIA/EIA 568-A）

图 3.9　RJ-45 水晶头针序号及线对分配

表 3.1　线序标准

| 引 针 号 | 1 | 2 | 3 | 4 | 5 | 6 | 7 | 8 |
| --- | --- | --- | --- | --- | --- | --- | --- | --- |
| ANSI/TIA/EIA 568-A | 白/绿 | 绿 | 白/橙 | 蓝 | 白/蓝 | 橙 | 白/棕 | 棕 |
| ANSI/TIA/EIA 568-B | 白/橙 | 橙 | 白/绿 | 蓝 | 白/蓝 | 绿 | 白/棕 | 棕 |

在一个综合布线系统工程中，需要统一使用一种连接方式，一般使用 ANSI/TIA/EIA 568-B 标准制作连接线、插座、配线架，否则必须标注清楚。

对于 5e 类、6 类连接器，在外观上看很相似，但在物理结构上是有差别的。日常一般很重视缆线的性能指标，实际上模块连接器也必须达到相应的标准，电缆须与同类的连接硬件端接。如果把一条 5e 类电缆与一个 3 类标准连接器或配线盘端连接，就会把电缆信道的性能降低为 3 类。此外，连接跳线也必须与缆线同属一类。

## 3.1.2　双绞线配线架

配线架是对缆线进行端接和连接的装置，在配线架上可进行互连或交接操作。布线系统中的双绞线电缆线对的端接多数是在配线架上完成的。配线架是管理系统中的重要组件之一，是实现干线和配线两个子系统交叉连接的枢纽。配线架通常安装在机柜或墙上。通过安装附件，配线架可以满足 UTP、STP、同轴电缆、光纤的连接需要。在网络工程中常用的配线架有双绞线配线架和光纤配线架两大类，在此仅讨论双绞线配线架。

双绞线配线架的作用是在管理系统中将双绞线进行交叉连接，用在主交接间和各分交接间，可使凌乱的双绞线分类标识后，再通过跳线与交换设备连接，这样可以使每根网络连线更有秩序，便于以后的维护管理。双绞线配线架主要有 24 口和 48 口两种形式，如图 3.10 所示是双绞线配线架正反面图示，前面板用于连接网络设备（如交换机、集线器）的 RJ-45 端口（直接接插），后面板用于连接从信息插座延伸过来的双绞线（需要打线）。

图 3.10　双绞线配线架的正反面

双绞线配线架的型号很多，通常将双绞线配线架分为 110 型配线架和模块式快速配线架等类型。相应地，许多厂商都有自己的产品系列，并且对应 3 类、5 类、5e 类、6 类和 7 类缆线，分别有不同的规格和型号，在具体工程中，应参阅产品手册，根据实际情况进行配置。

### 1．110 型配线架

110 型配线架是综合布线系统常用的一种配线方式，俗称鱼骨架。一般一个 110 型配线架为 1U 高度，包含了左右两个各 50 对的鱼骨架，可连接 100 对 2 芯电话线。110 型系列配线架是由高分子合成阻燃材料压模而成的塑料件，其上装有若干齿形条，每行最多可端接 25 对线。110 型配线架有 25 对、50 对、100 对、300 对多种规格，它的套件还包括连接块、空白标签、标签夹和基座等。沿配线架正面从左到右均有色标，以区别每条输入线。把这些输入线放入齿形条的槽缝里，再与连接块（110C）接合。利用 788 J1 工具，就可以把连线冲压到 110C 连接块上。现场安装人员进行一次这样的操作，最多可端接 5 对线，具体数目取决于所选用的连接块大小。例如，在 25 对的 110 型配线架基座上安装时，应选择 5 个 4 对连接块和 1 个 5 对连接块，从左到右完成白区、红区、黑区、黄区和紫区的安装，如图 3.11 所示。

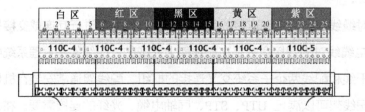

图 3.11　25 对的 110 型配线架

在结构上，110 型配线架可分为带脚（也称支撑腿）和不带脚的配线架。110 型配线架主要有 110A、110P、110JP 和 110VisiPatch 等端接硬件类型，其中，110A 型是夹接式，110P 型是接插式。110A、110P、110JP 和 110VisiPatch 型配线架的电气性能完全相同，只是规模和所占用的墙空间或面板大小有所不同，但每一种硬件都有它自己的特点。例如，在配线线路数目相同的情况下，110A 型占用的空间是 110P 型的一半，并且价格也较低。

110 型配线架的缺点是不能进行二次保护，所以在进入建筑物的地方需要考虑安装具有过流、过压保护装置的配线架。

1）110A 型配线架

110 型配线架配有若干引脚，俗称带脚的 110 型配线架，以便为其后面的安装电缆提供空间；配线架侧面的空间可供垂直跳线使用。110A 型配线架可以应用于所有场合，特别是可用于大型语音点和数据点缆线管理，也可以应用在交接间接线空间有限的场合。110

型配线架通常直接安装在二级交接间，交接间或设备间墙壁的胶木板上。每个交连单元的安装脚使接线块后面留有缆线走线用的空间。100 对线的接线块应在现场端接。如图 3.12 所示是机架型 110 A 型配线架，这种机架型 110A 型配线架适用于设备间水平布线或设备端接，集合点的互配端接。

**图 3.12 机架型 110A 型配线架**

110 型配线架有 188B1 和 188B2 两种底板，并在底板上装有两个封闭的塑料分线环。188B1 底板用于承受和支持连接块之间的水平方向走线，安装在终端块的各色场之间。

188B2 底板除了有 2.54cm 的支脚使缆线可以在底板后面通过，其他与 188B1 完全一样。

2）110P 型配线架

110P 型配线架有 300 对和 900 对两种型号。由 300 对线的 188D2 垂直底板及相应的 188E2 水平过线槽组成的 110P 型配线架，安装在一个金属背板支架上，底部有一个半密闭状过线槽，如图 3.13 所示。

由于 110P 型配线架没有支撑脚，不能安装在墙上，只能用于某些空间有限的特殊环境，如装在 48.26cm（19in）机柜内。在 110P 配线架上的 188C2 和 188D2 垂直底板，分别配有分线环，以便为 110P 终端块之间的跳线提供垂直通路；188E2 底板为 110P 终端块之间的跳线提供水平通路。

**图 3.13 110P 型配线架**

110P 型配线架用插拔快接跳线代替了跨接线，不但外观简洁，

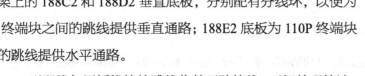

而且为管理提供了方便，但对管理人员技术水平要求不高。110P型硬件不能垂直叠放在一起，也不能用于2 000条线路以上的电信间或设备间。

### 2. 模块式快速配线架

模块式快速配线架又称为机柜式配线架，是一种48.26cm（19in）的模块式嵌座配线架。它通过背部的卡线连接水平或垂直的干线，并通过前面的RJ-45水晶头将工作区终端连接到网络设备。如图3.14所示是一个模块式配线架的外形图。

**图3.14　模块式配线架**

配线架一般可容纳24、32、64或96个嵌座，其附件包括标签与嵌入式图标，用于方便用户对信息点进行标识。机架式配线架在48.26cm（19in）标准机柜上安装时，还需选配水平缆线管理环和垂直缆线管理环。

模块式快速配线架中还有混合多功能型配线架，它只提供一个配线架空板，用户可以根据自己的应用情况选择6类、5e类、5类模块或光纤模块进行安装，并且可以混合安装。这种模块化的结构设计使安装、维护、扩容都简便、快捷。

### 3. 新型110配线架

在综合布线系统中，当配线架与复杂的跳线连接时，为避免造成连接类错误及其引起的连接断开错误，需要耗费相当多的时间和精力。尤其是当信息点的数量多到一定程度时，对其管理将变得更复杂。为解决这些难题，人们研发了许多新的、更为完善的解决方案。

1）110 VisiPatch 配线架

在110型配线架系统基础上，研发了一种全新的SYSTIMAX 110VisiPatch配线架系统。110VisiPatch配线架采用先进的110 IDC（Insulation Displacement Connector，绝缘置换连接器）卡接式技术，加强了配线的组织和管理。它通过使用独特的反向暗桩式跳线设计，允许集成和更高密度的配线管理，解决了高密度110型配线架的跳线管理混乱的问题，形成有条理的外观。它使日常缆线接插工作变得更快、更有效率，可为墙壁表面安装的支架节省了交接间的空间，而灵活的、可快速嵌接的配套套件使安装变得更省时、更简单。110VisiPatch配线架系统包括以下部件。

（1）110VisiPatch 连接块。110VisiPatch连接块由塑料铸模阻燃材料制成，每行接线板的接线齿形条可端接28对线。每行端接25对线时，可沿着接线板的中央由线槽进入，按照连接块进行端接，剩下3对未端接；每行端接4对线时，可沿着接线板的中央或左右两侧进入。电缆导线按照色标放在连接齿上，然后安装110C的连接块完成电缆与接线板的连接。

（2）110VisiPatch 背板。110VisiPatch 背板采用高强度结构化塑料制成，配有墙面安装套件；用两个相同的L形嵌接形成坚固的U形通道。这种轻型背板易于安装在墙上成为110VisiPatch的骨干，还可以上下堆叠。

（3）110VisiPatch 盖板。110VisiPatch 盖板可以快速直接嵌入连接板上，以保护端接的电缆。此外，还有充足的标签面积，可插入彩色标签使线路易于识别，并方便插入4对接插线。

（4）连接环。连接环可直接嵌入背板，提高垂直跳线管理密度，而不需要安装传统的垂直配线面板。

（5）过线盖板。过线盖板提供垂直跳线管理的保护，同时增加了美观性。

（6）110VisiPatch 快接式跳线。110VisiPatch 接插线采用反向跳线技术，插入时会发出轻响，不但使跳线反插入配线架容易，也使得前面的跳线整齐美观。创新的反向跳线设计能确保跳线不会隐藏电路标签或阻碍连接头，并使跳线更容易从配线架上拔除。该设计在插头上添加的标签空间，可以为那些特别重要的电路标注附加识别标签，例如禁止迁移、这是跳线等，便于识别。

2）模块化可翻转配线架

一般模块化可翻转配线架（Patch Max）的结构特点是：① 面板上装有8位插针的模块插座连到标准的110型配线架48.26cm（19in）上；② 面板可翻转，可从支架的前端或后端进行端接缆线；③ 后部封装，以保护印制电路板（PCB）；④ Patch Max 带有理线器。理线器有利于跳线管理，可按所选的配线架选择。

模块化可翻转配线架有以下几种常见产品。

（1）Patch Max GS3 模块化配线架。Patch Max GS3 配线架如图3.15所示，是一个支持Category 6 信道规格的配线架系统，保证与6类标准兼容；配有内置线路、电缆固定器环、彩色编码标签及图标等。Patch Max GS3 有24端口（2U）和48端口（3U）两种配置，可以进行48.26cm（19in）的机柜或墙体安装，并带有缆线管理条的墙壁安装设备和束缚线，每个都有标识。Patch Max 配线架的一项非常独特的性能是它独立的6端口模块可以向前翻转进行端接，比原来在后面端接要容易得多。通过前后的标签进行标识，使系统安装更简单，管理更容易。

图 3.15　Patch Max 110GS3 配线架

（2）1100GS3 配线架。1100GS3 配线架采取增强的连接器场图（CFPM）设计，降低了串扰影响；内置的电缆管理条使安装变得更容易；保证与 6 类标准兼容；48.26cm（19 in）也可用框架固定或直接安装在墙上。产品有 24 端口和 48 端口两种型号。

（3）iPatch$^{TM}$1100GC3 智能型配线架。iPatch$^{TM}$1100GS3 面板的增强型 CFPM 设计，降低了串扰影响；采用硬件和软件结合的方式，提供了对所有电信间的实时、瞬间控制；保证与 6 类标准兼容。该产品有 24 端口和 48 端口两种型号。

## 3.1.3　跳接设备

跳接设备主要指各种类型的 110 型交连硬件系统，以及 110C 连接块、110 型插接线、缆线管理器等。跳接设备的主要功能是将传输媒体连接在跳接器上，通过跳线将传输媒体互相连接起来。跳线可采用不同颜色和标号加以区别。

### 1. 110 型交连硬件系统

在缆线跳接设备中，有多种方法可实现跳接，110 型交连主要有 110A 和 110P 两种交连硬件系统及其交连方式。

1）110A 型交连硬件系统

110A 型交连方式采用跨接式（也叫卡接式）跳接，也就是使用一小段导线将两个端子板上需要连接的端子连在一起。操作时需要使用专用工具，这种跳接法是一种基本的方法。110A 型交连方式属于跨接线管理类的端接式系统，用于对线路不进行改动、移位或重新组合的情况。

110A 型交连硬件系统的组成如下。

（1）100 或 300 对线的接线块，配有或不配有安装脚。

（2）3、4 或 5 对线的 110C 连接块。

（3）110A 底板，110A 硬件系统配用的底板有 188B1 和 188B2 两种。188B1 底板用于承受和支持连接块之间的水平方向跨接线，188B2 底板支撑脚使缆线可以在底板后面通过。

（4）定位器（188A）。

（5）框架（XLBET）。

（6）交连跨接线。

（7）标签标记带、色标不干胶线路标记。

2）110P 型交连硬件系统

110P 交连方式采用快接式（也叫插拔式）跳线，即一次可跳多对线，通过简单的插拔即可，不需要专用工具，不需要对管理人员进行专门培训。110P 型交连方式属于插入线管理类的插拔式系统，用于经常需要重新安排线路连接的情况。

110P 型交连硬件系统的组成包括以下几个部分。

（1）安装在终端块面板上的 100 对线的 110D 型接线块。

（2）垂直底板，110P 硬件系统配用的底板有 188C2 和 188D2 两种。188C2 在 900 对线组合装置的各个色场之间提供垂直过线槽；188D2 在 300 对线组合装置的各个色场之间提供垂直过线槽。

（3）水平跨接线过线槽（188E2）。188E2 在中继线/辅助场和主布线场提供水平接插线过线槽，也为各列 300 对线终端块之间提供水平接插过线槽。110 跨接线过线槽形状如图 3.16 所示，是一个白色模压塑料架，可以在两个 110 跨接线块之间引导跳线提供水平路径。

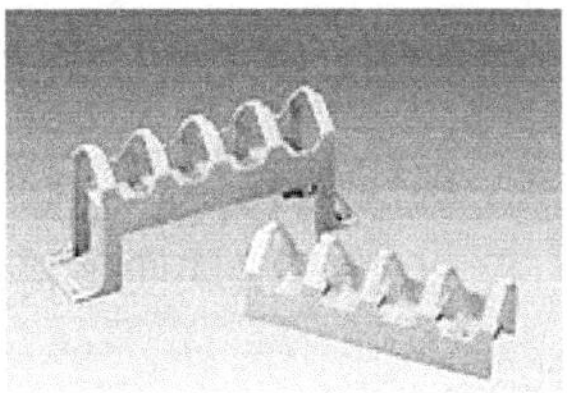

图 3.16　110 跨接线过线槽

（4）管道组件。

（5）3、4 或 5 对线的 110C 连接块。

（6）插接线及标签标记带等。

### 2．110C 连接块

110C 连接块固定在 110 型配线架上，为配线架上的电缆连接器与跳线提供紧密连接。110C 连接块是一个小型的阻燃塑料模密封器，内含熔锡快速接线夹，当连接块推入接线场的齿形条时，通过夹子切开连线的绝缘层。连接块的顶部用于交叉连接，顶部的连线通过连接块与齿形条内的连线相连。

110C 连接块有 3 对线（110C-3）、4 对线（110C-4）和 5 对线（110C-5）三种规格。所有接线块每行均端接 25 对线，3、4 或 5 对线的连接决定了线路的模块系数。采用 3 对线的模块化方案，可以使用 7 个 3 对线连接块和 1 个 4 对线连接块，最后一对线通常不用。采用 2 对线或 4 对线的模块化方案，可以在末端使用 5 个 4 对线连接块和 1 个 5 对线连接块。为了便于快速进行双绞线的鉴别和连接，110 连接块的前面都有彩色标识，连接块上彩色标识顺序为蓝、橙、绿、棕、灰。3 对连接块分别为蓝、橙、绿；4 对连接块分别为蓝、橙、绿、棕；5 对连接块分别为蓝、橙、绿、棕、灰。如图 3.17 所示是 110C-4 连接块的正视图及 110C-4、110C-5 的实物图。

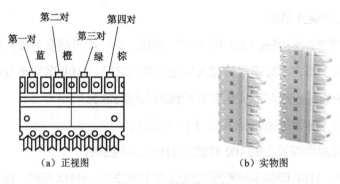

（a）正视图　　　　　　　　　（b）实物图

图 3.17　110C 连接块

110C 连接块可用于 110A、110P 和 110JP、100VP 配线架。当使用 3 对线或 4 对线的连接块时，每个齿形条上的最后一个连接块需比前面各个连接块多 1 对线，才能凑足 25 对线。设计选型决定了终端块所配的连接块的类型。

110C 连接块便于将每个 3 对线和 4 对线的线路都断开，以利于测试，而不会影响邻近线路。

### 3．110 型接插线

110 型接插线是预先装有连接器的跨接线，只要把插头夹到所需的位置就可以完成交连。接插线有 1、2、3 和 4 对线 4 种型号可供选择，长度也有几种不同规格，其内部的独特结构可防止插接极性接反或各个线对错开。例如，一种由 1074 软线和 110 插头组成的110 型 Power SUM 接插线如图 3.18（a）所示，4 芯 110 型跳线如图 3.18（b）所示。

（a）110 型 Power SUM 接插线　　　　　　（b）4 芯 110 型跳线

图 3.18　110 型接插线

### 4．缆线管理器

缆线管理器是有效管理缆线路径的设备，通常与配线架一起安装。

由于缆线本身有质量，当质量过大时，会给连接器施加拉力，造成接触不良。采用缆线管理器可以将缆线托平，而不对模块施力。

缆线管理器为缆线提供了平行进入 RJ-45 模块的通道，使缆线在压入模块前不再需要经过多次直角转弯，不仅减少了自身的信号辐射损耗，也减少了对周围电缆的辐射干扰，还避免了当线路扩充时因改变一根电缆而引起其他电缆的变动，保证了系统的整体可靠性。如图 3.19 所示是部分缆线管理器的实物图。

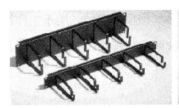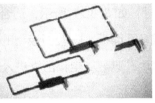

图 3.19　缆线管理器

此外，常用的缆线管理器还有分线环、设备托架、理线器、墙装型支架等部件。

**5. 电源配接线**

电源配接线把辅助电源连至 110 型终端块的 1 个 4 对线连接块。电源配接线是 1 根 1 对线的电缆：一端接一个含 6 个导电片的模块化插头，用来连接电源；另一端接一个 1 对线的 110 型插接线插头，用来连接 110 型连接块。

**6. 测试线**

测试线可以在不拆卸任何跨接线的情况下测试链路，其长度有 1.2m 和 1.8m 两种。为了能与 110 型连接块互连，其含有一个锁定机构。

## 3.1.4　端子设备

端子设备主要包括各种类型的信息插座、缆线接头和插头。除此之外，还有与之配套使用的多功能适配器（板）、面板与表面安装盒，以及多功能适配器等。

面板、模块有时还需加上底盒形成一套整体，统称为信息插座，但有时信息插座只代表面板，可以根据不同的需求进行选择，比如单孔、双孔或数字-语音混合、双绞线-光纤混合面板等，有些甚至还有闭路视频接口。同时，面板的内部构造、规格尺寸及安装方法等也有较大差异。

信息插座盒可作为工作区子系统安置在桌面的固定端口，信息插座盒外形如图 3.20 所示。每根双绞线电缆须终接在工作区的一个 8 脚（针）的模块化插座上。

图 3.20  信息插座盒

一般面板有平面型和斜面型两种，但多数都采用嵌入式组合方式，面板外形尺寸符合国标 86 型结构尺寸，如图 3.21 所示，适合多类型模块安装，用于工作区布线。用户可根据需要选择单孔或多孔面板。一般面板上的数据、语音端口应标识清晰，各孔都配有防尘滑门，用以保护模块，遮蔽灰尘和污物进入。

图 3.21  符合国标 86 型结构的各类面板

面板的主要作用是保护内部模块，使接线头与模块接触良好，另一个作用是便于用户使用管理标注。

另外，还有一类金属地板信息插座面板（带三个信息模块），如图 3.22 所示。金属地板信息插座面板具有防尘、防水功能，一般安装在大楼室内地板上，可适应于计算机房、机场、展览馆等大面积的办公楼；内部可以装置电话、电脑、电源、电视等功能插座。主要特点有：① 面盖材料为黄铜；② 功能件采用防火、耐高温的 PC 塑胶；③ 底盒内部空间加大加深，内外壁全部镀锌以防止生锈；④ 钢板厚度为 1.5mm，带黄铜接地端子。

图 3.22  金属地板信息插座面板

适配器又称转换器，主要功能是转换各种型号、规格的插头和插座，使之能够相互匹配。因此，适配器的种类和型号非常多。例如，图 3.23 所示是一个多功能适配板，比较适于别墅住宅和小型办公室。该适配板共有 4 个功能模块区，用户可根据需要自由搭配使用。它提供了 1～16 个数据通信接口；有二进六出插口，可接六台电视机；配置了 1～8 部外线电话接口；还具有保安监控接线。

适配器的作用主要为：把不同大小或类型的插头与信息插座匹配；提供引线的重新排列；将多芯大缆线分成较小的几股；缆线之间互连等。

**图 3.23　多功能适配板**

端接跳线主要指屏蔽、非屏蔽双绞线和多模、单模光纤跳线。常用数据线包括 6 类 4 对非屏蔽双绞线、5e 类 4 对非屏蔽双绞线、3 类 25 对非屏蔽双绞线、3 类 100 对非屏蔽双绞线，以及室内 4 芯、6 芯、8 芯多模光纤等。

## 3.2　光纤系统连接部件

在光纤通信（传输）链路中，为了实现不同模块、设备和系统之间灵活连接的需要，须有一种能在光纤与光纤之间进行可拆卸（活动）连接的部件，使光信号能按所需的信道进行传输，以实现和完成预定或期望的目的和要求。光纤系统接续部件包括光纤连接器、光信号转换器件、光纤配线架、光纤配线箱，以及多媒体铜缆光纤组合式配线系统等。

### 3.2.1　光纤连接器

光纤连接器是连接两根光纤或光缆，使其成为光通路可以重复装拆的活接头。它能把光纤的两个端面精密对接起来，常用于光源到光纤、光纤到光纤，以及光纤与探测器之间的连接。在光纤通信系统、光信息处理系统和光学仪器仪表中，光纤连接器的应用非常广泛。因此实用的连接器须具备损耗低、体积小、质量轻、可靠性高、便于操作、重复性和互换性好及价格低廉等优点，还要求能承受一定的机械振动和冲击，适应一定的温度和湿度环境条件。另外，光纤连接器还需要具有装拆时防止杂质污染的保护措施。在一定程度上，光纤连接器的性能影响着光纤传输系统的可靠性和传输性能。

光纤连接器的种类繁多。若按光纤接头可拆卸与否可分为固定连接器和活动连接器。固定连接器是一种不可拆卸的连接器。活动连接器俗称活接头，国际通信联盟（ITU）建议将其定义为"用以稳定地但并不是永久地连接两根或多根光纤的无源组件"。活动连接器主要用于实现系统中设备之间、设备与仪表之间、设备与光纤之间，以及光纤与光纤之间的非永久性固定连接，是光纤通信系统中不可缺少的无源器件。

光纤连接器与光纤固定接头的最大不同就是光纤连接器可以拆卸，使用灵活。在实际光纤通信系统中，光源与光纤的连接及光纤与光电检波器的连接均采用光纤活动连接器。在下面的讨论中，如果不特别说明就是指光纤活动连接器。

光纤连接器分为单芯型和多芯型。单芯型光纤连接器用于单根光纤之间的连接，多芯型光纤连接器用于多根光纤之间的连接。光纤连接器也有多模和单模之分，单模光纤之间的连接需采用单模光纤连接器，多模光纤之间的连接需采用多模光纤连接器。

### 1. 光纤连接器的基本结构

大多数光纤连接器（Fiber Optic Connector）由3个部分组成，即两个光纤插头和一个耦合管，如图3.24所示。两个插头装进两根光纤尾端，耦合管起对准套管的作用。耦合管配有金属或非金属法兰盘，以便于连接器的安装和固定。耦合管的耦合方式可以分为套筒耦合、V型槽耦合、锥型耦合等；套管结构可以分为直套管、锥形套管等；紧固方式有：螺丝紧固、销钉紧固、弹簧销紧固等。

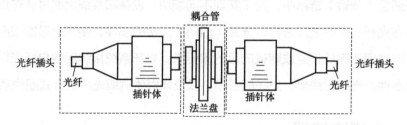

图3.24  光纤连接器的基本结构

### 2. 光纤连接器的性能

光纤连接器是光纤传输系统中使用量最多的光无源器件，可从光学性能和机械性能两个方面考察。对光纤连接器的要求主要是插入损耗小、回波损耗高、体积小、拆卸重复性好、互换性好、可靠性高等。由于光纤连接器是一种损耗性产品，所以还要求其寿命长，并且价格较便宜。

1）光学性能

对于光纤连接器的光学性能指标，主要包括插入损耗和回波损耗这两个最基本的参数。

（1）插入损耗（Insertion Loss）即连接损耗，是指因光纤连接器的接入而引起的链路有效光功率的损耗。插入损耗越小越好，一般要求应不大于0.5dB。

（2）回波损耗（Return Loss，Reflection Loss）是指连接器对链路光功率反射的抑制能力，其典型值应不小于 20dB。实际应用的光纤连接器的插针表面经过了专门的抛光处理，可以使回波损耗更大，一般不低于 45dB。

2）机械性能

（1）互换性、重复性及插拔次数。光纤连接器是通用的无源器件，对于同一种型号的光纤连接器，一般都可以任意组合使用，并可以重复多次使用。所谓互换性，是指同一种连接器不同插针替换时损耗的变化范围，一般应小于 ±0.1dB。所谓重复性，即每次插拔后其损耗的变化范围，一般应小于 ±0.1dB。插拔次数指连接器具有上述损耗参数范围内可插拔的次数。目前使用的光纤连接器一般都可以插拔 1 000 次以上。

（2）抗拉强度。对于做好的光纤连接器，一般要求其抗拉强度不低于 90N。

（3）工作温度。一般要求光纤连接器必须在-40～+70℃的温度下能够正常使用。

3）影响光纤连接器性能的主要因素

光纤连接时，产生的损耗主要来自制造技术和光纤本身的不完善。光纤的横向错位、角度倾斜、端面间隙、端面形状、端面光洁度及纤芯直径、数值孔径、折射率分布的差异和光纤的椭圆度、偏心度等都会影响连接质量。其中，轴心错位和间隙造成的损耗影响最大。

（1）纤芯（或模场）尺寸失配。如图 3.25 所示，发射光纤纤芯直径为 $D_s$，接收光纤纤芯直径为 $D_x$，$D_s$ 与 $D_x$ 失配会产生插入损耗。

（2）数值孔径失配。如图 3.26 所示，数值孔径失配会产生插入损耗。

（3）折射率分布失配。如图 3.27 所示，若 $g$ 为折射率分布指数，折射率分布失配会产生插入损耗。

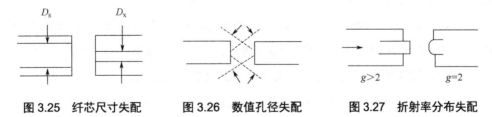

图 3.25　纤芯尺寸失配　　　图 3.26　数值孔径失配　　　图 3.27　折射率分布失配

（4）端面间隙过大。由于端面间隙过大而不重合会造成插入损耗，如图 3.28 所示。

（5）轴线倾角过大。若插入的两端轴线不在同一轴线上，不平行会增加插入损耗，如图 3.29 所示。

（6）横向偏移或同心度。因插入的两端轴线不同轴，但处于平行状态时会造成插入损耗，如图 3.30 所示。

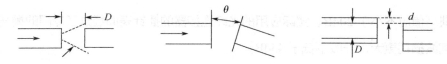

图 3.28  端面间隙过大        图 3.29  轴线倾角过大      图 3.30  横向偏移或同心度

（7）菲涅尔反射。光信号在端面形成反射时也会造成信号损失。

4）改善光纤连接器性能的措施

由于光纤通信技术应用领域不断扩大，对光纤连接器提出的要求也越来越多，其技术也在不断改进，目的是努力降低插入损耗，尽可能提高回波损耗，并改善连接器的机械耐力（重复插拔性能）和温度性能。目前改进工作主要从以下两个方面入手。

（1）改进制作材料。由于陶瓷材料与石英玻璃材料的热匹配性好，物理化学性能稳定，加工精度高，机械耐力好，因此越来越受到重视。目前使用较多的陶瓷材料是氧化铝和氧化锆。比较理想的组合是用氧化铝制作插针套管，用氧化锆制作耦合套筒。

（2）改进插针体对接端端面的对接方式和端面的加工工艺。目前 PC（Physical Connection，物理接触，即端面呈凸面拱形结构，又称球面接触）型对接端端面正在逐步取代 FC（Ferrule Connector，平面接触）型对接端端面。PC 型对接端端面研磨的工艺也在不断改进，人工研磨正逐渐被机器研磨所取代。出现了 APC（Advance Physical Contact）技术，即在传统研磨的基础上，再用二氧化硅磨片或微粉进行超精细研磨，以减小因光纤连接器对接端面处折射率不匹配对插入损耗和回波损耗性能的影响。

### 3. 常用光纤连接器

光纤连接器的种类、型号很多。常用光纤连接器按传输媒体的不同可分为硅基光纤的单模、多模连接器，还有其他材料如塑胶等作为传输媒体的光纤连接器；按连接头结构类型可分为 FC、SC（Subscriber Connector）、ST（Straight Tip）、MU（Miniature unit Coupling）和 MT 等；按光纤端面形状分为 FC（平面接触）、PC（球面接触，包括 SPC 或 UPC）和 APC 型；按光纤芯数分为单芯、多芯（如 MT-RJ）型光纤连接器。

目前，光纤连接器的主流品种是 FC 型（螺纹连接方式）、SC 型（直插式）和 ST 型（卡扣式）3 种，它们的共同特点是都有直径为 2.5mm 的陶瓷插针，这种插针可以批量进行精密磨削加工，以确保光纤连接的精密度。插针与光纤组装非常方便，经研磨抛光后，插入损耗一般小于 0.2dB。

1）FC 型光纤连接器

FC 型光纤连接器最早是由日本 NTT 研制的。FC 型光纤连接器采用金属螺纹连接结构，插针体采用外径 2.5mm 的精密陶瓷插针。FC 型光纤连接器是一种用螺纹连接、外部零件采用金属材料制作的连接器，其结构如图 3.31 所示。

根据 FC 型光纤连接器插针端面形状的不同，可分为平面接触 FC/FC 和球面接触 FC/PC、斜球面接触 FC/APC 3 种结构。平面对接的适配器结构简单，操作方便，制作容易，但光纤端面对微尘较为敏感，并且容易产生菲涅尔反射，提高回波损耗较为困难。球面对接的适配器对该平面适配器进行了改进，采用对接端面呈球面的插针，而外部结构没有改变，使得插入损耗和回波损耗性能有了较大幅度的改善，FC/PC 适配器如图 3.32 所示。

图 3.31　FC 型光纤连接器结构

图 3.32　FC/PC 适配器

FC/FC 和 FC/PC 光学性能相差较大，在选用时一定要弄清楚其端面为平面抛光型，还是球面（PC）研磨型。

FC 光纤连接器大量用于光缆干线系统，其中，FC/APC 光纤连接器用在要求高回波损耗的场合，如 CATV 网等。FC 型光纤连接器是目前使用较多的品种，并制定了 FC 型光纤连接器的国家标准。

2）SC 型光纤连接器

SC 型光纤连接器也是由日本 NTT 公司设计开发的，并申请了专利，是目前广泛使用的一种接头。它采用插拔式结构，外壳为矩形结构，用工程塑料制造，容易做成多芯连接器，插针体为外径 2.5mm 的精密陶瓷插针。SC 型光纤连接器的主要特点是不需要螺纹连接，可直接插拔，操作空间小，便于密集安装。按其插针端面形状分为球面接触的 SC/PC 和斜球面接触的 SC/APC 两种结构。SC 型光纤连接器广泛用于光纤用户网中。我国已制定了 SC 型光纤连接器的国家标准。图 3.33 所示是 SC 型光纤连接器、SC 型适配器及 SC/PC 型适配器的实物图形。

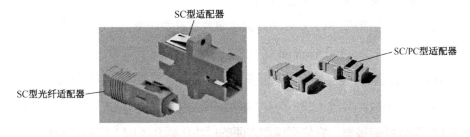

图 3.33　SC 型光纤连接器、SC 型适配器及 SC/PC 型适配器的实物图形

3）ST 型光纤连接器

ST 型光纤连接器是由 AT&T 公司设计开发并注册的，也是早期广泛使用的一种光纤接头。它将光纤屏蔽在突出的接头内，前端用高精密陶瓷铸成，用铜环来旋转、固定接入的光纤。采用带键的卡口式锁紧结构，插入后只需要转动一下即可卡住。插针体为外径 2.5mm 的精密陶瓷插针，插针的端面形状通常为 PC 面。ST 型光纤连接器的特点主要是使用方便，主要用于光纤接入网。我国制定了 ST/PC 型连接器的国家标准。如图 3.34 所示是 ST 型光纤连接器、ST 型适配器及 ST/PC 适配器的实物图形。

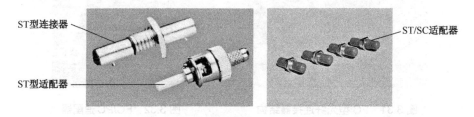

图 3.34　ST 型连接器、ST 型适配器及 ST/PC 适配器的实物图形

**4. 新型光纤连接器**

随着光纤接入网的发展，光纤密度和光纤配线架上连接器密度的不断增加，某些常用的光纤连接器存在体积过大、价格太贵的缺点，光纤连接器正逐渐向小型化发展。新型光纤连接器在结构上大致可分为 4 类。

（1）改进性连接器，即在插头直径为 2.5mm 连接器的基础上加以改进形成的连接器。如 NTT 公司的简化 SC 连接器、Panduit 公司的双联插头的 FJ 型连接器、Seicor 公司的单插头但含有二芯和四芯光纤的 SC/DC 和 SC/QC 连接器等。

（2）适应带状光纤的多芯光纤连接器，即 MT 型系列光纤连接器。该类连接器采用的也是插拔式锁紧结构。例如，日本藤仓公司研制的 MT-RJ 型二芯光纤连接器，美国 US-Conec 公司研制的可以连接 4、8、10、12 芯光纤的 MTP/MPO 型光纤连接器，美国 Siecor 公司的小型 MT 光纤连接器等。如图 3.35 所示是一种新型的 MT-RJ 型光纤连接器，它的体积更小、使用更方便、接入方式更灵活。

（3）单模超小型连接器（SFF），如美国贝尔研究室开发出来的 LC 型连接器，日本 NTT 公司的 MU 型连接器，瑞士 Diamond 公司的 E-2000 型连接器等。它们的插针直径只有 1.25mm，组装密度比现有连接器提高了很多，特别适用于新型的同步终端设备和用户线路终端。对于单模超小型连接器（SFF），LC 类型的连接器已经占据主导地位。如图 3.36 所示是一种 LC 型光纤连接器，它依据操作方便的模块化插孔（RJ）闩锁机理制成，其插针和套筒的尺寸是普通 SC、FC 连接器所用尺寸的一半，为 1.25mm。这样可以提高光配线架中光纤连接器的密度。

图 3.35　MT-RJ 型光纤连接器

图 3.36　LC 型光纤连接器

（4）无套管的光纤连接器。如 3M 公司的 SG 连接器，NTT 公司的 FPC 和 PLC 连接器等。

小型化的单芯光纤连接器、以带状光纤连接器为主的多芯光纤连接器均可与目前大量使用的直径为 2.5mm 插针的连接器并驾齐驱。在光缆干线网中，多数采用 FC 连接器；对于光纤带光缆，则使用 MT 连接器提供固定或活动连接；在光纤接入网的光缆终端架上，则采用 SC 连接器；对于新型的同步终端设备和用户线路终端，则采用 LC 或 MU 型连接器；当需要实现 FTTH 时，在安装于每个用户大楼或房间的光网络单元中采用简化的 SC 连接器，以实现高密度封装。

目前，许多公司如 3M 公司推出了 SC 或 ST 单、多模快接式连接器，如图 3.37 所示，能使光纤网络连接更加快捷简便。这种快接式连接器无须任何胶水预置，并具有一切热熔型及环氧树脂型连接器的工作特性，满足光纤的紧急修复及桌面上的快速连接要求，是一种较为理想的连接器，尤其适用于智能建筑综合布线系统。由于这种快接式连接器无须加热工具，能节省时间，是一种清洁、简单、实用的光纤连接器，适用于光纤到桌面及众多连接器同时使用的场合。

（a）SC 多模快接式连接器

（b）ST 多模快接式连接器

图 3.37　快接式连接器

### 5. 光纤连接器的标识

在实际中，光纤连接器多采用如图 3.38 所示的方式，可以指定光纤的模式类型（单模还是多模）、接头的型号、连接器所连光纤的长度，以及光纤外径。例如，OFC–S–FC/PC–30–10 表示该单模光纤活动连接器、FC/PC 型接头、光纤外直径为 3mm、长度为 10m。OFC–M–FC/PC–09–05 表示多模光纤活动连接器、FC/PC 型接头、光纤外直径为 0.9mm、长度为 5m。

**图 3.38　光纤连接器的标识**

## 3.2.2　光信号转换器件

### 1. 光开关

光开关是一种具有一个或多个可选择的传输端口对光传输线路或集成光路中的光信号进行相互转换或逻辑操作的器件，可以实现主/备光路切换，光纤、光器件的测试等。端口指连接于光器件中，允许光输入或输出的光纤或光纤连接器。光开关在光纤通信中有着广泛的应用，可用于光纤通信系统、光纤网络系统、光纤测量系统或仪器，以及光纤传感系统。

根据光开关的工作原理，可分为机械式和非机械式两大类。机械式光开关靠光纤或光学元件移动，使光路发生改变。非机械式光开关则依靠光电效应、磁光效应、声光效应及热光效应来改变波导折射率，使光路发生改变。近年来，非机械式光开关成为研究热点。

常用的光开关主要有 MEMS 光开关、喷墨气泡光开关、热光效应光开关、液晶光开关、全息光开关、声光开关、液体光栅光开关和 SOA 光开关等种类。影响光开关性能的因素很多，如光开关之间的串扰、隔离度、消光比等。

### 2. 光纤耦合器

光纤耦合器（Coupler）是光纤与光纤之间进行可拆卸（活动）连接的器件，也称光纤适配器。光纤耦合器起对准套管的作用，多配有金属或非金属法兰，以便于连接器的安装和固定。常见的一种光纤耦合器如图 3.39 所示，它把光纤的两个端面精密对接起来，使发射光纤输出的光能量能最大限度地耦合到接收光纤中。

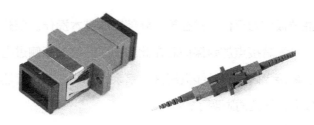

图 3.39　光纤耦合器

光纤耦合器已形成一个多功能、多用途的产品系列。从功能上看，可分为光功率分配耦合器、光波长分配耦合器。从端口形式上可分为 X 形（2×2）耦合器、Y 形（1×2）耦合器、星形（$N×N$，$N>2$）耦合器和树形（$1×N$，$N>2$）耦合器。因此，有时将光纤耦合器称为分支器（Splitter）。另外，由于传导光模式不同，它又有多模耦合器和单模耦合器之分。

制作光纤耦合器可以有多种方法。在全光纤器件中，直接在两根（或两根以上）光纤之间形成某种形式的耦合。如最先出现的蚀刻法是将两根裸光纤扭绞在一起，再浸入氢氟酸中，腐蚀掉光纤四周的涂覆层和包层，从而使光纤纤芯相接触来实现两根光纤的耦合。后来又发明了光纤研磨法，将每根光纤预先埋入玻璃块的弧形槽中，然后对光纤 1100GS3 配线架的侧面进行研磨抛光，同时监测光通量；研磨结束后，在磨面上加一小滴匹配液，再将光纤并接，做成光纤耦合器。利用平面波导原理制作的光耦合器具有体积小、分光比控制精确、易于大量生产等优点。

## 3.2.3　光纤配线架

光纤配线架（Fiber Panel）是光纤传输系统中一个重要的配套接续设备，主要用于光缆终端的光纤熔接、光纤连接器安装、光路的跳接、多余尾纤的存储及光缆的保护等。它对光纤通信网络安全运行和灵活配置有着重要的作用。

### 1. 光纤配线架的基本功能

光纤配线架的主要作用是在管理系统中将光缆进行连接，作为光纤的接续设备，具有光纤固定、光纤熔接、配接和存储等功能。

（1）光纤固定。光缆进入配线架后，通常在配线架的底部设有光缆固定器，对其外护套和加强芯进行机械固定和分组。固定器除固定光缆外，还具有高压防护功能，通过加装地线保护部件，进行端头保护处理，可避免在某些情况下由光缆铠甲层或钢芯引入高压而造成的损害。

（2）光纤熔接。通常在位于配线架下方的抽拉板上，有用于光纤熔接的熔接盘。当熔接光纤时，可拉出抽拉板作为平台，并在箱体外部完成基本操作。部分熔接盘底板还设有光纤加强管固定槽，光纤熔接点加强保护后在此固定。熔接盘两侧进出口设置有过线夹，用于有效保护纤线。熔接盘内还有针线盘绕区，富余纤芯、纤带可自然松散地盘绕于此。熔接标示图贴于盖板上，配置清晰明了。

（3）光纤配接。多数光纤配线架均采用适配器座板连接方式进行光纤配接。一个标准配置的适配器座板一般由 6 口 ST、SC 适配器（耦合器）或 12 个 LC、MT-RJ、VF-45、Optic-Jack 组成。进行光纤配接时，将尾缆上连带的连接器插接到适配器上，与适配器另一侧的光纤连接器实现光路对接。适配器与连接器应能够灵活插拔；光路可进行自由调配和测试。适配器安装座板分为直插式和斜插式两种，斜插式连接使尾纤的弯曲半径加大，并能避免实际维护时光直射人体。

（4）光纤存储。光纤配线架内有为各种交叉连接光纤提供的存储空间，以便于能够整齐地放置光纤。配线架内应有适当的空间，使光纤连接布线清晰，调整方便，能满足最小弯曲半径的要求。

随着光纤网络的发展，光纤配线架现有的功能已不能满足许多新要求。有些厂家将一些光纤网络部件如分光器、波分复用器和光开关等直接加装到光纤配线架上，这样既能使这些部件方便地应用到网络中，又增强了光纤配线架的功能和灵活性。

**2．光纤配线架的结构类型**

光纤配线架结构可分为机柜式、机架式和壁挂式 3 种类型。

1）机柜式光纤配线架

机柜式光纤配线架采用封闭式结构，纤芯容量比较固定，外形也较为美观，如图 3.40（a）所示。机柜式光纤配线架容量大、密度高。一般由不同容量的熔接子架、分配子架，通过不同的组合以满足不同的需要。各种子架可安装在不同高度标准的 48.26cm（19in）机架上，也可安装在机柜或固定在墙壁上。分配子架可装卸 6 口适配器座板，无须工具就可轻易地安装或拆除，座板支持所有适配器，如 FC、SC、ST 等类型的连接器。适配器座板采用可装卸式倾角定位座使对光纤、尾纤、跳纤和连接头的操作更方便和安全，光纤的布线弯曲半径大，并能对光纤起到保护作用。熔接托盘为保护光纤熔接接头和存储光纤提供了一种简单而灵活的结构，如图 3.40（b）所示。系统机架提供中间配线盘、垂直走线槽和水平走线槽，使光纤布线清晰，并能确保最小弯曲半径；整体结构采用塑料粉末静电喷涂处理，塑面附着力强；机架底座和顶部可分别与地面和走线槽相连，机柜式光纤配线架如图 3.40（c）所示。

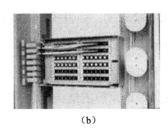
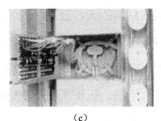

（a）　　　　　　　　　（b）　　　　　　　　　（c）

图 3.40　机柜式光纤配线架

2）机架式光纤配线架

机架式光纤配线架一般采用模块化设计，如图 3.41 所示是一种简易型机架式（24 口、ST、SC、FC 可选）光纤配线架。用户可根据光缆的数量和规格选择相对应的模块，灵活地组装在机架上。

图 3.41　机架式光纤配线架

3）壁挂式光纤配线架

壁挂式光纤配线架一般为箱体结构，适用于光缆条数和光纤芯数都较小的场所，如图 3.42 所示是一种简易型壁挂式（8 口、ST、SC、FC 可选）光纤配线架。

图 3.42　壁挂式光纤配线架

光纤配线架应尽量选用铝材机架，其结构较牢固，外形美观。机架的外形尺寸应与现行传输设备标准机架一致，以方便机房排列。表面处理工艺和色彩也应与机房内其他设备相近，以保持机房内的整体美观。

### 3．常用光纤配线架

目前常用的大容量光纤配线架有单元式、抽屉式和模块式 3 种。

（1）单元式光纤配线架是在一个机架上安装多个单元，每一个单元是一个独立的光纤配线架。这种配线架既保留了原有中小型光纤配线架的特点，又通过机架的结构变形提高了空间利用率，是大容量光纤配线架早期常见的结构。由于它在空间提供上的固有局限性，在操作和使用上有一定的不便。

（2）抽屉式光纤配线架也是将一个机架分为多个单元，每个单元由一至两个抽屉组成。当进行熔接和调线时，拉出相应的抽屉在架外进行操作，从而有较大的操作空间，使各单元之间互不影响。抽屉在拉出和推入状态均设有锁定装置，既可保证操作使用的稳定性和准确性，也可保证单元内连接器件安全可靠。这种光纤配线架虽然巧妙地为光缆终端操作提供了较大的空间，但与单元式一样，在光纤的存储和布放上仍不能提供较大的便利。这种机架是目前常见的一种形式。

（3）模块式光纤配线架是把光纤配线架分成多种功能模块，光缆的熔接、调配线、连接线存储及其他功能操作，分别在各模块中完成，这些模块可以根据需要组合安装到一个公用的机架内。这种结构具有较大的灵活性，满足通信网络的需要。目前推出的模块式大容量光纤分配架，利用面板和抽屉等独特结构，使光纤的熔接和调配线操作很方便。

## 3.2.4 光纤配线箱

光纤配线箱既适用于光缆与光通信设备的配线连接，可通过配线箱内的适配器，用光跳线引出光信号，实现光配线功能；也适用于光缆和配线尾纤的保护性连接。

光纤配线箱的类型、型号比较多。如图 3.43 所示，是 GPX30/A 系列的一个光纤配线箱，主要用于光缆与光通信设备之间的配线连接，它具有熔接、跳线、存储、调度等多项功能，适用于小芯数光缆的成端和分配，可方便地实现光纤线路的连接、分配与调度。配线箱表面采用静电喷塑工艺，耐腐蚀、外表美观，适用于各种形式的光缆配接。适配器端板可灵活调换，适合 FC、SC 和 ST 型适配器的安装。光缆可由机箱后部的两侧进入，并进行固定、接地和保护。连接器损耗（包括插入、互换和重复）≤0.5dB，插入损耗≤0.2dB，插拔耐久性寿命>1 000 次，外形尺寸（$W×D×H$）为 480×300×43mm（1U），容量（芯）为 24，环境温度为-15～40℃，相对湿度≤85%（30℃），大气压力为 70～106kPa。

光纤配线箱技术在不断发展，如综合布线系统制造商 Molex 推出的高密度光纤配线箱系列产品，如图 3.44 所示。这种新型的高密度光纤配线箱可以协助存放和端接大量的光缆进线，是为支持 Molex 的 6 口/6 口斜角适配面板和通用接合盘而设计的。

图 3.43　GPX30/A 光纤配线箱　　　　　图 3.44　高密度光纤配线箱

从结构上，这种高密度光纤配线箱带有一个滑动的抽屉，可以拉开，以实现最大的进线能力。另外，该配线箱还带有一个可上锁、带合页、可拆卸的门及可拆卸的后面板，支持从背面、侧面、顶部和底部进线。同时，还提供了 2U、3U 和 4U 机架安装方式，可以支持 24 芯到 192 芯光纤配置/端接。另外，它还带有双电缆卷轴，既可以独立使用，也可以组合用于 1 芯、2 芯或 3 芯存放环。

## 3.2.5　多媒体铜缆光纤组合式配线系统

综合布线系统的灵活性和高效性主要体现在安装维护方便和简单易行等方面。如若网络系统的升级或变更能够达到系统化、模块化、集中化，当布线系统出现故障时能及时发出警告，这将是布线系统所追求的目标。为此，针对数据中心等核心网络系统的布线产品，Comm Scope 公司推出了一系列专用于数据中心等核心网络的布线产品。

### 1. iPatch 智能实时光纤及 6 类铜缆配线系统

iPatch 智能实时光纤及 6 类铜缆配线系统如图 3.45 所示。这种智能配线系统已经推出多年，被全球数百个数据中心采用。iPatch 具有实时性、可靠性、高效性等优点，是一个有源配线系统，利用网络可直接进行整个配线系统的实时管理，配线出现故障能直接报警并指出故障点。利用 iPatch 配有的原厂管理软件，可查看整个布线系统的连接情况及用户资料，这对于大型布线系统的管理有较大优势。

### 2. Insta Patch 光纤跳线组合式配线系统

专用于数据中心的 Insta Patch 光纤跳线组合式配线系统如图 3.46 所示。Insta Patch 是 Comm Scope 推出的用于大规模光纤跳线连接的光纤配线系统，主要应用于数据中心等需要大规模、多芯数跳接连接光纤的配线系统。由于数据中心机柜之间、服务器之间、存储器之间经常需要多芯数连接，而 Insta Patch 正是一种一次可同时连接 12 芯或 24 芯光纤的快捷式光纤连接头，并且无须在工地现场进行熔接，非常方便、实用、快捷。每次连接 12 芯甚至更多芯数仅需数秒时间，能保证核心系统以最短的时间实现变更。

图 3.45　iPatch 智能光纤及 6 类铜缆配线系统　　　图 3.46　Insta Patch 光纤跳线组合式配线系统

### 3．多媒体铜缆光纤正面维护型配线系统

可翻转正面维护多媒体光纤铜缆混合配线系统如图 3.47 所示，该组合式光纤铜缆配线架仍然秉承了 Comm Scope 一贯的前面施工、前面维护和可翻转等优点，自带跳线过线槽。组合式配线架还具有可随意更换光纤或铜缆配件的优势，如可随时变更 LC、ST 或 SC 多模或单模连接头，也可变换成 5e 类、6 类或 7 类铜缆连接系统。

图 3.47　可翻转正面维护多媒体光纤铜缆混合配线系统

## 3.3　计算机网络连接设备

计算机网络连接设备通常分为网内连接设备和网络互连设备两大类。网内连接设备主要有网卡、中继器、集线器及交换机等。网络互连设备主要是网桥及路由器等。随着无线局域网技术的普及应用，基于 IEEE802.11 系列标准的无线局域网连接设备的种类也越来越多。按照 ISO/OSI-RM 的 7 个层次，除网卡外，可以将网络连接设备分为物理层连接设备、数据链路层连接设备、网络层连接设备和应用层连接设备 4 个类型。

在互联网中，用于计算机之间、网络与网络之间的常见连接设备主要为网卡、集线器、交换机及路由器等。

## 3.3.1 网卡

网卡（Network Interface Card，NIC）也称为网络适配器，它使用户可以通过电缆或无线相互连接，是计算机网络中最基本的连接部件之一。每种 NIC 都针对某一特定的网络，如以太网络、令牌环网络、FDDI 等。无论是双绞线连接，还是光纤连接，都须借助网卡才能实现数据通信、资源共享。

### 1. 网卡的工作原理

网卡在开放式互连参考模型（ISO/OSI-RM）中的物理层进行操作，主要具有两大功能：一是读入由网络传输过来的数据包，经过拆包，将其变成计算机可以识别的数据，并将数据传输到所需设备中；另一个功能是将 PC 发送的数据，打包后输送至其他网络设备。对于网卡而言，都有一个唯一的网络节点地址，这个地址是网卡生产厂家在生产时烧入 ROM（只读存储芯片）中的，被称为 MAC 地址或物理地址，并且保证绝对不会重复。

早期，网卡一般是作为扩展卡插在计算机的主板扩展槽中，通过网线（如双绞线、同轴电缆等）与网络交换数据的。但因其价格低廉且以太网标准普遍存在，目前大部分计算机都在主板上集成了网络接口。这些主板或是在主板芯片中集成了以太网的功能，或是使用一块通过 PCI（或者更新的 PCI-Express 总线）连接到主板上的廉价网卡。除非需要多接口或者使用其他种类的网络，否则不再需要一块独立的网卡，甚至更新的主板可能含有内置的双网络（以太网）接口。

### 2. 网卡的类型

网卡分为有线网卡和无线网卡，有线网卡用于有线网络，无线网卡用于无线网络。对于有线网卡来说，按照所支持的物理层标准与主机接口的不同，可以分为不同的类型。

按网卡支持的传输速率分类，可分为 10Mbit/s、100Mbit/s、10/100Mbit/s 自适应网卡及 1 000Mbit/s 网卡。

按照网卡支持的计算机种类分，主要分为标准以太网卡和 PCMCIA 网卡。标准以太网卡用于台式计算机联网，而 PCMCIA 网卡用于便携式计算机联网。

按照网卡与传输媒体连接的接口不同，可分为有线网卡、光纤网卡和无线网卡。

光纤网卡是指光纤以太网适配器（Fiber Ethernet Adapter），传输的是以太网通信协议，一般通过光纤缆线与光纤以太网交换机连接。按传输速率可以分为 100Mbit/s、1Gbit/s、10Gbit/s；按主板插口类型可分为 PCI、PCI-X、PCI-E（x1/x4/x8/x16）；按接口类型又可分为 LC、SC、FC、ST 等。其中，LC 接口是根据光纤模块的接口定义而命名的，光纤模块按其接口可以分为 SC、LC、ST、FC 等几种类型。近几年来，随着光纤到桌面（FTTD）的普及，SC 接口光纤网卡得到广泛运用。

无线网卡是指利用无线电波作为信息传输媒体构建无线局域网（WLAN）的硬件。无线网卡的作用与有线网卡类似，最大的不同在于传输媒体，它利用无线电技术取代了网线。无线网卡的工作原理是微波射频技术，通常可用 WiFi、GPRS、CDMA 等无线数据传输模式联网。

### 3. 网卡的主要性能指标

衡量网卡性能的技术指标很多，对于独立网卡来说，通常在其包装盒上印了密密麻麻一大堆数字，其中比较重要的指标有以下几个。

（1）系统资源占用率。网卡对系统资源的占用一般感觉不出来，但在网络数据量较大时，比如在线点播、语音传输、IP 电话就很明显了。一般来讲，PCI 比 ISA 网卡对系统的占用率要小，而且 PCI 也是计算机发展的主流产品。

（2）全/半双工模式。网卡的全双工技术是指网卡在发送（接收）数据的同时，可以进行数据接收（发送）的能力。从理论上来说，全双工模式能把网卡的传输速率提高一倍，所以性能肯定比半双工模式要好得多。现在的网卡一般都是全双工模式的。

（3）网络（远程）唤醒。网络（远程）唤醒（Wake on LAN）功能是现在很多用户购买网卡时很看重的一个性能指标。通俗地讲，就是远程开机，不必移动双腿就可以唤醒（启动）任何一台局域网上的计算机，这对于需要管理一个具有几十、近百台计算机的局域网工作人员来说，无疑是十分有用的。

（4）兼容性。与其他计算机产品相似，网卡的兼容性也很重要，不仅要考虑与自己的机器兼容，还要考虑与其所连接的网络兼容，否则很难联网成功，出了问题也很难查找原因。所以选用网卡时尽量采用知名品牌，不仅容易安装，而且能享受到一定的质保服务。

### 4. 网卡的选用

日常使用的网卡大多数是以太网网卡。如果只是作为一般用途，如日常办公等，多选用 10/100Mbit/s 自适应网卡。如图 3.48 所示是 Intel PRO/1000GT 台式机独立网卡，这种网卡基于 Intel 无铅技术构造，在无须额外付费的情况下为用户提供赋予台式机千兆位性能的环保方式。之所以环保是因为 GT 台式机网卡不含铅，符合欧盟的有害物质限用指令和日本的白色商品回收法令（White Goods Recycling Act）。

**图 3.48　Intel PRO/1000GT 台式机网卡**

一般说来，在选用网卡时，要注意考虑以下因素。

（1）速度。网卡速度描述网卡接收和发送数据的快慢，10/100Mbit/s 的网卡价格较低，就目前的应用而言能满足普通小型共享式局域网传输数据要求，考虑性价比的用户可以选择 10/100Mbit/s 网卡。在传输频带较宽或交换式局域网中，应选用速度较快的 1 000Mbit/s 网卡。

（2）总线类型。按主板的总线类型来分，常见网卡有 ISA、PCI 等网卡。ISA（Industry Standard Architecture，工业标准结构）网卡是一种老式的扩展总线设计，支持 8 位和 16 位数据传输，速度为 8Mbit/s。PCI（Peripheral Computer Interface，外围计算机接口）网卡是一种现代的总线设计，支持 32 位和 64 位的数据传输，速度较快。PCI 网卡的一个突出优点是比 ISA 网卡的兼容性好，支持即插即用。市面上大多是 10/100Mbit/s 的 PCI 网卡。建议不要购买过时的 ISA 网卡，除非用户的计算机没有 PCI 插槽。

（3）接口。对有线网卡而言，按网卡连线的插口类型可分为 RJ-45 水晶口（即常说的方口）、BNC 细缆接口（即常说的圆口）和 AUI 粗缆接口三类，以及综合了这几种接口类型于一身的 2 合 1、3 合 1 网卡，如 TP 接口（BNC+AUI）、IPC 接口（RJ-45+BNC）和 Combo 接口（RJ-45+AUI+BNC）等。接口的选择与网络布线形式有关，例如，RJ-45 接口是 100Base-T 网络采用双绞线的接口类型。

## 3.3.2　集线器

集线器（Hub）属于通信网络系统中的基础设备，是对网络进行集中管理的最小单元。英文中，Hub 就是中心的意思，像树的主干一样，它是各分支的汇集点。集线器工作在局域网（LAN）环境，像网卡一样，应用于 ISO/OSI-RM 参考模型的物理层，因此被称为物理层设备。

最简单的以太网独立型集线器有多个用户端口（8 口或 16 口），如图 3.49 所示，用双绞线把每一个端口与网络工作站或服务器连接。数据从一个网络节点发送到集线器以后，

图 3.49 以太网独立型集线器

就被中继到集线器中的其他端口，供网络上用户使用。以太网独立型集线器通常是最便宜的集线器，适合小型独立的工作组、办公室或者部门使用。

普通集线器外部面板结构非常简单。比如 D-Link 最简单的 10Base-T Ethernet Hub 集线器是一个长方体，背面有交流电源插座和开关、一个 AUI 接口和一个 BNC 接口，正面的大部分位置分布有 RJ-45 接口。在正面的右边还有与每一个 RJ-45 接口对应的 LED 接口指示灯和 LED 状态指示灯。从外表上看，高端集线器与交换机、路由器没有多大区别。尤其是现代双速自适应以太网集线器，由于普遍内置可以实现内部 100Mbit/s 网段间相互通信的交换模块，使这类集线器完全可以在以该集线器为节点的网段中实现各节点之间的数据交换，人们有时也将此类交换式集线器简单地称为交换机。这导致初次使用集线器的用户很难正确地辨别它们，通常比较简单的方法是根据背板接口类型来辨别。

### 1．集线器的工作原理

集线器是一个共享网络连接设备，主要提供信号放大和中转功能，它把一个端口接收的所有信号向所有端口分发。一些集线器在分发之前将弱信号加强后重新发出，一些集线器则排列信号的时序以提供所有端口间的同步数据通信。在这方面，集线器所起的作用相当于多端口的中继器。其实，集线器实际上就是中继器的一种，区别仅在于集线器能够提供更多的端口服务，所以集线器又称为多口中继器。

依据 IEEE 802.3 协议，集线器功能是随机选出某一端口的设备，并让它独占全部带宽，与集线器的上连设备（交换机、路由器或服务器等）进行通信。由此可以看出，集线器在工作时具有以下两个特点。

Hub 只是一个多端口的信号放大设备，工作中，当一个端口接收到数据信号时，由于信号在从源端口到 Hub 的传输过程中已有了衰减，所以 Hub 便将该信号进行整形放大，使被衰减的信号再生（恢复）到发送时的状态，紧接着转发到其他所有处于工作状态的端口上。从 Hub 的工作方式可以看出，它在网络中只起到信号放大和重发作用，目的是扩大网络的传输范围，而不具备信号的定向传送能力，因此是一个共享式网络连接设备。

Hub 只与它的上连设备（如上层 Hub、交换机或服务器）进行通信，在同层的各端口之间不会直接进行通信，而是通过上连设备将信息再广播到所有端口上。由此可见，即使是在同一 Hub 的不同两个端口之间进行通信需要经过两步操作：第一步，将信息上传到上连设备；第二步，上连设备将该信息再广播到所有端口。不过，随着技术的发展，目前许多 Hub 在功能上进行了拓宽，不再受这种工作机制的影响。

**2．集线器的类型**

集线器有很多种类型。

1）按结构和功能分类

按结构和功能分类，集线器可分为未管理的集线器、堆叠式集线器和底盘集线器 3 类。

（1）未管理的集线器。最简单的集线器通过以太网总线提供网络连接，以星形连接起来，这是未管理的集线器，只适用于小型网络。未管理的集线器没有管理软件或协议来提供网络管理功能。这种集线器可以是无源的，也可以是有源的，但有源集线器使用得多一些。

（2）堆叠式集线器。堆叠式集线器的功能稍微复杂一些，显著特点是 8 个转发器可以直接相连。只需简单地添加集线器并将其连接到已经安装的集线器上就可以扩展网络。这种方法不仅成本低，而且简单易行。

（3）底盘集线器。底盘集线器是一种模块化设备，在其底板电路板上可以插入多种类型的模块。有些集线器带有冗余的底板和电源。同时，允许用户不必关闭整个集线器便可替换某些失效的模块。集线器的底板给插入模块准备了多条总线，这些插入模块可以适应不同的网段，如以太网、快速以太网、光纤分布式数据接口（FDDI）和异步传输模式（ATM）等。有些集线器还包含网桥、路由器或交换模块。有源的底盘集线器还可能有重定时模块，用来与放大的数据信号关联。

2）按局域网的类型分类

从局域网的角度来划分，集线器分为 5 种不同类型。

（1）单中继网段集线器。最简单的集线器是一种中继 LAN 网段的集线器，与堆叠式以太网集线器或令牌环网多站访问部件等类似。

（2）多网段集线器。多网段集线器从单中继网段集线器直接派生而来，采用集线器背板，这种集线器带有多个中继网段。其主要优点是可以将用户分布于多个中继网段上，以减少每个网段的流量负载。

（3）端口交换式集线器。该类集线器是在多网段集线器基础上，将用户端口和多个背板网段之间的连接过程自动化，并通过增加端口交换矩阵（PSM）予以实现。PSM 可提供一种自动工具，用于将任何外来用户端口连接到集线器背板上的中继网段上。端口交换式集线器具有自动实现移动、增加和修改网段的优点。

（4）网络互连集线器。端口交换式集线器注重端口交换，而网络互连集线器在背板的多个网段之间可提供某些类型的集成连接。该功能通过一台综合网桥、路由器或 LAN 交换机来完成。目前，这类集线器常采用机箱形式。

（5）交换式集线器。目前，集线器和交换机之间的界限已变得比较模糊。交换式集线器有一个核心交换式背板，采用一个纯粹的交换系统代替传统的共享传输媒体中继网段。应该说，这类集线器和交换机之间的特性几乎没有多大区别。

### 3. 集线器的主要性能指标

集线器的主要性能指标有如下几项：一是集线器的类型，如双速以太网集线器或 8 端口 10/100Mbit/s 自适应以太网集线器；二是支持的标准，如符合 IEEE802.3 和 IEEE802.3u 标准；三是设备功能，如提供 8 个 10/100Mbit/s 自适应端口、1 个级连端口，内置交换模块，可实现内部 10Mbit/s 和 100Mbit/s 网段之间的相互通信，支持 MAC 地址表等。

### 4. 局域网集线器的选用

随着计算机网络技术的发展，在局域网尤其是一些大中型局域网中，集线器已经逐渐退出应用，而被交换机所替代。目前，集线器主要应用于一些中小型网络或大中型网络的边缘部分。下面以中小型局域网应用为例，介绍几种选用方法。

1）以速度为标准

集线器速度的选择，主要决定于以下 3 个因素。

（1）上连设备带宽。如果上连设备有 100Mbit/s 的数据传输速率，自然选用 100Mbit/s 的集线器，否则 10Mbit/s 集线器也是可用的。

（2）连接端口数。由于连接在集线器上的所有站点均争用同一个上行链路，所以连接的端口数目越多，就越容易发生冲突。同时，发往集线器任一端口的数据将被发送至与集线器相连的所有端口上，端口数过多将降低设备有效利用率。依据实践经验，一个 10Mbit/s 集线器所管理的计算机数不宜超过 15 个，100Mbit/s 集线器所管理的计算机数不宜超过 25 个。如果超过，应使用交换机来代替集线器。

（3）应用需求。当传输的数据信息不涉及语音、图像，流量相对较小时，选择 10Mbit/s 即可。如果数据流量较大，且涉及多媒体应用（注意集线器不适于用来传输时间敏感性信号，如语音信号）时，应选择 100Mbit/s 或 10/100Mbit/s 自适应集线器。

2）以能否满足拓展为标准

当一个集线器提供的端口不够用时，一般有两种拓展用户数的方法。

（1）堆叠。堆叠是解决单个集线器端口不足的一种方法，但是因为堆叠在一起的多个集线器还是工作在同一环境下，所以堆叠的层数不宜太多。然而，市面上有许多集线器以其堆叠层数比其他品牌的多作为卖点，如果遇到这种情况，要区别对待：一方面，可堆叠层数多，一般说明集线器的稳定性较高；另一方面，可堆叠层数越多，每个用户实际可享有的带宽则越小。

（2）级联。级联是在网络中增加用户数的另一种方法，但是该项功能的使用一般是有条件的，即 Hub 必须提供可级联的端口，即端口上应标有"Uplink"或"MDI"的字样，用此端口与其他 Hub 进行级联。如果没有提供专门的端口而必须进行级联时，连接两个集线器的双绞线在制作时必须进行交叉线连接。

3）以是否提供网管功能为标准

早期的 Hub 是一种低端产品，且不可管理。近年来，随着技术的进步，部分集线器在技术上引进了交换机的功能，可通过增加网管模块实现对集线器的简单管理（SNMP）。但需要指出的是，尽管同是对 SNMP 提供支持，不同厂商的模块是不能混用的。目前提供 SNMP 功能的 Hub 售价较高。

4）以外形尺寸为参考

如果网络系统比较简单，没有建筑物之间的综合布线，而且网络内的用户也比较少，如一个家庭、一个或几个相邻的办公室，则没有必要考虑 Hub 的外形尺寸。有时候情况并非如此，例如，为了便于对多个 Hub 进行集中管理，在购买 Hub 之前已经购置了机柜，这时在选购 Hub 时需要考虑它的外形尺寸，否则 Hub 无法安装在机架上。现在市面上的机柜在设计时一般都遵循 48.26cm（19in）的工业规范，可安装 5 端口、8 端口、16 端口和 24 端口的大部分 Hub。

5）适当考虑品牌和价格

与网卡一样，目前市面上的高档 Hub 比较多。它们在设计上比较独特，一般几个甚至每个端口配置一个处理器。例如，D-Link 和 Accton 占有中低端 Hub 的主要份额，联想、TP Link 等也占据了很大的市场份额。这些产品均采用单处理器技术，其外围电路设计大同小异，实现这些设计的焊接工艺基本相同。

### 3.3.3　交换机

交换机（Switch）与集线器类似，也是一种多端口网络连接设备，其外观、接口与集线器类似，但交换机更具智能性。例如，华为千兆位以太网交换机如图 3.50 所示，这是一个可堆叠的多层企业级交换机系列，可以提供高水平的可用性、安全性和服务质量，从而提高网络的运行效率。因为具有多种快速以太网和千兆位以太网配置，因此，华为千兆位以太网交换机系列既可以作为一个功能强大的接入层交换机用于中型企业的综合布线，也可以作为一个小型网络的骨干网交换机使用。

图 3.50　华为千兆位以太网交换机系列

### 1. 交换机的工作原理

简单地说，传统局域网交换机是工作在 ISO/OSI-RM 数据链路层的网络互连设备。其工作原理是交换机收到数据帧后，根据该数据帧的 MAC 地址，查询交换机的内部地址表（MAC 地址表），找到相应的交换机端口后，将此数据帧转发出去。这样，在两个终端传输数据的同时，其他终端也能进行数据通信。利用专门设计的集成电路可使交换机以线路速率在所有的端口并行转发数据。显然，第 2 层交换机的最大优势是数据传输速度快，因为它仅需要识别数据帧中的 MAC 地址，而直接根据 MAC 地址产生选择转发端口的算法又十分简单，易于采用 ASIC 芯片实现。所以，第 2 层交换的解决方案实际上是一个"处处交换"的廉价方案。

第 3 层交换机实际上是把传统交换机与传统路由器结合起来的网络设备，它既可以完成传统交换机的端口交换功能，又可完成路由器的部分路由功能。当然，这种二层设备与三层设备的结合，并不是简单的物理结合，而是各取所长的逻辑结合。其中最重要的是，当某一信息源的第一个数据流进入第 3 层交换机后，其中的路由系统将产生一个 MAC 地址与 IP 地址映射表，并将该表存储起来；当同一信息源的后续数据流再次进入第 3 层交换机时，交换机将根据第一次产生并保存的地址映射表，直接从第 2 层由源地址传输到目的地址，而不再经过第 3 层路由系统处理，消除了路由选择时造成的网络时延问题，提高了数据分组的转发效率，解决了网间数据传输时路由产生的速率瓶颈。

如上所述，第 3 层交换机将第 2 层交换机和路由器两者优势结合成了一个有机、灵活并可在各层提供线速性能的整体交换方案。在第 3 层交换这种集成化结构中所支持的策略管理属性，不仅使第 2 层与第 3 层相互关联起来，而且还提供了流量优先化处理、安全及 Trunking、VLAN 和互联网的动态部署等多种功能。另外，第 3 层交换的目标也非常明确，只需在源地址和目的地址之间建立一条更为直接快捷的第 2 层通路，而不必经过路由器来转发同一信息的每个数据分组。

事实上，第 3 层交换方案是一个能够支持分类所有层次动态集成的解决方案，虽然这种多层次动态集成也能够由传统路由器和第 2 层交换机搭载一起完成。但这种搭载方案与采用第 3 层交换机相比，不仅需要更多的设备配置、更大的空间和更多的布线成本，而且数据传输性能也差很多，因为在海量数据传输中，搭载方案中的路由器无法克服传输速率瓶颈问题。最近，在第 3 层交换机的基础上已开始研发第 4 层交换机。

**2．交换机的主要性能指标**

交换机的性能指标可分为物理特性和功能特性测试指标两大类。衡量不同层交换机的指标不相同，本书中以第 2 层以太网交换机为例，进行讨论和介绍。

1）物理特性指标

交换机的物理特性指标是指交换机提供的外观特征、物理连接特性、端口配置、底座类型、扩展能力、堆叠能力及指示灯设置等，反映了交换机的基本情况。

（1）端口配置。端口配置指交换机所包含的端口数目和支持的端口类型。端口配置情况决定了单台交换机支持的最大连接站点数和连接方式。快速以太网交换机端口类型一般包括 10Base-T、100Base-TX、100Base-FX，其中，10Base-T 和 100Base-TX 一般是由 10/100Mbit/s 自适应端口提供的，高性能交换机还提供千兆位光纤接口。端口的工作模式分为半双工和全双工两种。自适应是 IEEE 802.3 工作组发布的标准，为线端的两个设备提供自动协商达到最优互操作模式的机制。通过自动协商，线端的两个设备可以自动地从 100Base-T4、100Base-TX、10Base-T 中选择端口类型，并选择全双工或半双工工作模式。为了方便级联，有些交换机设置了单独的 Uplink（级联）端口或通过 MDI/MDI-X 按钮切换，对没有 Uplink 端口或 MDI/MDI-X 按钮的交换机则需要使用交叉线级联。

（2）模块化。交换机的底座类型有固定、模块和混合三种。固定型交换机的端口永久安装在交换机上。模块化交换机有可以插接端口模块和上行模块的插槽。混合型交换机既包含固定端口，又包含可替换的上行端口。模块化提供了改变传输媒体类型和端口速度的灵活性，并可以扩展交换机的端口数量和类型。模块包括可互换传输媒体端口、可互换模块与可互换上行端口。

（3）堆叠特性。堆叠为交换机提供简单的端口扩展和统一的管理，提供交换机间高速互连。

（4）热插拔。热插拔对于减少网络停机时间非常重要，在开机状态下更换元件可以避免中断网络的工作。热插拔元件一般包括连接模块、上行模块、风扇和电源等。

（5）指示灯。指示灯可以为用户直接明了地提供交换机工作状态。指示灯一般包括电源指示灯、端口连接状态指示灯、端口工作模式指示灯、链路活动指示灯、碰撞指示灯和插槽指示灯等，有些交换机还提供 Console 指示灯、带宽利用率指示灯。

（6）控制。控制是指交换机能否为用户提供简单、方便、直接的操作按钮，包括电源开关、配置按钮和重置按钮等。

2）功能特性指标

（1）转发类型。交换机的转发类型分为存储转发（Store-and-forward）和快速转发（Cut-through）两类。存储转发是指被转发的帧在输出端口等待，直到交换机完整地收到整个帧才开始转发。快速转发在交换机收到整个帧之前，就已经开始转发，因此可以有效地减少交换时延。有些交换机提供自适应快速转发机制，这种设备支持存储转发和快速转发两种方式，但在某一确定时刻，交换机只选择在一种方式下工作。缺省情况下，绝大多数交换机都工作在低时延的快速转发方式下。如果帧错误率超过用户设定的门限值，交换机将自动配置工作在存储转发方式下。两种方式之间的切换机制因交换机而异。长预测（Long look-ahead）和短预测（Short look-ahead）是快速转发交换的另外两个属性。长预测结合了快速转发的低时延和存储转发的完整性两者的优点，在一个帧的前 64 字节被处理之后，才开始转发，这样可以防止转发残帧（Runt）。与之相反，短预测则在读到帧头（接收到一个有效的 MAC 地址）后立即转发帧。存储转发是交换机应提供的最基本的工作方式。

通过向交换机发送一定数量、不同大小的连续帧，测试其转发时延，分析帧的长度与时延值之间的关系，可确定交换机的转发类型。在快速转发情况下，当帧的长度超过一个确定值之后，时延值的曲线将变平，不再随帧的长度增加而增加。而对于存储转发，随着帧长度的增加，转发时延也相应增加。

（2）过滤。过滤的目的是通过去掉某些特定的数据帧提高网络的性能，增强网络的安全性。典型的过滤提供基于源和目的地址或交换机端口的过滤，包括广播、多播、单播，以及错误帧过滤。

（3）消减。交换机上的广播风暴会消耗大量带宽，降低正常的网络流量，给网络性能带来很大影响。广播消减的目的是有效减少网络上的广播风暴，除了广播风暴还有 MAC 地址（单播）风暴。消减的目的是通过减少某些特定类型的数据帧提高网络的性能，增强网络的安全性，保证正常或更重要的网络应用运行。

（4）端口干路。端口干路（Port Trunking）也称为端口聚集或链路聚集。它为交换机提供了端口捆绑技术，允许两个交换机之间通过两个或多个端口并行连接，同时传输数据，以提供更高的带宽，并提供线路冗余。端口干路是目前许多交换机支持的一个高级特性。

（5）协议支持。所有的交换机都利用桥接技术在端口之间转发帧，即具有地址学习功能，自动建立 MAC 地址和端口对应的转发表，并根据帧的目的 MAC 地址转发帧到相应的端口。绝大多数交换机支持 IEEE 802.1d 跨越树（Spanning Tree）协议。当某个网段的数据分组通过某个桥接设备传输到另一个网段，而返回的数据分组通过另一个桥接设备返回源地址，这个过程被称为拓扑环。跨越树协议能够自动检测网络中出现的逻辑环路，保留并行链路中的一条链路而阻塞其他链路，从而达到消除环路的目的。对于那些不支持跨越树的交换机，在有多个交换机的网络环境中，网络管理人员一定要避免形成拓扑环路。若形成拓扑环路，将造成单个帧可能在网络中反复转发传递，帧的正常转发传递被破坏，最终导致网络拥塞崩溃。

（6）流量控制。当通过一个端口的流量过大，超过了它的处理能力时，就会发生端口阻塞。流量控制的作用是防止在出现阻塞的情况下丢帧。网络阻塞有可能是由线速不匹配（如 100Mbit/s 向 10Mbit/s 端口发送数据）或突发的集中传输造成的，它可能导致出现增加时延、丢包、增加重传或网络资源不能有效利用等情况。在半双工方式下，流量控制是通过反向压力（Back Pressure）技术实现的，模拟产生碰撞，使信息源降低发送速度。在全双工模式下流量控制一般遵循 IEEE 802.3x 标准。IEEE 802.3x 规定了一种 64 字节的"Pause"MAC 控制帧的格式。当端口发生阻塞时，交换机向信息源发送"Pause"帧，告诉信息源暂停一段时间再发送信息。在实际的网络中，尤其是一般局域网，产生网络拥塞的情况较少，所以有些厂家的交换机并不支持流量控制，只有高级交换机才支持半双工方式下的反向压力和全双工的 IEEE 802.3x。

（7）优先级控制。优先级是交换机的一个高级特性。提供优先级控制的交换机可以提供重要数据信息优先传输的保证，这对于提供 QoS 保证的设备是必须的。优先级支持方式分为基于端口、MAC 地址、IP 地址和应用的优先级控制，支持标准主要确定是否支持 IEEE 802.1p 标准。IEEE 802.1p 标准一般作为网络边缘设备提供 QoS 保证的一个主要协议。测试方法是为交换机配置相应的优先级控制策略的，再向交换机发送相应的连续数据帧，从数据帧的转发结果上验证优先级控制的有效性，确保高优先级的数据帧优先传输，并且时延降低。

（8）虚拟网。虚拟网（VLAN）技术的出现实现了交换机的使用和管理的灵活性。它主要用来划分多个子网，将站点之间的通信限定在同一虚拟网内。一个虚拟网就是一个独立的广播域。虚拟网的定义方式有物理端口、MAC 地址、协议、IP 地址和用户自定义过滤方式等。IEEE 802.1q 是虚拟网标准，它将虚拟网 ID 封装在帧头，使得帧跨越不同设备时也能保留虚拟网信息。不同厂家的交换机只要支持 IEEE 802.1q，虚拟网就可以跨越交换机，进行统一划分和管理。与虚拟网有关的问题还有是否允许一个站点同时在多个虚拟网中，每个交换机可以定义的虚拟网的数目是多少。与虚拟网有关的另一个重要的问题是虚拟网之间的内部连接方式。提供这种连接的交换机可以支持不同子网之间站点的通信，不需要附加的设备，如路由器；而没有虚拟网间连通机制的交换机要实现虚拟网之间的通信，则必须借助路由器。

### 3．交换机的选用

交换机作为网络连接的主要设备，决定着网络的性能。在组建网络时，要考虑交换机的产品，目前市场上的交换机一般分为低端、中端和高端产品。低端产品一般不带二层、三层交换功能，仅适用于网络上连接小于 100 个用户的情况。中端产品一般带有二层、三层交换功能，带二层功能的交换机适用于网络连接用户在 200～300 个用户的情况；带三层交换功能的交换机适用于 300～500 个用户的情况。高端产品具有 4 层功能，4～7 层交换功能，适用于大型网络。因此，在组网时，需要视具体情况选用交换机产品，但是为了让网络能承担大量的数据传输且能持久稳定、安全可靠，必须选用性能优异且价格适宜的交换机。

考虑到交换机主要性能指标及新技术发展趋势，在实际应用时应重点考虑以下参数。

（1）背板带宽、2/3 层交换吞吐率。这个参数决定着网络的实际性能，不管交换机功能有多少，管理多方便，如果实际吞吐率较低，网络只会变得拥挤不堪。所以这个参数是很重要的。背板带宽包括交换机端口之间的交换带宽、端口与交换机内部的数据交换带宽和系统内部的数据交换带宽。2/3 层交换吞吐率表现了 2/3 层交换的实际吞吐率，这个吞吐率应该大于或等于交换机 $\sum$（端口×端口带宽）。

核心交换机所配置的每个插槽的交换背板带宽不能小于 48Gbit/s，数据交换转发能力 ≥550Mbit/s，背板交换能力≥800Mbit/s；支持带宽管理，可以对不同业务进行最大使用带宽的限制和最小使用带宽的保证。

（2）虚拟网类型和数量。一个交换机支持虚拟网类型和数量的多少，将会影响网络拓扑的设计与实现。对于核心交换机应支持 VLAN，并支持基于端口、MAC 地址、IP 地址、协议和用户认证 VLAN 等，VLAN 数目应大于或等于 3 000 个。

（3）Trunking 功能。大多数交换机都支持 Trunking 功能，但实际应用还不太广泛，所以只要能支持此功能即可，并不要求提供最大多少条线路的绑定。

（4）交换机端口数量及类型。不同的应用环境有不同的需要，应视具体情况而定。对于核心交换机，一般要求配置 32 口千兆位光纤模块、48 口 100/1 000Mbit/s 电口模块，所配模块需要具备分布交换能力，并配置相应的 GBIC 千兆位光纤模块；支持万兆位以太网接口。

（5）支持网络管理的协议和方法。对于核心交换机应支持的协议类型包括 IP、IPv6、RIP/RIP2、OSPF、IS-IS、BGP-4 等多种路由协议；支持 PIMV1.0、PIMV2.0、DVMRP2.0、DVMRP2.0、IGMP、IGMP Snooping 组播协议。

（6）支持多种协议。要考查能否支持 QoS、IEEE 802.1q 优先级控制、IEEE 802.1x 和 IEEE 802.3x 协议；能否支持 Console/Telnet、Web、SNMP 和远端的系统维护；能否支持用户认证与授权服务，以及 RADIUS。这些功能有利于提供更好的网络流量控制和用户管理，实际应用时应该考虑选用具备这些功能的交换机。

（7）堆叠的支持。主要参数有堆叠数量、堆叠方式和堆叠带宽等。当用户量增大时，堆叠就显得非常重要了。

（8）交换机的交换缓存和端口缓存、主存、转发时延等也是相当重要的参数。对于核心交换机，MAC 地址表深度（指存储 MAC 地址的数目）不应小于 262 144。

（9）对于第 3 层交换机来说，IEEE 802.1d 跨越树也是一个重要参数。这个功能可以让交换机学习网络结构，对提高网络性能也有很大帮助。

（10）第 3 层交换机还有一些重要的参数，如启动其他功能时 2/3 层能否保持线速转发、路由表大小、访问控制列表大小、对路由协议的支持情况、对组播协议的支持情况、包过滤方法、机器扩展能力等都是值得考虑的，应根据实际情况确定。

目前，为适应光纤到用户单元通信设施建设需要，人们研制了光纤以太网交换机。光纤以太网交换机是一款高性能的管理型的二层光纤以太网接入交换机。用户可以选择全光端口配置或光电端口混合配置，接入光纤媒质可选单模光纤或多模光纤。这类交换机可同时支持网络远程管理和本地管理以实现对端口工作状态的监控和交换机的设置。光纤端口特别适合于信息点接入距离超出 5 类线接入距离、需要抗电磁干扰及需要通信保密的应用场景。例如，住宅小区 FTTH 宽带接入网络，企业高速光纤局域网，高可靠工业集散控制系统（DCS），以及光纤数字视频监控网络等。选用光纤以太网交换机，还需要考虑光口模块的配置等问题。

## 3.3.4 路由器

近十几年来，随着计算机网络规模的不断扩大和互联网的迅猛发展，路由技术在计算机网络技术中已逐渐成为关键，路由器也随之成为重要的网络连接设备。用户的需求推动着路由技术的发展和路由器的应用普及，人们已不满足于仅在本地网络上共享信息，而希望最大限度地利用全球各个地区、各种类型的网络资源。在目前情况下，任何一个有一定规模的计算机网络（如企业网、园区网等），无论采用的是快速以太网技术，还是高速以太网技术，都离不开路由器，否则就无法正常运行和管理。

### 1. 路由器的工作原理

按照 ISO/OSI-RM，路由器工作在网络层，是一种连接多个网络或网段的网络互连设备，它具有两大典型功能：一是连通不同的网络，二是选择数据传输的路由，因此路由器有时也称为路径选择器。路由器通过路由策略决定数据的转发。转发策略称为路由选择（Routing），这也是路由器名称的由来（Router，转发者）。路由器能将不同网络或网段之间的数据信息进行"翻译"，以使它们能够相互"读"懂对方的数据含义，从而构成一个更大的网络。

所谓路由就是指通过相互连接的网络把数据信息从源节点传送到目标节点的活动。因此，路由器的一项重要工作就是为经过路由器的每个数据分组寻找一条最优传输路径，并将该数据分组有效地传送到目的节点。那么，路由器是如何寻址并进行路由选择的呢？

路由器使用路由协议来获得网络信息，采用基于路由矩阵的路由算法和准则来选择最优路由。在互联网上数据交换的一个基本要求是每个节点都具有可达的唯一地址，这与邮政编址类似。在互联网中使用的地址是 32 位的 IPv4 地址，该地址由网络号和主机号组成，IPv4 地址分为 A、B、C 类。

A 类地址：使用 7 位标识网络，24 位用来规定网络上的主机。

B 类地址：使用 14 位标识网络，16 位用来标识主机。

C 类地址：使用 21 位标识网络，8 位用来标识主机。

规定了 IP 地址之后，接下来便是如何选择路由将数据分组转发到目的地址。为了完成这项工作，路由器利用路由表（Routing Table）为数据传输选择路由，路由表包含网络地址、网上路由器的个数和下一个路由器的名字等内容。路由器利用路由表查找数据分组从当前位置到目的地址的正确路由。如果某一个网络路由发生故障或拥塞，路由器可选择另一条路由，以保证数据分组的正常传输。路由表可以是由系统管理员固定设置好的，也可以由系统动态修改，由路由器自动调整，也可以由主机控制。

### 2. 路由器的主要指标

路由器作为不同网络之间互相连接的枢纽，构成了基于 TCP/IP 协议体系的互联网。也可以说，路由器是互联网的核心，其性能决定着互联网的性能。一般说来，如何提升路由器的处理速度是通信网络面临的主要瓶颈之一，可靠性则直接影响着网络互连的质量。通常，从路由器的硬件架构及其所实现的功能等方面来考查路由器的性能。

1）路由器的硬件配置

路由器的硬件配置主要体现在路由器的模块化结构等方面。模块化结构的路由器一般可扩展性较好，可以支持多种端口类型，例如以太网接口、快速以太网接口和高速串行口等，各种类型端口的数量一般可选。固定配置路由器可扩展性较差，只用于固定类型和数量的端口。

（1）接口种类。路由器能支持的接口种类体现了路由器的通用性。常见的接口种类有通用串行接口（通过电缆转换成 RS 232 DTE/DCE 接口、V.35 DTE/DCE 接口、X.21 DTE/DCE 接口、RS 449 DTE/DCE 接口和 EIA530 DTE 接口等）、100Mbit/s 以太网接口、10/100Mbit/s 自适应以太网接口、千兆位以太网接口、E1/T1 接口和 E3/T3 接口等。

（2）用户可用槽数。该指标指模块化路由器中除 CPU 板、时钟板等必要系统板和系统板专用槽位外，用户可以使用的插槽数。根据该指标及用户板端口密度可以计算该路由器所支持的最大端口数。

（3）CPU。无论在中、低端路由器，还是在高端路由器中，CPU 都是路由器的心脏。通常在中、低端路由器中，CPU 负责交换路由信息、路由表查找及转发数据分组。其 CPU 的能力直接影响路由器的吞吐率（路由表查找时间）和路由计算能力（影响网络路由收敛时间）。在高端路由器中，通常数据分组转发和查表由 ASIC 芯片完成，CPU 只实现路由协议、计算路由及分发路由表。由于芯片技术的发展，路由器中许多工作都可以由硬件实现（如专用芯片）。CPU 性能并不完全反映路由器性能。路由器性能由路由器吞吐率、时延和路由计算能力等指标体现。

（4）内存。路由器中可能有多种内存，例如 Flash、DRAM 等。内存用作存储配置、路由器操作系统、路由协议软件等。在中、低端路由器中，路由表可能存储在内存中。通常来说路由器内存越大越好（在不考虑价格的条件下）。但是与 CPU 能力类似，内存同样不直接反映路由器的性能，因为高效的算法与优秀的软件可节约内存。

（5）端口密度。该指标体现路由器制造的集成度。由于路由器体积不同，该指标应当折合为机架内每厘米端口数；但通常使用路由器对每种端口支持的最大数量来衡量。

2）路由器的性能指标

（1）全双工线速转发能力。路由器基本且重要的功能是数据分组转发。在同样端口速率下转发小数据分组是对路由器分组转发能力最大的考验。全双工线速转发能力是指以最小分组长（以太网 64 字节、POS 口 40 字节）和最小分组间隔（符合协议规定）在路由器端口上双向传输同时不引起丢失。该指标是路由器性能的重要指标。

（2）设备吞吐率。设备吞吐率指路由器整机分组转发能力，是衡量路由器性能的重要指标。设备吞吐率通常小于路由器所有端口吞吐率之和。

（3）端口吞吐率。端口吞吐率是指端口分组转发能力，衡量路由器在某端口上的分组转发能力。通常采用两个相同速率接口测试。

（4）背靠背帧数。背靠背帧数是指以最小帧间隔发送最多数据分组不引起丢失时的数据分组数量。该指标用于测试路由器缓存能力。

（5）路由表能力。路由器通常依靠所建立及维护的路由表来决定如何转发。路由表能力是指路由表内所容纳路由表项数量的极限。由于互联网上执行 BGP 协议的路由器通常拥有数十万条路由表项，所以该项指标也是路由器性能的重要体现。

（6）丢包率。丢包率是指测试中所丢失数据分组数量占所发送数据分组的比值，通常在吞吐率范围内测试。丢包率与数据分组长度，以及分组发送频率相关。

（7）时延。时延是指数据分组第一个比特进入路由器到最后一个比特从路由器输出的时间间隔，在测试中通常使用测试仪表发出测试分组到收到数据分组的时间间隔。时延与数据分组长相关，通常在路由器端口吞吐率范围内测试。

（8）时延抖动。时延抖动是指时延变化。数据业务对时延抖动不敏感，当 IP 出现多业务，包括语音、视频业务时，才有测试该指标的必要性。

（9）VPN 支持能力。通常路由器都能支持 VPN，其性能差别一般体现在所支持 VPN 数量上。专用路由器一般支持 VPN 数量较多。

（10）无故障工作时间。该指标按照统计方式指出设备无故障工作的时间。通常无法测试，可以通过主要器件的无故障工作时间，计算大量相同设备的工作情况。

另外，还有其他一些衡量路由器的指标，如热插拔组件、网管等。由于路由器通常要求 24 小时工作，所以更换部件不应影响路由器工作。部件热插拔是路由器 24 小时工作的保障。网管是指网络管理员通过网络管理程序对网络上资源进行集中化管理的操作，包括配置管理、记账管理、性能管理、差错管理和安全管理。路由器所支持的网管程度体现路由器的可管理性与可维护性。

### 3. 路由器的类型及选用

互联网由各种各样的异构网络组成，路由器是其中非常重要的互连设备。局域网要连入互联网，路由器是必不可少的组件，可以说整个互联网上的路由器不计其数，并且路由器的配置也是一项比较复杂的技术。路由器的类型很多，可以从不同的角度进行划分，譬如按照协议可分为单协议路由器和多协议路由器等。在此，仅从路由器在网络中所起的作用讨论其类型及其选用。

1）接入路由器

接入路由器是指将局域网用户接入互联网的路由器设备。局域网用户接触最多的是接入路由器。只要有互联网的地方，就会有路由器。如果用户通过局域网共享线路连入互联网，就一定要使用接入路由器。

接入路由器连接家庭或互联网服务提供商（ISP）内的小型企业用户。接入路由器不仅提供 SLIP 或 PPP 连接，还支持诸如 PPTP 和 IPSec 等网络协议。有的读者可能会心生疑问：我是通过代理服务器上网的，不用路由器不也能接入互联网吗？其实代理服务器也是一种路由器，一台计算机插入网卡，加上 ISDN（或 Modem 或 ADSL），再安装上代理服务器软件，事实上就已经构成了路由器。只不过代理服务器是用软件实现路由功能的，而路由器是用硬件实现路由功能的，就像 VCD 解压软件和 VCD 机的关系一样，结构虽然不同，但功能却相同。

对于接入路由器，普通用户常用到的是一种无线路由器（Wireless Router）。无线路由器是指用于用户上网、带有无线覆盖功能的一种接入路由器，如图 3.51 所示。无线路由器可以看作一个转发器，将从家庭住宅接出的宽带网络信号通过天线转发给附近的无线网络设备（如便携式计算机、支持 WiFi 的手机、Pad 及其他带有 WiFi 功能的设备）。

图 3.51　无线路由器

无线路由器可以与所有以太网的 ADSL Modem 或 Cable Modem 直接相连，也可以在使用时通过交换机/集线器、宽带路由器等局域网方式再接入。其内置简单的虚拟拨号软件，可以存储用户名和密码拨号上网，可以实现为拨号连接互联网的 ADSL Modem、Cable Modem 等提供自动拨号功能，而无须手动拨号或占用一台计算机做服务器使用。此外，无线路由器一般还具备相对完善的安全防护功能。

2）企业级路由器

与接入路由器相比，企业级路由器用于连接一个校园或企业内成千上万台计算机，一般普通的局域网用户难以接触到。企业级路由器支持的网络协议多、速度快，要处理各种类型的局域网，不仅支持多种协议，包括 IP、IPX 和 Vine，还要支持防火墙、分组过滤、虚拟网（VLAN），以及大量的管理和安全策略等。

企业级路由器连接许多计算机系统，其主要目标是以尽量简单的方法实现尽可能多的局域网互连，并支持不同的服务质量。许多现有的企业网络都是由 Hub 或网桥连接起来的以太网段。尽管这些设备价格便宜、易于安装、无须配置，但它们不支持服务等级。相反，有路由器参与的网络能够将机器分成多个碰撞域，并因此控制一个网络的大小。此外，路由器还支持一定的服务等级，至少允许分成多个优先级别。一种将局域网进行互连的企业级路由器面板及其接口如图 3.52 所示。

图 3.52　路由器面板及其接口

3）骨干级路由器

骨干级路由器是指实现企业级网络互连的路由器，如图 3.53 所示。一般只有工作在通信等 ISP 部门的技术人员才能有机会接触到骨干级路由器。互联网由几十个骨干网构成，每个骨干网服务几千个小网络，对它的要求是速度高和可靠性好，而代价则处于次要地位。影响骨干级路由器的主要性能瓶颈是在路由表中查找某个路由所耗费的时间多少。当收到一个数据分组时，输入端口在路由表中查找该数据分组的目的地址以确定其目的端口，当数据分组越短，或者当数据分组要发往许多目的端口时，势必增加路由查找的代价。因此，将一些常访问的目的端口放到缓存中能够提高路由查找的效率。不管是输入缓冲，还是输出缓冲路由器，都存在路由查找的瓶颈问题。除了解决性能瓶颈问题，保证路由器的稳定性也是非常重要的。

图 3.53　骨干级路由器

对于骨干网上的路由器，连接着长距离骨干网上的 ISP 和企业网络，计算机终端系统通常是不能直接访问的。互联网的快速发展无论是对骨干网、企业网，还是对接入网都带来了不同的挑战。骨干网要求路由器能对少数链路进行高速路由转发。企业级路由器不但要求端口数目多、价格低廉，而且要求配置简单方便，并提供服务质量保障（QoS）。

4）新一代路由器

多年来，路由器的发展有起有伏。20 世纪 90 年代中期，传统路由器成为制约互联网发展的瓶颈。随后 ATM 交换机取而代之，成为 IP 骨干网的核心，路由器变成了配角。20 世纪 90 年代末，互联网规模进一步扩大，流量每半年翻一番，ATM 网又成为瓶颈，路由器东山再起，Gbit/s 路由器在 1997 年面世后迅速取代 ATM 交换机，开始建设以路由器为核心的骨干通信网络。

由于多媒体等在网络中的应用发展，以及高速以太网、万兆位以太网等新技术的不断涌现，网络的带宽与速率飞速提高，传统路由器已不能满足需要。因为传统路由器的分组转发均基于软件，在转发过程中对分组的处理要经过许多环节，转发过程复杂，使得分组转发的速率较慢。另外，由于路由器是网络互连的关键设备，是网络之间进行通信的一个"关口"，对其安全性有很高的要求，因此，路由器中各种附加的安全措施也增加了 CPU 的负担，这样就使路由器成为制约整个互联网发展的瓶颈。在未来互联网使用的三种核心技术中，光纤、DWDM 都已经是很成熟的技术，如果没有与现有的光纤、DWDM 技术提供的原始带宽相适应的路由器，将无法从根本上改善新的网络基础设施的性能，因此，开发高性能的太比特路由器和光路由器需求迫切。

目前，正在研制新一代路由器，新一代路由器使用转发缓存来简化数据分组的转发操作。在快速转发过程中，只需对一组具有相同目的地址和源地址的数据分组的前几个进行传统的路由转发处理，并把成功转发的数据分组的目的地址、源地址和下一个路由器地址放入转发缓存中。当其后的数据分组要进行转发时，首先查看转发缓存，如果该数据分组的目的地址和源地址与转发缓存中的地址匹配，则直接根据转发缓存中的下一个路由器地址进行转发，而无须经过传统的复杂操作。这样可减轻路由器的负担，实现提高路由器吞吐率的目标。

1. 简述综合布线系统中常用的接续设备有哪些？

2. 双绞线连接器包括哪些部分？它们的引脚和双绞线的线对是如何确定的？

3. 常见的信息模块分为哪几种类型？

4. 简述双绞线连接系统的器件组成。

5. 双绞线电缆配线架有哪几种形式?

6. 简述光纤连接系统的部件组成。

7. 光纤连接器包括哪几个基本部分?

8. 常见的光纤连接器有哪几种?

9. 光纤配线架的基本功能有哪些?

10. 在实际网络布线工程中,常用哪些计算机网络连接设备?

# 信道传输特性

无论是电信号，还是光信号，都要通过信道才能从信源传送到信宿。从研究数据传输的角度来看，信道的范围除包括传输媒体外，还可以包括有关的变换装置，如发送设备、接收设备和调制解调器等。不同的传输媒体有不同的传输特性和性能规范。它们不仅是综合布线系统测试的依据，也是设计综合布线系统时要考虑的重要指标。

本章主要分析数据通信系统中信道的传输特性及其技术指标。

## 4.1 信道传输特性的概念

数据通信系统是由终端设备子系统、数据传输子系统和数据处理子系统三个部分组成的，而其中的数据传输子系统又由传输信道及两端的数据电路终接设备所构成的。由于数据通信质量不但与传送的信号、发/收两端设备的特性有关，还受传输信道的质量及噪声干扰的影响，所以传输信道是影响通信质量的重要因素之一。在设计或评述综合布线系统性能时，经常要用到数据通信中的许多基本概念，如信道、带宽、数据传输速率等，因此需要设计信道的传输特性，否则就无法衡量其性能的优劣。

### 4.1.1 信道和链路

**1. 信道的概念**

信道（Channel）是通信系统中必不可少的组成部分。通俗地说，信道是指以传输媒体为基础的信号通路；具体地说，信道是指由有线或无线电线路提供的信号通路；抽象地说，信道是指定的一段频带，它让信号通过，同时又给信号以限制和损害。信道的作用是传输信号。

在数据通信系统中，对信道可以从两种不同的角度进行理解：一种是将传输媒体与完成信号变换功能的设备都包含在内，统称为广义信道。由于这是一种扩大了范围的说法，因此还要根据具体的研究对象和所关心问题，定义不同类型的广义信道。例如，在研究调制解调问题而要求了解已调信号通过信道传输后的信号特性时，则可从调制器输出端到解调器的输入端，包括所有设备和传输媒体在内，并称此广义信道为调制信道。又如，在研究编码译码问题时，也同样可以定义一种广义信道——编码信道。显然，这种做法有利于简化所要研究的问题。另一种是仅指传输媒体（如双绞线、同轴电缆、光纤、微波、短波等）本身，这类信道称为狭义信道。虽然在论述通信原理时常采用广义信道这一术语，但通常总是把信道看作以信号传输媒体为基础的信号通路，即采用狭义信道的概念。狭义信道还可以更深入地定义为能够传输信号的任何抽象的或具体的信息传输路径。

对信道分类的方法很多，按照信道所采用传输媒体的不同，可将信道分为有线信道和无线信道。有线信道是以有形的导向传输媒体为传输媒体的信道。有线信道的传输媒体包括双绞线、同轴电缆、光导纤维（光缆）及波导等。无线信道是以非导向传输媒体（宇宙空间）为传输媒体的信道。无线信道的传输媒体比较多，包括中长波地表波传播、超短波及微波视距传播（含卫星中继）、短波电离层反射、超短波流星余迹散射、对流层散射、电离层散射、超短波超视距绕射、波导传播和光波视距传播等。可以这样认为，凡不属有线信道的传输媒体均为无线信道的传输媒体。

从综合布线系统的角度讲，信道是指信号的传输通道，即传输媒体，不包括两端的设备，但包括设备电缆（光缆）和工作区电缆（光缆）及连接插座间的接插软线。综合布线系统的信道是有线信道。

1）布线系统信道、永久链路、CP 链路的构成

布线系统信道、永久链路、CP 链路构成如图 4.1 所示。综合布线系统信道由最长为 90m 水平缆线、最长为 10m 的跳线和设备缆线及最多 4 个连接器件组成。永久链路（Permanent Link）则由 90m 水平缆线及 3 个连接器件组成，它是信息点（TO）与楼层配线设备（FD）之间的传输线路。不难看出，永久链路不包括工作区缆线和连接楼层配线设备的设备缆线、跳线，但可以包括一个 CP 链路。CP 链路（CP Link）是楼层配线设备（Floor Distributor，FD）与集合点（Consolidation Point，CP）之间的传输线路，包括了各端的连接器件在内的永久性链路。集合点（CP）是指楼层配线设备与工作区信息点之间水平缆线路由中的连接点。楼层配线设备（FD）是终接水平电缆、水平光缆和其他布线子系统缆线的配线设备。

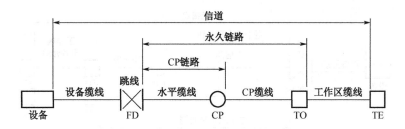

图4.1　布线系统信道、永久链路、CP链路构成

2）光纤信道构成方式

光纤信道分为OF-300、OF-500和OF-2000三个等级，各等级光纤信道应支持的应用长度不应小于300m、500m及2 000m。光纤信道构成方式分为如下3种情况。

（1）水平光缆和主干光缆可在楼层电信间的光配线设备（FD）处经光纤跳线连接构成信道，如图4.2所示。

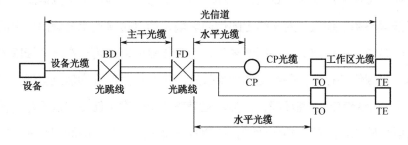

图4.2　光纤信道构成1

（2）水平光缆和主干光缆在楼层电信间处经接续（熔接或机械连接）互通构成光纤信道，如图4.3所示。

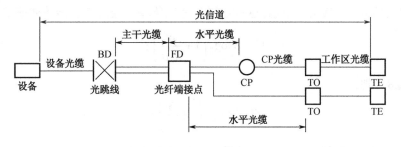

图4.3　光纤信道构成2

（3）由水平光缆经过电信间直接连接至大楼设备间光配线设备构成，FD安装于电信间，只作为光缆路径的场所，如图4.4所示。

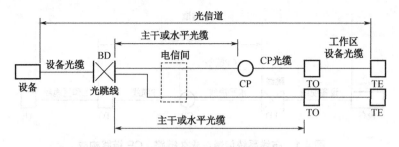

图 4.4　光纤信道构成 3

**注意**：各种信道均不包括两端设备。

**2. 信道容量**

对任何一种通信系统，人们总希望它既有高通信效率，又有高可靠性，但这两项指标是相互矛盾的。也就是说，在一定的物理条件下，提高其通信效率，就会降低它的通信可靠性。数据通信设计者总是在给定的信道环境下，千方百计地设法提高信息传输速率，同时又尽量降低误码率。那么，对于给定的信道环境，信息传输速率与误码率之间是否存在某种关系？或者说，在一定的误码率要求下，信息传输速率是否存在一个极限值呢？信息论证明了这个极限值的存在，并给出了计算公式。这个极限值称为信道容量。信道容量可定义为：对于一个给定的信道环境，在传输差错率（误码率）任意趋近于零的情况下，单位时间内可以传输的信息量。换句话说，信道容量是信道在单位时间里所能传输信息的最大速率，单位为比特/秒（bit/s）。

信息论中的香农（C.E.Shannon）定律给出了有扰模拟信道容量的计算公式。设信道（调制信道）的输入端加入单边功率谱密度为 $n_0$（W/Hz）的加性高斯白噪声，信道的带宽为 $B$（Hz），信号功率为 $S$（W），则通过这种信道无差错传输的最大信息传输速率 $C$ 为：

$$C = B \log_2 \left( 1 + \frac{S}{n_0 B} \right);$$

令 $N = n_0 B$，则：

$$C = B \log_2 \left( 1 + \frac{S}{N} \right);$$

其中，将 $S/N$ 称为信噪比，则 $C$ 是用 bit/s 表示的信道容量，称为香农容量。信道容量给出了信道所能传输的最大信息传输速率（能达到的最大传输能力）与信道带宽 $B$ 和信噪比 $S/N$ 之间的关系。

香农公式表明，在给定 $B$、$S/N$ 的情况下，信道的极限传输能力为 $C$，而且此时能够做到无差错传输（差错率为零）。这就是说，如果信道的实际传输速率大于 $C$ 值，则无差错传输在理论上就已经不可能了。因此，实际传输速率（一般地）要求不能大于信道容量，除非允许存在一定的差错率。

由香农公式可得出以下结论。

（1）提高信号和噪声功率之比，能增加信道容量。

（2）当噪声功率 $N \to 0$ 时，信道容量 $C$ 可趋于无穷大。这意味着无干扰信道容量为无穷大。

（3）当信道容量 $C$ 一定时，可以用不同的带宽和信噪比的组合（或互换）来传输，即信道容量可以通过系统带宽与信噪比的互换而保持不变。例如，如果 $S/N=7$，$B=4\,000\text{Hz}$，则可得 $C=12 \times 10^3 \text{bit/s}$；但是，如果 $S/N=15$，$B=3\,000\text{Hz}$，则可得同样数值 $C$ 值。这就是说，为达到某个实际信息传输速率，在系统设计时可以利用香农公式中的互换原理，确定合适的系统带宽和信噪比。但需指出的是，如果 $S$、$n_0$ 一定，则无限增大 $B$ 并不能使 $C$ 值也趋于无限大。

例 4.1 考虑一个极端的噪声信道，其中信噪比近似于零。换言之，噪声很强使得信号很微弱。对于该信道，它的信道容量计算如下：

$$C=B\log_2(1+S/N)=B\log_2(1+0)=B\log_2(1)=B \times 0=0$$

这就是说，该信道容量是零，与带宽无关。换言之，在该信道上不能发送任何数据。

例 4.2 计算常规电话线路理论上的最高比特率。电话线通常的带宽是 $3\,000\text{Hz}$（$300 \sim 3\,300\text{Hz}$）；信噪比通常是 $3\,162$（$35\text{dB}$）。对于该信道，它的信道容量计算如下：

$$C=3\,000\log_2(1+S/N)=3\,000\log_2(1+3\,162)=3\,000\log_2(3\,163)=3\,000 \times 11.62=34\,860(\text{bit/s})$$

这就是说，电话线上的最高比特率是 $34\,860\text{bit/s}$。如果要想更快地发送数据，则应该增加线路的带宽或改进信噪比。

信道传输容量是指信道在一定时间内通过或传输数据的总量。信道最大传输容量仅在理想信道条件下方可实现，而在现实环境下无法达到。系统元器件及周围环境等因素给信道的传输特性带来一定损害，从而影响综合布线系统的传输性能。综合布线系统中信道的传输性能直接影响通信网络传输比特误码率。

### 3. 链路

链路（Link）与信道不同，它在综合布线系统中是指两个接口间具有规定性能的传输路径，其范围比信道小。在链路中，既不包括两端的终端设备，也不包括设备电缆（光缆）和工作区电缆（光缆）。在图 4.1 ~ 图 4.4 中可以看出链路和信道的范围不同。在综合布线系统中，有时又把链路称为永久链路（Permanent Link），而把信道称为信道链路（Channel Link）。

## 4.1.2　数据传输主要指标

数据通信的传输特性和通信质量取决于传输媒体和传输信号的特性。对于导向传输媒体而言，传输特性主要受限于传输媒体自身的特性；而对于非导向传输媒体而言，传输特性取决于发送天线生成的信号带宽和传输媒体的特性，且前者更为重要。

为了测量传输媒体的性能，通常采用的主要指标有带宽（Band Width，BW）或吞吐率（Throughput）、传输速率、延迟（Delay）或延迟时间（Latency）、波长等。

### 1. 带宽或吞吐率

带宽本来是指某个信号具有的频带宽度。由于一个特定的信号往往是由许多不同的频率成分组成的，因此，一个信号的带宽是指该信号的各种不同频率成分所占据的频率范围。例如，在传统通信线路上传送电话信号的标准带宽是 3.1kHz（300Hz ~ 3 300Hz，即语音的频率范围）。然而，在过去很长一段时间，通信主干线路都是用来传送模拟信号的，因此表示通信线路允许通过的信号频带范围就称为线路的带宽（通频带）。对电缆而言，就是指电缆所支持的频率范围。带宽是一个表征频率的物理量，其单位是 Hz（或 kHz、MHz、GHz等）。换言之，带宽是用于描述信息高速公路的宽度的，增加带宽意味着提高信道的通信能力。但增加带宽需要高频，准确地讲，应该是需要更大的可以利用的频率范围，而且要确保在这种频率下信号的干扰、衰减是可以容忍的。因而对于宽带网络来讲，5 类双绞线比同样长度的 3 类双绞线具有更大的带宽，而超 5 类、6 类和 7 类双绞线则比同样长度的缆线具有更大的带宽。当然，光纤是目前所想到的"最宽"的"信息高速公路"。常用通信电缆带宽等级参见表 4.1。

**表 4.1　常用通信电缆带宽**

| 电缆级别 | 支持带宽范围/MHz |
| --- | --- |
| 5 类 | 1~100 |
| 5e 类 | 1~100 |
| 6 类 | 1~250 |
| 7 类 | 1~600 |

对于光纤来说，带宽指标根据光纤类型的不同而不同。一般认为单模光纤的带宽是无极限的，而多模光纤有确定的带宽极限。多模光纤的带宽根据光纤纤芯的大小和传输波长有所不同。纤芯越小，光纤的带宽指标就越大；传输波长越长，所能提供的带宽就越宽。

显然，带宽越宽，传输信号的能力越强。铜缆在超过推荐带宽情况下使用时会造成严重的信号损失（衰减）和串扰；光纤则会造成模态失真，使信号变得难以识别。

正是因为带宽代表数字信号的发送速率，因此带宽有时也称为吞吐率。吞吐率衡量了数据通过某一点的快慢。换言之，如果考虑将传输媒体上的某一点作为比特通过的分界面，那么吞吐率就是在1s内通过这个分界面的比特数，如图4.5所示阐释了这个概念。在实际应用中，吞吐率常用每秒发送的比特数（或字节数、帧数）来表示。

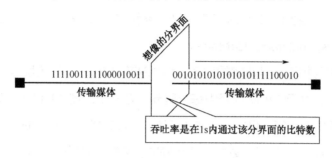

**图4.5 吞吐率**

### 2. 传输速率

传输速率是指单位时间内传送的信息量，是衡量数据通信系统传输能力的主要指标之一。在数据传输系统中，定义了以下三种速率。

1）调制速率

调制速率表示信号在调制过程中，单位时间内调制信号波形的变换次数，即单位时间内所能调制的次数，简称波特率，其单位是波特（Baud）。它是以电报电码的发明者法国人波特（Baud）的名字来命名的。如果一个单位调制信号波的时间长度为 $T(s)$，那么调制速率 $R_B$ 定义为：

$$R_B(\text{Baud})=1/T(s)；$$

例如，在一个调频波中，一个"1"或"0"状态的最短时间长度为 $T=833\times10^{-6}s$，则调制速率为：$R_B=1/T=1/833\times10^{-6}=1\ 200\ \text{Baud}$。

在数据通信中，单位调制信号波称为码元，因而调制速率也可定义为每秒传输的信号码元个数，故调制速率又称为码元传输速率。

2）数据信号速率

（1）数据信号速率，又称为信息速率，它表示通过信道每秒传输的信息量，单位是比特/秒，用 bit/s 或 bps 表示。数据信号速率 $R_b$ 可定义为：

$$R_b = \sum_{t=1}^{m} \frac{1}{T_i} \log_2 N_i；$$

式中，$m$ 表示并行传输的通路数；$T_i$ 表示第 $i$ 路一个单位调制信号波的时间长度（用 $s$

表示）；$N_i$ 表示第 $i$ 路调制信号波的状态数。

（2）比特和比特/秒。比特一词是英文 Binary Digit 的缩写。比特既可作为信息量的度量单位，也可用来表征二进制代码中的位。由于在二进制代码中，每一个"1"或"0"就含有一个比特的信息量，所以表征数据信号速率的单位（bit/s）也就表示每秒钟传送的二进制位数。bit/s 是用来表示传输速率的最常用单位，在速率较高的情况下，还可以使用千比特/秒（Kbit/s）、兆比特/秒（Mbit/s）和千兆比特/秒（Gbit/s）作为单位。1Kbit/s=1 024bit/s，1Mbit/s=1 024Kbit/s，1Gbit/s=1 024Mbit/s。

（3）调制速率与数据信号速率的关系。调制速率（Baud）与数据信号速率（bit/s）之间存在一定的关系。由于二进制信号中每个码元包含一个比特（bit）信息，故码元速率和数据信号速率在数值上相等。例如，设二态调频信号的调制速率为 200 Baud，此时数据信号速率也是 200bit/s，可见它们在数值上是相同的。又如，调制速率为 1 200 Baud 的二态串行传输的调频波，与它相对应的数据信号速率为 1 200bit/s。但在实际中，除了二态调制信号，还有多状态（M 状态）的调制信号，如多相调制中的 4 相和 8 相调制，多电平调幅中的 4 电平和 8 电平调制等。在 4 相制调制中，单位调制信号波包含 2 个比特的信息量；在 8 相制调制中，单位调制信号波包含 3 个比特的信息量。同理，多电平调制的单位调制信号波里也包含多个比特的信息量。因此，对于 M 进制信号，数据信号速率大于码元传输速率，两者的关系是 $R_b=R_B\log_2 M$。

3）数据传输速率

数据传输速率又称信道速率，是指信源入/出口处单位时间内传送的二进制脉冲的信息量，单位可以是比特、字符、码组等；时间单位可以是秒、分、小时等，通常以字符/分为单位。

数据传输速率和数据信号速率之间的关系需要考虑用多少比特来表示一个字符。另外，如果采用起止同步方式传输，还需要考虑在数据以外附加传输的比特数。

例如，在使用数据信号速率为 1 200bit/s 的传输电路时，按起止同步方式来传送 ASCII 码数据，数据传输速率 $R_c$ 为：

$$R_c=1\ 200\times 60/(8+2)=7\ 200(字符/分)；$$

分母括号中的"2"是在一个字符的前后分别附加的一个起始比特和终止比特。

需要指出的是，在信道上的数据传输速率（Mbit/s）和传输信道的频率（MHz）是截然不同的两个概念。在信噪比固定不变的情况下，数据传输速率表示单位时间内线路传输的二进制位的数量，是一个表征速率的物理量。而传输信道的频率衡量的是单位时间内线路电信号的振荡次数。

以 MHz 为单位的信道带宽与以 Mbit/s 为单位的信息传输能力或数据传输速率之间的基本关系类似于高速公路的行车道数量与车流量的关系。带宽可比作高速公路上行车道的数量，数据传输速率可类比为交通流量或每小时车辆的通过数量。

从上述讨论可知，带宽取决于所用传输媒体的质量、每一种传输媒体的精确长度及传输技术，传输速率描述在特定带宽下对信息进行传输的能力。带宽与传输速率二者之间有一定的关系，这种关系与编码方式有关，但不一定是一对一的关系。带宽越宽，传输越流畅，容许传输的速率越高。某些特殊的网络编码方式能够在有限的频率带宽上高速传输数据。例如，ATM155，其中 155 是指数据传输速率，即 155Mbit/s，而实际的带宽只有 80MHz；又如1 000Mbit/s以太网，由于采用4对线全双工的工作方式，对其带宽的要求只有100MHz。在计算机网络领域，由于设计者关心特定传输媒体在满足系统传输性能下的最高传输速率，因此数据传输速率被广泛使用；而在电缆行业中常用的则是带宽。缆线的频带带宽和缆线上传输的数据速率也是两个截然不同的概念，不要将二者混淆。

### 3．频带利用率

频带利用率是描述数据传输速率与带宽之间关系的一个指标，它也是一个与数据传输效率有关的指标。大家知道，传输数据信号是需要占用一定频带的。数据传输系统占用的频带越宽，传输数据信息的能力越大。显然，在比较数据传输系统效率时，只考虑它们的数据信号速率是不够充分的。因为即使两个数据传输系统的数据信号速率相同，它们的通信效率也可能不同，还需看传输相同信息所占用的频带宽度。因此，真正衡量数据传输系统的信息传输效率需要引用频带利用率的概念，即单位传输带宽所能实现的传输速率，定义式为：

$$\eta = R / B;$$

式中，$R$ 表示系统的传输速率，$B$ 表示系统所占的频带宽度。当传输速率采用调制速率 $R_B$ 时，其频带利用率的单位为 Baud/Hz；当传输速率采用数据信号速率 $R_b$ 时，其频带利用率的单位为 bps/Hz。

显然，传输速率与带宽之间存在着一种直接关系，即信号传输速率越高，允许信号带宽越大；同理，信号带宽越大，则允许信号传输速率越高。

### 4．时延

时延（Delay）是指一个比特或报文或分组从一个链路（或一个网络）的一个节点传输到另一个节点所需要的时间。由于发送和接收设备存在响应时间，特别是计算机网络系统中的通信子网还存在中间转发等待时间，以及计算机系统的发送和接收处理时间，因此，时延由发送时延、传播时延和处理时延几个部分组成。

1）发送时延

发送时延是发送数据所需要的时间。发送时延的计算公式为：

$$发送时延=数据块长度÷信道带宽；$$

信道带宽就是数据在信道上的发送速率，也常称为数据在信道上的传输速率。因此发送时延又称为传输时延。信号传输速率和电磁波在信道上的传播速率是两个完全不同的概念，不可混淆。

2）传播时延

传播时延是电磁波在信道中传播所需要的时间。传播时延的计算公式是：

$$传播时延=信道长度÷电磁波在信道上的传播速率；$$

如图 4.6 所示阐释了传播时延这个概念。电磁波在自由空间的传播速率是光速，即 $3.0×10^5$km/s。电磁波在介质中的传播速率比在自由空间中略低一些，在电缆中的传播速率约为 $2.3×10^5$km/s，在光纤中的传播速率约为 $2.0×10^5$km/s。例如，1 000km 长的光纤链路带来的传播时延大约为 5ms。

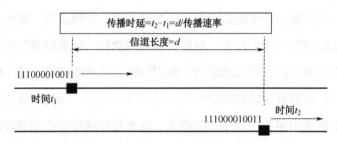

图 4.6　传播时延

3）排队时延

排队时延是指数据在交换节点的缓存队列中排队等候发送所经历的时延，这种时延的大小主要取决于网络中当时的数据流量。当网络的数据流量很大时，还会发生队列溢出，使数据丢失，这相当于排队时延为无穷大。

显然，数据传输经历的总时延是以上三种时延之和，即：

$$总时延=发送时延+传播时延+排队时延。$$

需要指出的是，在总时延中，究竟是哪一种时延占主导地位，需要具体分析。若暂时不考虑排队时延，假定有一个 100MB 的数据块（这里的 M 显然是指 $2^{20}$，而 B 是字节，

1 字节有 8 个比特 )，在带宽为 lMbit/s 的信道上的发送时延是 100×1 048 576×8/10$^6$s=838.9s，即要用 14min 才能把这样大的数据块发送完毕。然而，若将这样的数据块用光纤传送到 1 000km 远的计算机时，那么每一个比特在 1 000km 的光纤上只需用 5ms 就能传送到目的地。因此，在这种情况下，发送时延占主导地位。如果将传播距离减小到 1km，那么传播时延也会相应地减小到原来数值的千分之一，此时，由于传播时延在总时延中所占比重微不足道，总时延基本上取决于发送时延的数值。

假如，要传送的数据仅有一个字节，即在键盘上键入一个字符，也就是 8bit。在 lMbit/s 的信道上的发送时延是 8/10$^6$s=0.008ms。显然，当传播时延为 5ms 时，总时延为 5.008ms。在这种情况下，传播时延就决定了总时延的大小。这时，即使提高信道的带宽到 1 000 倍，也就是说将数据的发送速率提高到 1Gbit/s，总时延也不能减小多少，这时传播时延占主导地位。因此，不能笼统地认为"数据的发送速率越高，传送得就越快"。因为数据传送的总时延是由发送时延、传播时延和排队时延三种时延组成的，不能仅考虑其中某一项时延。

**5. 波长**

波长是信号通过传输媒体进行传输的另一个特征。波长将简单正弦波的频率或周期与传输媒体的传播速度连在一起。换言之，当信号的频率与传输媒体有关时，波长依赖于频率与传输媒体。虽然波长可与电信号相伴，但当提到光纤中光的传输时，一般习惯用波长。波长是在一个周期中一个简单信号可以传输的距离。

波长可由已知的传播速度与信号周期来计算：波长=传播速度×周期。

由于周期与频率彼此互为倒数，因此可写成：波长=传播速度×(1/频率)=传播速度/频率。

如果用 $\lambda$ 表示波长，用 $c$ 表示传播速度，用 $f$ 表示频率，则得到：$\lambda=c/f$。

通常波长以 μm 而不是 m 作为度量单位。例如，空气中红光的波长是：

$$\lambda=c/f=(3×10^8)/(4×10^{14})=0.75×10^{-6}m=0.75μm。$$

由于光在缆线中的传播速度比空气中慢，因而在电缆或光缆中，波长小于 0.5μm。

## 4.1.3 电磁干扰与电磁兼容性

随着信息时代的高速发展，各种高频通信设施不断出现，相互之间的电磁辐射和电磁干扰也日趋严重。目前，人们已把电磁干扰看作一种环境污染，并成立专门的机构对电信和电子产品进行管理，并制定电磁辐射限值标准加以控制。同样，在综合布线系统的周围环境中，也不可避免地存在这样或那样的干扰源，如荧光灯、氙灯、电子启动器或交感性设备，如电梯、变压器、无线电发射机、开关电源、雷达设备和 500V 电压以下的电力线路和电力设备等。其中危害最大的是这些设备产生的电磁干扰和电磁辐射。

### 1. 电磁干扰

电磁干扰（Electro Magnetic Interference，EMI）也称为噪声，指在铜导线中由电磁场引起的电噪声，是电子系统辐射的寄生电能。这里的电子系统指凡是使用电的设备，例如铜导线、电动机等机器，都会产生电磁干扰。这种寄生电能可能在附近的其他电缆或系统上影响综合布线系统的正常工作，降低数据传输的可靠性，增加误码率，使图像扭曲变形、控制信号误动作等。

电磁干扰源的种类不同，有一些是人工干扰源，有一些是自然干扰源。电磁干扰的人工干扰源主要有电力电缆和设备、通信设备和系统、具有大型电机的大型设备、加热器和荧光灯等，电磁干扰的自然干扰源主要是静电和闪电等。

电磁干扰可以通过电感、传导、耦合等方式中的任何一种进入通信电缆，导致信号损失。潜在的电磁干扰大部分存在于大型的商业建筑中，在这些地方，很多电气和电子系统共用一个空间。许多系统会产生与操作频率相同或者有部分频率重叠的信号，使系统之间互相干扰。

电磁辐射则涉及常规综合布线系统在正常运行情况下，信息不被无关人员窃取的安全问题或者造成电磁污染。电缆既是电磁干扰的主要发生器，也是接收器。作为发生器，它向空间辐射电磁噪声；而电缆也能敏感地接收从其他邻近干扰源所发射的相同"噪声"。因此，为了抑制电缆的电磁干扰必须采取保护措施。

目前，国内外对设备发射电磁噪声及其抵御电磁干扰都有相应的标准，规定了最高辐射容限。我国也制定了适合我国国情的抗电磁干扰的相关标准。

在选择综合布线系统缆线材料时，应根据用户要求，结合建筑物的周围环境状况进行考虑，一般应主要考虑抗干扰能力和传输性能，经济因素次之。目前常用的各种双绞线电缆的抗干扰能力参考指标值如下。

（1）UTP 电缆（无屏蔽层）：40dB。

（2）FTP 电缆（纵包铝箔）：85dB。

（3）SFTP 电缆（纵包铝箔，加铜编织网）：90dB。

（4）SSTP 电缆（每对芯线和电缆线包铝箔、加铜编织网）：98dB。

（5）配线设备插入后恶化≤39dB。

在综合布线系统中，通常采用双绞线电缆，双绞线具有吸收和发射电磁场的能力。测试显示，如果双绞线的绞距与电磁波的波长相比很小，可以认为电磁场在第一个绞节内产生的电流与第二个绞节内产生的电流相同。这样，电磁场在双绞线中所产生的影响可以抵消。按照电磁感应原理，很容易确定电缆中电流产生电磁场的方向。第一个绞节内电缆产生的电磁场与第二个绞节内产生的电磁场大小相等、方向相反、相加为零，但这种情况只有在理想的平衡电缆中才能发生。实际上，理想的平衡电缆是不存在的。首先，弯曲会导致绞节松散；另外，电缆附近的任何金属物体会形成与双绞线的电容耦合，使相邻绞节内的电磁场方向不再完全相反，而会发射电磁波。因此，当周围环境的干扰场强度或综合布线系统的噪声电平高于相关标准规定时，干扰源信号或计算机网络信号频率大于或等于30MHz时，应根据其超过标准的量级大小，分别选用FTP、SFTP、STP等不同的屏蔽缆线和屏蔽配线设备。

光纤通信系统不易受噪声的影响。光纤以脉冲的形式传输信号，这些信号不会受到电噪声能量的影响，因此，光纤是高电磁干扰环境下的理想选择。如果噪声很严重以至于找不到合理的解决方法时，那么可以选用光缆来取代铜质通信电缆。

**2. 电磁兼容性**

电磁兼容性（Electro Magnetic Compatibility，EMC）是指系统发出的最小辐射和系统能承受的最大外部噪声，即设备或者系统在正常情况下运行时，不会产生干扰同一空间中其他设备、系统电信号的能力。当所有设备可以共存，并且能够在不会引入有害电磁干扰的情况下正常运行，那么就可以认为这个设备与另一个设备是电磁兼容的。电磁兼容包括放射、免疫两个方面。

为了让通信系统和电气设备是电磁兼容的，应该选定这些设备并检验它们是否可以在相同的环境下运行，并不会对其他系统产生电磁干扰。同时，必须选择不会产生电磁干扰的系统，选择对由其他设备产生的噪声和电磁干扰具有免疫力的系统。

## 4.2 电缆信道传输性能指标

按照GB 50311—2016、ISO/IEC 11801：2017等布线标准，描述平衡电缆信道（Balanced cabling links）传输性能的电气特性参数有直流环路电阻、特征阻抗、衰减、近端串扰损耗、衰减-串扰衰减比率、回波损耗和传输时延等。其中，与信道长度有关的参数，如衰减、直流环路电阻和传输时延等；与双绞线纽距相关的参数有特征阻抗、衰减、近端串扰损耗和回波损耗等。除非特别强调，这些参数适用于屏蔽和非屏蔽平衡电缆的传输信道。不过，电缆一旦成形，这些参数就只与电缆及连接硬件的安装工艺有关。

## 4.2.1 直流环路电阻

任何导线都存在电阻。直流环路电阻是指一对导线电阻之和，ISO/IEC 11801：2017 规定直流环路电阻不得大于 $19.2\Omega/100m$，每对双绞线的差异应小于 $0.1\Omega$。当信号在信道中传输时，直流环路电阻会消耗一部分信号，并将其转变成热能。测量直流环路电阻时，应将线路的远端短路，在近端测量直流环路电阻。测量的值应与电缆中导线的长度和直径相符合。布线系统永久链路的最大直流环路电阻应符合表 4.2 所列数值。

表 4.2　永久链路的最大直流环路电阻限值

| 链路级别 | A | B | C | D | E | EA | F | FA |
|---|---|---|---|---|---|---|---|---|
| 最大环路电阻/$\Omega$ | 530 | 140 | 34 | 21 | 21 | 21 | 21 | 21 |

## 4.2.2 特征阻抗

特征阻抗描述由电缆及连接硬件组成的传输信道的主要特性。特征阻抗是指链路在规定工作频率范围内对通过的信号的阻碍能力，用欧姆（$\Omega$）来度量。特征阻抗由线对自身的结构、线对间的距离等因素决定。它根据信号传输的物理特性，形成对信号传输的阻碍作用。与直流环路电阻不同的是特征阻抗包括电阻及工作频率 $1\sim100MHz$ 内的电感阻抗及电容阻抗。所有铜质电缆都有一个确定的特征阻抗指标，该指标的大小取决于电缆的导线直径和覆盖在导线外面的绝缘材料的电介质常数。电缆的阻抗指标与电缆的长度无关，一条 100m 的电缆与一条 10m 的电缆具有相同的特征阻抗。

综合布线系统要求整条电缆的特征阻抗保持为一个常数（呈电阻状态），如图 4.7 所示。与电缆的反射系数相似，定义比值 $r$：

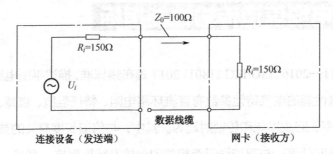

图 4.7　特征阻抗计算

$$r = \frac{R_i - Z_0}{R_i + Z_0} = \frac{150 - 100}{150 + 100} = 0.2 = 20\%。$$

其中，比值 $r$ 为一常数。无论是哪一类双绞线，它的每对芯线的特征阻抗在整个工作带宽范围内应保持恒定。链路上任何一点的阻抗不连续将导致该链路信号反射和信号畸变，链路特征阻抗与标称值之差要求小于 20Ω。

除了要保证链路中每对芯线的特征阻抗的恒定和均匀，还须保证电子设备的特征阻抗和电缆的特征阻抗相匹配，否则也会导致链路信号的反射，继而造成对传输信号的干扰和破坏。如果两者的特征阻抗不匹配而又必须连接时，可采用阻抗匹配部件来消除信号的反射。

## 4.2.3　回波损耗和结构回波损耗

以往在使用非屏蔽双绞线传输数据时，其中一个线对用来传输数据，另一个线对用来接收数据，噪声几乎不会对传输产生大的影响。但是在千兆位以太网传输方案中，则有可能造成很大的影响。因为千兆位以太网采用的是双向传输，即 4 个线对同步传输和接收数据。对线对来说，信号的传输端同时也是来自另一端信号的接收端，回波损耗问题非常重要。

### 1．回波损耗

回波损耗（Return Loss，RL）又称反射衰减，简称回损，是对阻抗不匹配引起的反射能量的度量，与特征阻抗有关。实际上，它测量的是传输信号被反射到发射端的比例。回波损耗的测量仅适用于 5e 类电缆或更高级别的 UTP 电缆，而不适用于 3 类、4 类、5 类电缆。在测试链路中影响回波损耗数值的主要因素有电缆结构、连接器和安装等，这种测量对于在相同电缆线对上同时发送和接收信号的全双工通信非常重要。

在全双工网络中，如果链路所用的缆线和连接硬件阻抗不匹配，即整条链路有阻抗异常点，就会造成信号反射。被反射到发送端的一部分能量将以噪声的形式在接收端出现，导致信号失真，从而降低综合布线系统的传输性能。一般情况下，UTP 链路的特征阻抗为 100Ω，标准规定可以有±15%的浮动，如果超出范围就是阻抗不匹配。信号反射的强弱视阻抗与标准的差值而定，典型的例子，如断开就是阻抗无穷大，导致信号 100%的反射。由于是全双工通信，整条链路既负责发送信号，也负责接收信号，那么如遇到信号的反射再与正常的信号进行叠加后就会造成信号的不正常，如图 4.8 所示是回波损耗示意图。

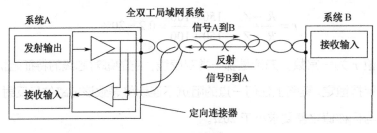

图 4.8　回波损耗

回波损耗的计算值=输入信号幅度−由链路反射回来的信号幅度，单位为分贝（dB）。该数值越大，说明反射信号就越弱，对应的回波损耗就越小。

回波损耗合并了两种反射的影响，包括对标称阻抗的偏差及结构的影响。测量 RL 时，在电缆的远端用电缆的基准阻抗 $Z_R$（100Ω）终端，测量传输信号被反射到发射端的比例。定义公式如下：

$$RL = -20\log_2\left|\frac{Z_r - Z_R}{Z_r + Z_R}\right|;$$

式中，$Z_r$ 表示测量得到的复数阻抗。

**2. 结构回波损耗**

结构回波损耗（Structural Return Loss，SRL）是衡量信道一致性的指标。由于信道所用缆线和连接硬件阻抗不匹配的影响，会造成阻抗的随机性或者周期性不均匀。当电磁波沿着不均匀链路传输时，在链路阻抗变化处就会发生反射。被反射到发送端的一部分能量会产生干扰，导致信号失真，从而降低了综合布线系统的传输性能。电缆内部的不均匀性用结构回波损耗 SRL 表示：

$$SRL = -20\log_2\left|\frac{Z_{CM} - Z_C}{Z_{CM} + Z_C}\right|;$$

式中，$Z_{CM}$ 表示由开短路法测量得到的复数阻抗；$Z_C$ 表示拟合特征阻抗。所谓拟合特征阻抗 $Z_C$ 用来从特征阻抗中分离出电缆结构的影响，从而计算出链路的结构回波损耗。目前通常采用四阶拟合。

上述两个公式非常清楚地表明了 RL 与 SRL 两者之间的区别。RL 采用的参照阻抗值是 100Ω，而 SRL 采用拟合阻抗值（$Z_C$）作为参照。

**3. 回波损耗极限值的计算**

（1）在 5e 类布线系统中，永久链路所允许的回波损耗极限值的计算公式为：

$$x = \begin{cases} 19\text{dB} & 1\sim20\text{MHz} \\ \left(19 - 10\log_2 \dfrac{f}{20}\right)\text{dB} & 20\sim100\text{MHz} \end{cases}°$$

（2）5e 类布线系统中，信道链路所允许的回波损耗极限值的计算公式为：

$$x = \begin{cases} 17\text{dB} & 1\sim20\text{MHz} \\ \left(17 - 10\log_2 \dfrac{f}{20}\right)\text{dB} & 20\sim100\text{MHz} \end{cases}°$$

在综合布线系统工程设计中，布线的两端均应符合回波损耗值的要求。布线系统永久链路的最小回波损耗（RL）值应符合表 4.3 的规定。

表 4.3　永久链路最小回波损耗（RL）值

| 频率/MHz | C 级/dB | D 级/dB | E 级/dB | EA 级/dB | F 级/dB | FA 级/dB |
|---|---|---|---|---|---|---|
| 1 | 15.0 | 19.0 | 21.0 | 21.0 | 21.0 | 21.0 |
| 16 | 15.0 | 19.0 | 20.0 | 20.0 | 20.0 | 20.0 |
| 100 | – | 12.0 | 14.0 | 14.0 | 14.0 | 14.0 |
| 250 | – | – | 10.0 | 10.0 | 10.0 | 10.0 |
| 500 | – | – | – | 8.0 | 10.0 | 10.0 |
| 600 | – | – | – | – | 10.0 | 10.0 |
| 1 000 | – | – | – | – | – | 8.0 |

## 4.2.4　衰减

必须指出，任何一种能够传输信号的媒体既能为信号提供通路，又对信号造成损害。这种损害具体反映在信号波形的衰减和畸变上，最终导致出现通信的差错现象。

信号在信道中传输时，会随着传输距离的增加而逐渐变小。衰减（Attenuation，ATT）是指信号沿传输链路传输后幅度减小的程度，单位为分贝（dB）。它遵循趋肤效应和邻近效应，随着频率的增加，衰减会增大。在高频范围，导体内部电子流产生的磁场迫使电子向导体外表面的薄层聚集；频率越高，这个薄层越薄。这一效应相当显著，并且随频率平方根的增加而增加。

衰减与传输信号的频率有关，也与导线的传输长度有关。随着长度的增加，信号衰减也随之增加。衰减值越低表示链路的性能越好，如果链路的衰减过大，会使接收端无法正确地判断信号，导致数据传输的不可靠，如图 4.9 所示是信号衰减的示意图。

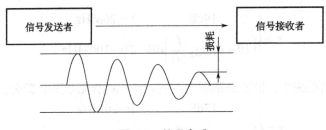

图 4.9　信号衰减

产生信号衰减的原因是由于电缆的电阻所造成的电能损耗及电缆绝缘材料所造成的电能泄漏。链路的衰减由电缆材料的电气特性、结构、长度及传输信号的频率而决定。在 1～100MHz 频率范围内，衰减主要由趋肤效应所决定，与频率的平方根成正比。链路越长，频率越高，衰减就越大。当电缆特征阻抗与试验仪器特征阻抗匹配时，可通过以下定义测试电缆的衰减：

$$\alpha = \frac{100}{L} \times (10 \times \lg \frac{P_1}{P_2});$$

式中，$\alpha$ 表示衰减常数，单位为 dB/100m；$P_1$ 表示负载阻抗等于信号源阻抗时的输入功率；$P_2$ 表示负载阻抗等于被测电缆特征阻抗时的输出功率；$L$ 表示试样长度，单位为 m。

电缆的信号衰减受温度的影响很大，当测试环境温度偏离标准值 20℃时，须进行换算。换算公式如下：

$$\alpha_{20} = \frac{\alpha_t}{1 + K_{20} \times (t - 20)};$$

式中，$\alpha_t$ 表示测试环境温度为 $t$ 时的衰减常数，单位为 dB/100m；$\alpha_{20}$ 表示 20℃时的衰减常数，单位为 dB/100m；$t$ 表示试验时的电缆温度，单位为℃，一般取电缆所处的环境温度为电缆温度；$K_{20}$ 表示电缆的温度系数，单位为 1/℃，参考值为 0.002。

一般，衰减的具体计算按以下三步进行。

（1）计算每 100m 双绞线在不同频率（$f$）下的衰减。

$$\text{att}_{\text{cable,100m}} = k_1 \times \sqrt{f} + k_2 \times f + \frac{k_3}{\sqrt{f}}。$$

其中，对于 Cat5：$k_1$=1.967，$k_2$=0.023，$k_3$=0.05，$f$=1～100MHz；对于 Cat4：$k_1$=2.050，$k_2$=0.043，$k_3$=0.057，$f$=1～20MHz；对于 Cat3：$k_1$=2.320，$k_2$=0.238，$k_3$=0，$f$=1～16MHz。

（2）取连接硬件的衰减。

按照不同频率（$f$）范围，取表 4.4 所列连接硬件的衰减 $\text{att}_{\text{conn}}$ 值。

表 4.4  连接硬件的衰减

| 类 别 | 带宽/MHz | att<sub>conn</sub> /dB | | | |
| --- | --- | --- | --- | --- | --- |
| | | 1～10MHz | >10～31.25MHz | >31.25～62.5MHz | >62.5MHz |
| 5 | 1～100 | 0.1 | 0.2 | 0.3 | 0.4 |
| 4 | 1～20 | 0.1 | 0.2 | | |

（3）计算链路衰减。

对于信道链路：

$$ATT = att_{cable,100m} \times \left( \frac{length + 2}{100} \right) + 4 \times att_{conn} ；$$

对于永久链路：

$$ATT = att_{cable,100m} \times \left( \frac{length + 0.8}{100} \right) + 2 \times att_{conn} ；$$

其中，length 是包括转接线在内的链路总长度，以 m 为单位。衰减测量的频率步长一般为 1MHz。

除了电缆会造成链路衰减，链路中的插座和连接器、配线盘等都对衰减有影响，在连接过程中不恰当的端接及阻抗不匹配形成的反射也会造成过量的衰减。表 4.5 中列出了 5e 类双绞线布线系统中永久链路和信道链路允许的极限衰减值。

表 4.5  5e 类双绞线布线系统的衰减

| 频率/MHz | 永久链路衰减/dB | 信道链路衰减/dB |
| --- | --- | --- |
| 1.0 | 2.1 | 2.5 |
| 4.0 | 3.9 | 4.5 |
| 8.0 | 5.5 | 6.3 |
| 10.0 | 6.2 | 7.1 |
| 16.0 | 7.9 | 9.1 |
| 20.0 | 8.9 | 10.3 |
| 25.0 | 10.0 | 11.4 |
| 31.25 | 11.2 | 12.9 |
| 62.5 | 16.2 | 18.6 |
| 100 | 21.0 | 24.0 |

由表 4.5 可以看出，由于信道所包含的终端和连接线多于永久链路，其衰减值比永久链路的衰减值要大。同时，在低频时信道会表现出较低的衰减值，而在频率较高时，会表现出较高的衰减值。

链路衰减的不良影响可以通过考查模拟视频信号的传输效果来论证。过度衰减导致视频流中的低频亮度信号部分的强度低于高频色度信号部分，导致接收的影像灰暗，对比度过低。

## 4.2.5 串扰

当电信号通过铜缆线进行传输时，会对邻近的铜缆线产生电磁干扰，从而影响临近线路上的数据传输，人们把这种干扰叫作串扰（Cross talk）。串扰被视为一种噪声或干扰，单位为分贝（dB）。在综合布线时，人们把许多条绝缘的双绞线集中成一个线捆接入配线架，对于一个线捆内的相邻线路，如果在相同频率范围内接收或者发送信号，彼此间就会产生电磁干扰（串扰），从而使要传输的波形发生变化，导致信息传输错误。

### 1. 近端串扰 NEXT 和远端串扰 FEXT

串扰可以通过在近端或在远端与原信号进行比较来衡量。因此，一般把串扰分为近端串扰 NEXT（Near End cross Talk）和远端串扰 FEXT（Far End cross Talk）两种类型。近端串扰是出现在发送端的串扰，定义为信号从一对双绞线输入时，对在同一端的另一对双绞线上信号的干扰程度。远端串扰是出现在接收端的串扰，定义为信号从一对双绞线输入时，在另一端的另一对双绞线上信号的干扰程度。通常远端串扰的影响较小。图 4.10 是近端串扰和远端串扰的示意图。近端串扰和远端串扰的大小分别用近端串扰损耗和远端串扰损耗来表示。

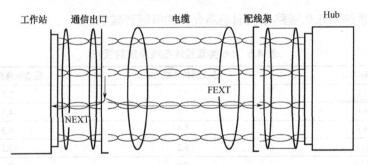

图 4.10　近端串扰和远端串扰

### 1）近端串扰损耗的定义

近端串扰损耗，是指耦合信号与原来的传输信号在同一信道端被测量时，传输信号与耦合信号大小的比率，如图 4.11 所示。定义式为：

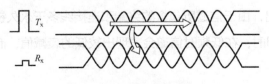

图 4.11　线对的信号耦合

$$NEXT = 10\lg\frac{P_{1N}}{P_{2N}}(dB)$$

式中，$P_{1N}$ 表示主串线对的输入功率；$P_{2N}$ 表示被串线对近端的串扰输出功率。

线对与线对之间的近端串扰损耗（NEXT）在布线的两端均应符合 NEXT 值的要求。例如，布线系统永久链路的最小近端串扰值应符合表 4.6 的规定。

表 4.6　永久链路最小近端串扰损耗（NEXT）值

| 频率/MHz | C 级/dB | D 级/dB | E 级/dB | EA 级/dB | F 级/dB | FA 级/dB |
|---|---|---|---|---|---|---|
| 1 | 40.1 | 64.2 | 65.0 | 65.0 | 65.0 | 65.0 |
| 16 | 21.1 | 45.2 | 54.6 | 54.6 | 65.0 | 65.0 |
| 100 | – | 32.3 | 41.8 | 41.8 | 65.0 | 65.0 |
| 250 | – | – | 35.3 | 35.3 | 60.4 | 61.7 |
| 500 | – | – | – | 29.2 | 52.9 | 56.1 |
| 600 | – | – | – | – | 54.7 | 54.7 |
| 1000 | – | – | – | – | – | 49.1 |

注：当永久链路中存在 CP 点时，对于 500MHz、1 000MHz 的 EA 和 FA 级的最小 NEXT 值分别为 27.9dB、47.9dB。

由表 4.6 可以看出，近端串扰是频率的函数。频率越高，近端串扰值就越低。

2）远端串扰损耗的定义

远端串扰损耗是耦合信号在原来传输信号相对另一端进行测量的情况下，传输信号大小与耦合信号大小的比率。这种比率越大，表示发送的信号与串扰信号幅度差就越大，所以从数值上来讲，它们的值无论是用负数还是用正数表示，均为绝对值越大，串扰所带来的损耗越低。

近端串扰是 UTP 电缆的一个重要性能指标，UTP 电缆的串扰指标一般都很高。不管是近端串扰、远端串扰还是外部噪声产生的串扰，对比特误码率都有非常大的影响，随之也影响综合布线系统信道的传输性能。串扰就像其他影响综合布线系统信道的损害因素一样，可以蔓延到难以控制的地步，并且影响更多的应用。

**2. 综合近端串扰**

综合近端串扰是指某线对受其他线对的近端串扰的综合影响程度，单位为分贝（dB）。综合近端串扰用近端串扰衰减功率和（PSNEXT）来表示，定义为：

$$PS_j = -10\lg\sum_{i=1}^{n}(10^{-1z_n})\text{；}$$

式中，$PS_j$ 表示第 $j$ 对线的近端串扰衰减功率和。如图 4.12 所示是综合近端串扰的示意图。在千兆位以太网中，所有线对都被用来传输信号，每个线对都会受到其他线对的干扰。因此，近端串扰与远端串扰须考虑多线对之间的综合串扰，才能得到对于能量耦合的真实描述。

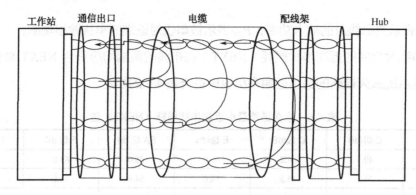

图 4.12　综合近端串扰

同回波损耗一样，近端串扰衰减功率和（PSNEXT）也是 UTP 电缆布线系统采用的一种新的性能测量方法。布线系统永久链路的最小 PSNEXT 值应符合表 4.7 的规定。

表 4.7　永久链路的最小 PSNEXT 值

| 频率/MHz | D 级/dB | E 级/dB | EA 级/dB | F 级/dB | FA 级/dB |
|---|---|---|---|---|---|
| 1 | 57.0 | 62.0 | 62.0 | 62.0 | 62.0 |
| 16 | 42.2 | 52.2 | 52.2 | 62.0 | 62.0 |
| 100 | 29.3 | 39.3 | 39.3 | 62.0 | 62.0 |
| 250 | – | 32.7 | 32.7 | 57.4 | 58.7 |
| 500 | – | – | 26.4 | 52.9 | 53.1 |
| 600 | | | | 51.7 | 51.7 |
| 1 000 | – | – | – | – | 46.1 |

注：当永久链路中存在 CP 点时，对于 500MHz、1 000MHz 的 EA 和 FA 级的最小 PSNEXT 值分别为 24.8dB、44.9dB。

### 3．衰减–串扰衰减比率（ACR）

衰减–串扰衰减比率（Attenuation to Crosstalk Ratio，ACR）是反映电缆性能的另一个重要参数，又称信噪比，单位为分贝（dB）。ACR 有时也以信噪比（Signal-Noice Ratio，SNR）表示，定义为：在同一频率下，受相邻线对串扰的线对上其近端串扰损耗（NEXT）与本线对传输信号衰减值（Attenuation）之差，即：

$$ACR = Attenuation - NEXT。$$

ACR 描述了信号与噪声串扰之间的重要关系，体现的是电缆的性能，也就是在接收端信号的富裕度。这是确定可用带宽的一种方法。实际上，ACR 是衡量系统信噪比的唯一测量标准，是决定网络正常运行的重要因素。通常可通过提高链路近端串扰损耗 NEXT 或降低传输信号衰减值 Attenuation 水平来改善链路 ACR。如图 4.13 所示是衰减、串扰、ACR 之间的关系曲线图。

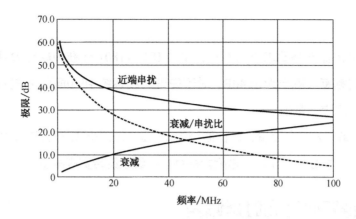

图 4.13 衰减、串扰、ACR 关系图

由图 4.13 可以看出，随着频率的增加，传输信号衰减值 Attenuation 加大，串扰损耗 NEXT 降低，ACR 逐渐趋近于 0dB。ACR 的测试结果越接近 0dB，链路就越不可能正常工作；当 ACR 等于 0dB 时，表明此时接收到的信号和串扰信号幅值相等。因此，可用 ACR 来衡量在传输线对上发送信号时，在接收端收到的信号中有多少来自串扰的噪声影响。ACR 直接影响误码率，当 ACR 值增大时，表示抗干扰能力增强。

信道 ACR 值越大越好。由于每对线对的 NEXT 值不同，因此，每对线对的 ACR 值也是不同的，一般以最差的 ACR 值为该电缆的 ACR 值。表 4.8 给出了 5e 类双绞线布线系统信道的 ACR 值，实际测量值会超过所列数值。

表 4.8　5e 类双绞线布线系统信道的 ACR 值

| 频率/MHz | 1.0 | 4.0 | 8.0 | 10.0 | 16.0 | 20.0 | 25.0 | 31.25 | 62.5 | 100.0 |
|---|---|---|---|---|---|---|---|---|---|---|
| ACR/dB | 57.5 | 49.0 | 42.3 | 39.9 | 34.5 | 31.7 | 28.9 | 25.8 | 15.0 | 6.1 |

由表 4.8 可以看出，ACR 值会随着传输信号频率的增加而减少，这是由于随着传输信号频率的增加，近端串扰的值在减少，而电缆信号的衰减在增加。ACR 参数中包含了衰减和串扰，它也是系统性能的标志，这可从以下几个方面进行理解。

（1）从信道传输方面看：希望 ACR 值越大以减少传输误码率（BER）。另外，随着信号频率增加，ACR 的数值将减小，所以 ACR 值实际上是一个与频率相关的信噪比值。

（2）从缆线生产技术方面看：缆线长度越短或导线直径越大，则整个链路衰减越小，而 NEXT 主要取决于缆线的结构和生产质量，利用独立的线对屏蔽技术可以得到最佳的 NEXT 值。

（3）从信道速率方面看：一条信号传输信道的传输能力（类似于水渠）是由频率带宽（相当于水渠的宽度）与 ACR（相当于水渠的深度）值共同决定的。单独考虑一方没有实际意义。

（4）从 D 级传输链路要求方面看：在 ISO/IEC 11801 标准中规定 D 级链路的 ACR 值在 100MHz 的频率下应当大于 4dB。对于先进布线系统中的屏蔽或非屏蔽配置，ACR 值都可超过标准规定的数值。

（5）从信号编码方式方面看：数据信号传输信道对带宽的要求会随数据的传输速率增加、改用低级编码方式（如 NRZ）等因素提高。布线系统带宽应高于传输的信号频率。

## 4.2.6 链路时延和时延偏差

### 1. 链路时延

链路时延（又称链路延迟）表征了信号在线对中的传播速度，它与额定传输速率（Nominal Velocity of Propagation，NVP）值成正比，一般用纳秒（ns）作为度量单位。根据时延概念的内涵，由于其中的传播时延度量了一个比特或报文或分组从一个链路节点到另一个节点的实际传播时间，而且会随着链路长度的增加而增加，所以链路时延的构成主要为传播时延。布线系统永久链路的最大传播时延参见表 4.9。

表 4.9　布线系统永久链路的最大传播时延

| 频率/MHz | C 级/ns | D 级/ns | E 级/ns | EA 级/ns | F 级/ns | FA 级/ns |
|---|---|---|---|---|---|---|
| 1 | 521 | 521 | 521 | 521 | 521 | 521 |
| 16 | 496 | 496 | 496 | 496 | 496 | 496 |
| 100 | - | 491 | 491 | 491 | 491 | 491 |
| 250 | - | - | 546 | 490 | 490 | 490 |
| 500 | - | - | 490 | 490 | 490 | 490 |
| 600 | - | - | - | - | 489 | 489 |
| 1 000 | - | - | - | - | - | 489 |

由于双绞线中不同的电缆线对有不同的绞线率，提高绞线率可以降低近端串扰，但同时也增加了对绞电缆的长度，进而导致了对绞电缆有更大的链路时延。链路时延是局域网为何要有长度限制的主要原因之一，如果链路时延偏大，会造成延迟碰撞增多。

### 2. 时延偏差

时延偏差是指在链路中高速线对与低速线对之间信号传播时延的差异（Delay Skew），以 ns 作为单位，范围一般在 50ns 以内。绞线率变化及线对的绝缘结构决定了偏差值的大小。在千兆位以太网中，由于使用 4 对线传输，且为全双工，那么在数据发送时，可采用分组传输，即将数据拆分成若干个数据分组，按一定顺序分配到 4 对线上进行传输；而在接收时，又按照反向顺序将数据重新组合，如果时延差过大，那么势必导致传输失败。工业标准规定，对100m长的水平电缆线路，当其工作频率在2~12.5MHz，其时延偏差不应超过45ns。

利用双绞线进行实时传输的典型案例是在证券交易所内把金融信息发送到高分辨率显示屏。这类显示屏需要100MHz以上的可用带宽和RGB同步模拟视频信号。过度的时延差可能会导致色散，随着信道长度增加则会产生重影。

综上所述，可以得到如下几点结论。

（1）衰减、串扰、ACR决定了电缆传输信道的传输带宽。在确定网络的传输带宽时，不能用单一的值衡量某一指标，必须进行综合平衡分析。

（2）特征阻抗、拟合特征阻抗、回波损耗、结构回波损耗反映了电缆传输信道的结构特性，以及和系统相匹配的性能。通信电缆与系统的阻抗匹配越好，网络中的误码就越少；回波损耗和衰减引起的噪声越大、信号越弱，接收器不能完全译解真正的数据信号，因此误码的机会就越大。

（3）链路时延、时延偏差决定了数据帧的丢失率和完整性。特别是在千兆位、万兆位以太网中，电缆信道须具有良好的链路时延特性才可以确保数据帧的完整性。

## 4.3 光纤信道传输性能指标

光纤信道一般由光纤和连接件（连接器、耦合器、接插板）等组成。它的传输性能不仅取决于光纤和连接件质量，还取决于连接件的应用现场环境。光纤信道传输性能主要指标有光纤链路损耗、光功率损耗和带宽等。其中，影响光纤信道传输性能的主要参数是光功率损耗。光纤布线系统OF-300、OF-500、OF-2000各等级光纤信道应符合ISO/IEC 11801：2017、GB 50311—2016规定的主要性能指标。

### 4.3.1 光纤的工作波长

对光纤信道传输性能的要求，前提是每一光纤信道使用单个波长窗口。在波分复用系统中，所用的硬件都安装于设备间和工作区；对波分复用和波分分解的要求可参见有关应用标准。在综合布线系统中，光纤工作波长窗口参数应符合表4.10的规定。

表 4.10 光纤工作波长窗口参数

| 光纤模式标称波长/nm | 下限/nm | 上限/nm | 基准试验波长/nm | 最大光谱宽度（FWHM）/nm |
|---|---|---|---|---|
| 多模光纤 850 | 790 | 910 | 850 | 50 |
| 多模光纤 1 300 | 1285 | 1330 | 1300 | 150 |
| 单模光纤 1 310 | 1288 | 1339 | 1310 | 10 |
| 单模光纤 1 550 | 1525 | 1575 | 1550 | 10 |

## 4.3.2　光纤信道的损耗

连接光纤的任何设备都可能使光波功率产生不同程度的损耗，光波在光纤中传播时，自身也会产生一定的损耗。光纤信道损耗主要是由光纤本身、连接器和熔接点造成的。光纤链路的全程损耗定义为光发送/接收（S/R）与光接收/发送（R/S）参考点之间的光衰减，即从数据中心机房的光纤配线架（ODF）输入端口至楼层光纤配线箱或光纤信息插座的输出端口之间的光衰减量，以 dB 表示。当计算光纤链路或信道衰减时，需要注意，有两种不同的计算方式，即光纤信道中包含光分路器和不包含光分路器的情况。

对于不包含光分路器的情况，在计算光纤信道最大损耗极限时，主要考虑光纤本身的损耗、连接器产生的损耗和熔接点产生的损耗。一般情况下，尽管光纤的长度、连接器和熔接点数目不确定，但综合布线系统要求光纤信道的任意两个端点之间总的信道损耗应控制在一定范围内。

### 1. 光纤自身的衰减

光纤自身的衰减 $A_c$ 根据光纤类型不同及导入光波长不同而不同。在综合布线时，需要了解光纤自身的衰减特性。对于城域网中应用最多的 G.652 光纤来说，当光信号波长为 1 550nm 时，$\alpha=0.275$dB/km；对于 G.655 光纤来说，当光信号波长为 1 550nm 时，$\alpha=0.25$dB/km。可见不同类型的光纤，其衰减系数是不同的。通常，光纤损耗=光纤衰减系数×光纤长度。光纤衰减系数与带宽关系参见表 4.11。

表 4.11 光纤衰减系数与带宽关系

| 光纤直径/μm | 工作波长/nm | 最大衰减/（dB/km） | 最大传输带宽/MHz |
|---|---|---|---|
| 50/125 | 850 | 3.5 | 500 |
| | 1300 | 1.5 | 500 |
| 62.5/125 | 850 | 3.5 | 160 |
| | 1300 | 1.5 | 500 |
| 9/125 | 1310 | 1.0 | N/A |
| | 1550 | 1.0 | N/A |

### 2. 光纤连接损耗

光纤连接损耗是指节点至配线架之间的连接损耗，如连接器；光纤与光纤互连产生的耦合损耗，如光纤熔接或机械连接部分及其他损耗。光纤连接损耗主要由连接器件损耗和熔接点损耗两部分形成：① 连接器件损耗 $A_{con}$=连接器件损耗/个×连接器个数（一般取 $A_{con}$=0.75 dB/个）；② 熔接点损耗 $A_s$=熔接点损耗/个×熔接点个数（一般要求 $A_s$=0.3dB/个）。每个无源部件损耗 $A_{pc}$ 大约为 2.5dB。

### 3. 光纤耦合损耗

一般说来，两相互连接光纤的直径与数值孔径 NA 相同时，耦合损耗为 0。但当接收光纤的直径和数值孔径小于发送光纤时，就会出现耦合损耗 $A_m$；并且差别越大，耦合损耗也越大。光纤耦合损耗值 $A_m$ 见表 4.12。

表 4.12　光纤耦合损耗值 $A_m$

| 接 收 光 纤 | 发送光纤耦合损耗/dB | | | | |
|---|---|---|---|---|---|
| | 50μm NA=0.20 | 51μm NA=0.22 | 62.5μm NA=0.275 | 85μm NA=0.26 | 100μm NA=0.29 |
| 50μm，NA=0.20 | 0.0 | 0.4 | 2.2 | 3.8 | 5.7 |
| 51μm，NA=0.22 | 0.0 | 0.0 | 1.6 | 3.2 | 4.9 |
| 62.5μm，NA=0.275 | 0.0 | 0.0 | 0.0 | 1.0 | 2.3 |
| 85μm，NA=0.26 | 0.0 | 0.0 | 0.1 | 0.0 | 0.8 |
| 100μm，NA=0.29 | 0.0 | 0.0 | 0.0 | 0.0 | 0.0 |

### 4. 其他原因造成的损耗

其他原因造成的损耗主要有光纤色散损耗 $P_d$（厂家说明）；信号源老化损耗 $M_a$，为 1～3dB；热偏差损耗 $M_t$，约为 1dB；安全性方面的损耗 $M_s$，为 1～3dB 等。

### 5. 光纤信道的总损耗

综合上述，光纤信道总损耗值 $A$ 的计算公式如下：

$$A = A_c \times L + A_{con} \times N_{con} + A_s \times (N_s + N_r) + A_{pc} \times N_{pc} + A_m \times N_m + P_d + M_a + M_t + M_s ;$$

式中，$L$ 为光纤信道长度，$N_r$ 为计划个数，其余的 $N_x$ 为各种连接器个数（$x$=con,pc,s,m）。

对于光纤布线系统来说，各等级的光纤信道衰减值应符合表 4.13 的规定，并且光纤信道包括的所有连接器件的衰减合计不应大于 1.5dB。

当光纤信道中包含光分路器时，除上述公式的 $A$ 值外，还应考虑光分路器的插入损耗。光分路器插入损耗最大值如表 4.14 所列。

表 4.13　光纤信道衰减值（dB）

| 等　级 | 多　模 | | 单　模 | |
|---|---|---|---|---|
| | 850nm | 1 300nm | 1 310nm | 1 550nm |
| OF-300 | 2.55 | 1.95 | 1.80 | 1.80 |
| OF-500 | 3.25 | 2.25 | 2.00 | 2.00 |
| OF-2000 | 8.50 | 4.50 | 3.50 | 3.50 |

表 4.14　光分路器插入损耗最大值

| 光分路器类型 | 1:4 | 1:8 | 1:16 | 1:32 | 1:64 | 2:4 | 2:8 | 2:16 | 2:32 |
|---|---|---|---|---|---|---|---|---|---|
| 插入损耗最大值/dB | 7.5 | 11.0 | 14.5 | 17.5 | 21.0 | 8.0 | 11.5 | 15.0 | 18.0 |

光纤信道的衰减是网络中非常重要的性能指标之一，在规划设计网络时要对信道的损耗进行预计算，使其符合光功率要求。

## 4.3.3　光纤链路的传输指标

在光纤到用户单元工程中，对于无源光网络来说，其光线路终端（OLT）至光网络终端（ONU）链路中的一段为光纤链路。用户接入点用户侧配线设备至用户单元信息配线箱的光纤链路全程衰减限值可按下式计算：

$$\beta = \alpha_f L_{max} + (N+2)\alpha_j ;$$

式中，$\beta$——用户接入点用户侧配线设备至用户单元配线箱光纤链路衰减（dB）；

$\alpha_f$——光纤衰减常数（dB/km），在 1 310nm 波长窗口时，采用 G.652 光纤时为 0.36dB/km，采用 G.657 光纤时为 0.38dB/km～0.4dB/km；

$L_{max}$——用户接入点用户侧配线设备至用户单元配线箱光纤链路最大长度（km）；

$N$——用户接入点用户侧配线设备至用户单元配线箱光纤链路中熔接的接头数量；

2——光纤链路光纤终接数（用户光缆两端）；

$\alpha_j$——光纤接头损耗系数，采用热熔接方式时为 0.06dB/个，采用冷接方式时为 0.1dB/个。

光纤信道和链路的衰减也可如下计算，光纤接续及连接器件损耗值的取值应符合表 4.15 的规定。

光纤信道和链路损耗=光纤损耗+连接器件损耗+光纤接续点损耗；

光纤损耗=光纤损耗系数（dB/km）×光纤长度（km）；

连接器件损耗=连接器件损耗/个×连接器件个数；

光纤接续点损耗=光纤接续点损耗/个×光纤接续点个数。

表 4.15　光纤接续及连接器件损耗值（dB）

| 类　别 | 多　模 | | 单　模 | |
|---|---|---|---|---|
| | 平均值 | 最大值 | 平均值 | 最大值 |
| 光纤熔接 | 0.15 | 0.3 | 0.15 | 0.3 |
| 光纤机械连接 | – | 0.3 | – | 0.3 |
| 光纤连接器件 | 0.65/0.5（高要求工程） | | – | |
| | 最大值为 0.75（采用预端接时，含 MPO–LC 转接器件） | | | |

## 4.3.4　反射损耗

对所有光纤信道来说，光的反射损耗也是一个重要指标。光纤传输系统中的反射是由多种因素造成的，其中包括由光纤连接器和光纤拼接等引起的反射。如果某个部件被光发送端反射回的光太强，则光发送端的调制特性和光谱就会发生改变，从而使光纤传输系统的性能降低。对单模光纤来说，反射损耗尤其重要，因为光源的性能会受反射光的影响。

光的反射损耗用来描述注入光纤的光功率反射回源端的多少。这些反射对用于多模光纤的 LED 和 ELED 光源来说并不是问题，但它会影响激光器的正常工作，所以对反射损耗应有一定的限制。

若不考虑工作波长或光纤纤芯大小，向光纤信道发射的光功率与在光纤信道的另一端接收的光功率是不同的。光的反射损耗既包括信道中两个光接口之间的所有损耗，也包括无源光器件，如光缆、连接器、发射器、接收器和任何维护造成的损耗容差。选择光源时要使光源能为光纤信道及接收器的结合提供足够的光功率，以确保应用系统正常工作。

在综合布线系统中，光纤信道任一接口处光纤的反射损耗，应大于表 4.16 中所列数值。

表 4.16　最小的光纤反射损耗限值

| | 多　模 | | 单　模 | |
|---|---|---|---|---|
| 标称波长/nm | 850 | 1 300 | 1 310 | 1 550 |
| 反射损耗/dB | 20 | 20 | 26 | 26 |

综上所述，在综合布线工程中，使用的主要技术参数如下。

### 1. 多模光纤

多模光纤标称直径为 62.5/125μm 或 50/125μm。在 850nm 波长时最大衰减为 3.5 dB/km；最小模式带宽为 160MHz·km（62.5/125μm）、400MHz·km（50/125μm）；在 1 300nm 波长时，最大衰减为 1.5dB/km，最小模式带宽为 500MHz·km（62.5/125μm，50/125μm）。

### 2. 单模光纤

单模光纤应符合 IEC 793-2、型号 BI 和 ITU-T G.652 标准。在 1 310nm 和 1 550nm 波长时，最大衰减为 1.0dB/km，截止波长应小于 1 280nm，1 310nm 时色散应小于等于 6.0ps/km·nm；1 550nm 时色散应小于等于 20.0ps/km·nm。

### 3. 光纤连接器件

光纤连接器件耦合损耗的最大值为 0.75dB/对纤芯，连接器件损耗=连接器件个数×0.75dB。光纤熔接头衰减最大值取 0.3dB/接头（单芯光纤熔接），熔接损耗=熔接点数量×熔接头衰减/接头；当采用机械冷接时，双向平均值为 0.15dB/接头。对于最小反射损耗，多模光纤为 20.0dB，单模光纤为 26.0dB。

## 4.3.5 多模光纤模式带宽

光纤的模式带宽是光纤传输系统中的重要参数之一，带宽越宽，数据传输速率就越高。在大多数多模光纤系统中，采用发光二极管作为光源，因此，光源本身也会影响带宽。这是因为发光二极管光源的频谱分布很宽，其中，长波长的光比短波长的光传播速度要快。这种光传播速度的差别就是色散，它会导致光脉冲在传输后被展宽。

综合布线系统多模光纤的最小模式带宽应符合表 4.17 的规定。

表 4.17　多模光纤的最小模式带宽

| 光纤类型 | 光纤直径/μm | 最小模式带宽（MHz·km） | | 有效光注入带宽 |
| --- | --- | --- | --- | --- |
| | | 满注入带宽 | | |
| | | 波　　长 | | |
| | | 850nm | 1 300nm | 850nm |
| OM1 | 50 或 62.5 | 200 | 500 | - |
| OM2 | 50 或 62.5 | 500 | 500 | - |
| OM3 | 50 | 1 500 | 500 | 2 000 |
| OM4 | 50 | 3 500 | 500 | 4 700 |

光纤布线链路最小模式带宽指标应能支持带宽高速应用，一些低带宽的光纤布线链路通常不适合高速应用，一般用在一些短距离的特殊系统上。

## 4.4　信道传输性能的优化

通过上述分析可知，就电缆而言，影响通信系统信道传输质量的主要因素是电缆的结构。电缆结构的对称性和均匀性是电缆生产控制的重点。下面就如何提高数字通信电缆质量、改善信道传输性能进行简单讨论。

### 1. 降低衰减的措施

电缆传输媒体的衰减常数为：

$$\alpha = 8.686(\frac{R}{2}\sqrt{C/L} + \frac{G}{2}\sqrt{L/C}) \; ;$$

式中，$R$ 为导体直流回路电阻；$C$ 为导体间互电容；$G$ 为导体间介质电导；$L$ 为导线电感。一般情况下，由于 $G$ 很小，最后一项可以不考虑。所以，减小 $R$ 和 $C$ 是减小衰减常数 $\alpha$ 的有效措施。减小 $R$ 可通过加大导体直径来实现（在规定的范围内），此时绝缘外径也应成比例增大，以保持互电容 $C$ 不变；减小互电容 $C$ 可通过加大绝缘层厚度，或采用绝缘层物理发泡，减小相对介电常数来实现。

### 2. 降低线对间串扰的措施

串扰来自线对间的电磁场耦合，降低线对间串扰或者说提高 NEXT 和 ELFEXT，主要是降低线对间电容不平衡。绝缘单线的均匀性和对称性是提高 NEXT 和 ELFEXT 的基础。另一方面，优良的绞对节距设计也是提高串扰防卫度的有力措施。5 类、6 类缆线的绞对节距应在 9~25mm，且绞对节距差越大越好，但也要注意不能导致太大的时延差，因为有可能存在同一帧数据的各比特分线对传送的情况，例如 1000Base-T。

### 3. 提高结构回波损耗的措施

提高结构回波损耗 SRL，可以从以下几个方面着手。

（1）提高线对纵向结构的均匀性，保证电缆长度方向上特征阻抗的均匀一致性。

（2）在单线拉丝绝缘挤出工序中，要保证绝缘外径偏差在 ±2μm 以内，导体直径波动在 ±0.5μm 以内，且要求表面光滑圆整，否则，对绞后的线对会有较大的特征阻抗波动。单线挤出工序中另一个重要的控制参数是偏心度，偏心度应控制在 5% 以内。

（3）绞对工序也是影响 SRL 的重要工序。除了绞对节距的合理设计可提高串扰防卫度，为了消除绝缘单线偏心对特征阻抗的影响，应采用有单线预扭绞或部分退扭的群绞机或对绞机绞对，以细分由于单线不均匀造成的特征阻抗变化，使线对在总长度上阻抗发生的变化变得微乎其微。普通的市话电缆对绞机不具备这样的性能。另外，绞对中还要注意放线张力的精确控制，防止一根导线轻微地缠绕在另一根导线上，导致电阻、电容不平衡，引起串扰。

### 4. 降低链路时延和时延差的措施

链路时延是决定 5e 类、6 类缆线使用距离的关键参数，由于相速度 $V_p = 1/\varepsilon_r$，所以减小

绝缘相对介电常数 $\varepsilon_r$ 是降低链路时延的重要途径。5 类缆线可用实心 HDPE（高密度聚乙烯）绝缘，6 类缆线最好用物理发泡 PE 或 FEP 绝缘，以减小 $\varepsilon_r$，并降低链路时延 $\tau$。减小时延差的措施是适当减小绞对节距差。

在挤护套工序中，护套内径不能太小，否则会过分挤压线对，导致相对介电常数变大，使电缆的电气性能变差。

综上所述，数字通信电缆的各项技术指标，特别是近、远端串扰和衰减指标均对数据通信系统有重要影响，特征阻抗和链路时延指标也不能忽视。在 100Mbit/s 以上高速以太网中，就 CSMA/CD 协议看，传输速率与距离成反比，6 类缆线在 200Mbit/s 速率下，布线距离为 100m 时，虽然比特误码率允许，但链路长度已超过 CSMA/CD 的最小帧长，在 TCP/IP 协议数据链路层上不能保证帧的冲突差错，帧的差错检测将由协议的高层完成，显然这将会影响数据传输效率。目前，在双绞线电缆一对用于发送、一对用于接收、一对用于语音、一对备用的情况下，对于 100Base-TX 来说，近端串扰是噪声的主要来源；对于 1000Base-T 来说，远端串扰是干扰的主要来源。在 100Mbit/s、1 000Mbit/s 高速网中，串扰和链路时延及时延差是限制使用距离的主要因素。

1. 简述链路与信道的区别。

2. 解释带宽、吞吐率、数据传输速率、频带利用率和时延的概念。

3. 简述 ACR 的含义。传输信号频率增加了，ACR 值如何变化？

4. 什么是回波损耗？如何降低信道的回波损耗？

5. 何谓近端串扰和远端串扰？

6. 试描述综合布线中衰减的物理意义。

7. 减小传输媒体衰减常数 $\alpha$ 的措施有哪些？

8. 有哪几种串扰，各自的含义是什么？

9. 光纤链路的总损耗由哪几部分损耗构成？简述各种损耗产生的主要原因。

10. 简述改善信道传输质量的主要措施。

# 第2单元　布线系统工程设计单元

# 第5章

# 综合布线系统的组成

综合布线系统越来越受到重视。综合布线系统虽然只是智能建筑中的一部分，却是整个智能建筑的"命脉"。不论是建筑自动化、办公自动化系统，还是通信自动化系统，都必须通过综合布线系统将彼此相对独立的、布局分散的功能模块连接。尤其是随着千兆位以太网、光网络和智能建筑的应用发展，综合布线系统已经成为信息网络的基础设施之一。

本章主要讨论和介绍综合布线系统的组成、拓扑结构和智能配线管理系统，并简单介绍综合布线系统的服务网络。

## 5.1　综合布线系统的组成

理想的综合布线系统不仅可以支持语音应用、数据传输，而且能支持图像、多媒体等业务信息传递，并对其服务的设备具有一定的独立性。综合布线系统采用模块化结构，其基本组成包括工作区、建筑群子系统、干线子系统、配线子系统，以及入口设施和管理系统6个部分，如图5.1所示。

### 5.1.1　工作区

在综合布线系统中，一个独立的需要设置终端设备（TE）的区域被划分为一个工作区，如办公室、作业间、机房等需要电话、计算机或其他终端设备的场所。工作区又称为服务区子系统，是一个需要设置终端设备的独立区域。工作区由配线（水平）布线系统的信息插座（TO）延伸到工作站终端设备处的连接电缆及适配器组成，如图5.2所示。连接电缆将水平电缆和工作区内的计算机与通信设备连接在一起,是终端设备(TE)至信息插座(TO)之间的传输媒体。

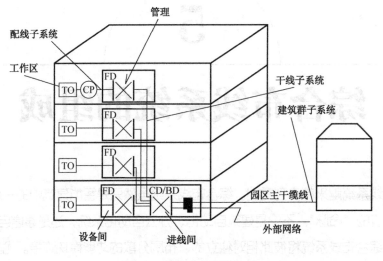

图5.1 综合布线系统组成

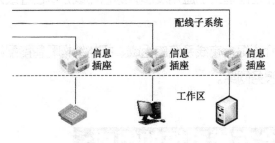

图5.2 工作区

工作区常见的终端设备有计算机、电话机、传真机和电视机等,因此,工作区对应的信息插座包括计算机网络插座、电话语音插座和有线电视插座等,并配有相应的连接缆线,如 RJ-45→RJ-45 网络连接缆线、RJ-11→RJ-11 电话线和有线电视电缆。需要注意的是,尽管信息插座安装在工作区,但它属于配线子系统的组成部分。

### 1. 工作区的布线

工作区的布线是指在信息插座/连接器与终端设备之间的电缆布线,其中包括许多不同的硬件,将用户的电话、计算机及其他设备连接到信息插座/连接器上。

工作区布线是非永久性布线,整个布线设计成易于更改和替换的方式,使用组合式插头来端接工作站。这些8位插头能够插进端接水平电缆的信息插座。组合式工作区软线须在两端使用同样的连接器,这会使电缆两端的配线稳定。通常使用束状双绞线电缆来制作工作区电缆。扁平、非双绞线不能作为工作区子系统布线的材料。

工作区中所使用的连接器须符合国际 ISDN 标准的 8bit 接口。这种接口能接收通信自动化系统所有弱电信号及高速数据网络信息和数字语音信号等一切复杂信息的信号。

**2．工作区适配器的选用**

选择适当的适配器，可使综合布线系统的输出与用户的终端设备保持良好的电气兼容性。选用工作区适配器时应满足以下要求。

（1）终端设备的连接插座应与连接电缆的插头匹配，不同的插座与插头应加装适配器。

（2）在单一信息插座上进行两项服务时，宜用 Y 型适配器。

（3）在配线（水平）干线子系统中选用的电缆类别（传输媒体）不同于设备所需的电缆类别（传输媒体）时，宜采用适配器。

（4）在连接使用不同信号的数模转换设备，或数据速率转换设备等装置时，宜采用适配器。

（5）为了特殊应用而实现网络协议的兼容性时，可采用协议转换适配器。

（6）根据工作区内不同的电信终端设备配置相应的适配器。

**3．注意事项**

（1）工作区电缆距离。工作区电缆通常都是短的、柔软的电缆，这种电缆的最大传输距离为 5m。因此，从 RJ-45 插座到终端设备之间所用的双绞线一般不要超过 5m。但是，实际应用中传输距离（工作区长度加上交接间的配线电缆或跳线）可能达到 10m。如果减少交接间设备电缆或跳线的长度，可以增加工作区电缆的有效长度。

（2）RJ-45 插座须安装在墙壁上或不被碰撞的地方，插座距地面 30cm 以上。

（3）插座和水晶头（与双绞线）不要接错线头。

（4）在进行终端设备和 I/O 连接时，可能需要某种电子传输装置，但这种装置并不是工作区的一部分。例如调制解调器，它能为终端与其他设备之间的兼容性、传输距离的延长提供所需的转换信号，但不能说是工作区的一部分。

## 5.1.2  配线子系统

配线子系统也称为水平子系统。配线子系统由工作区用的信息插座模块、信息插座模块至楼层配线间的电缆和光缆、配线间的配线设备及跳线等组成，如图 5.3 所示。楼层配线间是放置电信设备、网络设备、电缆或光缆配线设备并进行缆线交接的专用空间，是配线子系统和干线子系统端接的场所。配线子系统常用的配线设备是楼层配线架（FD）。

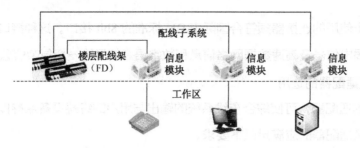

**图5.3 配线子系统**

配线子系统将干线子系统线路延伸到用户工作区，一般为星形拓扑结构。它负责从管理系统即楼层配线架出发，利用双绞线将管理系统连接到工作区的信息插座。配线子系统是整个布线系统的一个必备部分，它与干线子系统的区别在于：配线子系统总是在一个楼层上，仅与信息插座、电信间的配线设备连接。在综合布线系统中，配线子系统一般仅使用4对非屏蔽双绞线（UTP），目的在于避免由于使用多种缆线类型而造成灵活性降低和管理上的困难。如果有电磁场干扰或信息保密时可用屏蔽双绞线。在需要某些高宽带应用时，也可以采用光纤。

**1．配线布线距离**

安装在配线子系统中配线电缆的长度为90m。这个距离是电信间中水平跳接（HC）的电缆终端到信息插座/连接器的电缆终端的距离。配线子系统的缆线长度应符合图5.4所示的划分规则，具体要求是：配线子系统信道的最大长度不应大于100m；工作区设备缆线、电信间配线设备的跳线和设备缆线之和不应大于10m。当大于10m时，水平缆线长度（90m）应适当减少；楼层配线架（FD）跳线、设备缆线及工作区设备缆线各自的长度不应大于5m。

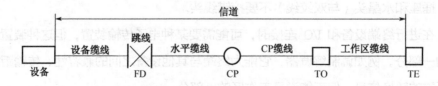

**图5.4 配线子系统缆线长度划分**

需要注意的是，在综合布线系统的应用中，可选择不同类型的电缆和光缆，因此，在相应的网络中所能支持的传输距离是不相同的。在IEEE 802.3标准中，综合布线系统6类布线系统在10吉比特以太网中所支持的长度应不大于55m，但6A类和7类布线系统支持长度仍可达到100m。

**2．注意事项**

（1）配线子系统常用的缆线是4对屏蔽或非屏蔽双绞线。对于高速通信网络，也可以使用光缆构建一个光纤到桌面的传输系统。

（2）最好采用线槽或在天花板吊顶内布线方式，尽量不采用地面线槽方式。

（3）采用 3 类双绞线，传输速率为 16Mbit/s；采用 5 类双绞线，传输速率为 100Mbit/s。

（4）确定传输媒体布线方法和缆线的走向。

（5）确定距电信间距离最近的 I/O 位置。

（6）确定距电信间距离最远的 I/O 位置。

（7）计算配线区所需缆线长度。

## 5.1.3　干线子系统

干线子系统也称为垂直子系统，它是整个建筑物综合布线系统的关键线路。干线子系统的主要功能是将设备间与各楼层的管理系统连接起来，提供建筑物内垂直干线缆线的路由。具体来说，干线子系统可实现数据终端设备、程控交换机和各管理系统之间的连接。

**1．干线子系统的组成**

干线子系统由设备间至楼层电信间的干线光缆或电缆、安装在设备间的建筑物配线架（BD）及设备缆线和跳线等组成，如图 5.5 所示。干线子系统通常在两个单元之间，特别是能在位于中央节点的公共系统设备处提供多个线路设施。该子系统包括所有的布线电缆，或者说，可能包括一栋多层建筑物的楼层之间干线布线的内部电缆，或包括从主要单元（如计算机机房或设备和其他干线交接间）来的所有电缆。

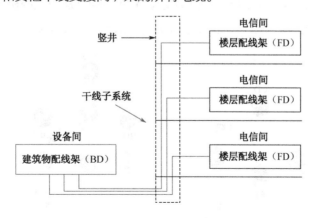

图 5.5　干线子系统

为了与建筑群的其他建筑物进行通信，干线子系统将中继线交叉连接点和网络接口（由数据通信局提供的网络设施的一部分）连接起来。网络接口通常放在设备相邻的房间。干线子系统包含了干线电缆、中间跳接和主跳接、冲压模块或其他机械终端设备、用于干线跳接的接插软线或跳接电缆几个部分。因此，干线子系统包括：① 干线或远程通信（卫星）交接间、设备间之间的竖向或横向的缆线；② 设备间和网络接口之间的连接电缆或设备与建筑群子系统各设施之间的电缆；③ 干线交接间与各远程通信（卫星）交接间之间的连接缆线；④ 主设备间和计算机主机房之间的干线缆线。

干线子系统是综合布线系统中最持久的子系统。干线子系统要为建筑物服务 10 ～ 15 年，在这期间，干线子系统必须能够满足建筑物目前和将来的需要。在不安装新缆线的情况下，干线子系统须能够支持建筑物中通信系统的变化。

**2．干线子系统拓扑**

通常情况下，综合布线系统包含主配线架即建筑物配线架（BD）或建筑群配线架（CD）、分配线架即楼层配线架（FD）和信息插座（IO）等基本单元。主配线架通常放在设备间，分配线架放在楼层的电信间，信息插座安装在工作区。规模比较大的建筑物，在主配线架与分配线架之间也可设置中间交叉配线架（IC），中间交叉配线架安装在二级交接间。连接主配线架和分配线架的缆线称为垂直干线，连接分配线架和信息插座的缆线称为水平配线。

干线子系统一般采用垂直路由，干线缆线沿着垂直竖井布放。工业布线标准要求干线子系统中的所有缆线都要安装成分层星形拓扑结构。从理论和实际应用出发，综合布线系统常用的网络拓扑结构是星形拓扑。它是由一个中心主节点（主配线架）及其向外延伸的各从节点（分配线架）组成的。干线子系统所采用的星形拓扑结构通常是将各个楼层的电信间连接到设备间的结构，如图 5.6（a）所示。另外一种是从节点经楼层二级交连接间 IC 转接后与楼层电信间连接，再与主节点（设备间）相连，如图 5.6（b）所示。

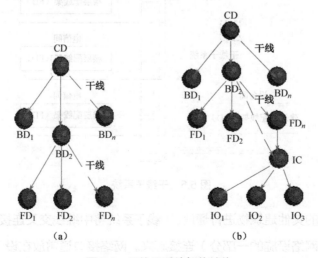

图 5.6　干线子系统拓扑结构

### 3．干线子系统的缆线选用

干线子系统一般采用大对数双绞线电缆或光缆，两端分别端接在设备间和楼层电信间的配线架上。在实际网络工程中，干线子系统传输媒体的选用由多种因素决定，主要因素包括：① 必须支持的电信业务；② 通信系统所需的使用寿命；③ 建筑物或建筑群的大小；④ 当前和将来用户数的多少。

由于干线子系统要支持的业务面很宽，在布线标准中可以选用的缆线也有多种，主要有：① 4 对 5 类双绞线电缆（UTP 或 FTP）；② 100Ω 大对数双绞线电缆（UTP 或 FTP）；③ 150Ω（STP-A）双绞线电缆；④ 62.5/125μm 多模光纤；⑤ 8.3~10/125μm 单模光纤。目前，针对语音传输（电话信息点）一般采用 3 类大对数双绞线电缆（25 对、50 对等）。针对数据和图像传输需要，一般采用多模光纤或 5e 类及以上双绞线电缆。双绞线电缆的长度不应超过 90m。当铜缆的限距能力和带宽不能满足要求时，建议垂直干线使用光缆。这些传输媒体既可以单独用于干线子系统，也可以混合起来使用，但应该注意以下几个问题。

#### 1）布线参数应符合标准要求

对于双绞线，如果电缆满足 5e 类或者 6 类电缆的要求，那么它能支持 1000Base-T。如果已安装的电缆仅满足 5e 类双绞线标准，那么，在连接 1000Base-T 设备之前，应对布线系统按照新增加的布线参数（如回波损耗、等效远端串扰（ELFEXT）、传播时延和时偏差等）进行测量和认证。

#### 2）考虑选用光缆

从目前国内外局域网应用情况来看，采用单模与多模光纤结合的形式来敷设主干光纤网络是一种比较合理的选择。以下情况应首先考虑选择光缆：① 带宽需求量较大的场所，如银行等系统的垂直干线；② 传输距离较长的场所，如园区或校园网垂直干线；③ 保密性、安全性要求较高的场所，如保密、安全国防部门等系统的垂直干线；④ 雷电、电磁干扰较强的场所，如工厂环境中的垂直干线等。

确定干线子系统的传输媒体方案以后，接着要确定每层楼的干线缆线。一般应根据对语音、数据通信的需求来确定楼层干线电缆。在确定主干电缆时要注意在同一电缆中语音和数据信号共享的原则：① 对每组语音信道可以按基本型为 2 对，增强型、综合型为 3 对来计算；② 在数据信道要求不明确时，按 2 对线模块化系数来规划垂直干线规模；③ 电缆中每 25 对为一束，按具有同样电气性能的线束分组，并为一独立单元，组与组之间无任何关联。

### 4．干线子系统布线距离限制

干线子系统的最大布线距离由所选用的传输媒体类型所决定的。各种类型传输媒体的最大传输距离在 ANSI/TIA/EIA 568-B.1 标准中做了明确规定。

在干线子系统中，建筑群配线架 CD 到楼层配线架 FD 间的距离一般应小于 2 000m，建筑物配线架 BD 到楼层配线架 FD 的距离应小于 500m。若采用单模光纤作为干线缆线，建筑群配线架 CD 到楼层配线架 FD 之间的最大距离可为 3 000m。若采用 5 类双绞线电缆作为干线电缆，对传输速率超过 100Mbit/s 的高速应用系统，布线距离应小于 90m，否则需选用单模或多模光纤。在建筑群配线架和建筑物配线架上，接插线和跳线的长度一般不要超过 20m，否则应从允许的干线缆线最大长度中扣除。

我们通常将主配线架放在建筑物的中间位置，使从设备间到各楼层电信间的路由距离不超过 100m，这样就可以采用双绞线电缆作为传输媒体了。如果安装长度超过规定的距离，则要将其划分成几个区域，每个区域由满足要求的干线子系统布线来支持。

**5. 注意事项**

（1）干线子系统一般选用光缆，以提高数据传输速率。

（2）光缆可选用多模光纤（室内、近距离），也可以是单模光纤（室外、远距离）。

（3）垂直干线缆线的拐弯处，不要直角拐弯，应有一定的弧度，以防光缆受损。

（4）垂直干线缆线要防遭破坏，如埋在路面下时要防止挖路、修路对缆线造成的危害，架空缆线时要防止雷击。

（5）确定每层楼的干线要求及防雷电设施。

（6）满足整栋建筑物干线要求和防雷击设施。

## 5.1.4 建筑群子系统

由于综合布线系统大多数采用有线通信方式，一般通过建筑群子系统连入公用通信网，从全程全网来看，它也是公用通信网的一个组成部分，使用性质和技术性能基本一致，其技术要求也基本相同。

建筑群子系统由两个及两个以上建筑物的配线设备（CD）、建筑物之间的干线电缆或光缆、跳线等组成。它将建筑物内缆线延伸到建筑群的另外一些建筑物中的通信设备和装置上，是建筑物外界网络与内部系统之间的连接系统，如图 5.7 所示。

从系统划分来说，建筑群子系统是综合布线系统一个可选的组成部分。当综合布线系统不止覆盖一个大楼时，建筑群子系统才是一个必不可少的子系统，只有当系统从一个建筑物延伸至另一个建筑物时，才需要考虑建筑群子系统。建筑群子系统用来连接分散的建筑物，这样就需要支持提供建筑群之间通信所需要的硬件，其中包括 UTP 电缆、光缆及防止电缆上的脉冲电压进入建筑物的电气保护装置等。

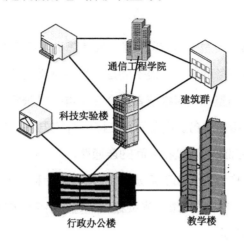

通信工程学院

建筑群

科技实验楼

行政办公楼　　　　　　教学楼

**图 5.7　建筑群子系统**

在建筑群子系统中，一般有架空缆线、直埋缆线和地下管道缆线三种室外电缆敷设方式，或者这三种方式的任何组合，具体情况应根据现场环境确定。一般情况下，建筑群子系统宜采用地下管道敷设方式。管道内敷设的铜缆或光缆应遵循管道和引入口的各项设计规定。此外，安装时至少应预留 1 到 2 个备用管孔，以供扩充之用。若采用直埋沟内敷设缆线时，如果在同一个沟内埋入了其他的图像、监控电缆，应设置明显的共用标志。

建筑群子系统应提供建筑物内外布线的连接点。GB 50311—2016 规定了网络接口的物理规范，以实现建筑群之间的连接。户外缆线在进入建筑物时，通常在引入口处要经过一次转接，然后进入楼内系统。在转接处需要考虑电气保护设备。一般，电信局来的电缆应先进入一个阻燃接头箱，再接至保护装置。另外，还需要考虑防火、防雷电等。

## 5.1.5　入口设施（设备间、进线间）

当建筑群的主干电缆和光缆、公用网和专用网电缆、光缆等室外缆线进入建筑物时，需要配置入口设施（进线间），并通过入口设施在进线间由器件成端转换成室内电缆、光缆。入口设施也可安装在设备间。因此，入口设施包括了设备间和进线间。

### 1．设备间

设备间（Equipment Room，ER）是在每栋建筑物的适当地点进行配线管理、网络管理和信号交换的场所。设备间是综合布线系统的最主要节点，一般设在建筑物的中心，由设备间中的电缆、光缆、连接器和有关的支撑硬件组成。设备间的作用是把设备间的电缆、连接器和相关支撑硬件等各种公用系统设备互连起来，因此也是线路管理的集中点。

1）设备间的组成

设备间是综合布线系统中为各类信息设备（如计算机网络互连设备、交换机、路由器）提供信息管理、信息传输服务的场所。设备间是一种特殊类型的电信间，但与电信间有一些差异。设备间一般能够为整栋建筑物或者整个建筑群提供服务，而电信间只能为一栋大型建筑的某层中的一部分提供服务。设备间须支持所有的电缆、光缆及其通道，保证电缆、光缆及其通道在建筑物内部或者建筑物之间的连通性。

一般情况下，设备间应该包含如下部分：① 大型通信和数据设备；② 电缆、光缆终端设备；③ 建筑物之间和内部的电缆、光缆通道；④ 通信和数据设备所需的电气保护设备。设备间大致如图 5.8 所示。

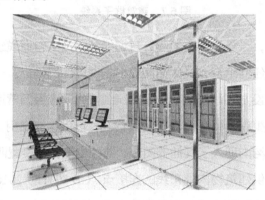

**图 5.8　设备间**

由于设备间放置的设备类型很特殊，又很重要，所以对建筑物中的设备间有一些特殊要求：① 一般要经过通用的、可靠的专业设计；② 须使整个空间都可以支持通信设备、通信缆线和缆线支持结构；③ 不要在设备间安装其他非通信类型的设备；④ 建筑公共设施如通电管道、通风管道或者水管都不应该经过设备间；⑤ 不可将电气设备或者机械设备、后勤服务物资等放置在设备间中。

2）设备间的位置和大小

设备间一般安排在一个安全的地方，而且应处于建筑物或园区的中心地带。设备间应该能够支持独立建筑或建筑群环境下的主要通信设备，包括程控用户交换机（PBX）、服务器、集线器、交换机、路由器、其他支持局域网和广域网连接的设备；设备间还具有外部通信缆线端接点的功能。因此，通常设备间也是放置通信接地板的最佳位置，接地板用于接地导线与接地干线的连接。因此，如何选取设备间的位置至关重要。具体确定设备间位置时，应考虑以下几点。

（1）设备间应位于主干路由预留通道处，易于从建筑物承重部分进入，并且处于配线电缆、干线缆线或两种缆线集中的地方，以方便主干缆线的进出。

（2）尽量远离强振动源和强噪声源，尽量避开强电磁场的干扰，尽量远离有害气体源及易腐蚀、易燃、易爆物。

（3）尽量避免将设备间设在建筑物的高层（考虑承重量）或地下室（考虑环境条件）。选择设备间位置时应考虑线路延伸问题，应选择一个本身有利于延伸而不被建筑设施包围的区域，以方便日后设备间的扩容。

（4）应便于安装通信设备及接地装置。通过计算确定每个设备间的安装传输媒体类型和数量，确定所需的端接空间、机架和机柜的尺寸。用户使用的设备将决定最佳的端接方法和所需接口。如果使用场合需要进行电缆之间的跳接，那么采用挂墙式的安装方式即可，这样可以节省地面空间。如果使用中有电缆与设备间的跳线，那么机架固定方式最为理想。典型的设备间会有多种跳线区和接口，以便为语音、数据和其他通信需求提供服务。设立设备间的主要目的就是为了方便网络的管理，当综合布线工程全面完工以后，整个布线系统的管理工作只需在这里跳线即可。

规划设备间的大小需考虑以下因素：① 现有或者将来要安装设备的大小和数量；② 建筑物或需要支持的建筑群大小、房间的扩充需求。

3）注意事项

（1）设备间要有足够的空间，保障设备的存放。

（2）设备间应有良好的工作环境。不应位于易被雨水和潮气影响的地方，也不应位于太热的地方，或存在有损害仪器的腐蚀剂和毒气的地方。

（3）设备间的建设标准应按机房建设标准设计。

另外，应注意与其他专业设施条件的配合，比如地板载荷、房间照度、温湿度等环境条件。按规模的重要性选择双电源末端互供电，再设置 UPS；或者选择单电源加 UPS 供电。

**2．进线间**

自《综合布线系统工程设计规范》GB 50311—2007 标准开始，在系统设计中专门增加了进线间，要求在建筑物前期系统设计中要设置进线间。

进线间主要作为多家电信业务经营者和建筑物布线系统安装的入口设施共同使用，并满足室外电、光缆引入楼内成端与分支及光缆的盘长空间的需要。由于光缆到大楼（FTTB）、光纤到户（FTTH）、光纤到桌面（FTTO）的应用会使光纤的容量日益增多，因此，设置进线间就显得尤为重要。同时，进线间的环境条件应符合入口设施的安装工艺要求。在建筑物不具备设置单独进线间或引入建筑内的电、光缆数量容量较小时，也可以在缆线引入建筑物内的部位采用挖地沟或使用较小的空间完成缆线的成端与盘长，入口设施（配线设备）则可安装在设备间，但多家电信业务经营者的入口设施（配线设备）宜设置单独的场地，以便于功能分区。

进线间宜在土建阶段实施。进线间一般通过地埋管线进入建筑物内部，因此需要有管道入口，并与布线系统垂直竖井连通。通常，一般1座建筑物设有1个进线间，并能够为3家以上电信运营商和业务提供商服务。为便于引入缆线，进线间一般靠近建筑物外墙和在地下层部位。进线间与建筑物红线范围内的人孔或手孔采用管道或通道的方式互连。

随着信息与通信业务的发展，进线间的作用越来越重要。原来从电信缆线的引入角度考虑将其称为交接间。现在进线间已不仅仅具备完成配线方面的功能，它还有不同于电信枢纽楼对进线间的使用要求。

## 5.1.6 管理系统

在综合布线系统中，各标准、厂商对管理系统的理解定义有所差异。若仅从布线的角度看，称为楼层电信间或配线间比较合理，而且也更形象；但从综合布线系统最终应用（数据、多媒体网络）的角度理解，称为管理间更为合理。管理不但是综合布线系统区别与传统专属布线系统的一个重要方面，也是综合布线系统灵活性、可管理性的集中体现。

所谓管理是指对工作区、电信间、设备间、进线间和布线路径环境中的配线设备、缆线、信息插座模块等设施按一定的模式进行标识、记录和管理。其内容包括管理方式、标识、色标和连接等。这些内容的实施，将给综合布线系统的维护、管理带来很大的便利，有利于提高管理水平和工作效率。

通常，也将综合布线管理称为管理系统，实质上，它是面向整个综合布线系统的，用来提供与其他各个部分的连接手段，使整个综合布线系统及其所连接的设备、器件等构成一个完整的有机整体。

### 1. 管理系统的功能

管理系统的主要功能是使整个布线系统与其连接的设备、器件构成一个有机的应用系统。综合布线管理人员可以在配线区域，通过调整管理系统的交连方式，安排或重新安排线路路由，使传输线路延伸到建筑物内部各个工作区。也就是说，只要在配线连接器件区域调整交连方式，就可以管理整个应用系统终端设备，从而实现综合布线系统的灵活性、开放性和扩展性。管理系统有 3 种应用，即配线/干线连接、干线子系统互相连接和入楼设备的连接。另外，线路的色标标记管理也能够在管理系统中实现。

电信间及设备间是实现管理系统功能的场所。电信间为连接其他子系统提供管理手段，是连接干线子系统和配线子系统的设施。在电信间中的布线系统，包括配线架、配线管理盘（包括水平的和垂直的）、集线器（Hub）、机柜，以及在电信间中进行布线用的凹槽、管道、设备电缆、跳线和电源等，如图 5.9 所示。

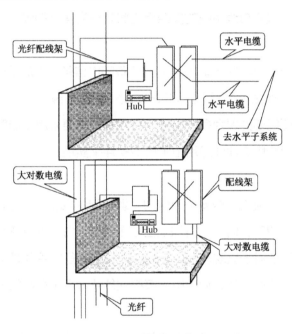

图 5.9　管理系统

对通信线路的管理通常采用交接和互连两种方式。交接指交叉连接（Cross-Connect），是指在配线设备和信息通信设备之间采用接插软线或跳线上的连接器件相连的一种连接方式。互连（Interconnect）是指不用接插软线或跳线，使用连接器把一端的电缆、光缆与另一端的电缆、光缆直接相连的一种连接方式。这两种连接方式都允许将通信线路定位或重定位到建筑物的不同部分，可弹性地制作各种跳线，以便能更容易地管理通信线路。

**2．综合布线系统的分级管理**

网络综合布线工程是非常复杂的工程，其技术管理涉及综合布线系统的工作区、电信间、设备间、进线间、入口设施、缆线管道与传输媒体、配线连接器件及接地等各个方面。综合布线管理的文件编制要遵守《电气技术用文件的编制》GB/T6988.1—2008 的要求，记录使用的符号要符合 IEC 6017（所有部分）的规定。文档应做到记录准确、及时更新、便于查阅。管理系统文档信息的基本要求主要包括以下内容。

（1）标识符。标识符用于标识电信基础设施的组成组件。标识符可由数字、英文字母、汉语拼音或其他字符组成，布线系统内各同类型的器件与缆线的标识符应具有同样特征（相同数量的字母和数字等）。

（2）标签。标签是附着在被识别组件上的标识符的物理体现。

（3）链路服务记录。链路服务记录至少包括该链路在安装时通过的某一等级的测试、在交叉连接处因为导体缺陷被重新终接和重新测试等情况。

为便于实施管理，根据布线系统的复杂程度将其分为 4 个等级。

1）一级管理

一级管理是针对单一电信间（弱电间）或设备间电信基础设施的管理，其容量通常满足小于 100 个用户（工作区）的需求。如果布线系统用户最初只计划设置一个单一的电信间管理系统，但预期可能要扩展为多个电信间，则开始就要采用二级管理系统。

一级管理通常使用纸质文件或通用电子表格软件来实现。

2）二级管理

二级管理是针对同一建筑物内多个电信间（弱电间）或设备间电信基础设施的管理。二级管理包括一级管理的所有内容，再加上主干布线标识符、多元素接地系统、等电位系统及阻燃设施。缆线路径易于直观理解，因此，对缆线路径的管理是可选的。

二级管理可以使用纸质文件、通用电子表格软件或者专用缆线管理软件来实现。

3）三级管理

三级管理是针对同一建筑群内多栋建筑物内有多个电信间（弱电间）电信基础设施的管理。三级管理包括二级管理的所有内容，再加上建筑物和园区布线的标识符。建议管理建筑路径、空间及外部布线元素。

三级管理可以使用纸质文件、通用电子表格软件或者专用缆线管理软件来实现。

4）四级管理

四级管理是针对多个场所（本地或异地）或建筑群电信基础设施的管理。四级管理适于多位置系统，包括三级管理的所有内容，再加上每个位置的标识符和园区间布线的可选标识符，如广域网连接。对于关键任务系统、大型建筑、多用户建筑，必须对路径、空间及外部布线元素进行管理。

四级管理可以使用通用电子表格软件或者专用缆线管理软件来实现。

### 3．电信间

电信间（TR）是一个用来放置电信设备、电缆和光缆终端配线设备并进行缆线交接的专用空间，是一个比较重要的管理场所，也可以称为管理间。

1）电信间的位置与数目

一般情况下，电信间设置在建筑物楼层中不显眼的小地方，比如楼梯间或是靠近楼梯的一些小空间。现在许多建筑设计师已经开始意识到在工作场所开辟专用通信设备管理空间的重要性，并在设计中为通信设备提供这种管理专用空间。因此，电信间的位置一般都靠近建筑物的中心或者接受服务的工作区中心。因为这个位置会限制水平缆线的长度，将距电信间的最大长度限制在90m内；同时，也可以提供良好的网络覆盖，符合所有人包括建筑设计师的愿望。工业布线标准也要求电信间应该建立在需要它进行服务的工作区的同一楼层上。

需要注意的是，把楼层电信间设置在建筑物中心位置，可能使这些区域意外地接近机械室或配电室，容易对通信设备和电缆带来电磁兼容性影响，因此需要综合考虑这些因素。而在有些情况下，由于场地总面积或信息插座距离长度超过了90m，某些楼层会需要不止一个电信间。为了能够用最小的设备空间覆盖最大的布线距离，在安排电信间的位置时，应注意考虑：配线电缆允许的电缆距离为90m，其中电信间和端接插座所需的几条电缆的平均长度为5~6m，电信间到信息插座之间所剩配线电缆的距离通常只剩84m左右。因此，在提供服务的区域内达到任何信息插座所需要的电缆长度应不超过50m，这是最佳设计。

在商业建筑物中，如果电信间由多个小交换机用户群共享，那么从公共走廊或者其他公共区域就应该很容易到达电信间。在高层商业建筑物中，电信间应该垂直分布。这样就可以减小建筑物中两个电信间之间的距离。

从布局位置上看，楼层电信间是干线电缆的转接点，既可以是无源的，也可以是有源的。楼层电信间可安装附加设备，如视频分配硬件、控制面板和相关布线部件。在保证通信系统有足够的线路管理附件的条件下，根据机架高度和墙壁计算出备用空间。一旦确定了机架配置，就确定了墙壁固定空间的要求，便可以开始进行楼层电信间的布局。在理想情况下，配线电缆应由一侧空间入线，干线电缆从相对的另一侧入线。这样可使配线与干线电缆并排跳线，并能使电源电缆分布在这些通路的四周。

电信间的数目应根据所服务的楼层范围来考虑。按照标准，建筑物的每层至少应当安装一个电信间。如果配线电缆长度都在90m范围以内，可以设置一个电信间；当超出这一范围时，可设两个或多个电信间，并相应地在电信间内或紧邻处设置干线通道。另外，如果网络及建筑物的规模较小，或者跨度较大而信息点不多，如大的机房、厂房车间等，可以考虑整个建筑物共用一个电信间而不必机械地为每一层楼都设置一个电信间。实际上，很多情况下，各楼层的主要空间可能被接待处、会议室、办公室或资料室等占据，通常需要若干条电缆来支持这些区域。这时，一般由相邻楼层的一个电信间来馈送，但要注意，确保布线不超过水平电缆最长 90m 距离的限制。

2）电信间的大小

电信间的大小和构造可根据 ANSI/TIA/EIA 568-B 标准所定义的规范而确定。ANSI/TIA/EIA 568-B 标准是基于需要接受服务的使用面积来定义电信间的面积的，其尺寸规范一般描述为：为单独工作区中每 $10m^2$ 的使用地面面积所提供的通信布线。一般，电信间的面积应不小于 $5m^2$，如果覆盖的信息插座超过 200 个时，可适当增加电信间的面积。

3）电信间的电源配置

电信间中的照明应加以排列，以提供地面最大照明面积。为了便于操作电信间中的通信设备，至少应配备 4 个专用电源插座，且千万不能接在同一电路上，同时不应妨碍电缆梯、高架插槽、套管、设备、电缆机架或机柜上沿的进入。

目前，大部分通信网络设备都配有双电源，通常这些电源共同承担网络集线器或主机的负载。如果其中一个电源发生故障，则由剩下的一个电源为设备供电。虽然电源连接独立的供电线路，提高了电源线路的保护能力，但最好增配不间断电源（UPS）。为了方便使用电动工具及进行设备测试，应沿四周每间隔 2m 设置一个电源插座，所有电源插座应按相关的标准和规定安装，以不妨碍电缆布线或墙上固定硬件和设备为准。

按照地方或国家通信屏蔽接地和接地标准的建议，如果通信屏蔽接地主干穿过机架或机柜，则应该在每一个电信间安装通信地线汇流排。

4）注意事项

（1）配线架的配线对数由管理的信息点数决定。

（2）利用配线架的跳线功能，可使布线系统具有灵活、多功能的特点。

（3）配线架一般由光纤配线盒和铜缆配线架组成。

（4）管理系统应有足够的空间放置配线架和网络设备（集线器、交换机等）。

（5）对于密封式楼层电信间，一般门的最小尺寸是宽为 900mm、高为 1 800mm，并且最好是向外开的。此外，从安全角度考虑，门应从外面加锁。

（6）电信间应有良好的通风，安装有源设备时，室温宜保持在 10～30℃，相对湿度宜保持在 20%～80%。

#### 4．综合布线的标识

综合布线系统的管理规范对综合布线系统工程具有积极的意义，它为最终用户、生产厂家、咨询商、承包商、设计人员、安装施工员及网管人员建立了准则，通俗地讲，就是统一了标识、统一了"语言"。国家相关布线标准对综合布线系统各个组成部分的标识管理工作做了说明，提供了一套独立于系统应用之外的统一管理方案。与综合布线系统独立于网络一样，管理系统也独立于应用之外，以使应用系统在变化时，管理系统不会受到影响。

综合布线使用电缆标记、场标记和插入标记 3 种标记，其中，插入标记最为常用。

（1）电缆标记由背面涂有不干胶的白色材料制成，可直接贴在各种电缆表面，电缆标记的尺寸和形状根据需要而定，在配线架安装和做标记之前利用这些电缆标记来辨别电缆的源发地和目的地。

（2）场标记也是由背面为不干胶的材料制成的，可贴在设备间、电信间、二级交接间、中继线或辅助场合建筑物布线区域的平整表面上。

（3）插入标记是硬纸片，可以插在 1.27cm×20.32cm 的透明塑料夹里，这些塑料夹位于 110 型接线架上的两个水平齿条之间。每个标记都用颜色来指明端接于设备间和电信间的管理场电缆的源发地。

综合布线系统应在需要管理的各个部位设置标签，分配由不同长度的编码和数字组成的标识符，以表示相关的管理信息。不同颜色的配线设备之间应采用相应的跳线进行连接，色标及其应用场合应按照图 5.10 所示使用。

（1）橙色：用于分界点，连接入口设施与外部网络的配线设备。

（2）绿色：用于建筑物分界点，连接入口设施与建筑群的配线设备。

（3）紫色：用于与信息通信设施（PBX、计算机网络、传输等设备）连接的配线设备。

（4）白色：用于连接建筑物内主干缆线的配线设备（一级主干）。

（5）灰色：用于连接建筑物内主干缆线的配线设备（二级主干）。

（6）棕色：用于连接建筑群主干缆线的配线设备。

（7）蓝色：用于连接水平缆线的配线设备。

（8）黄色：用于报警、安全等其他线路。

（9）红色：预留备用。

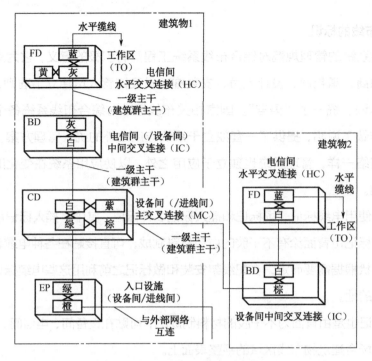

图 5.10　色标及其应用场合示意

# 综合布线系统组成结构

通常，把综合布线系统中的基本单元定义为节点，把两个相邻节点之间的连接线称为链路。从拓扑学观点看，综合布线系统可以说是由一组节点和链路组成的。节点和链路组成的几何图形就是综合布线拓扑结构。选择正确的拓扑结构非常重要，因为它影响网络设备的选型、布线方式、升级方法和网络管理等方面。

由于通信网络固有技术特性的限制（如流量特性、传输距离等）、建筑物形态的多样性、工程范围的大小等因素，使得在设计综合布线系统方案时，需要从通信网络系统的技术规律出发，构建有效的全局网络布线拓扑结构。

## 5.2.1　常见网络拓扑结构

综合布线系统的拓扑结构由各种网络单元组成，并按技术性能要求、经济性原则进行组合和配置。

综合布线系统通常是分布在一个有限地理范围内的网络传输系统，虽然涉及的地理范围只有几千米，但构成的网络拓扑结构有很多种。常见的网络拓扑结构有星形、环形、总线形和树形等结构。

**1. 星形拓扑结构**

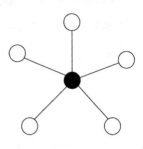

星形拓扑结构的网络将各工作站以星形方式连接起来，网络中的每一个节点设备都以中心节点为中心，如图 5.11 所示。中心节点通常是集线器或配线架，用缆线将网络节点连接到中心节点上。星形网络拓扑的优点是结构简单、组网容易，便于控制和管理，网络延迟短；缺点是中心节点负载较重，容易成为系统的瓶颈。在综合布线系统中常使用星形网络。星形拓扑结构还可细分为基本星形拓扑结构和多级星形拓扑结构。

**图 5.11　星形拓扑结构**

1）基本星形拓扑结构

基本星形拓扑结构是以一个建筑物配线架（BD）为中心节点，配置若干个楼层配线架（FD），每个楼层配线架（FD）连接若干个信息插座（TO）。如图 5.12 所示，这就是一个典型的两级星形拓扑结构。这种结构形式有比较好的对等均衡的网络流量分配，是单幢智能建筑物内部综合布线系统的基本形式。

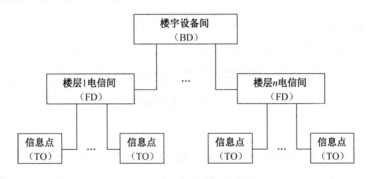

**图 5.12　两级星形拓扑结构**

2）多级星形拓扑结构

多级星形拓扑结构以某个建筑群中心机房的配线架（CD）为中心节点，以若干建筑物设备间的配线架（BD）为中间层中心节点，相应地有下一层的楼层电信间的配线架（FD），构成多级星形拓扑结构，如图 5.13 所示。这种结构形式常用于由多幢智能建筑物组成的智能小区、综合布线系统建设规模较大的场景，因此，网络拓扑结构也较为复杂。设计时应适当考虑对等均衡的网络流量分配等问题。

在网络综合布线工程中，核心层交换机一般属于建筑群子系统，安装在建筑群中心机房；汇聚层交换机一般属于干线子系统，安装在建筑物设备间；接入层交换机一般属于配线子系统，安装在楼层电信间。有时，为了使综合布线系统的网络拓扑结构具有更高的灵活性和可靠性，并能够适应今后应用系统的发展要求，可以在某些同级汇合层次的配线架（如 BD 或 FD）之间再额外放置一些连接用的缆线（电缆或光缆），构成有迂回路由的星形拓扑结构。

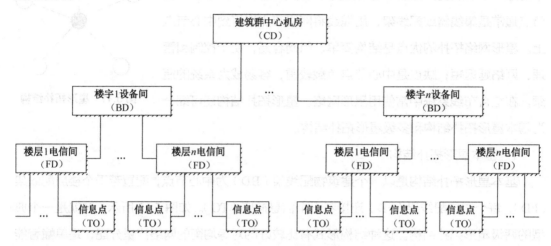

图 5.13　多级星形拓扑结构

### 2. 环形拓扑结构

环形拓扑结构要求网络中的所有节点通过一条首尾相连的通信链路连接成为一个连续的圆形。在环形拓扑结构中，网络中的每个节点直接连接，数据信息沿着链路从一个节点传输到另一个节点。环形拓扑结构比较简单，系统中各节点地位相等，比较节省通信设备和缆线。

由环形拓扑结构构成的网络也称为自愈网络，在环上的每一个配线节点都可以通过两条不同方向的路由与中心节点互通。如图 5.14 所示是环形拓扑结构的光纤配线网络系统。

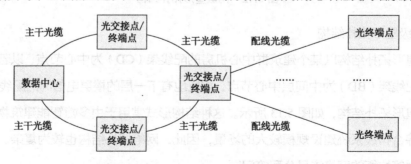

图 5.14　环形拓扑结构的光纤配线网络系统

### 3．总线形拓扑结构

总线形拓扑结构是最简单的网络拓扑结构，它将各节点与一根总线连接，如图 5.15 所示。总线形拓扑结构中所有节点发送的信号都通过总线向电缆的两端同时输送，为避免这些信号在电缆两端弹回，并在缆线中继续传输，须在电缆两端安装"终结器"，即匹配电阻。作为总线的通信缆线，可以是同轴电缆、双绞线，也可以是扁平电缆。

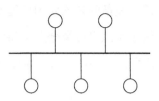

**图 5.15　总线形拓扑结构**

总线形拓扑的优点是结构简单、便于扩充、价格相对较低、安装使用方便；缺点是一旦总线或某个节点出现故障，会导致整个网络陷入瘫痪。

### 4．树形拓扑结构

树形拓扑结构是总线形拓扑结构的一种演化，是天然的分级结构，又称为分级的集中式网络拓扑。传输媒体是不构成闭合环路的分支电缆，任何节点发送的信号也都在传输媒体上广播，并能被其他节点接收。通常把总线形和树形拓扑结构的传输媒体称为多点式或广播式媒体。树形拓扑结构的特点是网络成本低，结构比较简单。

树形拓扑结构网络具有逐渐延伸递减的特点，而且常与其他拓扑结构组合使用，如图 5.16 所示是树形拓扑结构的光纤配线网络系统。

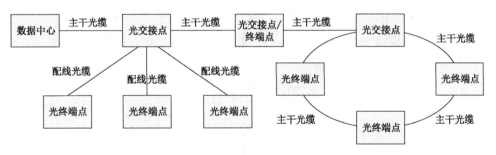

**图 5.16　树形拓扑结构的光纤配线网络系统**

## 5.2.2　综合布线系统的信道构成

作为 ISO/OSI-RM 中最底层的物理层，综合布线系统是一个结构化的组成系统。它像一条信息通道一样连接建筑物内、外的各种低压电子电器装置。这些信息通道提供传输各种数据信息及综合数据的能力。从功能及结构来看，综合布线系统的各个组成部分组成了一个完整的系统。如果将综合布线系统类比为一棵树，则工作区是树的叶子，配线子系统是树枝，干线子系统是树干，进线间和设备间是树根，管理是树枝与树干、树干与树根的连接处。工作区内的终端设备通过配线子系统、干线子系统构成的信息传输通道，最终连接到设备间内的应用管理设备。综合布线系统的信道构成如图 5.17 所示。其中，配线子系统中可以设置集合点（CP），也可不设置集合点。CP 是指楼层配线设备与工作区信息点之间配线子系统缆线路由中的连接点，TE 为终端设备。

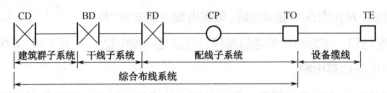

图 5.17　综合布线系统的信道构成

在组成综合布线的各子系统中，建筑物内楼层配线设备（FD）之间、不同建筑物的建筑物配线设备（BD）之间可建立直达路由，如图 5.18（a）所示。图 5.18（a）中的虚线表示 BD 与 BD 之间、FD 与 FD 之间可以设置主干缆线。FD 可以经过主干缆线直接连接至建筑群配线设备（CD），工作区信息点（TO）也可以经过配线缆线直接连接至 BD，楼层配线设备（FD）也可不经过建筑物配线设备（BD）直接与 CD 互连，如图 5.18（b）所示。

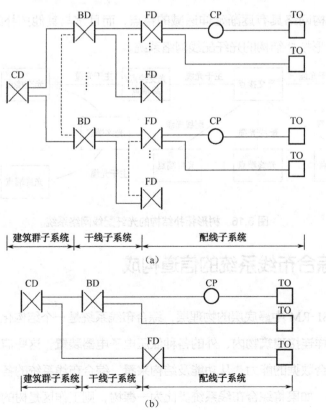

图 5.18　综合布线子系统的信道构成

综合布线系统入口设施及引入缆线部分的信道构成如图 5.19 所示。

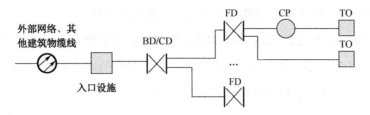

**图 5.19　综合布线系统引入部分的信道构成**

作为综合布线系统的典型应用，配线子系统的双绞线电缆信道一般由 4 对双绞线电缆及其连接器件构成，干线子系统信道、建筑群子系统的光纤信道由光纤及其连接器件组成，如图 5.20 所示。其中，建筑物配线设备（FD）和建筑群配线设备（CD）处的配线模块和网络设备之间可采用互连或交叉的连接方式，建筑物配线设备（BD）处的光纤配线模块可以对光纤进行互连。

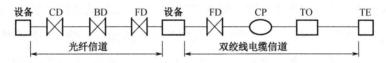

**图 5.20　综合布线系统应用典型连接与信道构成**

按照 ANSI/TIA/EIA 568-A 标准，干线子系统一般应采用分层星形拓扑结构，如图 5.21 所示。建筑物内设备间（ER）的干线连接（MC）配线架（主配线架）采用星形拓扑结构，干线直接连接到电信间 TR（也称楼层配线间）的水平连接（HC）配线架（分配线架）上，再通过水平分配线架按星形拓扑结构将水平缆线连接到各房间工作区通信出口处。

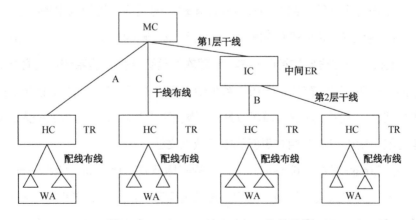

**图 5.21　ANSI/TIA/EIA 568-A 拓扑结构**

当主干缆线使用 UTP 电缆时，如果主配线架到楼层分配线架间的干线距离超过 UTP

所规定的最大距离 90m，或是连接到另一幢大楼的设备间（ER），则需要在 MC 和 HC 之间增加一个中间设备间（ER），经中间连接（IC）配线架转接。

综合布线系统采用分层星形拓扑结构的优势在于，每个分支子系统都是相对独立的单元，对每个子系统的改动不会影响其他子系统，只要改变节点连接方式就可使综合布线系统在星形、总线形、环形、树形等结构间进行转换。

## 5.3 智能配线系统

综合布线系统在安装完成后，用户会得到大量图纸和记录表，而且可以依赖这些纸质的文档资料及电子表格进行日常管理。当需要改变跳线连接时，必须先查阅相关资料，搞清连接路由，再到配线架找到相应的端口进行跳线连接的改变，完成后还要及时更新相关文档和图纸表格等。如果更新不及时，随着连接关系改变的不断积累和人员的变化，必将出现大量的错误，需要大量的人力及时间才可能纠正这些错误，整个布线系统也将成为一个极难管理的系统。随着综合布线技术的不断发展，数据中心的布线系统具有高度结构化、端口高密度、传输高带宽、运行高可靠、扩展易实现、运行绿色化等特点，需要实现布线管理系统的智能化。目前，已有许多智能配线系统产品可供选用。

### 5.3.1 智能配线系统的构成及功能

智能配线系统是用来管理综合布线的硬件和软件的系统，也称为电子配线架或者智能配线架。智能配线系统一般由硬件和软件两部分组成。硬件通常包括双绞线电缆或光缆的电子配线架、连接电子配线架的控制器等。管理软件是智能化配线系统中的必要组成部分，通常包括数据库软件，用以存放综合布线系统中的连接关系、产品属性、信息点的位置等，并能以图形方式显示出来。网管人员可以通过对数据库的操作，实现数据录入、网络更改、系统查询等功能，使用户随时拥有更新的电子数据文档。

因此，通过智能配线系统能够将网络连接的架构及其变化自动传给系统管理软件，管理系统将收到的实时信息进行处理，用户通过查询管理系统，可以随时了解布线系统的最新结构。通过将管理元素全部电子化，可以实现直观、实时和高效的无纸化管理。

《综合布线系统工程设计规范》GB 50311—2016 对布线工程的管理提出了明确要求：当综合布线系统工程规模较大及用户有提高布线系统维护水平和网络安全的需要时，宜采用智能配线系统对配线设备的端口进行实时管理，显示和记录配线设备的连接、使用及变更状况，并应具备以下基本功能。

1）实时智能管理与监测布线跳线连接通断及端口变更状态。

2）以图形化显示为界面，浏览所有被管理的布线部位。

3）管理软件提供数据库检索功能。

4）用户远程登录对系统进行远程管理。

5）能够对非授权操作或链路意外中断提供实时报警。

不难看出，智能配线管理系统受到青睐的重要原因是它能够实时直观地展示当前布线系统的状态，并且能远程管理，只需要利用网络甚至智能手机就可以管理当前布线状况。布线系统任何非允许的变更都会在第一时间发出警告，并通知管理人员。目前，可供选用的智能布线管理系统比较多，功能各异。例如，以色列瑞特（RIT）公司的 PatchView 网络层管理系统能够提供电信间连接状态的实时信息，所有的连接改变都会报告给网络管理工作站，并且指导网络管理员规划、实施连接线路的改变。

## 5.3.2 电子配线架

在智能化概念不断普及的情况下，为提高配线系统的管理效率，电子配线架正逐步取代传统配线架，成为智能布线管理系统的首选。电子配线架是在传统配线架上附加了一套检测装置，这套装置能够自动检测出配线架上所有跳线的连接关系，并以此为基础派生出方便布线管理的一系列功能。

### 1. 电子配线架的概念

电子配线架，英文为 E-panel 或者 Patch Panel，又称综合布线管理系统或者智能配线管理系统，其主要功能如下。

（1）引导跳线。由配线管理系统建立工单后，系统会通过配线端口的 LED 灯闪烁、显示屏文字、声音等方式指示跳线位置。操作人员完成跳接后，系统会通过第 9 芯检测端口指示是否对应及链路是否接通，以避免跳线错误。

（2）实时扫描。系统通过对配线端口的实施扫描，可以随时记录跳线操作，形成日志文档，并且实时监视配线状态的改变，及时生成完整、准确的配线信息数据库，并以数据库方式保存链路连接信息。

（3）故障诊断。系统通过跳线中第 9 芯形成的直流回路可以在端口间交流信息，从而对链路状态做出实时判断，及时发现链路异常，并根据要求输出各种各样的报告。

（4）远程管理。以 Web 方式远程控制和管理整个系统。对于身在异地的缆线管理维护技术人员，或者有多个分支机构的单位，可在不同地点实施远程布线管理操作。

通常把具有以上功能的配线架统称为电子配线架，如图 5.22（a）所示是一种 6 类铜缆电子配线架，图 5.22（b）所示是一种光纤电子配线架。目前常用的电子配线架按照其原理可分为端口探测型配线架（以美国康普公司配线架为代表）和链路探测型配线架（以以色列瑞特公司配线架为代表）两种类型。若按布线结构可以分为单配线架方式（Inter Connection）和双配线架方式（Cross Connection）；若按跳线种类可分为普通跳线和 9 针跳线；若按配线架生产工艺可分为原产型和后贴传感器条型。

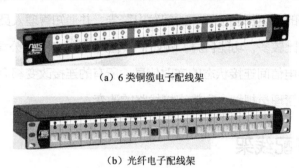

（a）6 类铜缆电子配线架

（b）光纤电子配线架

图 5.22　电子配线架

## 2．电子配线架技术

电子配线架是一种智能化配线管理系统，由硬件和软件两部分组成。硬件的作用是对跳接的链路连接情况进行实时监测，软件的作用是对硬件监测的数据进行分析、处理和存档。智能化配线管理系统的硬件通常包括铜缆或光缆的电子配线架、连接电子配线架的控制器等，它可以支持各等级、各类型的传输缆线与连接器件，包括 5e 类、6 类、6A 类、7 类及以上等级的非屏蔽电缆和屏蔽电缆、多模光纤和单模光纤；也支持 RJ-45、光纤 LC、ST、SC、MTRJ 等连接器件。

目前，智能配线系统还没有统一的国际标准可供遵循，设计理念也不尽相同。从硬件角度来讲，电子配线架采用的成熟技术主要为端口检测和链路检测两种。

1）端口检测技术

端口检测技术即在端口内置了微开关，当用标准跳线接入端口时产生感应。也可认为是触碰式探测，即在电子配线架上的 RJ-45 模块上安装一个碰触开关，一旦跳线插到模块里就会碰触到这个开关，这个开关可以通过电路通知系统该模块有跳线插进来了。端口检测技术适用于单端（单配线架）和双端（双配线架）两种模式，一般触碰式探测采用单配线架方式。端口连接状态通过配线架端口的触发感应完成，如图 5.23 所示。

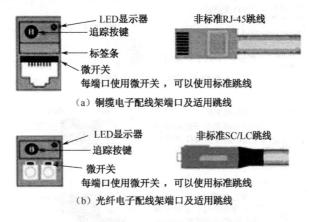

　　(a) 铜缆电子配线架端口及适用跳线

　　(b) 光纤电子配线架端口及适用跳线

**图 5.23　端口检测技术的跳线连接**

　　采用端口检测技术可以任意跨机柜跳线，通过机架管理器以菊花链的方式任意扩展连接范围，而不需要特殊配置。扩展比较容易，一个网络管理器可以自由扩展至支持 96 000 个端口的智能管理。现场的任何操作都可以通过 LCD 显示屏和 LED 指标加以显示，对故障查找和跳线跟踪有着非常重要的指导、跟踪意义。端口检测技术的特点如下。

　　（1）既支持单配线架，也支持双配线架。

　　（2）系统均使用标准 RJ-45 跳线。

　　（3）检测采用中断报告方式，响应速度快。

　　（4）由于只是通过端口的微开关来感知插拔，无法发现网络连接，只知道端口中插入了跳线，无法判断是否是所期望插入的跳线。

　　（5）系统开通过程中需要在设备上电的情况下进行跳线的插拔操作，否则，无法识别跳线的连接关系。

　　（6）连接跳线需要按照顺序建立连接关系。

　　2）链路检测技术

　　链路检测技术依靠跳线中附加的导体接触形成回路进行检测。对于光缆跳线，也需要附加一根金属针来探测链路，如图 5.24 所示。使用链路检测技术时，一般建议采用双端（双配线架）模式。端口间的连接关系通过光缆设备分析或扫描仪完成。这种链路检测技术的特点是：需要通过 9 针或 10 针条形接触形成回路进行检测，必须在铜跳线和光纤跳线中固化一根金属丝；需要使用特殊跳线，允许跳线两端不按次序连接；需要上层设备构建特有网络，形成一套管理网络来扫描电子配线架，并建立数据库。

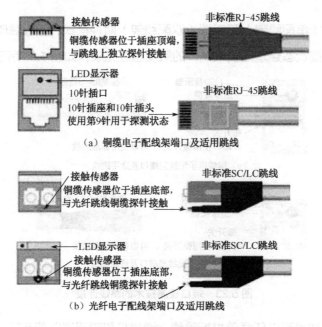

图 5.24　链路检测技术的跳线连接

链路检测技术的通信方式独立于应用网络传输，也就是说不会干扰在布线系统上运行的业务网络，智能配线系统的开启和关闭不影响网络的正常运行。链路检测技术特点如下。

（1）只能支持双配线架。

（2）必须采用专用 9 芯特殊跳线。

（3）由于采用 9 芯扫描线，能自动发现正确的跳线连接。

（4）系统只能识别专用跳线的插拔，对普通 RJ-45 跳线进行的非法连接无法识别。

（5）系统采用连续轮询的方式，系统响应时间随网络规模的扩大而变长。

端口检测技术与链路检测技术的共同特点是，管理信号与物理层的通信无关，智能配线系统的运行不影响铜缆或光缆的物理层通信。两种技术的配线架是与网络传输链路严格分开的。即使把电子配线架关闭，网络传输也不受影响，只不过电子配线架变成了普通配线架。

### 3．电子配线架系统组成

电子配线架主要用于互联网数据中心、大型机房等需要对大量信息点进行管理的场所。电子配线架系统作为智能配线管理系统，主要由智能配线架、智能跳线，以及系统控制器/网络扫描仪/管理软件等部分组成。

1）智能配线架

智能配线架分为铜、光两种智能配线架。

智能铜配线架支持 5e 类、6 类、6A 类及以上等级的非屏蔽和屏蔽电缆系统，安装密度一般为1U 24 个 RJ-45 端口。每个端口的上方有一块镀金的金属传感器连接片，用于连接智能铜跳线上的第 9 针。

智能光纤配线架支持千兆位、万兆位以太网的多模光纤、单模光纤，安装密度一般为1U 24 芯 SC 或 48 芯 LC 接口，支持预探针连接系统。每两芯光纤接口的下方有一块镀金的金属传感器连接片，用于连接智能光跳线上的第 3 针。

智能配线架端口集成的金属传感器通过内部总线连接至背后的控制端口，用于连接控制器/扫描仪/管理模块。连接方式有单连和串连之分。

2）智能跳线

智能跳线分为铜、光两大类。

智能铜跳线如图 5.25 所示，是在标准的 4 对 8 芯双绞线的基础上增加了一根（或两根）附加铜导线。两端的 RJ-45 接头护套内集成了带弹簧伸缩功能的金属第 9 针（或第 10 针），与附加导线连通。例如，智能 6 类铜跳线采用 10 针型 RJ-45 水晶头，第 9、10 针用于传输管理信号，能够提供高于 TIA/EIA Cat6 标准的传输性能。

图 5.25　智能铜跳线

智能光跳线是在标准的 2 芯护套光纤的基础上增加了一根附加铜导线。两端的双工SC/LC 接头护套内集成了带弹簧伸缩功能的金属第 3 针，与附加导线连通。如图 5.26 所示是一种双工 LC-LC 带顶探针的智能光纤跳线，支持 OM1、OM2、OM3、OM4&OS1、OS2。

图 5.26　智能光纤跳线

3）网络扫描仪/管理软件

网络扫描仪/管理软件是智能配线管理系统的核心构件，具有显示和操控功能。

网络扫描仪主要用来执行管理人员发送来的工单，定时扫描端口，并把结果反馈给管理软件，在显示屏上显示工单信息、连接信息和报警信息，并支持以太网或控制器局域网（Controller Area Network，CAN）总线组网，如图 5.27 所示。网络扫描仪有 6、12、24 个槽口等规格可供选用，也有提供高清多媒体接口（HDMI）72 路的网络扫描仪产品。

图 5.27　网络扫描仪

系统的管理软件是一个典型的客户机/服务器系统（B/S 模式），由服务器端和管理平台工作站端构成。服务器端一般是在 Microsoft SQL Server 基础上的数据库系统，对各项数据进行标准化管理。工作站端一般为自行研发的软件，承担数据系统与管理员之间的交互式管理职责，如图 5.28 所示。

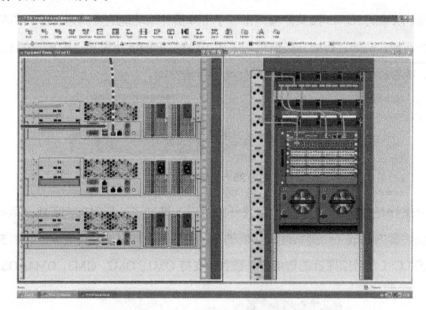

图 5.28　智能配线系统管理软件界面

### 4．智能配线系统的应用方案

智能配线系统的应用方案有多种，可以从不同的角度进行分类选用。根据访问和管理方式的不同，有 Web 访问、集中控制和分布式控制等管理方式。

Web 访问方式在网络扫描仪内置了管理软件，远程访问此扫描仪即可得到其所管理的端口或链路的数据。Web 访问方式的优点是简单、便宜，无须复杂的系统软件、数据库及服务器等，其缺点是页面比较简单，存储量有限。Web 访问可以升级到集中控制管理方式。

集中控制管理方式是将每一个相邻的配线架都接到一个管理扫描仪,然后所有的管理扫描仪都上联并汇总至中央管理器,用管理软件统一管理,数据存储量大,能够实现软件管理带来的额外功能。集中式控制存在单点故障,如果中央管理器发生故障,整个电子配线架系统的检测功能就瘫痪了,系统可靠性较低,也不符合 A/B 级机房对冗余的控制要求。

分布式控制管理方式是将每一个配线架都独立配置一个管理器。由管理器实时监测所属电子配线架的运行状态和跳线(跳线管理中的 9 针跳线)的跳接变化,上传配架信息或下派工单。管理器通过各自独立的网络链路连接到服务器。分布式管理架构不存在单点故障,整个系统的可靠性较高。

按照探测方式不同,有端口型、链路型和端口链路兼容型应用方案。例如,iMatrix 系统就是一种兼容端口管理和链路管理的电子配线架系统。

1)端口管理型应用方案

端口管理型应用方案拓扑结构如图 5.29 所示,这是一种单配线架应用示例,适用于普通用户。网络扫描仪通过 485 等串行总线向下连接智能配线架,向上则通过以太网接口接入数据中心交换机网络,系统管理软件通过 IP 地址访问设备。

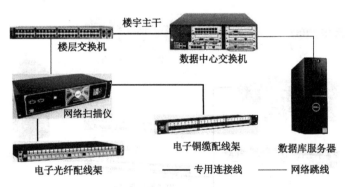

图 5.29　单配线架端口探测型拓扑结构

端口型配置方案的最大优点是可以用较低的成本实现电子配线架的大部分功能,并且结构简单,与传统的布线系统结构一样,采用普通的跳线即可,无须采用智能跳线,无须设备端映射配线架;软件利用率较高,一个用户授权管一个端口,探测速度较快、效率高、即时性好。其缺点是不能自动识别对应关系,只能在电子配线架端跳接。值得注意的是,不能在断电情况下跳接,在断电情况下若某个端口内跳线方式替换,通电后系统也无法探测到此替换。

2）链路管理型应用方案

对于链路管理型应用方案来说，需要较多的上层设备构建特有的网络组，以便形成网络来扫描电子配线架，进而建立数据库。如果需要扩展，只增加电子配线架是不够的，必须增加多个网络扫描仪，用户必须对自己的网络和管理点数有比较准确的评估，以配备足够多的设备。链路探测技术方案的优点是能够实现电子配线架的所有功能，其缺点是费用高，而且有较多风险，如电子配线架需要成对使用，即需要额外增加设备端映射配线架，必须使用9芯智能跳线（市场上较少有），软件利用率较低，每个信息点需占用2个授权用户，每个端口必须探测两两连接的情况，扫描速度慢，即时性较差等。因此，一般不建议使用这种解决方案。

3）端口链路兼容型应用方案

端口链路兼容型应用方案的拓扑结构如图5.30所示，这是一种双配线架应用示例，适用于高端用户。一般而言，网络扫描仪与智能配线架的连接拓扑结构有星形、总线形或混合方式等。网络扫描仪与智能配线架的物理连接方式有模块化RJ-45接口、ID卡接合专用接口等。单个网络扫描仪的可管理智能配线架数量从几个到上百个不等，并且可以通过级联的方式扩容，在一个跳接空间内管理数千个智能配线架。

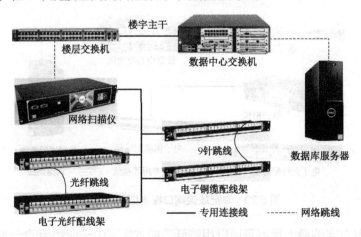

图5.30 双配线架端口链路兼容型应用方案拓扑结构

端口链路兼容型应用方案是一种比较完美的电子配线架系统解决方案，其优点是能够实现电子配线架系统的所有功能，即时性好。缺点是费用高；电子配线架需要成对使用，即需要额外增加设备端映射配线架；实现链路探测必须使用9针智能跳线（当管理人员在需要连通链路而手头又无智能跳线时，也可以用普通跳线跳接，但需要把系统设置成2个端口探测方式）；软件利用率较低，一个用户授权只能管理一个端口。

## 5.4 综合布线系统的服务网络

综合布线系统可服务于各类通信网络，包括计算机网、电信网、广播电视网等，其中计算机网是智能建筑进行数据通信的基础设施。目前，计算机网、电信网、广播电视网正在向下一代互联网、宽带通信网、双向交互式电视网演进，逐步实现三网融合。

### 5.4.1 计算机网

自20世纪70年代世界上出现第一个远程计算机网开始，到20世纪80年代的局域网，20世纪90年代的综合业务数字网……计算机网得到了异常迅猛的高速发展。计算机网的规模不断扩大，功能也在不断增强，如今已经形成了覆盖全球的互联网，并向着全球智能信息网发展。

计算机网是指利用通信设备和线路将分布在地理位置不同的、具有独立功能的多个计算机系统连接起来，在功能完善的网络软件（网络通信协议及网络操作系统等）的控制下，进行数据通信，实现资源共享、互操作和协同工作的系统。简单地说，计算机网是由"计算机集合"加"通信设施"组成的系统。

#### 1. 计算机网技术

计算机网种类繁多、性能各异。自1985年10Mbit/s以太网问世以来，计算机网技术不断发展。近年来，在传统以太网和快速以太网的基础上，千兆位以太网、万兆位以太网相继问世。目前大多数计算机网采用交换机作为核心设备，组成交换式网以提高数据传输速率。

1）快速以太网

以太网由Xerox公司于1975年研制成功，1979—1982年间，由DEC、Intel和Xerox三家公司制定了以太网的技术规范DIX，以此为基础形成的IEEE802.3以太网标准在1989年正式成为国际标准。以太网的基本特征是采用一种载波监听多址访问/冲突检测（CSMA/CD）的共享访问方案，即多个工作站都连接在一条总线上，所有的工作站都不断地向总线上发出监听信号，但在同一时刻只能有一个工作站在总线上进行数据传输，而其他工作站必须等待其传输结束后才能再开始自己的数据传输。冲突检测方法保证了只能有一个站点在电缆上传输。早期以太网传输速率为10Mbit/s。30多年来，以太网技术不断发展，成为迄今应用最广泛的局域网技术，并产生了多种局域网技术标准。

100Base-T 是将 10Mbit/s 以太网经过改进后使其能在 100Mbit/s 下运行的一种快速以太网，因此也是一种共享传输介质技术。1995 年 5 月正式制定了快速以太网 100Base-T 标准，即 IEEE 802.3u 标准，这是对 IEEE 802.3 的补充。虽然 100Base-T 与 10Base-T 一样采用星形拓扑结构，但有 4 个不同的物理层标准，见表 5.1，并且应用了网络拓扑结构方面的许多新规则。

表 5.1　快速以太网的物理层标准

| 标　　准 | 传输媒体 | 特　　性 | 最大段长 | 拓扑结构 |
| --- | --- | --- | --- | --- |
| 100Base-Tx | 2 对 5 类 UTP | 100 Ω | 100 m | 星形 |
| | 2 对 STP | 150 Ω | | |
| 100Base-Fx | 一对多模光纤（MMF） | 62.5/125（μm） | 2 km | 星形 |
| | 一对单模光纤（SMF） | 8/125（μm） | 40 km | |
| 100Base-T4 | 4 对 3 类 UTP | 100Ω | 100 m | 星形 |
| 100Base-T2 | 2 对 3 类 UTP | 100Ω | 100 m | 星形 |

100Base-T 问世以后，在以太网 RJ-45 连接器上可能出现多种不同的以太网信号，即 10Base-T、10Base-T 全双工、100Base-TX、100Base-TX 全双工或 100Base-T4。为了简化管理，IEEE 推出了自动协商模式。IEEE 自动协商模式能使集线器和网卡知道线路另一端已有的速度，并把速度自动调节到线路两端能达到的最高速度。自动调节的优先顺序为：100Base-T2 全双工，100Base-T2，100Base-TX 全双工，100Base-T4，100Base-TX，100Base-T 全双工，10Base-T。IEEE 自动协商模式技术避免了由于信号不兼容可能造成的网络损坏。

快速以太网可以使用共享式或交换式集线器进行组网，也可以通过堆叠多个集线器扩大端口数量。互相连接的集线器可起到中继器的作用，能扩大网络跨距。快速以太网可用于主干连接、需要高带宽的服务器和高性能工作站，以及面向桌面系统的普及应用等。基于双绞线的快速以太网可将连线距离扩展至 100m，而使用光纤则可扩展至 325m。一种 100Base-T 网络结构配置示例如图 5.31 所示。

2）千兆位以太网

千兆位以太网技术仍然是以太网技术，它采用了与 10Mbit/s 以太网相同的帧格式、帧结构、网络协议、全/半双工工作方式、流控模式及布线标准。由于该技术不改变传统以太网的桌面应用、操作系统，因此可与 10Mbit/s 或 100Mbit/s 的以太网很好地配合，即升级到千兆位以太网时不必改变网络应用程序、网管部件和网络操作系统，能最大限度地保护初始投资。

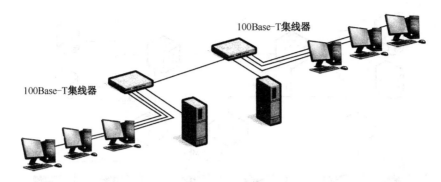

图5.31　100Base-T 网络结构配置

千兆位以太网技术有 IEEE 802.3z 和 IEEE 802.3ab 两个标准。

（1）IEEE 802.3z。IEEE 802.3z 工作组负责制定光纤（单模或多模）和同轴电缆的全双工链路标准。IEEE 802.3z 定义了基于光纤和短距离铜缆的 1 000Base-X，采用 8B/10B 编码技术，信道传输速率为 1.25Gbit/s，去耦后能达到 1 000Mbit/s 的传输速率。IEEE 802.3z 千兆位以太网标准有：① 1 000Base-SX。1 000Base-SX 只支持多模光纤，可以采用直径为 62.5μm 或 50μm 的多模光纤，工作波长为 770～860nm，传输距离为 220～550m。② 1 000Base-LX。1 000Base-LX 支持直径为 62.5μm 或 50μm 的多模光纤，工作波长范围为 1 270～1 355nm，传输距离为 550m。1 000Base-LX 也可以采用直径为 9μm 或 10μm 的单模光纤，工作波长范围为 1 270～1 355nm，传输距离为 5km 左右。③ 1 000Base-CX。1000Base-CX 采用 150Ω 屏蔽对绞电缆（STP），传输距离为 25m。

（2）IEEE 802.3ab。IEEE 802.3ab 工作组制定了基于 UTP 的半双工链路的千兆位以太网标准。IEEE 802.3ab 定义基于 5 类 UTP 的 1 000Base-T 标准，其目的是在 5 类 UTP 上以 1 000Mbit/s 速率传输 100m。

千兆位以太网最初主要用于提高交换机与交换机之间或交换机与服务器之间的连接带宽。10/100Mbit/s 交换机之间的千兆位连接极大地提高了网络带宽，使网络可以支持更多的 10Mbit/s 或 100Mbit/s 的网段。也可以通过在服务器中增加千兆网卡，将服务器与交换机之间的数据传输速率提升至前所未有的境界。目前，所有厂家的主要网络产品都支持千兆位以太网标准。采用千兆交换机的千兆位以太网结构如图 5.32 所示。

3）万兆位以太网

当千兆位以太网开始进入商业应用的时候，万兆位以太网（又称 10Gbit/s 以太网）横空出世。在历经 1999 年的组织成型、2000 年的方案成型及互操作性测试之后，2002 年 6 月，10Gbit/s 以太网技术标准 IEEE 802.3ae 被 IEEE 标准委员会批准，数据传输速率为 10Gbit/s，传输距离可延伸到 40km。

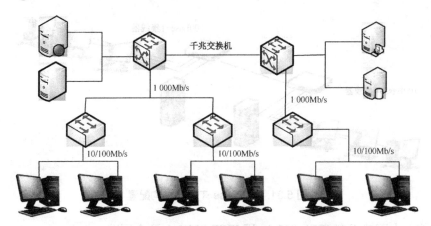

**图 5.32 千兆位以太网结构**

涉及万兆位以太网的标准和规范比较多：在标准方面，有 2002 年的 IEEE 802.3ae，2004 年的 IEEE 802.3ak，2006 年的 IEEE 802.3an、IEEE 802.3aq 和 2007 年的 IEEE 802.3ap；在规范方面，共 10 多个（这是一个比较庞大的家族，比千兆位以太网的 9 个规范又多了许多）。这 10 多个规范可以分为以下 3 大类。

（1）基于光纤的局域网万兆位以太网规范。

（2）基于双绞线（或铜线）的局域网万兆位以太网规范。

（3）基于光纤的广域网万兆位以太网规范。

10Gbit/s 以太网的接口有多种，通常将其统称为 10GE，其中最有前景的是 10GBase-T。如果要支持 10GBase-T 应用必须要部署 Cat.6A 铜缆。大多数国内外厂家都能够生产制造 Cat.6A 缆线，部分厂家也有制造 Cat.6A 接插件的能力。

万兆位以太网物理层支持多种光纤类型，IEEE 802.3ae 任务组选定的光收发器、使用的光纤类型、传输距离和应用领域见表 5.2。

**表 5.2 万兆位以太网的光收发器、光纤类型、传输距离和应用领域**

| 光收发器 | 光纤型号 | 光纤带宽 | 传输距离 | 应用领域 |
|---|---|---|---|---|
| 850 nm 串行 | 50/125 μm（MMF） | 500 MHz · km | 65 m | 数据中心 |
| 1 310 nm CWDM | 62.5/125 μm（MMF） | 160 MHz · km | 300 m | 企业网；园区网 |
| 1 310 nm CWDM | 9.0 μm（SMF） | 不适用 | 10 km | 园区网；城域网 |
| 1 310 nm 串行最大距离 | 9.0 μm（SMF） | 不适用 | 10 km | 园区网；城域网 |
| 1 550 nm 串行 | 9.0 μm（SMF） | 不适用 | 40 km | 城域网；广域网 |

目前，万兆位以太网主要应用于企业网、园区网和城域网等大型网络的主干网连接，不支持与端用户的直接连接。例如，利用 10Gbit/s 以太网可实现交换机到交换机、交换机到服务器及城域网和广域网的连接。如图 5.33 所示是一种万兆位以太网在局域网中的应用

示例，该图中的主干线路使用 10Gbit/s 以太网，校园网 A、校园网 B、数据中心和服务器群之间用 10Gbit/s 以太网交换机连接。

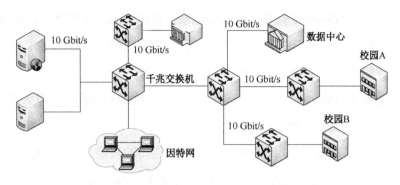

**图 5.33　万兆位以太网在局域网中的应用示例**

万兆位以太网在城域网主干网方面有很好的应用前景。首先，带宽 10Gbit/s 足以满足现阶段及未来一段时间内城域网带宽的要求。其次，40km 的传输距离可以满足大多数城市城域网的覆盖范围。再者，万兆位以太网作为城域网，可以省略骨干网的 SNOET/SDH 链路，简化了网络设备，使端到端传输统一采用以太网帧成为可能，省略传输中多次数据链路层的封装和解封装，以及可能存在的数据包分片。最后，以太网端口的价格也具有很大的竞争优势。

**2．计算机网的组成**

在智能园区中，计算机网主要由建立在综合布线系统基础上的局域网、主干网和广域网三个部分组成。

1）局域网（LAN）

局域网是在小区域范围（如一个办公区或一个建筑物）内，对各种数据通信设备进行互连的数据通信网络。在此主要指连接在楼层配线架中的集线器上的工作站点和服务器构成的子网或称网段。根据需要在一个楼层内可以配置多个网段，也可以将几个楼层配置为一个网段，局域网通常是以太网（100Mbit/s 或 1 000Mbit/s）。

2）主干网（Backbone）

主干网是指覆盖建筑群中的各个建筑物和建筑物内各层的通信干线，包含了汇聚层和骨干层设备。通常采用 1 000Base-T 等高速网络技术提供较大的通信容量。

3）广域网（WAN）

广域网是智能建筑与外界的数据通信链路，采用的主要网络技术有 X.25 分组交换网、帧中继、电话网、无线通信网和卫星通信网等。

### 3. 以太网缆线标准

早期的以太网是共享式以太网,使用粗同轴电缆和细同轴电缆,典型的标准是 10Base-5 和 10Base-2。其中,10Base-5 是粗同轴电缆标准,表示 10Mbit/s 的速率,500m 的传输距离;10Base-2 是细同轴电缆标准,表示 10Mbit/s 的速率,200m 的传输距离。到 20 世纪 80 年代末期,出现的非屏蔽双绞线(UTP)使 10Base-T 迅速得到应用发展。目前,常用的以太网缆线标准主要是 100 兆以太网缆线标准、吉以太网缆线标准和万兆以太网缆线标准。

1)百兆位以太网缆线标准

10 兆位以太网速率太低,目前已经无法满足数据传输需要,因此,IEEE 制定了数据传输速率为 100Mbit/s 的快速以太网,其标准为 IEEE 802.3u,传输媒体主要包括光纤和双绞线。快速以太网缆线标准见表 5.3,其中 100Base-T4 也已很少使用,主流使用的是 5 类双绞线 100Base-Tx。

表 5.3　快速以太网缆线标准

| 名　　称 | 缆　　线 | 最长有效距离(m) |
|---|---|---|
| 100Base-T4 | 4 对 3 类双绞线 | 100 |
| 100Base-Tx | 2 对 5 类双绞线 | 100 |
| 100Base-Fx | 单模光纤或多模光纤 | 2 000 |

2)吉以太网缆线标准

吉以太网是对 IEEE 802.3 以太网标准的扩展,在基于以太网协议的基础上,将快速以太网的传输速率从 100Mbit/s 提高了 10 倍,达到了 1Gbit/s。吉以太网有 IEEE 802.3z(光纤和铜缆)和 IEEE 802.3ab(双绞线)两个标准,具体的缆线标准见表 5.4。

表 5.4　吉以太网缆线标准

| 名　　称 | 缆　　线 | 最长有效距离(m) |
|---|---|---|
| 1 000Base-LX | 单模光纤或多模光纤 | 316 |
| 1 000Base-SX | 多模光纤 | 316 |
| 1 000Base-CX | 平衡双绞线对的屏蔽铜缆 | 25 |
| 1 000Base-SX | 5 类双绞线 | 100 |

3)万兆位以太网缆线标准

IEEE 在 2002 年 6 月发布了万兆位以太网标准 IEEE 802.3ae,该标准定义为光纤传输的万兆位以太网标准,但并不适用于企业局域网普遍采用的铜缆连接。因此,为了满足万兆位铜缆以太网的需求,2004 年 3 月,IEEE 通过了 IEEE 802.3ak,在同轴铜缆上实现万兆位以太网,IEEE 802.3an 定义了在双绞线上实现万兆位以太网,具体的万兆位以太网缆线标准见表5.5。

表 5.5　万兆位以太网缆线标准

| 名　　称 | 缆　　线 | 最长有效距离（m） |
| --- | --- | --- |
| 10GBase-SR/SW | 多模光纤 | 2～300 |
| 10GBase-LR/LW | 多模光纤 | 2～10 |
| 10GBase-ER/EW | 单模光纤 | 2～40 |
| 10GBase-LX4 | 多模光纤或单模光纤 | 多模 300，单模 10 000 |
| 10GBase-CX4 | 同轴铜缆 | 15 |
| 10GBase-T | 双绞线铜缆 | 100 |

## 5.4.2　电信网络

电信网（Telecommunication Network）是由各种通信线路、设备构成的，使各级通信点相互连接的通信系统。它利用电缆、无线、光纤或者其他电磁系统，将文字、语音、图形图像等多媒体信息变换成电信号，并且在两地间的两个人或两个通信终端设备之间，按照约定的协议进行传输和交换。电信网是实现远距离通信的重要基础设施。

**1．电信网的构成**

电信网是一种由传输、交换、终端设备和信令过程、协议及相应的运行支撑系统组成的综合系统，从概念上可分为物理网、业务网和支撑管理网，组成结构如图 5.34 所示。

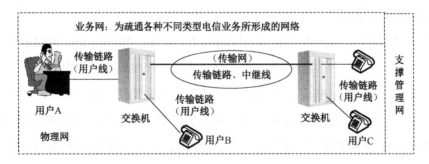

图 5.34　电信网的组成结构

1）物理网

电信网中的物理网是由用户终端、交换系统、传输网等电信设备组成的实体结构，是电信网的物质基础。

（1）用户终端。用户终端是电信网最外围的设备，它将用户所发送的各种形式的信息转变为电磁信号送入电信网络传送，或将从电信网络中接收到的电磁信号、符号等转变为用户可识别的信息。

（2）交换系统。交换系统处于电信网枢纽位置，是各种信息的集散中心，是实现信息交换的关键环节。它包括各种电话交换机、电报交换机、数据交换机、移动电话交换机和分组交换机等。

（3）传输网。传输网是信息传递的通道，它将用户终端与交换系统之间或交换系统之间连接起来，形成传输系统。根据传输媒体的不同，传输系统可分为有线传输系统和无线传输系统。有线传输系统包括电缆传输系统和光缆传输系统。无线传输系统可分为长波、中波、短波、超短波和微波通信系统，微波通信系统又可分为地面微波通信系统和卫星通信系统等。

2）业务网

业务网是指互通电话、电报、传真、数据和图像等各类电信业务的网络。主要包括电话网（PSTN）/IP网、分组交换网（CHINA PAC）、数字数据网（CHINA DDN）、帧中继网（CHINA FRN）和计算机互联网（Internet）等。

3）支撑管理网

支撑管理网是为保证业务网正常运行，增强网络功能，提高全网服务质量而形成的网络。在支撑管理网中传递的是相应的控制、监测及信令等信号。支撑管理网包括信令网、同步网和管理网。

随着电信网综合化、智能化的发展及电信新业务不断增多，出于不同的研究目的，对电信网的构成在概念上有许多划分方法，如将电信网分为承载层、支撑层和业务层等。

**2. 公共交换电话网**

公共交换电话网（Public Switched Telephone Network，PSTN）是一种用于全球语音通信的电路交换系统，是目前世界上最大的网络。公共交换电话网主要由交换系统和传输系统两大部分组成，其中，交换系统中的设备主要是电话交换机，电话交换机随着电子技术的发展经历了磁石式、步进制、纵横制交换机，最后到程控交换机的发展历程。传输系统主要由传输设备和缆线组成，传输设备也由早期的载波复用设备发展到SDH，缆线也由铜线发展到光纤。为了适应业务的发展，PSTN目前正处于满足语音、数据、图像等传送需求的转型时期，正在向下一代网络（Next Generation Network，NGN）、移动与固定融合的方向发展。

在电信网络中，公共交换电话网提供普通电话业务、IP电话、会议电话/集群调度电话等业务。对住宅小区用户而言，一般由固定电话运营商通过设置远端交换模块（Remote Switching Module，RSU）的方式提供电话业务。对自建电话交换网络而言，通常有以下几种类型。

1）住宅直线电话

所谓直线电话，是指将电话机直接与电信运营商的语音交换机设备相连的连接方式。住宅小区家庭电话、写字楼里中小企业的办公电话大部分都是这种直线电话，住宅直线电话交换网的构成如图 5.35 所示。对于不同类型的住宅建筑可以通过家居配线箱，经市话电缆或 3 类大对数电缆连接至电信运营商设置的远端交换模块（RSM）。如果是住宅楼单元、楼层或用户内设置光纤网络单元或在户内设置光纤网络终端，则与电话交换设备间通过光纤配线网相连，满足多业务的接入。每一个光纤网络单元或光纤网络终端需要配置 2～4 芯光缆（考虑备份）。

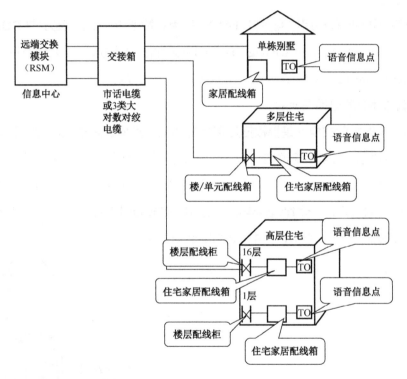

**图 5.35　住宅直线电话交换网的构成**

2）专用电话交换网

专用电话交换网是指为满足其拥有者内部通话需要而组建的电话网。对于需要组建专用电话网的工业企业或单位，因为地域较大，一般通过设置汇集局与端局来构成电话交换专网。图 5.36 表示了各个建筑物中的光纤配线架（ODF）通过光缆进行互通的关系。在这种情况下，程控用户交换机（PABX）之间可以按照 2～4 芯光缆配置。如果信息中心的程控用户交换机（PABX）与各个分交换点（作业区、办公区 PABX 等）之间采用环形拓扑结构组网，光缆光纤的数量可按照各交换点对光纤的总需求量进行配置。

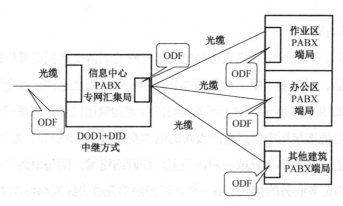

**图 5.36　专用电话交换网的构成**

通常,信息中心的程控用户交换机( PABX )采用直拨呼出/呼入中继方式( DOD1+DID )。其中, DOD1( Direct Outward Dialing-one )即直拨呼出中继方式, 1 为含有只听一次拨号音之意; DID( Direct Inward　Dialing )即直拨呼入中继方式。

3）建筑与建筑群电话交换网

建筑与建筑群电话交换网是指根据建筑物的功能、类型、需求组建的电话交换网络,包括单体建筑物电话网和建筑群电话网两种情况,并分为直线电话或者程控用户交换机( PABX )等方式。每个电话交换机系统对光缆光纤的需求主要由交换机的中继电路数和采用的传输系统要求决定。单体建筑物电话交换网的构成如图 5.37( a )所示,建筑群电话交换网的构成如图 5.37( b )所示,其中 TP 为电话信息点。

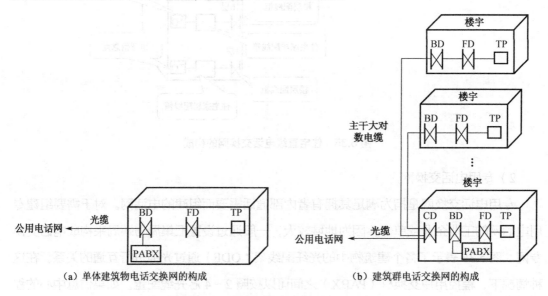

（a）单体建筑物电话交换网的构成　　　　（b）建筑群电话交换网的构成

**图 5.37　建筑与建筑群电话网的构成**

### 3. 宽带光纤接入网

宽带光纤接入网（Optical Access Network，OAN）是指在用户网络接口与相关的业务节点接口之间，全程采用光纤作为传输媒体，或者以光纤作为主干传输媒体、以金属线或者无线作为用户末端传输媒体的一种接入网。宽带光纤接入网在电信网中的位置如图 5.38 所示。按照光纤到达的位置，光纤接入网又有多种方式，包括光纤到路边（FTTC）、光纤到大楼（FTTB）、光纤到办公室（FTTO）和光纤到户（FTTH）。

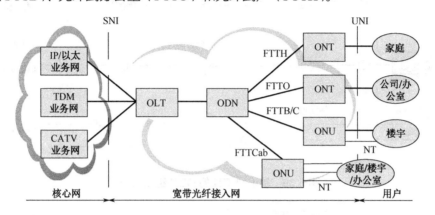

图 5.38　宽带光纤接入网在电信网中的位置

宽带光纤接入网采用的技术包括 xPON、MSTP、MSAP、以太网、PTN 和光纤直连等。光纤接入网（OAN）的主要组成部分是局端光纤线路终端（OLT）和用户端光网络单元（ONU）。它们在整个接入网中完成了从业务节点接口（SNI）到用户网络接口（UNI）间有关信令协议的转换。接入设备本身还具有组网能力，可以组成多种形式的网络拓扑结构。同时接入设备还具有本地维护和远程集中监控功能，通过透明的光传输形成一个维护管理网，并通过相应的网管协议纳入网管中心统一管理。

光纤配线网（ODN）是指 OLT 与 ONU/光网络用户终端（ONT）之间的由光纤光缆及无源光元件（如光连接器和光分路器等）组成的无源光分配网络，主要由不同段落的光缆线路组成。当采用 xPON 技术时，ODN 包括光分路器，如图 5.39 所示。当采用无源波分技术时，ODN 包括光终端复用器 OTM 或光分插复用器 OADM。

### 4. xPON 接入网技术

无源光网络（Passive Optical Network，PON）接入网技术是为了支持一点到多点应用发展起来的光纤接入网（OAN）。PON 接入网结构主要采用一点到多点网络拓扑，并依托无源光分路器、无源合路器将用户接入端光网络单元（ONU）的信号汇聚在一起。通常情况下，PON 系统由局端光纤线路终端（OLT）、光纤配线网（ODN）、用户端光网络单元（ONU）及光网络用户终端（ONT）组成，基本组成如图 5.40 所示。PON 为单纤双向系统，在下行方向（OLT 到 ONU），OLT 发送的信号通过 ODN 到达各个 ONU；在上行方向（ONU 到 OLT），各 ONU 在指定时间发送信号到 OLT。ODN 由光分路器、光纤光缆及光缆分线盒、光缆交接箱等一系列无源器件组成，在 OLT 和 ONU 间提供光通道。

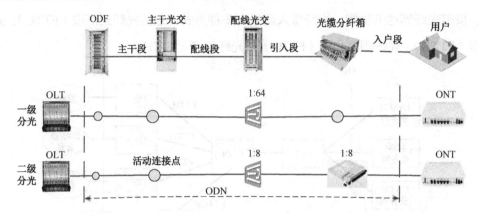

图 5.39　基于 xPON 的 ODN 组成结构

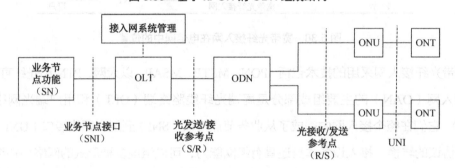

图 5.40　PON 系统基本组成

　　按系统信号传输格式的不同，PON 接入网技术也有多种，如 APON、BPON、EPON、GPON 和 WDM-PON 等，通称为 xPON。在 xPON 接入网技术中比较成熟的是 EPON/GEPON 和 GPON。EPON 和 GPON 在全球已经大量部署应用。

　　1）EPON/GEPON

　　以太网无源光网络（Ethernet Passive Optical Network，EPON）是基于以太网的 PON 技术，业界有 21 个网络设备制造商发起成立 EFMA，实现了吉比特位以太网点到多点的光传送方案，所以又称 GEPON（Gigabit Ethernet PON）。EPON/GEPON 由 IEEE 802.3 EFM 工作组进行标准化，于 2004 年 6 月发布 IEEE 802.3ah 标准，然后并入 IEEE 802.3-2005。

　　EPON 采用 PON 的拓扑结构，由局端光纤线路终端（OLT）、光纤配线网（ODN）和光网络用户终端（ONU）组成。它将以太网（具有发展潜力的链路层协议）与无源光网络

（接入网的最佳物理层协议）结合在一起，采用点到多点结构、无源光纤传输，在以太网之上提供多种业务，具有如下特点。

（1）OLT 与 ONU 之间仅有光纤、光分路器等光无源器件，无须租用机房、无须配备电源、无须有源设备维护人员，因此，可以有效节省建设和运营维护成本。

（2）EPON 采用以太网帧传输格式，同时也是用户局域网/驻地网的主流技术，二者具有天然的融合性，消除了复杂的传输协议转换带来的成本因素。

（3）EPON 可以提供 1.25 Gbit/s 的上下行带宽，传输距离可达 10～20 km，支持最大光分路比 1：64，因此可大大降低 OLT 和主干光纤的成本压力。高速宽带可以充分满足接入网客户的带宽需求，并可以方便灵活地根据用户需求的变化动态分配带宽。

（4）点对多点的结构，只需增加 ONU 数量和少量用户侧光纤即可方便地对系统进行扩容升级，充分保护运营商的投资。

（5）EPON 具有同时传输 TDM、IP 数据和视频广播的能力，其中，TDM 和 IP 数据采用 IEEE 802.3 以太网帧格式进行传输，辅以电信级的网管系统，足以保证传输质量。通过扩展第三个波长（通常为 1 550nm）即可实现视频业务的广播传输。

2）GPON

GPON（Gigabit-Capable PON）技术是基于 ITU-TG.984.x 标准的新一代宽带无源光综合接入标准，具有高带宽、高效率、大覆盖范围、用户接口丰富等诸多优点，被大多数运营商视为实现接入网业务宽带化、综合化改造的理想技术。GPON 最早由 FSAN 组织于 2002 年 9 月提出，ITU-T 在此基础上于 2003 年 3 月完成了 ITU-T G.984.1 和 G.984.2 的制定，2004 年 2 月和 6 月完成了 G.984.3 的标准化，从而形成了 GPON 的标准族。

同所有 PON 系统一样，GPON 也由 OLT、ODN 和 ONU 组成。GPON 的技术特点是在二层借鉴了 ITU-T 定义的通用成帧规程（Generic Framing Procedure，GFP）技术，扩展支持 GEM（General Encapsulation Methods）封装格式，将任何类型和任何速率的业务经过重组后由 PON 传输，而且 GFP 帧头中包含了帧长度指示字节，可用于可变长度数据包的传递，提高了传输效率，因此能更简单、通用、高效地支持全业务。GPON 下行最大速率为 2.5Gbit/s，上行最大速率为 1.25Gbit/s，分光比最大为 1：64，能提供足够大的带宽以满足未来网络日益增长的对高带宽的需求，同时非对称特性更能适应宽带数据业务市场。

但是，GPON 技术相对复杂，设备成本较高。GPON 承载有 QoS 保障的多业务和强大的 OAM 能力等优势，在很大程度上是以技术和设备的复杂性为代价换取的，从而导致相关设备成本较高。但随着 GPON 技术的发展和大规模应用，GPON 设备的成本可能会相应下降。

总之，xPON 作为新一代光纤接入技术，在抗干扰性、带宽特性、接入距离、维护管理等方面均具有巨大优势，其应用得到了各方的青睐。

## 5.4.3 广播电视网

广播电视网是指为交换、传输广播电视节目信号的传输网。它将调频广播信号、电视广播信号、卫星电视广播信号及市地有线电视广播信号传送到每一个电视输出端。在我国，有线广播电视网已经有几十年的发展历史，现已覆盖千家万户，承担着我国信息基础设施的关键任务。随着互动电视、直播卫星、网络流媒体及移动电视的崛起，有线电视网面临着严峻的挑战，目前正将单向广播式有线电视网转变为双向交互式网，建设下一代广播电视网（Next Generation Broadcast，NGB），升级为高速数据传输交换网，为终端用户提供宽带接入、视频传输、语音通话等多种服务。

### 1．有线电视网的构成

我国有线电视网是以混合光纤同轴电缆（Hybrid Fiber Coaxial，HFC）为主体结构的一点到多点的网络。HFC 是一种宽带接入技术，采用光纤到服务区，而在进入用户的最后 1km 采用同轴电缆。它融合数字与模拟传输于一体，集光电功能于一身，同时提供较高质量和较多频道的传统模拟广播电视节目，具有较好性能价格比的电话服务、高速数据传输服务和多种信息增值服务。

HFC 是由传统有线电视网引入光纤后演变而成的一个传输媒体共享式宽带传输系统。从 HFC 网络组成结构来看，HFC 网络主要由网络前端系统、接入网（包括光纤馈线网、光纤节点）和同轴电缆配线网（用户终端系统）等部分组成。HFC 网络组成结构如图 5.41 所示。

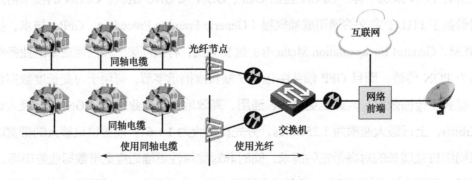

**图 5.41　HFC 网络组成结构**

1）网络前端系统

网络前端系统是 HFC 网络的关键部分。在 HFC 网络中，由于各用户站无法直接接收彼此之间的信号，因而无法对自己的业务传输进行自我调整。而网络前端能同时接收各用户发送的上行信号，可以有效地实现各用户之间业务传输的协调和控制。前端位于中心局，由电缆调制解调器终端系统（Cable Modem Termination System，CMTS）、前端单元（合成器、分离器等）、光纤接口（光收发器）和网络管理组成，它可以将 CATV 信号和数字信号调制到光纤上，并对用户端送来的上行信号解调。

2）HFC 接入网

在 HFC 网络中，接入网部分可分为光纤馈线网和光纤节点（FN）两个部分。

光纤馈线网一般由若干条下行光纤和一条（或几条）上行光纤组成。下行光纤将前端发出的光信号传送至 FN，而上行光纤则将来自 FN 的上行光信号传送至前端。

FN 作为 HFC 的光节点监控系统，是光纤馈线网与同轴电缆配线网之间的光/电接口单元。它将来自下行光纤的光信号转换成电信号后由同轴电缆传送至用户，同时将同轴电缆上的上行电信号转换成光信号，由上行光纤传送至 HFC 网络前端。

（3）同轴电缆配线网，即用户终端系统

用户端的电视机与计算机分别接到电缆调制解调器（Cable Modem），电缆调制解调器与入户的同轴电缆连接。电缆调制解调器将下行 CATV 信道传输的电视节目传送到电视机，将下行的数字信道传输的数据传送到计算机，将上行数字信道传输的数据传送到前端。

### 2．有线电视网双向化接入技术

有线电视网技术经历了多种技术并存发展的过程，双向化交互式技术也是这样的。有线电视网使用较普遍的技术主要包括以太数据通过同轴电缆传输（Ethernet over COAX，EoC）技术、LAN 技术、PON 技术和 CMTS 技术。目前，我国有线电视双向网改技术方案主要为 CMTS+CM、EPON+EoC 和 EPON+LAN 3 种。下面，我们重点介绍一下 CMTS 接入网技术和 LAN 用户端接入技术。

1）CMTS 接入网技术

CMTS 接入网技术以数字调制方式传送数据及音视频信号，向用户提供宽带 IP 接入服务，如互联网接入、局域网互连等。CMTS 接入网技术支持各种 IP 宽带业务，包括音频、视频、数据等宽带 IP 增值业务。CMTS 宽带接入网系统结构如图 5.42 所示。CMTS 是数据通信网和 HFC 网络之间的连接设备，主要在业务节点接口（Service Network Interface，SNI）完成数据转发、协议处理和射频调制解调（RFI）等功能。CM 是 HFC 网络内用户接入端设备，其关键功能类似于 CMTS 设备，也是完成射频调制解调（RFI）、协议处理等，并将数据转发给用户网络接口（User Network Interface，UNI）。

**图 5.42　CMTS 宽带接入网系统结构**

CMTS 接入网技术的优点是：在网络线路达到标准的前提下，其性能稳定，安装方便，使用简单，不需要在用户家庭重新布线；技术标准及产品比较成熟。CMTS 业务可以利用现有的 HFC 网络资源，具有覆盖面广、成本低的特点。

CMTS 接入网技术的缺点是：上行的漏斗效应导致噪声汇聚，对传输性能和带宽影响较大，将增加相关维护工作，因此在一些通信网络状况较差的地区，CMTS 上行端口只能采用较小的上行带宽和较低的调制方式，导致 CMTS 下行通道传输速率有限。

2）LAN 用户端接入技术

通常情况下，LAN 用户端接入技术主要用于广播电视有线双向化网络用户接入端，其转发或封装数据均依托以太网交换机。LAN 用户端接入技术核心在于 MAC 地址识别，入户介质主要是 5 类或超 5 类双绞线。自 1985 年至今，以太网 IEEE 802.3 标准系列已经逐步修订并完善，且传输速率已经远超过 10Mbit/s，发展至 100Gbit/s。

目前，使用最为普遍是 IEEE 802.3—2005 标准，该标准传输定义距离为 10km；下行速率为 1 000Mbit/s、100Mbit/s。就强化网络管理功能方面而言，IEEE 802.3—2005 标准定义了链路、OAM 监控功能（以太网环回测试为基础）。与此同时，也定义了光接口物理参数要求。LAN 用户端接入技术的特点为成本低、应用广泛、技术成熟，而且简单。

对以上几种接入网技术而言，目前对有线电视网的支撑能力都还有待提高。随着国家下一代广播电视网（NGB）技术体系的形成，NGB 接入网标准最终为 HiNOC、C-HomePlugAV 和 C-DOCSIS，并推出了三项双向网络改造的行业标准《NGB 宽带接入系统 C-DOCSIS 技术规范》《NGB 宽带接入系统 C-HomePlugAV 技术规范》和《NGB 宽带接入系统 HINOC 传输和媒质接入控制技术规范》。通过这些新技术的实施，将能够满足视频、音频、数据等多种业务的需求，实现人性化的双向交互式广播电视网络。

1. 为什么要进行综合布线？综合布线系统有哪些好处？

2. 综合布线系统由哪几部分组成？

3. 工作区的组成及功能是什么？选用工作区适配器有哪些要求？

4. 简述干线子系统的基本组成部分。

5. 通常要求干线子系统采用什么样的拓扑结构？

6. 试述配线子系统与干线子系统的区别。配线子系统可选用哪几种缆线？

7. 简述设备间的作用。

8. 试画出综合布线系统的信道构成示意图。

9. 讨论并设计一种电子配线架系统应用方案。

# 综合布线系统设计

为了适应信息社会的高速发展，构建综合布线系统是非常重要的。由于综合布线系统和网络技术息息相关，在设计综合布线系统的同时必须考虑网络技术的发展与应用，也就是说系统布线设计要与网络技术相结合，尽量做到两者在技术性能上的统一，避免硬件资源冗余和浪费，充分发挥综合布线系统的优点。

本章介绍了综合布线系统设计中的一些基本概念，包括综合布线系统设计原则、设计等级与设计步骤。然后，重点讨论网络综合布线系统各组成部分的具体设计方法。最后，讨论综合布线工程中的光纤到户工程设计，并给出光纤接入的典型应用解决方案。

## 6.1　概述

网络综合布线系统工程设计是建设网络信息系统的基础。综合布线作为智能建筑中的信息设施系统，设计方案涉及内容非常多，但主要内容包括怎样设计布线系统？该布线系统有多少个信息点及语音点？怎样通过工作区、配线子系统、干线子系统、建筑群子系统、电信间（管理系统）、入口设施（设备间、进线间）把它们连接起来？因此，需要选择哪些传输媒体（缆线）及接续设备？如何选择线材（桥架、槽管）材料及价格，以及与施工相关的费用等问题。目前，网络工程行业对布线方案的设计有两种设计方式，一是 IT 行业的网络布线工程方案设计方式；二是建筑行业的布线方案设计方式。在此侧重前者，并讨论上述问题。

### 6.1.1　综合布线系统设计原则

综合布线系统设计主要是通过对建筑物结构、系统、服务与管理 4 个要素的合理优化，使整个系统成为一个功能明确、投资合理、应用高效、扩容方便的实用综合布线系统。最基本的设计原则是其设计理念、系统构成、系统指标等都要符合《综合布线系统工程设计规范》GB50311—2016要求，接轨最新版国际标准ISO11801和地区标准TIA568、EN50173，并符合国际标准的其他相关规定。同时，还应适应不断颁布执行的国家新标准，如《数据中心设计规范》GB50174—2017等。具体说来，综合布线系统工程设计还应遵循兼容性、开放性、灵活性、可靠性、先进性和用户至上等原则。

### 1. 兼容性原则

综合布线系统是能综合多种数据信息传输于一体的网络传输系统，在进行工程设计时，需确保相互之间的兼容性。所谓兼容性指它自身是完全独立的而且与应用系统相对无关，可以适用于多种应用系统。综合布线系统综合了语音、数据、图像和监控设备，并将多种终端设备连接到标准的RJ-45信息插座内；对不同厂家的语音、数据和图像设备均应兼容，而且使用相同的缆线及配线架、相同的插头和插孔模块。

兼容性原则非常重要。过去，为一幢建筑物或一个建筑群内的语音或数据系统布线时，往往是采用不同厂家生产的缆线、插座及接头等。例如，电话系统采用一般的对绞线电缆，闭路电视系统采用专用的视频电缆，计算机网络系统采用同轴电缆或双绞线电缆。各个应用系统的电缆规格差异很大，彼此不能兼容，因此，只能独立安装各自的系统，导致布线混乱无序，影响建筑物的美观和使用。

综合布线系统的提出就是要依据标准进行统一的规划和设计，采用相同的传输媒体、信息插座、交连设备、适配器等，把语音、数据及视频设备的不同信号综合到一套标准的系统中。在使用时，用户可不用定义某个工作区的信息插座的具体应用，只把某种终端设备（如个人计算机、电话、视频设备等）插入这个信息插座，然后在交接间和设备间的交接设备上进行相应的跳线操作，即可接入到各自的系统中。

### 2. 开放性原则

综合布线系统设计需要基于开放性原则。在进行综合布线工程设计时，宜采用模块化设计，以便于今后升级扩容。布线系统中除了固定于建筑物中的缆线之外，其余所有接插件全部采用模块标准部件，以便于扩充及重新配置。系统的信息端口及相应配套缆线必须统一，以便平稳地连接所有类型的网络和终端。这样做的好处是，当用户因发展需要而改变配线连接时，不会因此影响整体布线系统，从而保证用户先前在布线方面的投资。同时还要充分考虑建筑物内所涉及的各部门信息的集成和共享，保证整个系统的先进性、合理性。总体结构具有可扩展性和兼容性，可以集成不同厂商、不同类型的先进产品，使整个系统可随技术的进步和发展不断得到改进和提高。

### 3. 灵活性原则

综合布线系统结构应做到配线容易，信息接口设置合理，做到即插即用。综合布线系统中任一个信息点应能够很方便地与多种类型设备（如电话、计算机、检测器件等）进行连接。可采用标准积木式接插件，以便进行配线管理。所有设备的开通及更改均不需要改变布线，只需增减相应的应用设备及在配线架上进行必要的跳线管理即可。另外，组网也可灵活多样，在同一房间可以有多用户终端、以太网、电信网及广播电视网并存的情况，为用户管理数据信息流提供基本条件。

### 4. 可靠性原则

传统的专属布线方式由于各个应用系统互不兼容，因而在一个建筑物中往往有多种布线方案。因此，建筑物系统的可靠性要由所选用的布线可靠性来保证，当各应用系统布线不恰当时，就会造成交叉干扰。

综合布线系统采用高品质的传输媒体和组合压接的方式构成一套标准化的数据传输信道。所有线槽和连接件均要通过 ISO 认证，每条信道都要采用专用仪器测试链路阻抗及衰减，保证其电气性能。应用系统布线全部采用点到点端接，任何一条链路故障均不影响其他链路的运行，为链路的运行维护及故障检修提供方便，从而保障应用系统的可靠运行。各应用系统采用相同的传输媒体，互为备用，提高冗余度。

### 5. 先进性原则

先进性原则是指在满足用户需求的前提下，充分考虑信息社会迅猛发展的趋势，在技术上适度超前，使设计方案保证将建筑物建成先进的、现代化的智能建筑物。综合布线系统工程应能够满足用户目前的需要及发展需求，具备数据、语音和图像通信的功能。所有布线均采用最新通信标准，配线子系统链路均按 8 芯双绞线配置。对于用户的特殊需求，可把光纤引到桌面。语音干线部分用铜缆，数据部分用光缆，可为同时传输多路实时多媒体信息提供足够的带宽容量。

目前智能建筑大多采用 5 类双绞线及以上的综合布线系统，适用于 100Mbit/s 以太网。6 类、7 类双绞线则适用于 1 000Mbit/s 以太网，并完全具有适应语音、数据、图像和多媒体对传输带宽的要求。在进行综合布线工程设计时，应使方案具有适当的先进性。在进行垂直干线布线时，尽量采用 5e 类以上的双绞线或者光纤等布线技术。当未来发展需要其他业务时，只要改变工作区的相关设备或者改变管理、跳线等易更新部件即可。

### 6. 用户至上原则

所谓用户至上，就是根据用户需要的服务功能进行设计。不同的建筑，入住不同的用户，不同的用户有着不同的需求，不同的需求，构成了不同的建筑物综合布线系统。因此应该做到以下几点。

1）设计思想应当面向功能需求

根据建筑物的用户特点、需求，分析综合布线系统所应具备的功能，结合远期规划进行有针对性的设计。综合布线支持的业务为语音、数据、图像（包括多媒体网络），而监控、保安、对讲、传呼、时钟等系统如有必要，也可共用一个综合布线系统。

2）综合布线系统应当合理定位

信息插座、配线架（箱、柜）的标高及水平配线的设置，在整个建筑物的空间利用中应全面考虑，合理定位，满足发展和扩容需要。关于房屋的尺寸、几何形状、预定用途及用户意见等均应认真分析，使综合布线系统真正融入建筑物本身，达到和谐统一、美观实用。一般，大开间办公区的信息插座位置应设置于墙体或立柱，便于将来办公区重新划分、装修时就近使用。普通住宅可按房间的功能，对客厅、书房、卧室分别设置语音或数据信息插座。

弱电竖井中综合布线用桥架、楼层水平桥架及入户暗/明装 PVC 管时，需设计空间位置，同时兼顾后期维护的方便性。

3）具有高性能价格比

高性能价格比是指在实现先进性、可靠性的前提下，达到功能和经济的优化设计。选择的布线系统结构合理，选择的原材料、介质、接插件、电气设备具有良好的物理和电气性能，而且价格适宜。

4）选用标准化产品

综合布线系统要使用标准化产品，特别推荐采用国内外的知名品牌产品，以便获得高质量产品和可靠的售后服务保证。在一个综合布线系统中，一般应使用同一种标准的产品，以便于设计、施工管理和维护，保证系统质量。

总之，综合布线系统的设计应依照国家标准、通信行业标准和推荐性标准，并参考国际标准进行。此外根据系统总体结构的要求，各个子系统在结构化和标准化基础上，应能代表当今最新技术成就。在进行综合布线系统工程具体设计时，注意把握好以下几个基本点。

（1）尽量满足用户的功能需求。

（2）了解建筑物、楼宇之间的通信环境与条件。

（3）确定合适的通信网络拓扑结构。

（4）选取适用的网络传输媒体。

（5）以开放式为基准，保持与多数厂家产品、设备的兼容性。

（6）将系统设计方案和建设费用预算提前告知用户。

## 6.1.2 综合布线系统等级划分

对于建筑与建筑群，应根据用户实际需要，适当配置综合布线系统。对于电缆布线系统分为 8 个等级、光缆布线系统分为 3 个等级。

### 1．电缆布线系统等级划分

电缆布线系统划分为 A、B、C、D、E、EA、F、FA 8 个等级。等级表示为由双绞线电缆和连接器所构成的链路和信道，它的每一根双绞线电缆所能支持的传输带宽，用 Hz 表示。综合布线电缆系统的分级与类别见表 6.1。

表 6.1 综合布线电缆系统的分级与类别

| 系统分级 | 系统产品类别 | 支持最高带宽（Hz） | 支持应用器件 | |
| --- | --- | --- | --- | --- |
| | | | 电缆 | 连接硬件 |
| A | - | 100K | - | - |
| B | - | 1M | - | - |
| C | 3 类（大对数） | 16M | 3 类 | 3 类 |
| D | 5 类（屏蔽和非屏蔽） | 100M | 5 类 | 5 类 |
| E | 6 类（屏蔽和非屏蔽） | 250M | 6 类 | 6 类 |
| EA | 6A 类（屏蔽和非屏蔽） | 500M | 6A 类 | 6A 类 |
| F | 7 类（屏蔽） | 600M | 7 类 | 7 类 |
| FA | 7A 类（屏蔽） | 1 000M | 7A 类 | 7A 类 |

注：5、6、6A、7、7A 类布线系统应能支持向下兼容的应用。

布线系统双绞线电缆与连接器件按性能可以分为 3 类、5 类、6 类、6A 类、7 类、7A 类布线产品。7 类、7A 类布线产品为全屏蔽布线系统。

布线系统的等级与产品应用类别是相对应的，但又具有应用向下兼容的问题。向下兼容体现了布线系统的通用特性。比如，对 6 类布线系统既要达到 E 级规定的带宽（250MHz）和传输特性，又要能支持 D 级的应用。

在《商用建筑物通信布线标准》ANSI/TIA/EIA 568-A 标准中规定，对于 D 级布线系统，支持应用的器件为 5 类，但在 ANSI/TIA/EIA 568 B.2-1 中仅提出 5e 类（超 5 类）与 6 类的布线系统，并确定 6 类布线支持带宽为 250MHz。在 ANSI/TIA/EIA 568 B.2-10 标准中又规定了 6A 类（增强 6 类）布线系统支持的传输带宽为 500MHz。3 类与 5 类的布线系统只应用于语音主干布线的大对数电缆及相关配线设备。

### 2. 光纤布线信道等级划分

对于光纤布线信道划分为 OF-300、OF-500 和 OF-2000 三个等级，各等级光纤信道应支持的应用长度不应小于 300m、500m 及 2 000m。

## 6.1.3 综合布线系统设计步骤

综合布线系统设计是绘制整个网络工程建设的蓝图，架构总体框架结构。综合布线系统工程方案的质量将直接影响网络工程的质量和性价比。因此，网络工程技术人员要根据网络工程项目的具体要求设计一个工程方案。在设计综合布线系统工程方案时，应从综合布线系统的设计原则出发，在总体设计的基础上进行各子系统的详细设计，以保证综合布线系统工程的整体性和系统性。一般说来，综合布线系统的设计可按照以下几个步骤分步进行。

### 1. 调查研究组网目的，分析用户需求

任何一个单位组建网络总是有自己的目的，即要解决什么问题，这就需要进行用户需求分析。在进行用户需求分析时，首先要确定布线系统的类型，是否包括计算机网络通信、电话语音通信、有线电视系统等。然后要明确布线工程实施的范围，包括实施综合布线工程的建筑物数量、各建筑物中各类信息点的数量及分布。同时还要明确系统各类信息点的接入要求等。

用户需求分析就是评估用户的网络要求和通信要求，并结合近期发展规划，确定数据和语音的传输媒体、信息点分布、楼层数量、建筑群数量及网络系统的等级。

### 2. 了解布线地理位置，获取相关资料

在基本了解了用户需求之后，要勘查建筑物和施工场地，以了解建筑物的地理位置及布局，尤其要关注任何两个用户之间的最大距离、在同一楼宇内用户之间的从属关系、楼与楼之间的布线路由，以及建筑物预埋的管槽分布情况等。要尽可能比较全面地获取与布线工程相关的资料，包括获取建筑物平面图。

在完成以上两步骤之后，可进行科学的网络布线构思创意，对综合布线系统工程做出高屋建瓴的定位，给出一个总体拓扑结构图。总体拓扑结构图是工程施工最重要的依据，只有对综合布线系统进行了合理的总体规划设计，才有可能对各个子系统进行合理设计。

**3．综合布线系统结构分析与设计**

在了解布线工程的相关资料，形成总体拓扑结构的基础上，要对网络工程的系统结构进行具体分析与设计，即对各子系统进行详细的设计。其中，应重点关注工作区配置设计，包括工作区适配器的选用，配线子系统的设计，干线子系统的设计，建筑群子系统的设计，入口设施（进线间、设备间）的配置设计，以及技术管理。

这一步骤要解决组网所要解决的重大问题，包括网络规划、网络设备需求及选型、缆线和布线产品的选择，以及网络管理，包括对用户的网络使用和教育培训等。

**4．布线路由的选择与设计**

在进行网络总体拓扑结构设计时，应考虑三个方面的问题，即采用什么缆线，采用什么路由及采用什么铺设方式。因此，这一步骤的主要工作包括以下内容。

（1）确定配线子系统、干线子系统缆线和楼宇之间干线缆线的走向、铺设方式和管槽系统的材料。

（2）设计综合布线系统所采用的网络拓扑。一般是采用开放式星形拓扑结构。在该结构下的每个分支子系统都是相对独立的单元，对每个分支单元系统进行改动都不会影响其他子系统。

**5．编制布线施工图及布线用料清单**

设计、完善综合布线施工图纸，编制布线用料清单，并获得用户同意。可依据施工中遇到的实际情况，酌情修改布线图纸。

**6．编写网络综合布线系统工程方案**

形成综合布线系统工程方案，并予以论证，提交用户并获得同意。

## 6.2 综合布线系统具体设计

综合布线系统应能支持电话、数据、图文、图像等多媒体业务的需要。依据综合布线系统的组成结构，一个网络系统是由网络互连设备、传输媒体再加上布线系统构成的，其具体工程方案设计内容如图6.1所示。

在具体设计工作中，常把管理系统（电信间）部分、设备间部分、建筑群部分称为网络方案，而把干线子系统、配线子系统、工作区部分称为布线方案。网络方案和布线方案构成综合布线系统设计的基本内容。

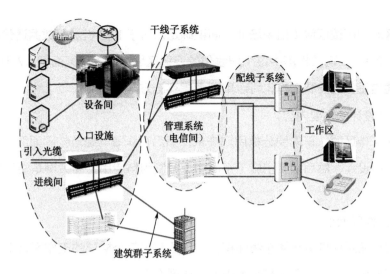

图 6.1　综合布线工程方案设计内容

## 6.2.1　工作区的设计

在具体设计工作区时，重要的是在理解工作区的概念和划分原则的基础上，熟悉工作区的设计要点、设计步骤和工作区适配器的选用。

### 1. 工作区的划分

在综合布线系统中，一般将一个独立的需要设置终端设备（TE）的区域划分为一个工作区。工作区的具体设计包括信息插座布放、终端设备处的连接缆线及适配器设计。每个工作区的服务面积应按不同的应用功能确定。目前建筑物的功能类型比较多，通常可以分为商业、文化、媒体、体育、医院、学校、交通、住宅、通用工业等类型，因此，对工作区的面积应根据应用场合做具体分析后再确定。工作区面积需求划分表参见表 6.2。

表 6.2　工作区面积需求划分表

| 建筑物类型及功能 | 工作区面积/m² |
| --- | --- |
| 网管中心、呼叫中心、数据中心等终端设备较为密集的场地 | 3～5 |
| 办公区 | 5～10 |
| 会议、会展区 | 10～60 |
| 商场、生产机房、娱乐场所 | 20～60 |
| 体育场馆、候机室、公共设施区 | 20～100 |
| 工业生产区 | 60～200 |

在参照使用表 6.2 的数据时，也可以按不同的应用场合调整面积的大小。对于某些应用场合，当终端设备的安装位置和数量无法确定，或为大客户租用并考虑自设置计算机网

络时，工作区面积可按区域（租用场地）面积确定。对于 IDC 机房（数据通信托管业务机房或数据中心机房），可按机房中每个配线架的设置区域考虑工作区面积。对于此类项目，若涉及数据通信设备的安装工程，可以单独考虑实施方案。

### 2. 工作区设计的主要内容

具体设计工作区时，首先要分析用户需求，然后在获取的建筑物平面图上进行布线方案包括布线路由设计，然后绘制出施工平面图、编制用料清单，而关键是要做好以下 3 个方面的工作。

1）确定工作区大小

根据楼层平面图计算每层楼布线面积，大致估算出每个楼层的工作区大小，再把所有楼层的工作区面积累加，计算出整个大楼的工作区面积。

需要注意，综合布线系统的工作区并不一定要与建筑物的房间一一对应。一个房间可以只划分一个工作区，也可以划分多个工作区。

2）设计平面图、编制用料清单

一般应设计两种平面图供用户选择，并设计信息引出插座的平面图，用表格的形式编制用料清单。

3）信息点命名和编号

工作区信息点的命名和编号是一项非常重要的工作，命名时应准确表达信息点的位置和用途。信息点编号一般由楼层号、房间号、设备类型代码和电信间的机柜编号、配线架编号、配线架端口号等组成。

### 3. 工作区设计技术要点

根据用户需求，在设计时，一般将工作区分为语音、数据和多媒体 3 类用户，在技术上做到以下几点。

（1）工作区内线槽的敷设合理美观。通常使用 25×12.5 规格的槽，用量一般按以下方式计算：1 个信息点时，槽的使用量为 1×10(m)；2 个信息点时，槽的使用量为 2×8(m)；3～4 个信息点时，槽的使用量为(3～4)×6(m)。

（2）信息插座距离地面 30cm 以上，工作台侧隔板面及临近墙面上的信息插座盒底距离地面宜为 1.0m。

（3）信息插座与计算机设备的距离保持在 5m 范围内。注意考虑工作区电缆、跳线和设备连接线长度总共不超过 10m。

（4）网卡接口类型与缆线接口类型保持一致。

（5）估算所有工作区所需要的信息模块、信息插座、面板数量。凡未确定用户需要和尚未对具体系统做出承诺时，建议在每个工作区安装两个 I/O。这样，在设备间或电信间的交叉连接场区不仅可灵活地进行系统配置，而且也容易管理。RJ-45 水晶头的总需求量 $m$ 一般根据公式 $m=n\times4+n\times5\times15\%$ 计算；信息模块的总需求量 $m$ 一般根据式 $m=n+n\times3\%$ 计算。式中，$n$ 表示信息点的总量。

（6）工作区的电源要求：① 每个工作区宜配置不少于 2 个单相交流 220V/10A 电源插座盒；② 电源插座应选用带保护接地的单相电源插座；③ 工作区电源插座宜嵌墙暗装，高度应与信息插座一致。

### 4．工作区设计示例

作为工作区设计的一个典型示例是开放型办公室布线系统的设计。对于办公楼、综合楼等商用建筑物或公共区域大开间的场地，由于其使用对象数量具有不确定性和流动性等特点，一般按开放办公室综合布线系统要求进行设计。

信息插座是终端（工作站）与配线子系统连接的接口。每个工作区至少要配置一个插座盒。对于敞开的工作区可以设置具有 12 个 8 位模块通用插座（RJ-45）多用户信息插座。该插座处在水平电缆的终端位置，以便将来使用时通过工作区的设备电缆连接至终端设备。多用户信息插座安装的位置是永久性的，比如在建筑物的柱子和承重墙体上。

当采用多用户信息插座时，每一个多用户插座应包括适当的备用量在内，应能支持 12 个工作区所需的 8 位模块通用插座；各段缆线长度可按表 6.3 选用。电缆长度也可按下式计算：

$$C=(102-H)/1.2;$$
$$W=C-5;$$

式中，$C=W+D$ 为工作区电缆、电信间跳线和设备电缆的长度之和；$D$ 为电信间跳线和设备电缆的总长度；$W$ 是工作区电缆的最大长度，且 $W\leq22$m；$H$ 是水平电缆的长度。

表 6.3　各段缆线长度限值

| 电缆总长度 C/m | 配线布线电缆 H/m | 工作区电缆 W/m | 电信间跳线和设备电缆 D/m |
| --- | --- | --- | --- |
| 100 | 90 | 5 | 5 |
| 99 | 85 | 9 | 5 |
| 98 | 80 | 13 | 5 |
| 97 | 75 | 17 | 5 |
| 97 | 70 | 22 | 5 |

注意开放型办公室布线系统对配线设备的选用及缆线的长度有不同的要求。计算公式

$C=(102-H)/1.2$ 是针对 24 号线规（24AWG）的非屏蔽和屏蔽布线而言的，如果采用 26 号线规（26AWG）的屏蔽布线系统，公式应为 $C=(102-H)/1.5$。工作区设备电缆的最大长度要求，在 ISO/IEC 11801：2002 中为 20m，但在《商用建筑物通信布线标准》ANSI/TIA/EIA 568 B.1 6.4.1.4 中为 22m。

以 4 人办公室作为一个工作区为例，一般是每一个工位配置 1 个数据点和 1 个语音点，设计 4 个双口的信息插座。多人办公室工作区材料规格及数量清单见表 6.4，该办公室工作区信息插座布放敷设方案如图 6.2 所示。

表 6.4 多人办公室工作区材料规格及数量清单（以 4 人为例）

| 材料名称 | 型号/规格 | 数量 | 单位 | 使用说明 |
| --- | --- | --- | --- | --- |
| 信息插座底盒 | 86 系列，金属，镀锌 | 4 | 个 | 土建施工，墙内安装 |
| 信息插座面板 | 86 系列，双口，白色塑料 | 4 | 个 | 弱电施工安装 |
| 信息插座网络模块 | RJ-45，非屏蔽，6 类 | 5 | 个 | 弱电施工安装 |
| 信息插座语音模块 | RJ-11 | 4 | 个 | 弱电施工安装 |

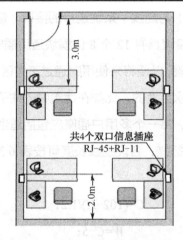

图 6.2 多人办公室工作区信息插座敷设方案

## 6.2.2 配线子系统的设计

配线（水平）子系统是综合布线系统中最大的一个子系统，涉及的设计内容较多。首先要进行用户需求分析，与用户充分进行技术交流，了解建筑物的用途。然后认真阅读建筑物设计图纸，确定工作区信息点位置和数量，编制计算信息点数量表。之后进行初步规划和设计，确定每个信息点的配线布线路由及线槽。最后形成布线材料规格和数量统计表，以及经费预算，并征得用户同意。配线子系统的设计内容包括配线子系统的传输媒体与器件集成。

## 1. 配线子系统设计要点

在综合布线系统中，配线子系统通常采用星形拓扑结构，它以楼层配线架（FD）为主节点，各工作区信息模块为分节点，配线架与各信息模块之间采用独立的线路连接，形成以配线架为中心并向工作区信息模块辐射的星形网络。其技术设计要求如下。

（1）根据网络工程提出的近期和远期终端设备的设置要求、用户性质、网络构成及实际需要等，确定建筑物各层需要安装信息模块的数量及其位置，并使配线留有扩展余地。

（2）配线缆线采用非屏蔽或屏蔽4对双绞线电缆，在有高速率应用的场所，宜采用光缆。室内光缆应与各工作区光、电信息模块类型适配。

（3）电信间FD（设备间BD、进线间CD）处，确定通信缆线和计算机网络设备与配线架之间的连接方式。

（4）根据工程环境条件确定布线路由，并确定缆线、线槽、管线的数量和类型，包括相应的吊杆、托架等。

（5）当语音点、数据点需要互换时，确定所用缆线类型。

## 2. 确定信息点的数量及信息模块的类型

信息点（TO）是指各类电缆或光缆终接的信息模块。信息模块是终端（工作站）与配线子系统连接的接口。

（1）信息点数量。在实际工程中，每一个工作区信息点数量的确定范围比较大。一般情况下，每一个工作区信息插座模块（电、光）数量不宜少于两个，并能满足各种业务的需求。从实际工程情况看，设置1个至10个信息点的情况都存在，并需预留电缆和光缆备份的信息插座模块。因为建筑物用户性质不一样，功能要求和实际需求也就不一样，信息点数量不能仅按办公楼的模式确定，尤其是对于专用建筑（如电信、金融、体育场馆和博物馆等建筑）及计算机网络存在内、外网等多个网络时，更应重视需求分析，进行合理的配置。因此，每个工作区信息点数量可按用户的性质、网络构成和需求来确定。表6.5给出了有关信息点的数量配置，供具体设计时参考使用。

表6.5　信息点的数量配置

| 建筑物功能区 | 信息点数量（每一个工作区） | | | 备　　注 |
|---|---|---|---|---|
| | 电　话 | 数　据 | 光纤（双工端口） | |
| 办公区（一般） | 1个 | 1个 | - | |
| 办公区（重要） | 1个 | 2个 | 1个 | 对数据信息有较大的需求 |
| 出租或大客户区域 | 2个或2个以上 | 2个或2个以上 | 1或1个以上 | 指整个区域的配置量 |
| 办公区（政务工程） | 2～5个 | 2～5个 | 1或1个以上 | 涉及内、外网络时 |

注：大客户区域也可以是公用场地，如商场、会议中心、会展中心等。

（2）综合布线系统可采用不同类型的信息模块和信息插头，最常用的是 RJ-45 连接器。信息插座大致可分为嵌入式安装插座、表面安装插座、多媒体信息插座 3 类。底盒数量应根据插座盒面板设置的开口数确定，每一个底盒支持安装的信息点数量不宜大于 2 个。

（3）光纤信息插座模块安装的底盒大小应充分考虑水平光缆（2 芯或 4 芯）终接处的光缆盘留空间，满足光缆对弯曲半径的要求。

（4）工作区的信息插座模块应支持不同的终端设备接入，每一个 8 位模块通用插座应连接 1 根 4 对双绞线电缆；对每一个双工或 2 个单工光纤连接器件及适配器连接 1 根 2 芯光缆。

（5）电信间 FD 主干侧各类配线模块应按电话交换机、计算机网络的构成及主干电缆/光缆的所需容量要求、模块类型和规格进行配置。

### 3. 集合点

集合点（CP）是楼层配线设备与工作区信息点之间配线电缆路由中的连接点，一般由无跳线的连接器件组成，可以用于电缆与光缆的永久链路。集合点可以采用模块化表面安装盒（6 口，12 口）、配线架（25 对，50 对）、区域布线盒（6 口）等。

引入 CP 会影响布线系统的构成、技术指标参数及系统的工程设计，而设置 CP 的主要目的是为了解决建筑物中大开间区域的布线问题。一般在配线缆线布设到达待布线的大开间区域后设置 CP，其后续的布线由使用该大开间区域的用户根据需要自行灵活布设。因此，可以将 CP 看成是一个面向用户的多用户信息插座。

在配线子系统中如果需要增设 CP，要注意在同一个配线电缆上只允许设置一个 CP，而且 CP 与 FD 配线架之间水平缆线的长度应大于 15 m。CP 的端接模块或者配线架宜设置在吊顶内，如图 6.3 所示，也可安装在墙体或柱子等建筑物固定的位置，但不允许随意放置在线槽或者线管内，更不允许暴露在外面。

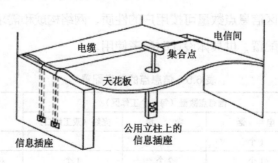

**图 6.3　在吊顶内设置集合点**

#### 4．缆线的选用

配线子系统缆线的选用，要根据建筑物内具体信息点的类型、容量、带宽和传输速率进行确定。

1）缆线的选择

一般，可选用非屏蔽或屏蔽 4 对双绞线电缆，必要时应选用阻燃、低烟、低毒的电缆，也可采用室内多模或单模光纤。在配线子系统中，通常采用的缆线有如下 3 种。

（1）100Ω 非屏蔽双绞线电缆（UTP）。

（2）100Ω 屏蔽双绞线电缆（STP）。

（3）62.5/125μm 光纤光缆。从电信间至每一个工作区水平光缆宜按 2 芯光缆配置。光纤至工作区域若需满足用户群或大客户使用时，光缆芯数至少应有 2 芯备份，按 4 芯水平光缆配置。

在配线子系统中推荐采用 100Ω 非屏蔽双绞线电缆（UTP），或 62.5/125μm 多模光纤光缆。设计时可根据用户对带宽的要求选择。

对于语音信息点可采用 3 类双绞线电缆，对于数据信息点可采用 5e 类或 6 类双绞线电缆，对于电磁干扰严重的场合可采用屏蔽双绞线电缆。但从系统的兼容性和信息点的灵活互换性角度考虑，建议配线子系统宜采用同一种布线材料。一般 5e 类双绞线电缆可以支持 100Mbit/s、155Mbit/s 与 622Mbit/s ATM 数据传输，既可传输语音、数据，又可传输多媒体及视频会议数据信息等。如果对带宽有更高要求，可考虑选用超 6 类、7 类双绞线电缆或者光缆。

2）电缆长度的计算

按照国家布线标准规定，配线子系统各缆线长度应符合图 6.4 所示的划分。在实际工程中订购电缆时，应考虑布线方式和路由，以及各信息点到电信间的接线距离等因素。一般可按下列步骤计算电缆长度。

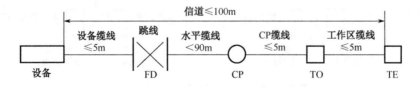

**图 6.4 配线子系统缆线划分**

（1）确定布线方式和缆线走向。

（2）确定电信间所管理的区域。

（3）确定离电信间最远信息插座的距离（$L$）和离电信间最近的信息插座的距离（$S$），

计算平均电缆长度=(L+S)/2。

（4）电缆平均布线长度=平均电缆长度+备用部分（平均电缆长度的 10%）+端接容差 6m（约）。每个楼层用线量的计算公式如下：

$$C = [0.55 \times (F + N) + 6] \times n ;$$

式中，C 为每个楼层的用线量；F 为最远信息插座离电信间的距离；N 为最近的信息插座离电信间的距离；n 为每楼层信息插座的数量。整座楼的用线量为：

$$W = \Sigma C 。$$

（5）电信间 FD 采用的设备缆线和各类跳线可以按计算机网络设备的使用端口容量和电话交换机的实装容量、业务的实际需求或信息点总数的比例进行配置，比例范围为 25%～50%。

**5．缆线连接方式**

配线子系统应根据整个综合布线系统的要求，在电信间或设备间的配线架上进行连接。电信间（FD）与电话交换配线及计算机网络设备之间的连接方式有如下 3 种方式。

（1）电话交换配线的连接方式应按照如图 6.5 所示进行连接。

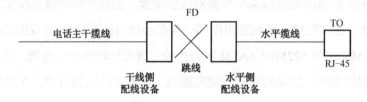

图 6.5　电话交换配线的连接方式

（2）计算机网络设备连接方式可分为两种情况。对于数据系统（经跳线）连接方式应按如图 6.6 所示进行连接。对于数据系统（经设备缆线）连接方式应按照如图 6.7 所示进行连接。

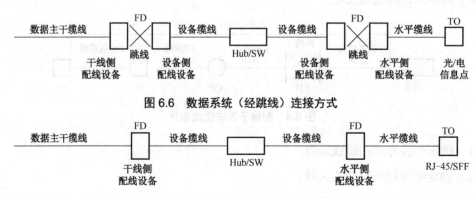

图 6.6　数据系统（经跳线）连接方式

图 6.7　数据系统（经设备缆线）连接方式

（3）数据中心配线区端至端的连接方案。对于数据中心水平配线系统，为了提高机房内网络设备的稳定性，应尽可能减少网络设备跳线的插拔。配线区（HDA）的水平配线柜/架宜采用两个配线架相互交叉连接，如图 6.8 所示。其中，一个配线架采用 RJ-45→110 方式连接至交换机机柜内配线架，另一个配线架采用 6 类非屏蔽双绞线以 110→110 方式与设备配线区（EDA）服务器机柜内的 6 类配线架相互连接。

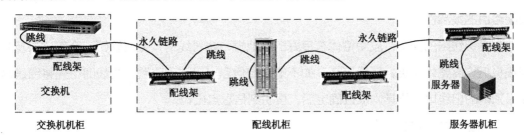

**图 6.8　设备配线区的端至端连接方案**

### 6. 配线子系统布线方式

配线子系统布线是将电缆线从管理系统的电信间接到每一楼层工作区的 I/O 插座上。要根据建筑物的结构特点，从路由最短、造价最低、施工方便、布线规范等几个方面综合考虑。一般有以下几种常用的布线方案可供选择。

（1）吊顶槽型电缆桥架方式

吊顶槽型电缆桥架方式适用于大型建筑物或布线系统比较复杂而需要有额外支撑物的场合。为水平干线电缆提供机械保护和支持的装配式轻型槽型电缆桥架是一种闭合式金属桥架，可安装在吊顶内，从弱电竖井引向设有信息点的房间，再由预埋在墙内的不同规格的铁管或高强度的 PVC 管，将线路引到墙壁上的暗装铁盒（或塑料盒）内，最后端接在用户的信息插座上，如图 6.9 所示。

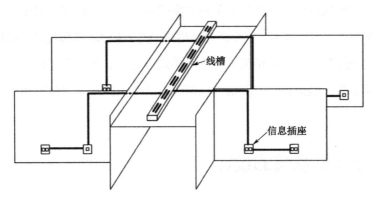

**图 6.9　吊顶槽型电缆桥架方式**

综合布线系统的配线电缆布线是放射型的，线路量大，因此线槽容量的计算很重要。按标准线槽设计方法，应根据配线电缆的直径来确定线槽容量，即线槽的横截面积=配线线路横截面积×3。

线槽的材料为冷轧合金板，表面可进行镀锌、喷塑、烤漆等相应处理，可以根据情况选用不同规格的线槽。为保证缆线的转弯半径，线槽需配以相应规格的分支配件，以保证线路路由的灵活性。

为确保线路的安全，应使槽体有良好的接地端，金属线槽、金属软管、金属桥架及分配线机柜均需整体连接，然后接地。如不能确定信息出口准确位置，拉线时可先将缆线盘在吊顶内的出线口，待具体位置确定后，再引到信息点出口。

2）地面线槽方式

地面线槽方式适于大开间的办公间或需要安装隔断的场合，以及地面型信息出口密集的场合。建议先在地面垫层中预埋金属线槽或线槽地板。主干槽从弱电竖井引出，沿走廊引向设有信息点的各个房间，再用支架槽引向房间内的信息点出口。强电线路可以与弱电线路平行配置，但需分隔于不同的线槽内。这样可以向每一个用户提供一个包括数据、语音、不间断电源和照明电源出口的集成面板，真正做到在一个整洁的环境中实现通信办公自动化。

由于地面垫层中可能会有消防等其他系统的线路，所以需由建筑设计单位根据管线设计，并综合各个系统的实际，进行地面线槽路由部分的设计。线槽容量的计算应根据配线电缆的外径来确定，即线槽的横截面积=配线线路横截面积×3。

3）直接埋管线槽方式

直接埋管线槽由一系列密封在地板现浇混凝土中的金属布线管道或金属线槽组成。这些金属布线管道或金属线槽从电信间向信息插座的位置辐射。根据通信和电源布线要求、地板厚度和地板空间占用等条件，直接埋管线槽布线方式应采用厚壁镀锌管或薄型电线管。

配线子系统电缆宜采用电缆桥架或地面线槽敷设方式。当电缆在地板下布放时，根据环境条件可选用地板下线槽布线、网络地板布线、高架（活动）地板布线、地板下管道布线等方式。

## 6.2.3 干线子系统的设计

干线（垂直）子系统提供建筑物主干缆线的路由，实现主配线架与中间配线架、控制中心与各管理子系统之间的连接。干线子系统的设计既要满足当前的需求，又要适应此后的发展。在设计干线子系统时，重要的是掌握干线子系统设计原则、设计步骤、所需缆线容量和布线方式。

**1. 干线子系统的设计要点**

干线子系统的任务是通过建筑物内部的传输缆线，把电信间的信号传送到设备间，直至传送到外部网络。干线子系统的设计一般应注意以下几个问题。

（1）干线子系统应为星形拓扑结构。

（2）干线子系统应选择安全、经济的布线路由。在同一层若干电信间之间宜设置干线路由。宜选择带门的封闭型综合布线专用的通道，也可与弱电竖井合并共用。从楼层配线架（FD）到建筑物配线架（BD）之间的距离最长不能超过500m。

（3）从楼层配线架（FD）开始，到建筑群总配线架（CD）之间，最多只能有建筑物配线架（BD）一级交叉连接。

（4）干线缆线宜采用点对点端接，也可采用分支递减端接，以及电缆直接连接的方法。

（5）语音和数据干线缆线应该分开。如果设备间与计算机机房和交换机机房处于不同的地点，而且需要把语音电缆连至设备间，把数据电缆连至计算机机房，则宜在设计中选取不同的干线电缆或干线电缆的不同部分来分别满足语音和数据传输需要。必要时，也可采用光缆传输系统予以满足。

（6）在干线系统设计施工时，应预留一定的缆线作为冗余。这一点对综合布线系统的可扩展性和可靠性来说十分重要。

（7）干线缆线不能放在电梯、供水、供气、供暖等竖井中。两端点要有标记。室外部分要加套管，严禁搭接在树干上。

**2. 干线子系统的设计步骤**

干线子系统的设计步骤首先是进行需求分析，与用户充分进行技术交流，然后认真阅读建筑物设计图纸，确定电信间位置和信息点数量，其次进行初步规划和设计，确定每条干线的布线路径，最后确定布线材料的规格和数量，列出材料规格和数量统计表。其中，需要特别注意以下几个环节。

（1）根据干线子系统的星形拓扑结构，确定从楼层到设备间的干线电缆路由。

（2）绘制干线路由图。采用标准图形与符号绘制干线子系统的缆线路由图，图纸应清晰、整洁。

（3）确定干线电信间缆线的连接方式。

（4）确定干线缆线类别和容量。干线缆线的长度可用比例尺在施工图纸上实际测量获得，也可用等差数列计算得出。注意每段干线缆线长度要有冗余（约10%）和端接容差。

（5）确定敷设干线缆线的支撑结构。

### 3．主干缆线选用

干线子系统所需要的电缆总对数和光纤总芯数，应满足工程的实际需求，并留有适当的备份容量。主干缆线宜设置电缆与光缆，并互相作为备份路由。主干电缆和光缆所需的容量要求及配置应符合以下规定。

1）对语音业务，大对数主干电缆的对数应按每一个电话8位模块通用插座配置1对线，并在总需求线对的基础上至少预留约10%的备用线对。

2）对于数据业务应以集线器（Hub）或交换机（SW）群（按4个Hub或SW组成1群）；或以每个Hub或SW设备设置1个主干端口配置。每1群网络设备或每4个网络设备宜考虑1个备份端口。主干端口为电端口时，应按4对线容量配置，为光端口时则按2芯光纤容量配置。

3）当工作区至电信间的水平光缆延伸至设备间的光配线架（BD/CD）时，主干光缆的容量应包括所延伸的水平光缆光纤的容量在内。

4）建筑物与建筑群配线架处各类设备缆线和跳线的配备与配线子系统的配置设计应相同。

### 4．干线子系统的布线方式

干线子系统是建筑物的主馈缆线。在一座建筑物内，干线子系统垂直通道有电缆孔、电缆竖井、管道等方式可供选择，如图6.10所示。一般宜采用电缆竖井方式。水平通道可选择预埋暗管或电缆桥架方式敷设缆线。

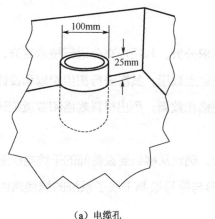
（a）电缆孔

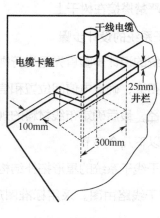
（b）电缆竖井

图6.10　干线子系统

1）电缆孔方式

垂直干线通道中所用的电缆孔是很短的管道，通常用直径为100mm的金属管做成。它们嵌在混凝土地板中，是在浇注混凝土地板时嵌入的，应比地板表面高出25～100mm。电缆往往捆扎在钢丝绳上，而钢丝绳又固定到墙上已经铆好的金属条上。当电信间上下能对齐时，一般采用电缆孔方式布线。

2）电缆竖井方式

电缆竖井方式常用于垂直干线通道，也就是常说的竖井。电缆竖井是指在每层楼板上开掘一些方孔，使干线电缆可以穿过这些电缆竖井并从某层楼伸展到相邻的楼层。电缆竖井的大小依据所用电缆的数量而定。与电缆孔方式一样，电缆也是捆扎或箍在支撑用的钢丝绳上，钢丝绳靠墙上金属条或地板三角架固定住。电缆竖井有非常灵活的选择性，可以让粗细不同的各种干线电缆以多种组合方式通过。

在多层建筑物中，经常需要使用干线电缆的横向通道才能将电缆从设备间连接到垂直干线通道，以及在各个楼层上从二级交接间连接到任何一个电信间。需注意，横向布线需要寻找一个易于安装的方便通道，因为在两个端点之间可能会有多条直线通道。在配线子系统、干线子系统布线时，要注意考虑数据线、语音线及其他弱电系统管槽的共享问题。

**5. 主干缆线的交接连接**

在确定主干缆线如何连接至楼层电信间与二级交接间时，通常有以下两种方法可供选择使用。

1）点对点端接（独立式连接）

点对点端接是最简单、最直接的连接方法。选择一根双绞线电缆或者光缆，其内部电缆对数、光纤根数可以满足一个楼层全部信息插座的需要，而且该楼层只需设置一个电信间，然后从设备间引出这条缆线，经过干线通道，直接端接到该楼层电信间内，如图 6.11所示。这根缆线仅到此为止，不再向其他地方延伸，其长度取决于所要连接到哪个楼层及端接的电信间与设备之间的距离。其他楼层也依次只用一根干线缆线与设备连接。

点对点端接方法的优点是可以避免使用特大对数电缆，在干线通道中不必使用昂贵的分配接续设备，当敷设的电缆发生故障时也只影响一个楼层；缺点是穿过干线通道的缆线条数较多。

2）分支连接（递减式连接）

分支连接是指干线中的一个特大对数电缆可以提供若干个楼层电信间的通信线路，经过分配接续设备后分出若干根小电缆，使它们分别延伸到各个电信间或各楼层，并端接于目的地配线架，如图 6.12 所示。这种分支连接方法分为单楼层和多楼层两种情况。

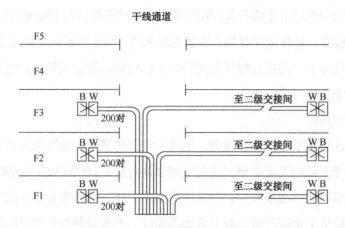

图 6.11　典型的点对点端接方法

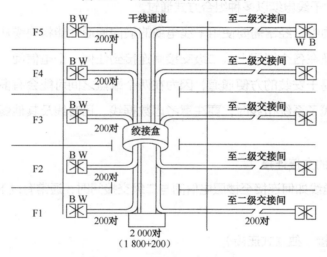

图 6.12　典型的分支连接方法

（1）单楼层连接方法。一根电缆通过干线通道到达某个指定楼层电信间，其容量应能够支持该楼层所有电信间信息插座的需要。

（2）多楼层连接方法。通常用于支持 5 个楼层的信息插座（以 5 层为一组）。一根主干电缆向上延伸到中点（第 3 层），在该楼层的电信间内安装绞接盒，然后把分支后的主电缆与各楼层小电缆分别连接在一起。

## 6.2.4　建筑群子系统的设计

建筑群子系统用于建筑物之间的相互连接，实现楼群之间的网络通信。建筑群之间可以使用有线通信手段，也可使用微波通信或无线电通信技术。在此只讨论有线通信方式。

配置设计建筑群子系统时，在理解建筑群子系统概念的基础上，重要的是掌握建筑群子系统配置设计要点、缆线的选用及其敷设布放。

### 1. 建筑群子系统的设计要点

设计建筑群子系统时，首先需要了解建筑物周围的环境状况，以便合理确定主干缆线路由、选用所需缆线类型及其布线方案。一般按照下述步骤进行。

1）了解敷设现场的特点

了解敷设现场的特点包括整个建筑群的大小、建筑工地的地界、共有多少座建筑物等。

2）确定缆线系统的一般参数

这一步包括确认起点位置、端接点位置、布线所要涉及的建筑物及每座建筑物的层数、每个端接点所需的双绞线电缆对数、有多个端接点的每座建筑物所需的双绞线电缆总对数等。

3）确定建筑物的电缆入口

对于现有建筑物要确定各个入口管道的位置，每座建筑物有多少入口管道可供使用，以及入口管道数目是否符合系统要求。如果入口管道数量不够用，若移走或重新布置某些电缆后能否空出某些入口管道的空间；若实在不够用应另装多少入口管道。如果建筑物尚未竣工，则要根据选定的电缆路由去完成电缆系统设计，并标出入口管道的位置，选定入口管道的规格、长度和材料，要求在建筑物施工过程中，安装好入口管道。

建筑物缆线入口管道的位置应便于连接公用设备，还应根据需要在墙上穿过一根或多根管道。所有易燃材料应端接在建筑物的外面。缆线外部具有聚丙烯保护皮的可以例外，只要它在建筑物内部的长度（包括多余的卷曲部分）不超过15m即可。反之，如果外部缆线延伸到建筑物内部的长度超过15m，就应该使用合适的缆线入口器材，在入口管道中填入防水和气密性较好的密封胶。

4）确定明显障碍物的位置

包括确定土壤类型，如沙质土、黏土、砾土等；确定缆线的布线方法；确定地下公用设施位置；查清在拟定缆线路由中各个障碍物位置或地理条件，如铺路区、桥梁、池塘等；确定对管道的需求。

5）确定主干缆线路由和备用缆线路由

对于每一种特定的路由确定可能的缆线结构；所有建筑物共用一根缆线，对所有建筑物进行分组，每组单独分配一根缆线；每个建筑物单用一根缆线；查清在缆线路由中哪些地方需要获准后才能通过；比较每个路由的优缺点，从中选定最佳路由方案。

6）选择所需缆线类型和规格

选择所需缆线类型和规格，包括缆线长度、最终的系统结构图，以及管道规格、类型等。

7）预算工时、材料费用，确定最终方案

预算每种方案所需要的劳务费用，包括布线、缆线交接等；预算每种方案所需的材料成本，包括电缆、支撑硬件的成本费用。通过比较，选取经济而实用的设计方案。

**2．建筑群子系统主干缆线的选用**

1）建筑群语音通信网络主干缆线

对于建筑群语音通信网络主干缆线一般应选用大对数电缆。其容量（总对数）应根据相应建筑物内语音点的多少确定，原则上每个电话信息插座至少配 1 对双绞线电缆，并考虑预留不少于 20%的余量。另外还应注意，一幢大楼中并非所有的语音线路都经过建筑群主电信间连接程控用户交换机，通常总会有部分直拨外线。对这部分直拨外线不一定要进入建筑群主电信间，应结合当地通信部门的要求，考虑是否采用单独的电缆经各自的建筑配线架就近直接连入公用市话网。

2）建筑群数据通信网络主干缆线

在综合布线系统中，光纤不但支持 1 000Base-FX 主干、100Base-FX 到桌面，还可以支持 CATV/CCTV 及光纤到桌面（FTTD）。这些都是建筑群子系统和干线子系统布线的主角。因此，应根据建筑物之间的距离确定使用单模光纤（传输距离远达 3 000m，考虑衰减等因素，实用长度不超过 1 500m），还是多模光纤（传输距离为 2 000m）。

从目前应用实践来看，园区数据通信网主干光缆可根据建筑物的规模及其对网络数据传输速率的要求，分别选择 6～8 芯、10～12 芯，甚至 16 芯以上的单模室外光缆。另外，建筑群主干缆线还应考虑预留一定的缆线作为冗余，这对于综合布线系统的可扩展性和可靠性来说是十分必要的。

3）建筑群主干缆线容量

建筑群配线架（CD）配线设备内外侧的容量应与建筑物内连接建筑物配线架（BD）、建筑群主干缆线容量及建筑物外部引入的建筑群主干缆线容量一致。

**3．建筑群子系统缆线敷设布放**

（1）建筑群干线电缆、光缆、公用网和专用网电缆、光缆（包括天线馈线）进入建筑物时，都应设置引入设备，并在适当位置转换为室内电缆、光缆。引入设备还包括必要的保护装置。引入设备宜单独设置房间，如条件允许也可与 BD 或 CD 合设。

（2）建筑群配线架（CD）宜安装在进线间或设备间，并可与入口设施或建筑物配线架（BD）合用场地。从楼层配线架（FD）到建筑群配线架（CD）之间只能通过一个建筑物配线架（BD）。建筑群和建筑物的干线电缆、主干光缆布线的交接不应多于两次。

（3）建筑物之间的缆线宜采用地下管道或电缆沟的敷设方式。设计时应预留一定数量的备用管孔，以便扩充使用。

（4）当采用直埋缆线方式时，缆线应埋设在离地面 60cm 以下的深度，或按有关法规布放。

## 6.2.5　入口设施的配置设计

入口设施的配置设计包括设备间和进线间两大部分的配置设计。

### 1. 设备间的配置设计

对于综合布线系统，设备间主要安装建筑物配线架（BD）、电话、计算机等设备，引入设备也可以合装在一起，包括建筑物配线架、建筑群配线架、电话交换机和计算机网络互连设备等。为使建筑物内系统的节点可任意扩充且能合理分组，须采用配线架等布线设备。它还包括设备间和邻近单元如建筑物入口区中的导线，所有的高频电缆也汇集于此。因此，配置设计设备间时，重要的是合理规划设备间的空间与配置，以及如何满足环境条件要求。

1）设备间的配置设计原则

配置设计设备间时应该坚持以下原则。

（1）按照最近与操作便利性原则。设备间的位置及大小应根据设备数量、规模、最佳网络中心等因素综合考虑确定。

（2）在设备间内安装的配线架（BD）干线侧容量应与主干缆线的容量一致。设备侧的容量应与设备端口容量一致或与干线侧配线架容量相同。

（3）配线架（BD）与电话交换机及计算机网络设备的连接方式按照配线子系统的缆线连接方式进行。

（4）设备间内的所有总配线架应用色标区别各类用途的配线区。

（5）建筑物的综合布线系统与外部通信网连接时，应遵循相应的接口标准，预留安装相应接入设备的位置，同时要遵循接地的原则。

2）设备间的空间规划

一般说来，设备间主要是为所安装的设备提供一种管理环境，但设备间也可以设置类似于全部楼层电信间的功能。设备间是安装电缆、连接器件、保护装置和连接建筑设施与外部设施的主要场所。在规划设备间时，无论是在建筑设计阶段，还是承租人已入驻或已开始使用，都应划分出恰当的空间，供设备间使用。一个拥挤狭小的设备间不仅不利于设备的安装调试，而且也不益于设备管理和维护。一般每幢建筑物内应至少设置 1 个设备间，如果电话交换机与计算机网络设备分别安装在不同的场地或根据安全需要，也可设置 2 个或 2 个以上设备间，以满足不同业务的设备安装需要。

设备间不仅是放置设备的地方，而且还是一个为工作人员提供管理操作的地方。如何确定设备间的空间规模呢？设备间的使用面积可按照下述两种方法之一确定。

（1）通信网络设备已经确定。当通信网络设备已选型时，可根据下式计算：

$$A = K \cdot \sum S_b ;$$

式中，$A$ 为设备间的使用面积，单位为 $m^2$；$S_b$ 为与综合布线系统有关的并在设备间平面布置图中占有位置的设备投影面积；$K$ 为系数，取值为 5 ~ 7。

（2）通信网络设备尚未选型。当设备尚未选型时，可按下式计算：

$$A = KN ;$$

式中，$A$ 为设备间的使用面积，单位为 $m^2$；$N$ 为设备间中的所有设备台（架）总数；$K$ 为系数，取值 4.5 ~ 5.5$m^2$/台（架）。

设备间内应有足够的设备安装空间，其最小使用面积不得小于 $10m^2$（为安装配线架所需的面积）。如果一个设备间以 $10m^2$ 计，大约能安装 5 个 48.26cm（19in）的机柜。设备间中其他设备距机架或机柜前后与设备通道面板应留 1m 净宽。如果设备和布局未确定，建议每 $10m^2$ 的工作区提供 $0.1m^2$ 的地面空间。一般规定以最小尺寸 $14m^2$ 为基准，然后根据场地配线布线链路计划密度适当地增加地面空间。显然，该工作区面积不包括程控用户交换机、计算机网络设备等设施所需的面积在内。

就设备间的建筑结构而言，梁下净高一般为 2.5 ~ 3.2m。采用外开双扇门，门宽不小于1.5m，以便于大型设备的搬迁。楼板载荷一般分为 A、B 两级，A 级楼板载荷大于 $5kN/m^2$；B 级楼板载荷大于 $3kN/m^2$。

3）设备间环境条件要求

配置和设计设备间时，要认真考虑设备间的环境条件，主要包括以下内容。

（1）温度和湿度。根据综合布线系统有关设备对温度、湿度的要求，可将温度和湿度划分为 A、B、C 三级，见表 6.6。常用的微电子设备能连续进行工作的正常范围是：温度10 ~ 30℃，湿度 20 ~ 80%，超出这个范围，将使设备性能下降，甚至减短寿命。另外，还要有良好的通风条件。

表6.6 设备间温度、湿度级别

| 一 | A级 | | B级 | C级 |
|---|---|---|---|---|
| | 夏 季 | 冬 季 | | |
| 温度/℃ | 22±4 | 18±4 | 12～30 | 8～35 |
| 相对湿度/% | 40～65 | 35～70 | 30～80 | 20～80 |
| 温度变化率/（℃/h） | <5（不凝露） | | <5（不凝露） | <15（不凝露） |

（2）尘埃。设备间应防止有害气体（如 $SO_2$、$H_2S$、$NH_3$、$NO_2$ 等）侵入，并应具备良好的防尘措施。设备间内允许的尘埃含量要求见表6.7。

表6.7 设备间允许的尘埃含量限值

| 灰尘颗粒的最大直径/μm | 0.5 | 1 | 3 | 5 |
|---|---|---|---|---|
| 灰尘颗粒的最大浓度（粒子数/m³） | $1.4×10^7$ | $7×10^5$ | $2.4×10^5$ | $1.3×10^5$ |

（3）照明。设备间内在距地面 0.8m 处，水平面照度不应低于 200lx。照明分路控制灵活，操作方便。

（4）噪声。设备间的噪声应小于 68dB。如果长时间在 70～80dB 噪声的环境下工作，不但影响工作人员的身心健康和工作效率，还可能会造成人为的噪声事故。

（5）电磁干扰。设备间的位置应避免电磁源干扰，并安装小于或等于 1Ω 的接地装置。设备间内的无线电干扰场强，在频率为 0.15～1 000MHz 范围内不大于 120dB；磁场干扰强度不大于 800A/m（相当于 10Ω）。

（6）电源。设备间应提供不少于两个 220V/10A 带保护接地的单相电源插座。当在设备间安放计算机通信设备时，使用的电源应按照计算机设备电源要求进行工程设计。

4）设备间的网络方案设计

设备间的网络方案是配置设计的主体，包括以下内容。

（1）选择和确定主布线场的硬件（跳线架、引线架）。主布线场用来端接来自电信局和公用设备、建筑物干线子系统和建筑群子系统的线路。理想情况是交接场的安装应使跳线或跨接线可连接到该场的任意两点。在规模较小的交接场安装时，只要把不同的颜色场一个挨一个地安装在一起，就容易实现上述目的。对于较大的交接场，需要进行设备间的中继场/辅助场设计。

（2）选择和确定中继场/辅助场的交连硬件。在设计交接场时，中间应留出一定的空间，以便容纳未来的交连硬件。根据用户需求，要在相邻的墙面上安装中继场/辅助场。中继场

/辅助场与主布线场的交连硬件之间应留有一定空间来安排跳线路由的引线架。中继场/辅助场规模的设计应根据用户从电信局的进线对数和数据网络类型的具体情况而定。

（3）确定设备间各硬件的安装位置。根据综合布线系统标准，合理确定设备间各硬件的安装位置。具体如何合理确定需要以设备间各硬件的安装位置，应以是否有利于通信技术人员和系统管理员在设备间内进行作业为准。

**2．进线间的配置设计**

随着光纤到户技术的普及应用，进线间的设置显得尤为重要。在设置进线间时，主要有以下几个问题应特别注意。

1）进线间的位置

一个建筑物宜设置1个进线间，一般设置于建筑物外墙及地下层部位，以有利于外部缆线从两个不同的路由引入，有利于与外部管道沟通，与缆线金属部件接地。进线间应尽量与竖井连通。当缆线容量不多时，也可以不设置进线间。

另外，进线间应注意防水渗入，注意防火和防有害气体的入侵。

2）进线间的面积

由于进线间涉及许多不确定因素，如管孔数量、缆线容量和数量，以及设备的安装等，提出所需的具体面积是比较困难的。但可根据建筑物实际情况，参照通信行业和国家的现行标准要求进行配置设计。一般应以满足缆线的布放路由和成端的位置、光缆的盘留空间、维护设备的安装、室外缆线金属部件的就近接地、配线设施的安装容量等条件来测算进线间的面积。通常情况下进线间为窄条形，有利于缆线引入和减少占地面积。在引入管线较少的情况下，如6~24孔时，也可采用局部挖沟的方式设置进线部位，但应注意空间的高度需要便于人员施工和维护。

3）进线间的管孔配置

在进线间缆线入口处的管孔数量应满足建筑物之间、外部接入业务及多家电信业务经营者缆线接入的需求。管孔数量应至少满足多家（2~3家）电信业务经营者和智能建筑化系统建设的需要，并应留有2~4孔的余量。

建筑物内如果包括数据中心，需要分别设置独立使用的进线间。

4）缆线容量配置

建筑物主干电缆、光缆、公用网和专用网缆线、天线馈线等室外缆线进入建筑物时，需在进线间成端转换成室内电缆、光缆；在缆线的终端处有安装多家电信业务运营商的入口设施。因此，入口设施中的配线设备要按照引入的电缆、光缆容量进行配置。

综合布线系统与外部配线网连接时，应遵循相应的接口要求。电信业务经营者在进线间设置安装的入口配线设备应与 BD 或 CD 之间敷设相应的连接电缆、光缆，实现路由互通。缆线类型与容量需与配线设备一致。

## 6.2.6  管理系统的设计

管理系统通常设置在楼层电信间及设备间，这些地方是配线子系统电缆端接的场所，也是干线子系统电缆端接的场所。管理系统为连接其他子系统提供连接手段。交连和互连允许将通信线路定位或重新定位到建筑物的不同部分，以便能更容易地管理通信线路。输入/输出位于用户工作区和其他房间，以便在移动终端设备时便于插拔。通过对管理系统交接的调整，可以安排或重新安装系统线路的路由，使传输线路能延伸到建筑物内部的各个工作区。

### 1. 管理系统的设计原则与要求

1）管理系统的设计原则

（1）对设备间、电信间、进线间和工作区的配线设备、缆线、信息点等设施应按一定的模式进行标识和记录。

（2）管理系统中干线管理宜采用双点管理双交连，楼层配线管理可采用单点管理。

（3）所有标签应清晰、完整，并满足使用环境要求。

（4）对于规模较大的布线系统项目，为提高布线工程维护水平，应采用电子配线架对信息点或配线设备进行管理，以便及时显示与记录配线设备的连接、使用及变更状况。

（5）设备跳接线连接方式要符合以下两条规定：一是对配线架上相对稳定不经常进行修改、移位或重组的线路，宜采用卡接式接线方法；二是对配线架上经常需要调整或重新组合的线路，宜使用快接式插接线方法。

（6）电信间材料清单应全面列出，并画出详细的结构图。

2）管理系统设计要求

管理系统设计应注意符合一下要求。

（1）规模较大的综合布线系统宜采用计算机进行文档记录与保存，简单且规模较小的综合布线系统工程可按施工图纸资料等纸质文档进行管理，并做到记录准确、及时更新、便于查阅。

（2）综合布线的每一条电缆、光缆、配线设备、端接点、接地装置、安装通道和安装空间均应给定唯一的标识符，并设置标签。标识符应采用相同数量的字母和数字等标记，标识符中可包括名称、颜色、编号、字符串或其他组合。

（3）配线设备、缆线、信息插座等硬件均应设置不易脱落和磨损的标识，并应有详细的书面记录和施工图纸资料。

（4）电缆和光缆的两端均应标有相同的标识符。

（5）设备间、进线间的配线设备宜采用统一的色标区别各类业务与用途的配线区。

**2．管理系统的管理交连方式**

在不同类型的建筑物中，管理系统常采用单点管理单交连、单点管理双交连和双点管理双交连等几种不同的管理交连方式。

1）单点管理单交连

单点管理单交连方式只有一个管理点，交连设备位于设备间内的交换机附近，电缆直接从设备间辐射到各个楼层的信息点，其结构如图 6.13 所示。所谓单点管理是指在整个综合布线系统中，只有一个点可以进行线路交连操作。交连指的是在两场间进行偏移性跨接，完全改变了原来的对应线对。一般交连设置在设备间内，采用星形拓扑结构。由它来直接调度控制线路，实现对 I/O 的变动控制。单点管理单交连方式属于集中管理型，使用场合较少。

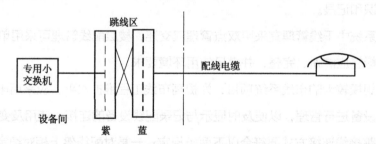

**图 6.13　单点管理单交连**

2）单点管理双交连

单点管理双交连方式在整个综合布线系统中也只有一个管理点。单点管理位于设备间内的交换设备或互连设备附近，对线路不进行跳线管理，而是直接连接到用户工作区或电信间里面的第二个硬件接线交连区。所谓双交连就是指把配线电缆和干线电缆，或干线电缆与网络设备的电缆都打在端子板不同位置的连接块的里侧，再通过跳线把两组端子跳接起来，跳线打在连接块的外侧，这是标准的交连方式。单点管理双交连，第二个交连在电信间用硬接线实现，如图 6.14 所示。如果没有电信间，第二个接线交连可放在用户的墙壁上。这种管理只能适用于 I/O 至计算机或设备间的距离在 25m 范围内，且 I/O 数量规模较小的工程，目前应用也比较少。单点管理双交连方式采用星形拓扑，属于集中式管理。

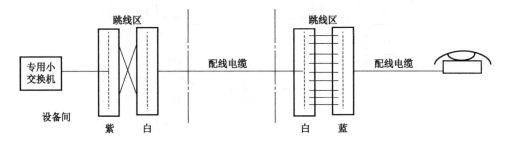

图 6.14　单点管理双交连

3）双点管理双交连

当建筑物规模比较大（如机场、大型商场）、信息点比较多时，多采用二级电信间，配成双点管理双交连方式。双点管理除了在设备间里有一个管理点之外，在电信间里或用户的墙壁上再设第二个可管理的交连（跳线）。双交连要经过二级交连设备。第二个交连可以是一个连接块，它对一个接线块或多个终端块（其配线场与站场各自独立）的配线和站场进行组合。双点管理双交连，第二个交连用作配线，如图 6.15 所示。

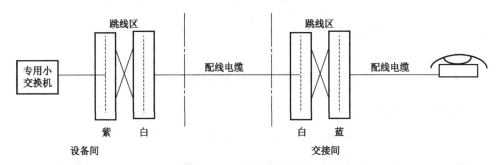

图 6.15　双点管理双交连

双点管理属于集中-分散管理，适应于多管理区。由于在管理上分级，因此管理、维护有层次、主次之分，各自的范围明确，可在两点实施管理，以减少设备间的管理负担。双点管理双交连方式是目前管理系统普遍采用的方式。

4）双点管理三交连

若建筑物的规模比较大，而且结构复杂，还可以采用双点管理三交连，如图 6.16 所示，甚至采用双点管理四交连方式，如图 6.17 所示。注意综合布线系统中使用的电缆，一般不能超过四次交连。

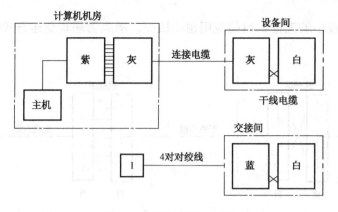

图 6.16 双点管理三交连

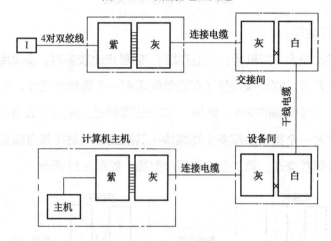

图 6.17 双点管理四交连

### 3. 线路管理色标标识

综合布线系统使用电缆标识、区域标识和接插件标记三种标识。其中，接插件标记最常用，可分为不干胶标识条或插入式标识条两种，供选择使用。在每个交连区，实现线路管理的方法是采用色标标识，如建筑物的名称、位置、区号，布线起始点和应用功能等标识。在各个色标场之间接上跨接线或接插软线，其色标用来分别表明该场是干线缆线、配线缆线或设备端接点。这些色标场通常分别分配给指定的接线块，而接线块则按垂直或水平结构进行排列。若色标场的端接数量很少，则可以在一个接线块上完成所有端接。在这两种情况中，技术人员可以按照各条线路的识别色插入色条，以标识相应的场。

1）电信间的色标含义

（1）白色：表示来自设备间的干线电缆端接点。

（2）蓝色：表示到干线电信间输入/输出服务的工作区线路。

（3）灰色：表示到二级电信间的连接缆线。

（4）橙色：表示来自电信间多路复用器的线路。

（5）紫色：表示来自系统公用设备（如分组交换型集线器）的线路。

典型的干线电信间连接电缆及其色标如图6.18所示。

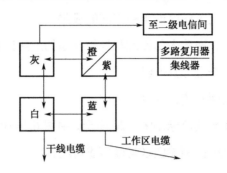

图6.18 典型的干线电信间连接电缆及其色标

2）二级电信间的色标含义

（1）白色：表示来自设备间的干线电缆的点对点端接。

（2）灰色：表示来自干线电信间的连接电缆端接。

（3）蓝色：表示到干线电信间输入/输出服务的工作区线路。

（4）橙色：表示来自电信间多路复用器的线路。

（5）紫色：表示来自系统公用设备（如分组交换型集线器）的线路。

典型的二级电信间连接电缆及其色标如图6.19所示。

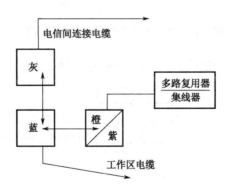

图6.19 典型的二级电信间连接电缆及其色标

3）设备间的色标含义

（1）绿色：用于建筑物分界点，连接入口设施与建筑群的配线设备，即电信局线路。

（2）紫色：用于信息通信设施（PBX、计算机网络、端口线路、中继线等）连接的配线设备。

（3）白色：表示建筑物内干线电缆的配线设备（一级主干电缆）。

（4）灰色：表示建筑物内干线电缆的配线设备（二级主干电缆）。

（5）棕色：用于建筑群干线电缆的配线设备。

（6）蓝色：表示设备间至工作区或用户终端的线路。

（7）橙色：用于分界点，连接入口设施与外部网络的配线设备。

（8）黄色：用于报警、安全等其他线路。

（9）红色：用于关键电话系统，或预留备用。

典型的设备间网络方案及其色标如图 6.20 所示。由图 6.20 可以看出，相关色区应相邻放置；连接块与相关色区对应；相关色区与插接线对应。

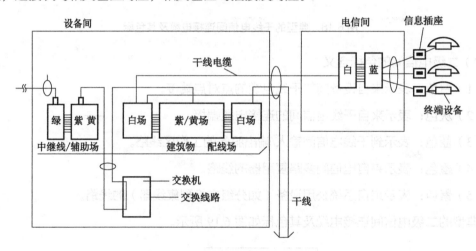

图 6.20  典型的设备间网络方案及其色标

综上所述，综合布线系统缆线的连接及其色标示例如图 6.21 所示。

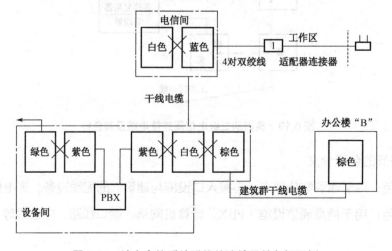

图 6.21  综合布线系统缆线的连接及其色标示例

#### 4．管理系统的设计步骤

在设计管理系统时，需要了解线路的基本设计方案，以便管理各子系统的部件。一般按照下述步骤进行。

（1）确认线路模块化系数是 3 对线还是 4 对线。每个线路模块当作一条线路处理，线路模块化系数视具体系统而定。

（2）确定语音和数据线路要端接的电缆线对总数，并分配好语音或数据线路所需墙场或终端条带。

（3）决定采用何种 110 交连硬件部件。如果线对总数超过 6 000 对，则选用 110A 交连硬件；如果线对总数少于 6 000 对，可选用 110A 或 110P 交连硬件。

（4）决定每个接线块可供使用的线对总数。主布线交连硬件的白场接线数目取决于硬件类型、每个接线块可供使用的线对总数和需要端接的线对总数 3 个因素。

（5）决定白场的接线块数目。先把每种应用（语音或数据）所需的输入线对总数除以每个接线块的可用线对总数，然后取整数作为白场的接线块数目。

（6）选择和确定交连硬件的规模，即中继线/辅助场。

（7）确定设备间交连硬件的位置，绘制整个综合布线系统即所有子系统的详细施工图。

（8）确定色标标记实施方案。

#### 5．智能布线管理方案

智能布线管理方案旨在为配线、跳线管理提供帮助。在计算机的辅助下，使综合布线系统可实施、可管理、可跟踪、可控制。智能布线管理系统的架构如图 6.22 所示。

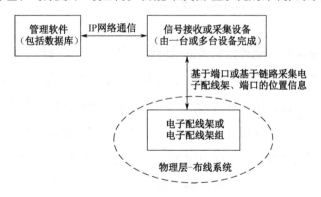

**图 6.22 智能布线管理系统的架构**

显然，智能布线管理系统需要软件和硬件两个部分共同互动完成布线管理任务。硬件部分通常包括铜缆或光缆电子配线架、连接电子配线架的控制器。布线管理软件包括存有连接关系、产品属性、信息点位置的数据库。这种智能管理系统主要通过信号接收或采集设备，利用基于端口或基于链路技术采集电子配线架、端口的位置信息，并自动传给系统管理软件，管理软件将收到的实时信息进行分析、处理，通过图形化查询管理系统将结果显示出来，让用户即时获知布线系统的最新结构。其中，电子配线架的配置连接方式是实现布线系统智能化管理的关键，通常有直连式和交连式两种配置连接系统可供选用。

# 6.3 光纤到户工程设计

光通信作为信息传输的应用技术，具有高带宽、低衰减、抗电磁和射频干扰等诸多优点。随着"宽带中国"和"互联网+"战略措施的实施，光通信系统的应用环境也由原来的电信长距离传输越来越多地应用于智能楼宇、园区、工矿企业和住宅小区建设。基于这些原因，本节专门讨论光纤到户的工程设计，主要内容为光纤到用户单元通信设施。其中，用户单元是指建筑物内占有一定空间、使用者或使用业务会发生变化的、需要直接与公用电信网互连互通的用户区域。光纤到用户单元通信设施是指建筑规划用地红线内地下通信管道、建筑内管槽及通信光缆、光配线设备、用户单元信息配线箱及预留的设备间等设备安装空间。

光纤到户工程设计内容包括用户接入点配置原则及其设置、地下通信管道设计、缆线与配线设备的选择、传输指标等内容，以便为光纤到户工程提供技术支持。

## 6.3.1 光纤到户工程及其界面

用户接入点是多家电信业务经营者的电信业务共同接入的部位，是电信业务经营者与建筑建设方的工程界面。光纤到户通信设施工程界面如图 6.23 所示。工程界面的确定属于工程任务书的范畴，直接关系工程的造价与实施方案。光纤到户工程涉及建筑物建设方、电信业务经营者和用户单元使用者（租用者）三方，不同的通信设施工程界面不同，为保障光纤到户单元工程的落地实施，在 GB50311—2016 中明确提出了如下 3 条强制性要求。

（1）在公用电信网络已实现光纤传输的地区，建筑物内设置用户单元时，通信设施工程必须采用光纤到用户单元的方式建设。这就是说，对出租型办公建筑且租用者直接连接至公用通信网的情况，要求采用光纤到户方式进行建设。

（2）光纤到户通信设施工程的设计必须满足多家电信业务经营者平等接入，用户单元内的通信业务使用者可自由选择电信业务经营者的要求。这是为了规范市场竞争、避免垄断而提出的要求，以便实现多家电信业务经营者公平竞争，保障用户选择权利。

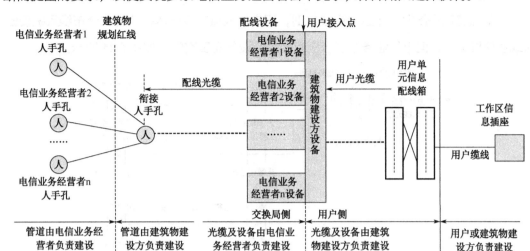

图 6.23　光纤到户通信设施工程界面

（3）新建光纤到户单元通信设施工程的地下通信管道、配线管网、电信间、设备间等通信设施，必须与建筑工程同步建设。这就是说，由建筑建设方承担的通信设施应与土建工程同步实施。

## 6.3.2　用户接入点设置

综合布线系统作为公用电信配套设施在设计中应满足多家电信业务经营者的需求。建筑红线范围内敷设配线光缆所需的室外通信管道管孔与室内管槽的容量、用户接入点处预留的配线设备安装空间及设备间的面积均应满足不少于3家电信业务经营者平等接入的需要。

用户接入点是光纤到户单元工程特定的一个逻辑点。如何设置用户接入点直接影响光纤到户通信系统的性能。因此，在设置用户接入点时，一般应遵循如下原则。

（1）每一个光纤配线区应设置一个用户接入点。每一个光纤配线区所辖用户数量宜为70～300个用户单元。

（2）用户光缆和配线光缆在用户接入点进行互连。

（3）只有在用户接入点处可进行配线管理。

（4）用户接入点处可设置光分路器。

光纤用户接入点的设置地点应依据不同类型的建筑形成的配线区及所辖的用户密度和数量确定。就一般情况而言，用户接入点的设置可以分为以下几种情况。

## 1. 设于单栋建筑物内的设备间

当单栋建筑物作为 1 个独立配线区时，用户接入点应设于本建筑物综合布线系统设备间或通信机房内，但电信业务经营者应有独立的设备安装空间，如图 6.24 所示。

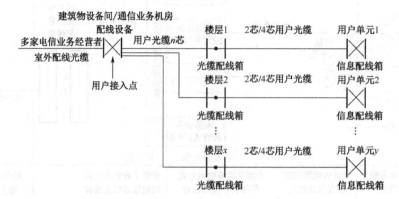

图 6.24　用户接入点设于单栋建筑物内的设备间

## 2. 设于建筑物楼层区域共用设备间

当大型建筑物或超高层建筑物划分为多个光纤配线区时，用户接入点应按照用户单元的分布情况均匀地设于建筑物不同区域的楼层设备间内，如图 6.25 所示。

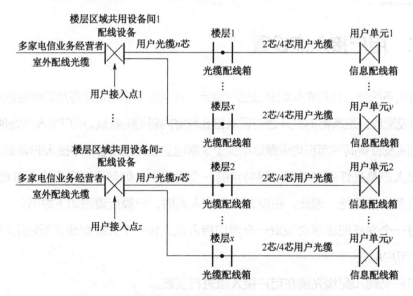

图 6.25　用户接入点设于建筑物楼层区域共用设备间

## 3. 设于建筑群物业管理中心机房或综合布线设备间或通信机房

当多栋建筑物形成的建筑群组成 1 个配线区时，用户接入点应设于建筑群物业管理中心机房、综合布线设备间或通信机房内，但电信业务经营者应有独立的设备安装空间，如

图 6.26 所示。

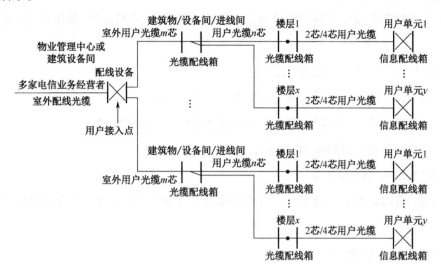

图 6.26　用户接入点设于建筑群物业管理中心机房或综合布线设备间或通信机房

**4．设于进线间或综合布线设备间或通信机房**

每一栋建筑物形成的 1 个光纤配线区且用户单元数量不大于 30 个（高配置）或 70 个（低配置）时，用户接入点应设于建筑物的进线间或综合布线设备间或通信机房内，用户接入点应采用设置共用光缆配线箱的方式，但电信业务经营者应有独立的设备安装空间，如图 6.27 所示。

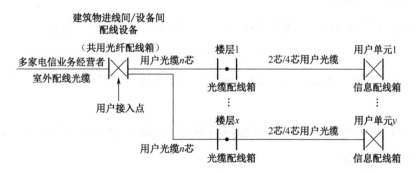

图 6.27　用户接入点设于进线间或综合布线设备间或通信机房

## 6.3.3　地下通信管道设计

当前，通信管道工程执行的国家标准和行业标准主要为《通信管道与通道工程设计规范》GB 50373—2006、《通信管道人孔和手孔图集》YD/T 5178—2017 和《通信管道横断面图集》YD/T 5162—2007 等。

### 1. 通信管道设计原则

地下通信管道的设计应与建筑群及园区其他设施的地下管线进行整体布局，应做到以下几点。

（1）应与光交接箱引上管相衔接。

（2）应与公用通信网管道互通的人（手）孔相衔接。

（3）应与电力管、热力管、燃气管、给排水管保持安全的距离。

（4）应避开易受到强烈震动的地段。

（5）应敷设在良好的地基上。

（6）路由宜以建筑群设备间为中心向外辐射，选择在人行道、人行道旁绿化带或车行道下。

### 2. 通信管道设计要求

在设计光纤到户单元光缆线路时，地下通信管道应满足以下要求。

（1）建筑红线范围内敷设配线光缆所需的室外通信管道管孔与室内管槽的容量应满足不少于3家电信业务经营者的接入需要。

（2）光纤到户单元所需的室外通信管道与室内配线管网的导管与槽盒应单独设置，管槽的总容量与类型应根据光缆敷设方式及终期容量确定，并应符合下列规定。

① 地下通信管道的管孔应根据敷设的光缆种类及数量选用，宜选用单孔管、单孔管内穿放子管及栅格式塑料管。

② 每一条光缆应单独占用多孔管中的一个管孔或单孔管内的一个子管。

③ 地下通信管道宜预留不少于3个备用管孔。

④ 配线管网导管与槽盒尺寸应满足敷设的配线光缆与用户光缆数量及管槽利用率的要求。

（3）用户光缆采用的类型与光纤芯数应根据光缆敷设的位置、方式及所辖用户数计算，并应按照下列规定配置。

① 用户接入点至用户单元信息配线箱的光缆光纤芯数应根据单元用户对通信业务的需求及配置等级确定，配置应符合表6.8规定。

表6.8 光纤与光缆配置

| 配 置 | 光纤（芯） | 光缆（根） | 备 注 |
|---|---|---|---|
| 高配置 | 2 | 2 | 考虑光纤与光缆的备份 |
| 低配置 | 2 | 1 | 考虑光纤的备份 |

② 楼层光缆配线箱至用户单元信息配线箱之间应采用2芯光缆。

③ 用户接入点配线设备至楼层光缆配线箱之间应采用单根多芯光缆，光纤容量应满足用户光缆总容量需要，并应根据光缆的规格预留不少于 10%的余量。

（4）用户接入点外侧光纤模块类型与容量应按引入建筑物的配线光缆的类型及光缆的光纤芯数配置。

（5）用户接入点用户侧光纤模块类型与容量应按用户光缆的类型及光缆的光纤芯数的50%或工程实际需要配置。

（6）设备间面积不应小于 $10m^2$。

（7）每一个用户单元区域内应设置 1 个信息配线箱，并应安装在不被变更的建筑物部位。

## 6.3.4 光缆与配线设备的选用

随着光通信技术的高速发展，由光缆传输系统组成的通信网络系统正在广泛使用，与之相配套的光纤配线设备的使用范围也越来越广泛。如何选用光纤光缆及其配线设备，既能满足当前需要，又留有一定的富裕量，又能够发挥最大经济效益是用户所关心的重要问题。一般说来，在光纤到户网络布线工程中，光缆与配线设备的选用应满足如下基本需求。

**1. 光纤光缆的选用**

就光纤到户工程而言，一般说来，应按照下列要求选用光纤光缆。

（1）用户接入点至楼层光纤配线箱（分纤箱）之间的室内用户光缆应采用 G.652 光纤。

（2）楼层光缆配线箱（分纤箱）至用户单元信息配线箱之间的室内用户光缆应采用G.657 光纤。

（3）室内光缆宜采用干式、非延燃外护层结构的光缆。

（4）室外管道至室内的光缆宜采用干式、防潮层、非延燃外护层结构的室内外用光缆。

**2. 配线设备的选用**

（1）一般采用 SC 和 LC 类型光纤连接器件。

（2）用户接入点应采用机柜或共用光缆配线箱。机柜宜采用 600mm 或 800mm 宽的48.26cm（19in）标准机柜；共用光缆配线箱体应满足不少于 144 芯光纤的终接。

（3）根据用户单元区域内信息点数量、引入缆线类型、缆线数量、业务功能需求选择用户单元信息配线箱。

（4）配线箱箱体尺寸应充分满足各种信息通信设备摆放、配线模块安装、光缆终接与盘留、跳线连接、电源设备和接地端子板安装及业务应用发展的需要。

（5）配线箱的安装位置应满足室内用户无线信号覆盖的需求。

（6）当超过 50V 的交流电压接入箱体内电源插座时，要采取强弱电安全隔离措施。

（7）配线箱内设置接地端子板，并与楼层局部等电位端子板连接。

# 6.4 光纤接入的典型应用

目前，在宽带接入网领域，有许多光纤通信技术可供选用。在确定工程方案时，应针对用户自建光纤配线网（ODN）的实际情况，选用性价比较高的应用解决方案。

## 6.4.1 FTTx 全光网络（PON 技术）

FTTx 全光网络目前主要是采用以 EPON、GPON 为代表的无源光网络（PON）技术。EPON、GPON 都支持多业务应用，可同时接入数据、视频、音频及 CATV 视频业务。根据光纤节点位置和最终的入户方案不同，光纤接入主要有 FTTH/O、FTTB/C、FTTCab 等典型应用方式，并将其统称为 FTTx。FTTx 各场景网元的关系如图 6.28 所示。

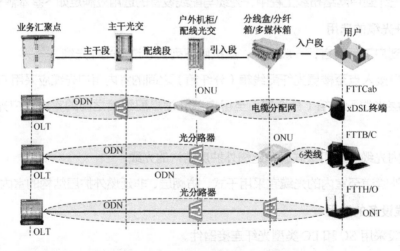

**图 6.28 FTTx 各场景网元之间的关系**

虽然 FTTx 意指光纤到 x，但其含义不仅包括将光纤布放至 x 地点，还包括 ONU/ONT 的设置位置，其主要特征包括以下内容。

（1）光纤到交接箱（FTTCab），光网络单元（ONU）部署在交接箱处，其后用其他传输媒体接入到用户，每个光网络单元典型支持用户数为 100～1 000 户。

（2）光纤到大楼/分线箱（FTTB/C）的特征是将光网络单元部署在传统的分线盒处，

之后采用其他传输媒体（如双绞线）接入用户，每个光网络单元典型支持用户数为 10～100 户。

（3）光纤到家庭住户（FTTH）是用光纤传输媒体直接连接局端与家庭的配线设备，由单个用户独享入户光纤资源。FTTH 还包含光纤到办公室（FTTO）、光纤到桌面（FTTD）。FTTH/O/D 是目前着力推广应用的一种光纤接入网方案。

在此需注意 ONU 和 ONT 的区别。ONT 属于 ONU 的一种类型，ONU 通常由多个用户共享，而 ONT 则由单个用户独享。因此，在 FTTH 和 FTTO 应用中用户端设备通常用 ONT 表示，在 FTTB 和 FTTCab 应用中，用户端设备用 ONU 表示。

### 1. FTTH 网络组成结构

FTTH 是指光纤到家庭用户，是一种仅利用光纤连接通信局端和家庭住宅的接入方式，入户光缆由单个家庭住宅独享。

基于无源光网络（PON）的 FTTH 系统由光纤线路终端（OLT）、光网络单元（ONU）、光网络终端（ONT）和光纤配线网（ODN）等组成。其中，ODN 由 OLT 至 ONU 之间的所有光缆和无源器件（包括光配线架、光交接箱、光分线盒、光分路器、光分支接头盒、用户终端智能盒、光纤信息面板等）组成，其作用是为局端设备（OLT）和用户接入端 ONU 之间提供光传输通道。ODN 以树形拓扑结构为主，从功能上可划分为馈线光缆段、配线光缆段和入户光缆段 3 个部分，如图 6.29 所示。各段之间的光分支点分为光分配点和光用户接入点。从 OLT 局端延伸到光分配点（可能安装在主干光纤节点、小区/路边或大楼）的光纤线路为 ODN 的馈线光缆段；从光分配点延伸到各光用户接入点的光纤线路为配线光缆段；从光用户接入点处延伸到每一个光纤用户端接入点的光纤线路为入户光缆段，入户光缆端接在用户室内或直接将入户光缆连接到 ONU 上。

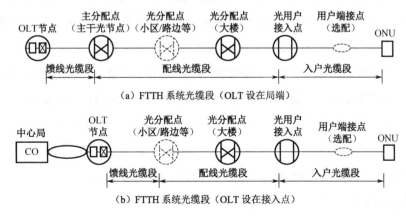

（a）FTTH 系统光缆段（OLT 设在局端）

（b）FTTH 系统光缆段（OLT 设在接入点）

图 6.29 ODN 的组成结构

根据接入光缆网的分层结构（主干、配线和引入层）及 OLT 的设置位置，对于 FTTH 应用，ODN 的配线光缆段可以采用 2 ~ 3 级配线，有时也可以采用 4 级配线。配线级数多，使用的活接头也越多，将直接影响传输距离。

**2．FTTH 的实现方式**

FTTH 的实现方式有点到点（P2P）光纤到桌面和点到多点（P2MP）光纤到户的无源光网络（PON）两种类型。

1）点到点光纤到桌面

点到点光纤到桌面（FTTD）布线方式是指光纤替代传统的铜缆直接延伸至用户终端计算机，使用户终端全程通过光纤实现网络接入。点到点光纤到桌面（FTTD）网络示意图如图 6.30 所示。首先，光缆连接中心网络机房 ODF 机柜和楼层弱电间 ODF 机架，皮套光纤通过 ODF 机架延伸到用户工作区光纤信息插座；然后，ODF 机柜通过光纤跳线连接高密度光端汇聚层交换机；最后是用户终端计算机通过光纤跳线接入光纤信息插座，实现全"裸纤"的以太网点到点的数据传输。

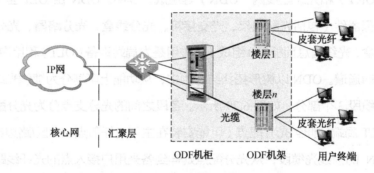

**图 6.30　点到点光纤到桌面网络示意图**

点到点光以太网通常采用光信号的点到点传输方式，从数据中心或远端机房到每个用户都采用 2 芯或 1 芯独立的光纤，两端各需要 1 个光收发器。采用这种方式，每个用户的上下行带宽都可以达到 100Mbit/s 甚至 1 000Mbit/s 的传输速率。

点到点光纤到桌面布线方式，结构简单，用户终端全光接入，网络层级少，带宽大。但是，光纤连接汇聚层交换机需要光纤模块，光纤接入用户终端计算机需要光纤网卡或光电转换器等设备。随着用户增多，投资线性增加，成本较大。如果工作区用户终端计算机数量大于光纤信息插座数量，多余的终端计算机接入网络比较困难，既不灵活也不易于网络拓展。光纤到桌面存在的局限性对其推广和应用起到制约作用。

2）点到多点光纤到户

点到多点光纤到户（FTTH）布线方式，是指用光纤替代传统的铜缆延伸至用户家庭或办公室，再通过 ONU 接入用户终端。这种光纤接入网由局端光线路终端设备（OLT）、光分路器（ODP）、光纤分配网（ODN）和光网络单元（ONU）等部分组成，如图 6.31 所示。首先是光缆连接中心网络机房 ODF 机柜和楼层电信间 ODF 机架，皮套光纤通过 ODF 机架延伸到用户工作区；接着是 ODF 机柜通过光纤跳线连接光分路器；然后是光分路器连接局端光线路终端设备；最后是用户终端计算机通过双绞线跳线接入光网络单元，实现点到多点的数据传输。

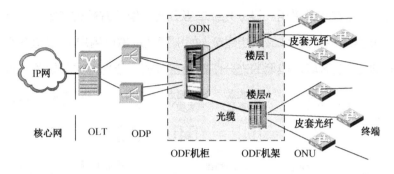

**图 6.31 点到多点光纤到户网络示意图**

实际上，点到多点光纤到户布线方式，基于典型无源光网络（PON）技术，是 P2MP 拓扑结构，是一种应用于接入网的局端设备 OLT 和多个用户端设备 ONU 之间通过无源的光缆、光分路设备（ODP）等组成的光分配网连接的网络。ODP 是无源光分路器，光分路器从局端 OLT 下行分路为与原信号完全相同的多路信号。同时，光分路器将各路 ONU 的上行信号合路送往 OLT。常用的 PON 技术为 EPON 和 GPON。EPON 可以提供 1.25Gbit/s 上下行对称带宽，GPON 可以提供 2.5Gbit/s 上下行对称带宽。

在 EPON 技术规范中，可以单纤双向传输，如图 6.32 所示，上行波长是 1 310nm，下行波长是 1 490nm，传输距离可达 20km，可以传输数据和语音，如果增加 1 550nm 波长，还可以传输广播电视信号，实现三网合一。

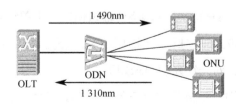

**图 6.32 单纤双向传输示意图**

点到多点光纤到户布线方式，一次性投入成本相对较多，主要是 OLT 设备费用高，但随着用户增多，平均每户或每一个工作区投入成本下降，性价比非常高。

### 3. 光分路器的设置

对于采用 PON 方式的全光网络，选择分光方式、安排光分路器的位置、选择分光比是光纤线路设计中复杂、烦琐的工作。设计时必须考虑光纤线路终端（OLT）每个光端口和光分路器的最大利用率，根据用户分布密度设计分光方式，选择最优化的光分路器组合方式和合适的安装位置。

光分路器的设置方式直接影响对接入光缆纤芯的占用和终端设备的接入，一般以树形拓扑结构为主。分光方式可采用一级分光或二级分光，但不宜超过二级。一级分光适用于高层建筑、用户比较集中的区域或高档建筑（如别墅区及重点用户）；二级分光适用于多层建筑及管道比较缺乏的区域。典型的光分路器设置方式（分光方式）如图 6.33 所示。

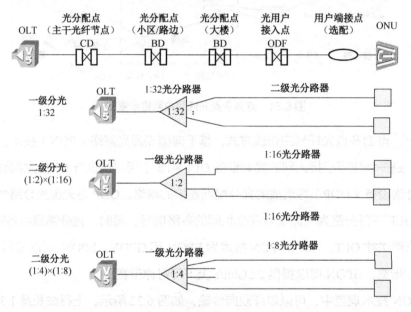

图 6.33　典型的光分路器设置方式（分光方式）

### 4. PON 对光纤光缆的要求

目前，PON 使用单模光纤作为主干网络传输媒体，采用单纤双向传输方式，上行使用 1 310nm 波长，下行是 1 490nm 波长。当采用波分复用方式提供 CATV 业务时，下行增加复用 1 550nm 波长，因此，对光纤光缆要求如下。

（1）室内、室外光缆所用的光纤均应符合 ITU-T G.652D 标准，并符合光缆的衰减要求。

（2）主干和水平配线光缆的各项指标应符合 YD/T 1258 和 GB/T 13993 要求。

（3）入户光缆宜采用小弯曲半径光纤，选用非金属加强构件、扁平形阻燃聚乙烯护套光缆。当采用架空或挂墙方式引入用户时，宜选用自承式扁平阻燃聚乙烯护套光缆。

## 6.4.2  光纤+以太网接入方式

所谓光纤+以太网（LAN）接入方式，就是将光缆敷设至公共建筑，光纤进入大楼后就转换为双绞线电缆分配到各个用户，或直接通过光纤延伸至光信息端口。通过这种接入方式可实现"千兆到楼，百兆到桌面"。其中，自建的以太网一般由交换机、建筑物内的综合布线系统组成，并且通过骨干以太网交换机或路由器与外部公共通信网络互连互通。

对于一个园区或建筑群来说，要构成独立的 LAN，通常有接入（建筑物出口以太网交换机）、汇聚（区域以太网交换机）和骨干（数据中心以太网交换机）三级网络组成。交换机和交换机的光端口之间全部通过光纤进行连接，能够满足多业务和宽带通信的需要。

光纤+以太网接入方式比较简单，在用户端通过一般的网络设备，如交换机、集线器等将一栋楼内的用户连成一个局域网，用户室内只需配置以太网 RJ-45 信息插座和网卡，在另一端通过交换机与光纤连接即可。

## 6.4.3  HFC 接入方式

混合光纤同轴（HFC）技术是以有线电视网为基础的，采用模拟频分复用技术，综合运用模拟和数字传输技术、射频技术和计算机技术所产生的一种宽带接入网技术。它采用光纤从交换局到服务区，而在进入用户的最后 1 000m 则采用有线电视网同轴电缆，可以提供音频、视频和数据三网融合的业务。HFC 接入方式已经广泛应用于有线电视网络。

HFC 接入系统通常分为网络前端系统、HFC 接入网和用户终端系统 3 部分。

**1. 网络前端系统**

网络前端系统是有线电视网的一个重要部分，如常见的有线电视基站，主要功能是接收、处理和控制信号，包括模拟信号和数字信号，完成信号调制与混合，并将混合信号传输到光纤链路。其中，处理数字信号的主要设备之一是电缆调制解调器终端系统（CMTS），包括分复接与接口转换、调制器和解调器。

**2. HFC 接入网**

HFC 接入网是前端系统与用户终端之间的连接部分，包括光纤馈线网（即干线）、配线及引入线、光纤节点（FN）。光纤馈线网使用单模光纤作为主干网络的传输媒体，光缆、光纤连接器件的配置与一个光纤节点（FN）所能够支持的双向传输的用户数有关。目前，HFC 主干光缆常选用 G.652D 光纤，同时关注 G.652E、G.6526 及 ITU-T 发布的 G.657 光纤

（抗宏弯曲光纤）规范。主干和水平配线光缆应保持同样的光纤类型。各项指标应符合 YD/T 1258 和 GB/T 13993 要求。对于有线电视网络，每一个光缆的终端点可以按照 2～4 芯（含 2 芯备份）的需求测算光纤需求量。

**注意：** 有线电视双向 HFC 系统对反射损耗要求很高，需大于 60dB，且只能采用单模光纤端面倾斜角为 8° 的连接器。连接器直接影响光纤链路的信噪比（$C/N$）、载波复合二次互调比（$C/CSO$），应根据投资预算，尽量选用插入损耗小、结构可靠、故障率低的 SC/APC 光纤连接器。

光纤节点（FN）是 HFC 网络的关键部位，一般由无源器件组成（如光分路器、光连接器件、波分复用器、光损耗器、光滤波器及光纤），而且安装在户外。例如安装在一个基座上，或者悬挂在架空绞线上。通常，HFC 网络中的每个 FN 可以服务 500～2 000 户。为了保证数字信号的传输质量，作为 FN 要求：误码率 BER ≤ $10^{-8}$，调制误差率 MER ≥ 34dB。

有线电视网络根据服务的用户数和网络支持的应用业务确定光纤通达的位置。一般，光纤到一个区域的分支点（FTTF）、光纤节点（FN）满足的用户数不多于 2 000 户；光纤到路（FTTC）、光纤节点（FN）满足用户数不多于 500 户。为了适应综合业务的应用，随着光纤技术的发展，光纤到建筑物（FTTB）越来越接近用户已经成为现实，此时光纤节点（FN）满足的用户数约为 125 户。

**3. 用户终端系统**

用户终端系统指以电缆调制解调器（CM）为代表的用户室内终端设备连接系统。CM 是一种将数据终端设备连接到 HFC 网络，以使用户能够与 CMTS 进行数据通信、访问 IP 网等信息资源的连接设备，它主要用于有线电视网进行数据传输，解决因传输声音图像而引起的阻塞等问题。

1. 综合布线系统工程设计主要包括哪几个方面的内容？

2. 综合布线系统的设计等级可分为哪几个等级？

3. 电信间和设备间的概念是什么？它们有什么区别和联系？对环境有哪些要求？

4. 简述配线子系统的设计步骤，设计时应注意哪些问题？

5. 简述干线子系统的设计步骤，设计时应注意哪些问题？

6. 选用布线部件时主要应注意哪些问题？

7. 试分析一个成熟的综合布线系统工程方案，分析总结出其设计原则。

8. 试分析设计一种FTTH网络方案。

# 布线工程设计案例

在信息化时代，网络已经成为必备的基础设施。科学的综合布线是信息网络可靠、有效、高速传输的基本保证。为适应信息化、网络化发展需求，大多数学校、园区、工厂的建筑物都已经进行了网络的综合布线，积累了大量具有实用价值的设计实例、工程方案。

本章介绍几个典型的网络综合布线系统工程设计实例，主要是住宅小区光纤到户工程、数据中心网络和无线网络系统的规划设计。然后，介绍网络布线系统工程方案的组成及其撰写，并给出一个比较完整的网络综合布线工程设计方案范文。

## 7.1 住宅小区光纤到户布线工程

随着信息时代的快速发展，传输技术在网络上也与时俱进。在智能小区建设中，光纤到户（FTTH）技术作为有效的光纤直接进入家庭的接入方案，已经成为解决宽带接入网的最佳选择。

### 7.1.1 智能住宅小区宽带接入网的技术选择

FTTH 技术能够很好地解决通信网络建设中最后一千米的接入问题，是一种被认为能够广泛应用的接入网技术。在 FTTH 接入网中，实现 FTTH 接入主要有两种方式：第一种是点到点的光以太网，也称为 P2P 接入方法。这种访问方法的特点是速度最快，但相对而言，该方法成本较高，维护管理任务也较多，不是大规模推广使用的最理想方式。第二种方法是一点到多点无源光网络（PON），在这类网络中又可分为以太网无源光网络（EPON）

和吉比特无源光网络（GPON）两种类型。PON 最大的特点是节省光纤材料和接口，有较好的可扩展性，并且能够采用树形网络拓扑组网。

作为智能住宅小区可能建有高层住宅楼宇、多层住宅楼宇，以及别墅住宅楼群。智能小区综合布线系统需要涵盖互联网、电信网和有线电视网络。对于这些网络的光纤到户建设，一般采用已经被广泛应用的 PON 接入方式。例如，某一智能住宅小区 FTTH 的一种接入方式，如图 7.1 所示。这是将互联网技术和 PON 技术网络架构相结合的一种一点对多点架构，可通过以太网提供宽带服务。该技术的最大特点是简单直观，即不需要太多的技术支持，就可以精准实现中心网络与实际前端用户的数据传输。光缆线路铺设成本相对较低，这也是该接入方式的又一个特点，即在传输路径上不用增加电源和电子元件，就可进行后面的维护。

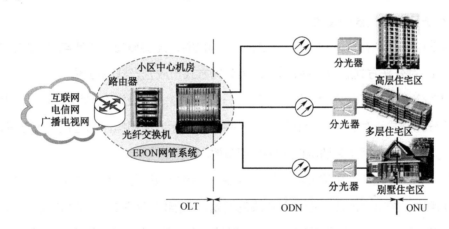

图 7.1　智能住宅小区 PON 接入方式

以太网无源光网络技术（PON）优势在于传输路径的简单、直接，并且在用户使用的过程中涉及的协议操作也很简单，因此备受用户青睐。

## 7.1.2　FTTH 在智能住宅小区中的部署

FTTH 系统由光线路终端（OLT）、光用户单元（ONU）和光分配网（ODN）三部分组成，OLT 可以实现各区域之间的网络连接，扩展广域网的范围。ODN 与 OLT 结合为用户提供互连互通的传输平台。ONU 为用户提供数据交换的端口。FTTH 系统的关键问题是 OLT、光分配点和 ONU 的位置设置，以及 ODN 的规划设计。

### 1．OLT 的部署
在将 FTTH 应用到智能住宅小区光纤到户建设时，首先考虑 OLT 部署。具体来说，主要工作包括：① 对小区的规模进行测算，并计算网络的覆盖半径，以便保证有足够的 OLT 上下行有线接入，并便于维护；② 根据接入用户的数量规划 OLT 的光缆规模，并采用安全技术对网络施加防护；③ 提高 FTTH 接入效率，避免出现资源浪费；④ 控制荷载数量，优化 OLT 的部署流程。

OLT 的部署需基于对实际情况的真实把握。如果接入的用户数量小，会造成资源的浪费，而若接入用户的数量过多，将导致网络资源的超负荷运行，会使网络使用效果出现问题。通常情况下，用户的接入量最好不多于 12 000 户，并且要考虑在 OLT 半径不大于 5km 的条件下尽量在相对集中的区域选址。

目前，布线领域一个比较一致的意见是：OLT 集中设置在局端机房内；光分配采用 1×32 一级分光，集中放置并尽可能靠近用户端。ONU 尽量设置在用户室内，并加一个弱电盒。

### 2．分光比与分光器的设置

当将 FTTH 应用在智能住宅小区光纤到户建设时，还要设置分光比与分光器。具体工作包括：① 对分光方式进行选择；② 按照分光方式布放分光器的位置。

常用的分光方式可以分为一级集中型、一级分散型、二级集中型和二级分散型等。每种不同的分光方式所对应的实际操作不同，需要在实际选择和操作的过程中根据具体问题进行具体分析，并根据实际情况做出调整和布放。

当前，我国在光纤到户建设中，通常会使用一级分散型与一级集中型的分光方式。但在实际使用中，经常会出现一些难以解决的问题，不能保证相关工作的可靠性与有效性。因此，应当注重工作人员操作情况，及时发现其中存在的问题，在调整工作方案的基础上，全面优化各处理机制，恰当调整分光器的放置位置。

### 3．ODN 的规划设计

ODN 是基于 PON 设备的 FTTH 光缆网络，主要功能是在 OLT 与 ONU 之间提供光传输通道，完成光信号功率的分配。ODN 由无源光器件（如光纤、光连接器、光衰减器、光耦合器和光波分复用器等）组成，可分为馈线段、配线段和入户段三个部分。设计 ODN 网络架构之前，要充分考虑目标区域的住宅类型和网络路由特点。

ODN 网络建设成本相对高昂，最高可达总体投资的 50%～70%，是 FTTH 投资的重点。同时，也是 FTTH 管理的难点。在规划设计 ODN 时，要全面考虑整体网络升级与适应性等问题，做好前瞻性预测，制定完善的布线方案。在实际工作中，还要考察整个小区各楼宇的分布情况，以尽最大可能地发挥 FTTH 的作用。譬如，对于图 7.1 所示小区，其高层住宅区域 ODN 的规划设计方案如图 7.2 所示。

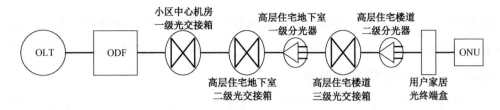

图 7.2 典型高层住宅 ODN 方案

## 7.1.3 FTTH 入户光缆线路设计

一般情况下，FTTH 入户光缆线路主要是指光缆分纤箱与家庭住宅光缆终端设施相互之间的连接光缆。在具体工程中，一般要先对主干光缆进行统一规划，之后再依据实际情况开始建设。

### 1. 光缆类型选择

在选择入户光缆类型时，要考虑小区实际情况，以便充分发挥其作用和价值。目前，应用比较广泛的入户光缆是 2 芯或 4 芯的蝶形引入光缆，但可以根据实际情况对其进行分类选用。从用途的角度对其进行分类，主要有两种类型：自承式光缆和室内布线光缆。

目前，针对不同用户类型可采用不同的解决方案，可作如下选择。

1）馈线光缆的缆芯采用普通 G.652 光纤，主要考虑因素是路由状况，在路由紧张的情况下推荐三种光缆：雨水管道光缆、开槽浅埋光缆和微型气吹光缆。

2）对配线光缆的要求是组装密度高，缆径相对较小，便于分枝和接续，在垂直布放时无油膏滴流隐患。

3）入户光缆要有良好的抗拉伸、抗弯曲和抗侧压特性，结构小巧，便于在楼宇间穿管布放，同时要便于现场端接，缆芯一般采用具备微弯曲功能的 G.657 光纤。

### 2. 松套管的设计

松套管是 FTTH 入户光缆线路中非常重要的组成部分，其作用主要是保护光纤。在设计松套管时，要使光纤在其中不会因其他因素的影响而出现弯曲，尤其是要注意避免光纤带由于松套管的余长而导致的弯曲。因此，在设计松套管时，要保证光纤带和管壁之间有一定的空隙。

### 3. 入户光缆成端设计

在整个光缆线路系统中，终端设施主要指住宅的终端配置，即光纤插座盒或用户的智能终端盒等。一般情况下，在一些具有综合布线的家庭住宅中，都会将综合布线的汇聚点设置在相对应的智能终端盒中。所以在设计智能终端盒时，可以结合实际情况将入户光缆直接与其进行有效结合，将其妥善放置在终端盒内。对于某些没有智能终端盒的住宅，应当先在用户安装的 ONT 设备附近对其进行调查分析，在确定安装符合标准要求的同时，可以在其附近安装相对应的光纤插座盒。

在安装光纤插座盒时，要注意科学合理地选择安装位置。一般情况下，要选择安装在一些有利于布放跳线且比较隐蔽的位置。同时，在其周围还应当布放 220V 交流电源插座。

## 7.1.4  智能住宅小区 FTTH 的工程实现

以图 7.1 所示智能小区中的多层住宅楼宇区为例，假设有多层住宅楼 16 栋，每栋 4 单元，每单元 6 层，每层 2 户，共 768 户。小区已留有 1 000MHz 光纤接口，住户房间内都没有网络专用接口，也未开通有线电话、有线广播电视。本方案采用 FTTH 实现方式，对其 ODN 进行规划设计，实现互联网、电话及有线广播电视接入服务。

### 1. 智能小区 FTTH 网络规划

在光纤到户的实现方案中，光缆布线是关键环节。在布线的过程中，要综合考虑光缆线路终端、光单元网络等设备参数，利用耗损原理和公式计算出光信号的衰减，以确定铺设的方式。同时，在光纤到户工程中，由于光缆需要被安放在拥挤的管道中，或者经过多次弯曲后被固定在接线盒或插座等具有狭小空间的线路终端设备中。因此，需要选择具有抗弯曲性能的单模光纤作为主要缆线。

针对该小区建筑楼宇实际情况，先根据设计标准要求，确定整体的 FTTH 方案，包含 ODF 配线架、光缆分纤盒（箱）、家居智能配线箱的安装设计、光缆线路的铺设安装和防护设计及光纤终端设备的选择和安装设计。然后，按照小区多层住宅楼宇的分布实情，选择合适的电信间，信号要覆盖整个多层楼宇住宅区。在光缆配置上采用热熔的方式从光缆的初段到家居配线箱进行熔接，并保证一户一进线汇聚至楼层分纤箱与多芯光缆一对一热熔续接，多芯光缆预留不少于 10%的维修余量，并且成端于楼层分纤箱内。最后，依据现场实际情况和基本原则选择光缆铺设路径，采用管道或架空的方式进行布线。

### 2. 智能小区楼宇之间光缆布线方案

根据小区的多层住宅楼分布情况，将其划分为 4 个片区；OLT 置于小区中心机房，48 芯室外光缆从小区中心机房引出；通过光缆接头盒将 48 芯光缆分枝为 4 根 12 芯光缆，分别接至 4 个楼宇片区的光缆交接箱。每芯光纤在光缆交接箱内通过 1：32 光分路器分成 32

路，并分别与两根 24 芯室内室外两用光缆熔接，将连接后的 24 芯光缆分别接至每栋单元楼。该智能小区多层住宅区楼宇之间 FTTH 方式光缆布线方案如图 7.3 所示。

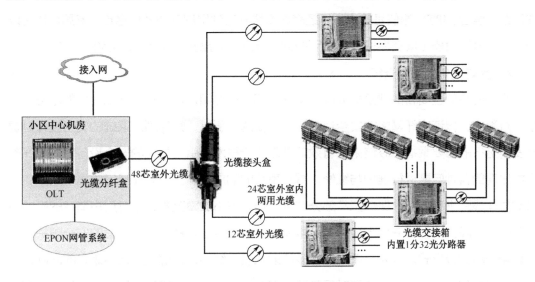

图 7.3　多层住宅区楼宇间光缆布线方案

### 3. 楼宇内光缆布线方案

在 FTTH 实现中，入户光缆段是 ODN 实施中最困难的部分。对于上述智能小区多层住宅来说，其楼宇内光缆布线可采用如图 7.4 所示布线方案。24 芯室内室外两用光缆在楼道光缆分纤箱内与入户碟形引入光缆（FRP 皮缆线）直接连接。接续方式可选熔接或冷接。

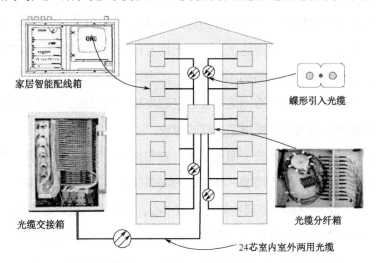

图 7.4　多层住宅楼宇内光缆布线方案

依据楼层和户数量配置光缆分纤箱，一般可选用 24 芯光缆分纤箱，每单元配一个。蝶形引入光缆（皮线光缆）通过楼内管（槽）道引入室内的家居智能配线箱。为了实现对 ONU

的保护,可将 ONU 设置在用户室内的家居智能配线箱内。

光纤进入家居智能配线箱后,通过冷接方式连接到 ONU 的进纤口,信号经 ONU 转换成网络、语音、IPTV 等信号输出,再经家居模块分散到用户家中各信息点。家居模块可以选配以太网路由器(或交换机)、电话交换机、音视频分配模块或保安监控模块等。

### 4. 光纤网络的安全运行

光纤到户的主要目的就是扩大网络部署范围,增加用户量,提供更加优质的服务。在这一过程中,保证光纤网络的安全也是非常重要的。所以,光纤到户系统的安全设计是提高安全运行的首要举措,应该采用有效的创新安全技术,引进先进的安全设备,对光纤到户中出现的各种问题进行维护与维修,减少事故的响应时间。如果在运行中出现故障,可以对故障线路进行隔离,保证正常部分继续工作,缩小故障范围,把对用户造成的影响降到最低。一般说来,要考察当地的实际电网形式,结合区域特点选择合适的安全防护建设计划和线路铺设形式。例如,采用点对多放射式线路结构,以解决线路不兼容的问题,避免安全事故的发生。同时,还要对现阶段的安全防护系统进行细致分析,找出系统漏洞和安全隐患,做好光纤到户线路的安全防控和监督。

## 7.2 数据中心网络布线系统

近年来,随着虚拟化技术、云计算等新应用模式的广泛运用,数据中心网络得到了迅速发展。一个现代数据中心通常可达上万乃至上百万台服务器的规模。为了适应数据中心网络发展要求,许多新型的网络结构相继涌现,如虚拟化技术,可提供多路径连接及多用户共享使用网络资源等。数据中心网络建设已经越来越受到重视。随着电子信息技术的发展,各行各业对数据中心的建设提出了不同的要求。

数据中心的建设包括供电系统、温控系统、安保系统、监控系统、消防系统和网络基础设施等,设备较为集中,属于需要严格控制的物理区域。因此,如何建立一个带宽高、可靠性高、密度高、灵活性高、扩展性高的数据中心,其布线系统就显得尤为重要。为此,由中国工程建设协会信息通信专业委员会会同有关单位经过广泛调查研究,总结国内数据中心网络布线技术实际应用经验,根据国内数据中心网络布线的技术特点,参考 TIA/EIA、ISO/IEC 等多项国际标准,发布了《数据中心网络布线技术规程》T/CECS 485—2017,从多个角度对数据中心网络及布线系统进行了规范,主要技术内容包括网络布线系统设计、路由与空间设计、网络布线管理，以及施工与测试验收等。

## 7.2.1　数据中心网络

　　数据中心是一整套复杂的设施，不仅仅包括计算机系统和其他与之配套的设备（例如通信和存储系统），还包含冗余的数据通信连接、环境控制设备、监控设备及各种安全装置。按照数据中心的业务性能可分为政府数据中心、企业数据中心、金融数据中心、互联网数据中心和云计算数据中心等类型。按照数据中心的使用性质和数据丢失或网络中断对经济社会造成的损失或影响程度，将数据中心划分为 A、B、C 三级。A 级为容错系统，可靠性和可用性等级最高；B 级为冗余系统，可靠性和可用性等级居中；C 级为满足基本需要，可靠性和可用性等级最低。通常，科研院所、高等院校、博物馆、档案馆、会展中心及政府办公等机构的数据中心可以按照 B 级要求设计。

### 1. 数据中心网络系统

　　随着信息化时代互联网及企业内联网在全球各领域的普及应用，出于安全应用的考虑，越来越多的企业和机构都开始建设自己的数据中心。数据中心的发展开始向高密度、高性能、高度灵活性、易于扩展和易于升级的方向发展，网络系统在其中担负着关键作用。数据中心网络系统应根据用户需求和技术发展状况进行规划和设计。按照国家标准设计规范，数据中心网络系统的基本组成如图 7.5 所示。

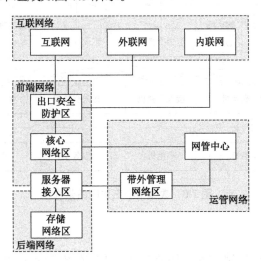

**图 7.5　数据中心网络系统的基本组成**

　　（1）互联网络包括互联网、外联网及内联网，不同网络区域间进行安全隔离。

（2）前端网络包括出口安全防护区、核心网络区及服务器接入区，其主要功能是进行数据交换。

（3）后端网络包括服务器接入区和存储网络区，其主要功能是数据存储。其中的存储网络交换机宜与存储设备贴邻部署，存储网络的连接应尽量减少无源连接点的数量，以保证存储网络低延时、无丢包的性能。

（4）运管网络包括带内管理网络（网管中心）及带外管理网络区。带内管理是指管理控制信息与业务数据信息使用同一个网络接口和通道传送；带外管理是指通过独立于业务数据网络之外专用管理接口和通道对网络设备和服务器设备进行集中化管理。A 级机房一般需要单独部署带外管理网络，服务器带外管理网络和网络设备带外管理网络可使用相同的物理网络。

**2. 数据中心网络架构**

数据中心常见的网络系统架构有三层网络架构、二层网络架构和一层网络架构。二层和一层网络架构也被称为矩阵架构，这种架构可为任意两个交换机节点提供低延迟和高带宽的通信，可以配合高扩展性的模块化子集设计。

1）三层网络架构

数据中心三层网络架构包括核心层、汇聚层和接入层三层，该网络架构如图 7.6 所示。

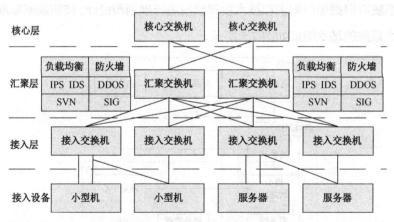

图 7.6　数据中心三层网络架构

2）矩阵网络架构

根据数据中心的用户行业特点，互联网数据中心对灵活性、可扩展性要求比较高，金融数据中心追求高可靠性、安全性，所以互联网数据中心更多地采用云计算扁平化大二层网络架构，而金融数据中心更倾向采用传统三层的改进型网络架构，如采用双活模式的数据中心网络架构。数据中心网络的一种矩阵网络架构如图 7.7 所示。

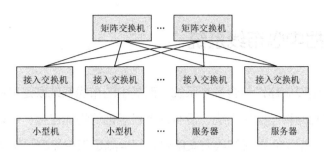

图 7.7 矩阵网络架构

3）多数据中心网络互连系统架构

近年来，云计算技术、大数据技术应用越来越普及，其服务提供者也越来越多。云计算、大数据不仅在互联网领域发生改变，同样在工业制造、农业、城市交通、文化艺术、教育等许多领域发挥着重要作用。同时，大部分的数据中心用户越来越重视数据灾备，多数据中心网络架构也由此应运而生。

多数据中心网络互连系统需要具有较高的可用性。例如，作为全球网络运营商的谷歌公司就架构了一种如图 7.8 所示的多数据中心网络架构系统，用于提供一系列互联网服务，包括搜索、图像共享、社交网络、视频传播、在线协作工具、在线市场和云计算等。其中，B2 是一种在用户群和多数据中心之间传输数据的广域网；B4 是一种在多数据中心之间传输数据的内部广域网；B2 与 B4 通过集群汇聚路由器（Cluster Aggregation Router，CAR）互连互通。实际上，CAR 是一种多级交换结构（Clos 网络）；Fabric 是由 IBM 和 DAH 主导开发的一个区块链框架。这种覆盖全球的多数据中心和广域网，既连接谷歌的数据中心，也拉近了全世界的客户端的距离。

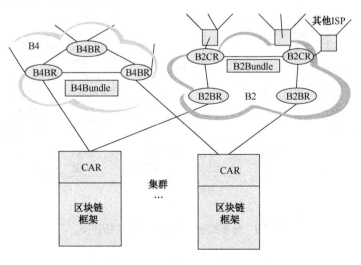

图 7.8 多数据中心网络架构示意

## 7.2.2 数据中心布线系统

数据中心的基础设施建设包含多个系统，而其中的布线系统既是机房基础设施的一部分，同时又是最基础的物理连接系统，没有这个最基础的物理连接，一切数据交换都无从谈起。因此，确保数据中心布线解决方案能够较好地满足用户需要是至关重要的。

### 1. 数据中心布线系统组成

数据中心布线系统与网络系统架构密切相关，设计时应根据网络架构确定布线系统。结合用户需求，设计一个基于标准的布线系统，综合考虑扩容的高性能和高带宽。网络布线应具备支持 10Gbit/s、40Gbit/s 和 100Gbit/s 网络的能力。根据《数据中心网络布线技术规程》T/CECS 485—2017，主机房空间总体来说可分为主配线区（Main Distribution Area，MDA）、水平配线区（Horizontal Distribution Area，HDA）、中间配线区（Intermediate Distribution Area，IDA）、设备配线区（Equipment Distribution Area，EDA）等部分进行规划设计。综合布线系统的基本结构还包含支持空间。一个典型的分布式数据中心布线系统拓扑图如图 7.9 所示。

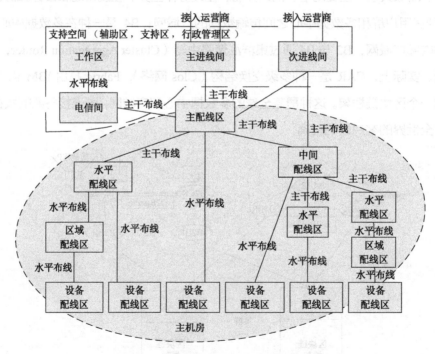

**图 7.9 分布式数据中心布线系统拓扑图**

1）主配线区

主配线区（MDA）是数据中心网络布线系统的汇集中心，即网络核心区。这个区域一般设置在主机房内部。在多用户共同使用数据中心的情况下，作为网络核心的主机房要使用专用的房间或区域用以保证其安全性。

数据中心主干布线采用星形拓扑结构，为主配线区、中间配线区、水平配线区、进线间和电信间的连接。主干布线包括主干缆线、主交叉连接、中间交叉连接及水平交叉连接配线模块、设备缆线及跳线。数据中心主干布线系统的信道构成如图 7.10 所示。

图 7.10  数据中心主干布线系统的信道构成

MDA 会涉及众多的主跳接及核心交换设备，包括核心路由器、核心 LAN 交换机、核心 SAN 交换机和 PBX 设备等。高等级的数据中心要求至少有两个主配线区。多台核心路由器/交换机应分别安装在不同的主配线区内。

2）水平配线区

水平配线区（HDA）相当于楼层电信间，是一个汇接的配线区域，用于安装汇聚交换机、ODF 等。一般在每个机房分别设置一个水平配线区。HDA 属于一种水平交叉的连接区域，设置光缆和电缆，分别上联至两个主配线区。HDA 用于服务一个或者多个 EDA，通常包含 LAN 交换机、SAN 交换机、键盘/视频/鼠标（KVM）切换开关。HDA 包含水平交叉连接配线至设备配线区。

数据中心水平布线采用星形拓扑结构。每个设备配线区的连接端口通过水平缆线连接到水平配线区或主配线区的交叉连接配线模块。水平布线包含水平缆线、交叉配线模块、设备缆线、跳线及区域配线区的区域插座或集合点。在设备配线区的设备连接端口至水平配线区的水平交叉连接配线模块之间的水平布线系统中，不能含有多于一个区域的配线区集合点。信道最多只能存在 4 个连接器件，包括设备配线区信息点、集合点及水平交叉连接的两个模块。数据中心水平布线系统信道构成如图 7.11 所示。

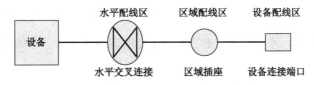

图 7.11  数据中心水平布线系统信道构成（4 个连接点）

3）中间配线区（IDA）

中间配线区是位于 MDA 和 HDA 之间的配线区。

4）设备配线区

设备配线区（EDA）是分配给终端设备的配线区域或者空间，包括计算机系统、通信设备、交换机和刀片服务器及其外围设备，通常采用机柜/机架式安装的配线架进行端接。水平的布线多放置于设备配线区的一侧，这样可以采用机柜式的安装方法进行端接。注意，EDA 不应替代 ER、MDA、HDA 的服务功能。

5）支持空间

数据中心支持空间（主机房外）的布线空间，包括主（次）进线间、电信间、行政管理区、辅助区和支持区等。数据中心可以有一个或多个进线间，用于支持一个或多个 MDA 及一个或者多个 HDA。

（1）进线间。进线间也就是运营商接入机房，为数据中心提供与外部网络的互连。进线间用于安装传输设备、ODF、出口路由器等设备。当需要接入多家运营商时，建议使用 2 个以上的进线间。进线间一般设置在主机房之外，但应靠近网络核心机房。

（2）电信间。电信间是数据中心支持主机房，并在主机房以外的布线空间，用于安放提供本地数据、视频、弱电与语音通信服务的各种设备。

**2. 数据中心主机房整体布局**

数据中心主机房是信息处理的心脏。为保证中心主机房承担的各项任务 24 小时不间断地正常运行，必须在满足基本功能的前提下，为高性能计算机系统提供安全、稳定、可靠的工作环境。因此，安全、先进、实用是设计的第一原则。

一般地，将数据中心主机房区域划分为运营商接入机房、网络中心机房、设备机房、UPS 室、介质室、配电室、监控室、操作室、备件室、办公区、会议室和值班室等。数据中心机房布线系统各功能区的设计必须考虑各种应用系统的需要，预留充分的信息点，设计灵活的布线方式。

数据中心的网络中心机房作为基本物理设计单元，包含服务器机柜/小型机、存储机柜、接入网络机柜和汇聚网络机柜等 IT 设备，以及为其配套的电气和制冷系统。图 7.12 是按 IT 设备类型划分的机房功能分区示意图，分为 MDA 及核心交换机区、HDA 及接入交换机区、互联网安全设备区、小型机区、PC 服务器及机架服务器区、存储及磁带区等。

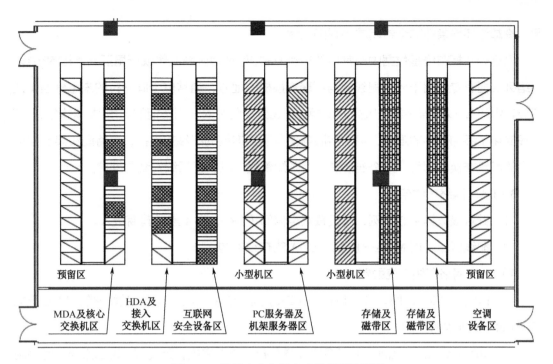

预留区　　　　　　　　小型机区　　　　小型机区　　　　　　　预留区

MDA及核心交换机区　　HDA及接入交换机区　　互联网安全设备区　　PC服务器及机架服务器区　　存储及磁带区　　存储及磁带区　　空调设备区

图 7.12　数据中心主机房功能分区示意图

### 3. 数据中心网络布线方案

数据中心网络布线系统是支持业务需求的基石。在选择布线缆线时，要充分考虑计算机网络发展对带宽的需要，以便为未来发展留下发展空间。网络布线必须遵照"统一规划，协调发展，适度规模，短期稳定，持续发展"的原则，在满足当前信息系统需求的同时，仍然有较好的拓展性。数据中心网络布线系统的铜缆最低类别为 Cat 6 类，光缆为万兆位多模 OM3、OM4 或者单模光纤。数据中心的布线方案有点对点和网络列头柜两种布线方式。

1）点对点布线方式

点对点布线是数据中心采用的比较传统的布线方式。点对点布线就是在地板下、空中（无论是否有线槽）或穿过服务器机柜，只要有需要就牵拉网线。缆线通常是现场制作或直接使用已有链路。这种布线方式会使服务器与跳线分布混乱，导致维护追踪较困难，无法很好地服务于数据中心和基于云计算的数据中心布线系统。

2）网络列头柜布线方式

列头柜是用来对同一机房内一列或多列机柜进行网络布线传输服务或配电管理的机柜。列头柜位于一列机柜设备的最顶端（第一位置），一般由柜体和附属部件组成。列头柜分强电列头柜和弱电列头柜。弱电列头柜又分为网络列头柜、KVM 列头柜和服务器列头柜。网络列头柜是用于放置计算机设备、数据网络设备，并提供设备运行所需的信息网络、电源、冷却等环境条件的全封闭或半封闭柜体。

网络列头柜布线是数据中心常用的布线方式，也称为区域汇聚或行尾汇聚架构的布线。网络列头柜有专门用于放置配线架与汇聚交换机的地方，通常位于同一行的末尾机柜（或者放在中间），以便连接整组服务器机柜。配线架安装在网络列头柜的插槽中。网络列头柜布线简化了添加硬件的难度，只需将服务器与所需连接的配线架连接，再将配线架连接至对应的汇聚交换机即可。每个连接需要两条短跳线，以利于后续安装与维护。

3）LAN 网络布线架构

（1）针对该数据中心示例，可设置双电信间（ER），供 4 家运营商接入。

（2）配线区域采用 MDA→HDA→EDA 的布线架构。

4）LAN 网络布线系统配置

（1）ER 和 MDA 之间。每个设备间（ER）至 MDA 采用 144 芯单模光缆、48 根低烟无卤 Cat 6 类非屏蔽铜缆。

（2）MDA 和 MDA 之间。由于系统设置在同一个机房内，距离近、路由方便，可采用跳线完成 MDA 及 MDA 之间的互连。

（3）MDA 至 HDA。MDA 核心业务模块与 HDA 之间的主干缆线采用 48 芯 OM3 万兆多模光缆和 12 根低烟无卤 Cat 6 类非屏蔽铜缆，即每个 HDA 区至两个 MDA 区各配置 48 芯 OM3 万兆多模光缆和 12 根低烟无卤 Cat 6 类非屏蔽铜缆。

（4）HDA 至 EDA。每排机柜设一组综合布线列头柜。

（5）普通服务器机柜区。每台设备机柜配置 24 个 6 类信息点、12 芯多模光纤至列头柜。

（6）存储、小型机机柜区。每台设备机柜配置 24 个 6 类信息点至列头柜。

**4．存储区域网络布线配置方案**

目前，常采用存储区域网络（Storage Area Network，SAN）。SAN 是指存储设备相互连接且与一台服务器或一个服务器群相连的网络，它是一种通过光纤集线器、光纤路由器、光纤交换机等连接设备将磁盘阵列、磁带等存储设备与相关服务器连接起来的高速专用子网。

常规机架式服务器一般自带存储器，较少独立配置单独存储网络，布线走向主要是上行 LAN 网络，布线规划可以每列以 4～8 个设备柜配置一个网络列头。但高性能服务器与机架式服务器不同，这类服务器主要负责高速数据计算，通常外带单独的存储设备。通常，高性能服务器与独立存储设备以 2：1 的比例配置，在高性能服务器、SAN 交换机与存储设备三者之间形成多点对多点的光纤高速传输通道，如图 7.13 所示。

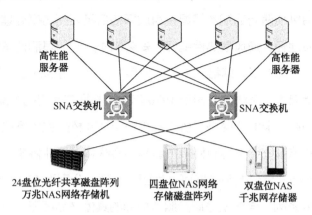

**图 7.13　存储区域网络架构**

从图 7.13 中的网络连接关系可知，任一台服务器突发故障或死机后，都不会影响存储设备内数据与外网的正常传输，其他服务器可以通过 SAN 交换机及时处理存储设备的数据，以保证核心数据传输应用的可靠性。因此，采用 SAN 可以实现大容量存储设备数据共享，可以实现高速计算机与高速存储设备的高速互连，可以实现灵活的存储设备配置要求，可以实现数据快速备份，提高数据的可靠性和安全性。

## 7.2.3　数据中心机房走线方式及桥架

数据中心主机房可采用上走线方式或者下走线方式，两种方式没有绝对的优劣之分。下走线由于缆线隐藏在地板内，虽然机房整齐美观，但维护不便，每次新布放缆线都需要打开地板操作，而且安全隐患较多。上走线的缆线路由清晰，维护非常方便，不易有安全隐患。虽然上走线机房缆线外露，但只要缆线按规范操作布放，机房也可以做到比较整齐美观。

目前，对于设备来说，常用品牌设备如华为、IBM、HP 等大部分都可以使用上走线方式或者下走线方式敷设；只有少数设备只能采用下走线方式，但也可以由厂家适当改造而采用上走线方式敷设。从机房维护便利性及安全性方面考虑，数据中心主机房所有缆线也宜采用上走线方式。为了减少强电对弱电的电磁干扰，目前主流的数据中心布线结构是强电缆线在地板下敷设，弱电缆线采用上走线方式敷设。若采用上走线方式时，有传统铝合金式走线架和网格式走线架两种方式可供选择使用。

### 1. 铝合金走线架

铝合金走线架是现代通信机房中必不可少的辅助设备，具有支撑全部缆线重量、提供布线及为设备提供顶部固定支点的功能。

**2. 网格式桥架**

网格式桥架是由纵横两向的钢丝经焊接组成网格后经表面防腐处理而成的。网格式桥架具有连接快速、质地轻、通风散热性能好、安装制作方便、灵活性强等特点，在现代机房和数据中心中得到广泛应用。网格式桥架的典型产品是卡博菲网格式桥架。

卡博菲网格式桥架是一家法国公司于 1970 年发明并推广使用的金属性线型电缆桥架，已广泛应用于数据中心。卡博菲网格式桥架系统由卡博菲桥架主体系统、卡博菲桥架连接系统、卡博菲桥架支撑系统、卡博菲桥架布线辅助系统和卡博菲桥架路由调整系统等几个部分组成。卡博菲网格式桥架按照高度可分为四个系列，分别为 CF30 系列、CF54 系列、CF105 系列和 CF150 系列，详细型号请参照卡博菲的具体产品图册，一般每段卡博菲直线段的标准长度为 3m。

卡博菲网格式桥架安装简单，灵活多变，各种角度的折弯、三通、四通、标高变化、变径等都可以在施工现场采用直段桥架直接加工而成，无须定制。高度的灵活性能够轻松应对工程中出现的各种突发变化，特别是用在转弯多、起伏大的复杂安装环境更具优势。卡博菲网格式桥架的常规配置如图 7.14 所示。

（a）开放式桥架布线　　　　　　　　（b）维护升级简便

（c）创新安装　　　　　　　　（d）多层敷设

**图 7.14　卡博菲网格式桥架的常规配置**

在数据中心机房采用卡博菲网格式桥架方式，主要优势在于以下几点。

（1）开放式的布线结构简化了缆线的移动、增减和变更，能够适应数据中心频繁的维护、升级扩建。

（2）创新的安装方式，如可在地板下安装、机柜直接安装或整合配线架安装等，可从任意点出线，方便与机柜、机架连接。

（3）缆线可以多层敷设，根根可见，能够全面管控布线质量，便于维护和故障检修。

（4）独特的安全 T 型边沿和专门设计的特殊配件能够确保数据缆线的安全。

## 7.2.4　数据中心 KVM 技术方案

KVM（Keyboard Video Mouse）是键盘（Keyboard）、显示器（Video）和鼠标（Mouse）的缩写，是数据中心的一种管理控制设备。它通过直接连接键盘、视频和鼠标（KVM）端口能够访问和控制计算机。KVM 的正式名称为多计算机切换器，是一个独立的硬件集中管理系统，也是现代服务器监管的关键设备，可协助管理员通过由单一键盘、显示器及鼠标组成控制端，轻松访问并集中管理多达上千台计算机。这意味着可以在 BIOS 环境下，随时访问目标计算机。KVM 提供真正的主板级访问，并支持多平台服务器和串行设备。

### 1．KVM 技术方案需求分析

目前，对于新建数据中心，大多数都采用 KVM 进行整合集中管控。例如，若某一小型数据中心主机房共有 2 排机柜，约 60 台服务器，拟采用 KVM 实现主机房本地控制及 IP 远程管控。其技术方案的核心需求如下。

（1）通过键盘、显示器、鼠标的适当配置，实现网络的集中管理。将所有 KVM 设备单独放在一个机柜中，不破坏原有网络结构，在进行安装部署时保证原网络正常运行。

（2）提高系统的可管理性，提高系统管理员的工作效率，并且使系统具备良好的拓展性，之后如果增加服务器或者增加管控人员也能够做到无缝接入，还能够兼顾之后由于业务需要新增的 IT 硬件设备。

（3）利用 KVM 多主机切换系统，系统管理员可以通过一套键盘、鼠标、显示器在多个不同操作系统的主机或服务器之间进行切换并实施管理。

（4）避免使用多显示器产生辐射，构造健康环保的机房。

### 2．KVM 选择使用

KVM 有多种类型。按网络环境可分为基于 IP（KVM over IP）和非 IP；按设备环境可分为机械和电子（手动和自动）；按安装方式可分为台式和机架式；按应用范围可分为高、中、低三类；按工作模式可分为模拟 KVM 和数字 KVM。模拟 KVM 主要是一些早期产品，用于距离不远的机房或者本地单一机柜，对中小企业来说具有较高的性价比。数字 KVM 则是对模拟 KVM 的升级，利用 IP 网络技术，网管人员可以操作任意地点的服务器，包括互联网上的主机。选用 KVM 时，一般需要考虑以下几个因素。

（1）服务器数量及扩容能力的预留。

（2）服务器的接口类型。

（3）用户终端数量。用户终端数量往往不易确定，高峰时的用户数和日常的用户数可能相差较大，最好能进行比较准确的估算。如果确实无法确定，建议 100 台服务器以下配 1 ~ 4 个用户终端，100 ~ 500 台服务器设置 4 ~ 8 个用户终端。因为在机房里同一时间管理服务器的技术人员不会太多，而且这样设置的性价比较高。

（4）访问通道数，也就是阻塞率。一般大型的 KVM 优先考虑堆叠。如果确实需要做级联，根据经验，8 个用户一般使用 4 通道级联是最优结构；如果是 4 个用户，一般用 2 通道级联即可。当然，阻塞这个问题其实是不难解决的，比如有些重要的服务器，可以用无阻塞级联，一些不重要的服务器用 2 通道级联，其他用 4 通道级联等。

（5）安全性。由于 KVM 是与计算机的键盘、鼠标、显示器接口交互，而且管理着众多的关键设备，其安全性要求很高。其中，最主要的就是不能因为 KVM 切换器自身的原因影响被控制设备的运行，甚至出现死机、重启。不论 KVM 切换器的功能是否强大，安全性都是判断 KVM 自身质量的最基本标准。比如，计算机的 PS2 接口是不支持热插拔的，但性能好的 KVM 应支持设备连线的热插拔。

**3．KVM 系统总体方案示例**

1）用户功能需求描述

为简单起见，假设数据中心有 60 台服务器，分放在两排机柜内，计划每排机柜放置一台 KVM。中心机房所有服务器设备需要实现 2 个管理员能远程同时集中管理，需要在中心机房内设置 1 套本地控制台以便机房内本地操作管理，并要求支持虚拟媒体、日志审计和权限分配等功能。

2）KVM 系统配置

依照需求分析，为实现用户管控功能，KVM 系统配置设备清单见表 7.1。KVM 系统组成如图 7.15 所示。

表 7.1  KVM 系统配置设备清单

| 设备名称 | 型号（品牌） | 数量 | 设备性能描述 |
|---|---|---|---|
| KVM 控制台 | KVM-1701AU（RETON） | 2 台 | 1U 机架式 17″ 显示器/单端口/USB 接口/1280×1024 75Hz/交流供电/配置 1 条 1.8m USB 接口配线 |
| KVM 切换器 | KS-2032M（RETON） | 2 台 | 1U 高度机架式、32 端口数字 KVM；支持 2 网络远程通道 1 本地用户管理通道；双电源；双网口；支持虚拟媒体；连接服务器距离可达 50m |

续表

| 设备名称 | 型号（品牌） | 数量 | 设备性能描述 |
|---|---|---|---|
| VGA-US-V3 | 连接模块<br>（RETON） | 60个 | 带 USB 接口；支持虚拟媒体功能；连接 KVM 距离可达 50m |
| RCM-B-64R | 管控软件 | 1套 | 集中管理控制平台软件，默认 64 个节点授权许可 |

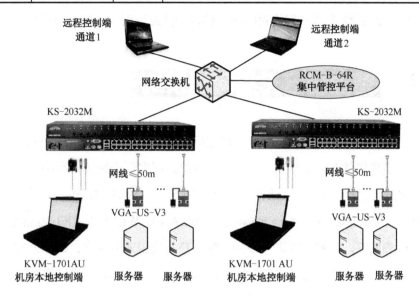

图 7.15　KVM 系统组成

3）KVM 系统配置方法

（1）将 2 套远程 KVM 切换器 KS-2032M、2 套 KVM-1701AU 安装到相应的位置，每排机柜各放置一套设备。

（2）将所有服务器连接好 VGA-US-V3 模块。

（3）将所有 VGA-US-V3 模块通过网线（≤50m）分别连接到 KS-2032M KVM 控制台的 32 个网口端口。

（4）将 KS-2032M 的网络接口接入网络交换机实现网络远程集中管理。

（5）分别将 KVM-1701AU 与 KS-2032M 通过配线连接，实现本地管理。

（6）网络远程管理可实现局域网内的远程管理及外网的远程管理，主要是通过在远端的管理员计算机登陆集中管控平台 RCM-B-64R，即可在通过用户名、密码认证后对所连接的设备进行远程管理。

4）KVM 系统方案的优势

（1）具有良好的扩充性：可以通过级联的方式增加 KVM 数量来灵活实现控制后期增加的服务器。

（2）冗余性：KS-2032M 自带双电源，双网口设计，冗余性强。

（3）支持多人远程登录：支持多人在远程端登录，一名管理者可以通过屏幕菜单（On Screen Display，OSD）任意切换管理不同的服务器。

（4）无缝构建：不破坏原有网络结构。

（5）同步：2 控 32 支持鼠标绝对同步，确保切换无延时，操作体验流畅。

## 7.3 智能园区无线网络系统

在网络工程中，不仅包括有线网络，也包括无线网络（Wireless Networks）。无线网络是指用无线信道来代替有线传输媒体所构成的网络，可实现无线设备可移动的网络数据传输。无线网络技术涵盖了通过公众移动通信网实现的无线网络（如 5G、4G、3G 或 GPRS）和无线局域网（Wireless Local Area Networks，WLAN）。WLAN 是指以无线信道作为传输媒体的计算机局域网。目前，越来越多的场景已开始使用无线网络，如办公室、商场、医院、会展中心等诸多场所。随着人们对网络需求度日益提升，对无线网络覆盖提出了更大的挑战。将有线网络与无线网络组合组建，能够给智能园区提供一个稳定、高速、便利的网络环境。

无线网络技术的应用现已成为智能园区的显著性特征，且无线网络对实现园区的实用功能、提高楼宇的应用水平具有重要意义。本节主要讨论无线网络技术（即 WLAN）在智能园区（校园）中的运用。

### 7.3.1　智能园区无线网络的构建

以高校的校园网为例，随着信息技术的高速发展，越来越多的校园网开始向智能园区方向建设发展。目前，在校教职工、学生都有带有 WiFi 功能的便携式计算机、平板电脑、智能手机等，因此，现在需要在教室、实验室、图书馆、会议室、学术报告厅、体育馆、室外广场等多个场所突破有线网络节点的限制，能够在任何时间、任何地点进行网络通信。校园网开始由有线向无线、由固定向移动、由单一业务向多媒体方向发展。校园无线网络系统已经成为校园网络的重要组成部分。

#### 1．构建无线网络的常用设备

校园无线网络一般是以有线局域网为基础的，以无线接入点（AP）和无线网卡来构建的无线局域网系统。在校园无线网络中，常用的联网设备有无线网卡、无线接入点、无线网桥、无线网关/路由器、无线控制器及交换机等。

1）无线网卡

无线网卡（Wireless Card）是用于接收和发送无线电波的接口卡，是无线网络中必不可少的设备，其功能是将用户的设备终端与网络中的服务器进行连接。无线网卡可以看作用户终端与网络之间的桥梁。无线网卡与用户终端相连，既可以将用户终端需要传输的数据进行采集与发送，也可以接收其他设备或服务器上的数据，并传送至特定的用户终端。

当前，常用的无线网卡及其对应的协议是：11Mbit/s（802.11b），22Mbit/s（802.11 Super b），54Mbit/s（802.11g/802.11a），108Mbit/s（802.11 Super G），125Mbit/s（802.11 High Speed-G），300Mbit/s（802.11n）。根据接口不同，无线网卡有如下几种类型。

（1）PCI 接口无线网卡：用于连接台式计算机，插在主板的 PCI 插槽上，有些是 PCI 转换卡，有些是完全集成的无线 PCI 卡；没有太多的兼容问题，安装简单。缺点是信号容易受机箱本身的阻挡，受信号接收方向的影响比较明显。

（2）USB 接口无线网卡：同时适用于连接便携式计算机或台式计算机，优点是支持热插拔，临时使用方便。缺点是插在计算机上容易脱落，并且有些 USB 网卡对电源要求较高，对个别 USB 供电不足的主板可能无法使用。

（3）PCMCIA 接口无线网卡：主要用于早期的便携式计算机，支持热插拔，造价较低，需具备 PCMCIA 接口才能使用，现已很少使用。

（4）SD/CF 接口无线网卡：SD/CF 接口无线网卡拥有 SD/CF 卡的外观，但内置了 WiFi 无线网卡的储存卡，各种具备 SD/CF 接口的设备都使用，例如便携式计算机、照相机、手机和掌上 PDA 等；其同时具备存储和 WiFi 功能，但在一般场合较少使用。

（5）内置无线网卡：内置无线网卡主要有 Mini-PCI 和 PCI-E 接口两种。Intel855 和 915 系统芯片组及 SIS 和 ATI 芯片组用的都是 Mini-PCI 接口标准；从迅驰三代开始，Intel945 系统、Intel965 系统都是 PCI-E 接口，后者是前者的替代接口。

2）无线接入点

无线接入点（Access Point，AP），也称为无线访问点。AP 提供从有线网络对无线终端和无线终端对有线网络的访问。在 AP 覆盖范围内的无线终端可以通过它进行相互通信，是无线网络和有线网络之间沟通的桥梁。无线 AP 与有线交换机或路由器进行连接，并帮助下联的无线终端获取 DHCP 分配的 IP 地址。AP 主要用于小范围区域，典型距离可覆盖几十米至上百米。一个 AP 一般可以连接 30 台左右的网络终端，通过无线控制器（AC）

的控制可以实现多个 AP 之间的漫游。对于构建校园无线网络，在选用室内、室外 AP 时，一般要考虑以下几个方面的技术指标。

室内 AP 的主要技术指标包括以下几点。

（1）支持双频接入，支持 IEEE 802.11a/b/g/n/ac/ac wave2 标准。

（2）内置全向天线，最大发射功率为 2.4GHz（组合功率为 21dBm），5GHz（组合功率为 20dBm），最高速率达到 1 000Mbit/s。

（3）可同时在线的用户数（视网络规模而定，一般为 100 个）。

（4）支持 AC 集中管理和维护，统一认证。

（5）支持对 WiFi 终端的定位和无线终端之间访问隔离，具备一定的安全性。

（6）支持频谱分析，对蓝牙等设备进行干扰源定位和频谱显示。

（7）支持常用的 WEP、WPA 加密，支持 IEEE 802.1x 认证、Web 认证、Portal 认证。

（8）支持以太网供电。

室外 AP 的最主要功能是解决信号的远距离接收，通常配有大功率的内置或外置的天线，以增强网络信号，天线分为定向和全向两种。室外 AP 因环境的特殊性，需要具备较强的环境适应能力。室外 AP 及主要技术指标如下。

（1）双频设计，2.4GHz 支持 IEEE 802.11b/g/n，5GHz 支持 IEEE 802.11a/n/a，高速可靠。

（2）有线接口保证高速、稳定的无线接入，支持 PoE 供电。

（3）双频（2.4GHz，5GHz）具有定向天线，2.4G 频段最大速率可达 450Mbit/s，5G 频段最大速率可达到 1.3Gbit/s，2.4GHz 增益 10dBi，5GHz 增益 10dBi。

（4）支持虚拟分组技术，支持多个 SSID，多虚拟局域网（VLAN），针对不同用户需求可进行不同的配置，能提供较强的安全性。

（5）可靠性高，环境适应能力强，在雨雪天等恶劣环境下能够正常工作。

3）无线网桥/无线交换机

如果说无线网卡建立了用户端与服务器端的连接，那么无线网桥/无线交换机的作用则是在不同的服务器端建立连接。无线网桥、无线交换机通常用于连接两个不同的局域网（WLAN），实现二者的数据交换。无线网桥、无线交换机广泛应用在不同建筑物之间的互连，覆盖范围在几百米到几十千米。

4）无线网关/无线路由器

无线网关是指具有简单路由功能的无线接入点，可以直接连接外部网络，实现多用户的互联网共享接入。无线路由器是指集成 AP 与路由器功能的一种设备，通过它可在覆盖范围内划分出一个子网，使这个范围内的所有无线终端能进行网络访问。无线路由器可用于完成计算机网络互连和不同协议的转换、网络地址的过滤。网关是网络的接口，而路由器是一个设备，实质上路由器的功能已经包含了网关接口。一般来说，网关和路由器是指同一种设备。

当前，无线网络产品发展得很快，把许多功能都集成到一台设备上，既可以是具有路由器功能的设备，又可以是具有网桥/交换机功能的设备，甚至可以充当 AP，还可以具有网关、防火墙等功能。

5）无线控制器

无线控制器（Wireless Access Point Controller，AC）是一个无线网络的核心设备，负责对无线网络中的 AP 进行管理，包括参数配置、下发配置、RF 智能管理、接入安全控制等。

在传统的无线网络中，每个 AP 独立完成无线信号收发、数据交换、认证授权和数据加密等工作，不能进行统一集中控制管理，效率非常低。而采用 AC 的新型无线网络解决方案，所有的 AP 只负责无线信号收发工作，而认证授权、数据加密、安全控制等高层的工作由 AC 负责，且 AC 对其范围内的所有 AP 进行集中控制和管理，效率得到大大提高。目前，这种 Fit AP+AC 组网模式已广泛应用于大中型无线网络的构建之中。

6）带有 AC 集成的核心交换机

交换机作为校园网的核心层设备，必须具备较高的转发性能和拓展性，为校园网络提供全线速的数据交换。通常是在交换机中加入带有 AC 集成的核心模块，以便能够随时智能监听和响应整个网络，及时发现和解决网络出现的异常情况。带有 AC 集成的核心交换机的主要性能如下。

（1）全模块化结构，业务板卡能够进行用户认证、实时控制和管理 AP。

（2）支持 AP 统一管理，实现全网无缝漫游。

（3）支持射频管理、按需关闭射频接口或调整射频功率，降低能耗。

（4）支持虚拟分组技术，可以对用户分组，设置不同 SSID，分类管理。

（5）支持有线、无线统一管理，包括拓扑管理、AP 管理、用户管理等。

（6）支持 PPPoE、IEEE 802.1X、MAC、Portal 认证方式。

（7）支持射频扫描，识别非法 AP。

（8）支持负载均衡，提高网络连接可用性。

（9）支持基于流量、时长的计费方式。

**2. 无线网络拓扑结构**

无线网络拓扑是一种各种网络设备互连的物理布局,以便各种无线终端进行相互通信。目前,常用的无线网络拓扑主要有 Ad Hoc、基础结构集中式和蜂窝式三种拓扑形式。

1)Ad Hoc 网络拓扑结构

Ad Hoc 网络又称自组织网络、对等网络,是指无固定技术设施的无线局域网,也是最简单的 WLAN 拓扑结构,如图 7.16 所示。Ad Hoc 网络不需要固定的基础结构就能进行网络的相互访问,网络连接的计算机具有平等的通信关系。这种拓扑结构的网络便于快速部署,但仅适用于较少数的计算机无线互连(通常是在 5 台主机以内)。组建 Ad Hoc 网络不需要固定设施,只需要在每台

**图 7.16 Ad hoc 网络拓扑结构**

计算机中插入一块无线网卡,不需要其他设备就可以进行通信。

2)基础结构集中式拓扑结构

在具有一定数量用户或是需要建立一个稳定的无线网络平台时,一般采用以无线接入点(AP)为中心的模式,将有限的"信息点"扩展为"信息区",这种模式也是无线局域网最普通的构建模式,即基础结构集中式模式,如图 7.17 所示。基础结构集中式拓扑呈辐射状,包括分布式系统媒体、无线接入点与接入端口等。这种拓扑结构能够通过 AP 与有线网络及无线网络的用户进行通信,常用于大覆盖范围或有多个 AP 互连的情况。在这种拓扑结构中,无线接入点(AP)是整个网络的控制中心,如果 AP 发生故障或受到攻击,将影响整个网络的正常运行。

有线网络

AP

**图 7.17 基础结构集中式拓扑**

目前,许多场所都已经开始利用 WLAN 的方式提供移动互联网接入,在宾馆、会展中心、体育场、机场候机大厅等地区架设 WLAN,然后通过 DSL 或 FTTx 等方式,为人们提供无线上网条件。

3）蜂窝式拓扑结构

蜂窝式拓扑结构是一种特殊的多基础集中式结构，如图 7.18 所示。蜂窝式拓扑结构采用频率复用技术，同样的频谱在指定的区域内可以被复用几次，在传输中使用大量低功率的基站，每两个基站之间都有无线信号互相重叠的区域，通过多个基站之间的频率复用，可以扩大无线信号的覆盖范围。

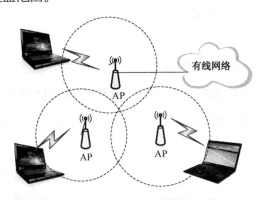

图 7.18　蜂窝式拓扑结构

### 3．无线网络协议标准

网络协议是网络上所有设备（网络服务器、计算机及交换机、路由器、防火墙等）之间通信规则的集合，它规定了通信时信息必须采用的格式和这些格式的意义。而无线网络协议标准就是各种无线设备相互通信的网络协议。

智能园区网络系统中的无线网络属于无线局域网的范畴，使用的协议为 IEEE 802.11 系列和 IEEE 802.16 系列。随着信息通信技术的发展和进步，IEEE 802.11 涵盖的协议种类也越来越多。目前常用的无线网络协议标准主要为 IEEE 制定的 IrDA、Blue-Tooth、WiFi（IEEE 802.11 系列）和 WPAN（IEEE 802.15）等。各种协议标准的情况参见表 7.2。

表 7.2　无线网络协议标准

| 协议名称 | 传输速度（Mbit/s） | 有效传输范围（半径/m） | 传输媒体 | 其　他 |
|---|---|---|---|---|
| IrDA | 4～16 | 0～0.5（传输到 75Kbit/s 时，传输半径可增加到 5m） | 红外线 | 点对点传输，不能成为网络行态，不容易受干扰 |
| BlueTooth | 1～2 | 10（增大功率到 100mW 时，可以达到 50～100） | 无线电波 | 2.4GHz ISM 频段，可以与 7 个以下设备组成超小型网络 |
| WPAN | 1～10 | 1～10 | 无线电波 | 能与 BlueTooth 相互作业 |
| WiFi | 2～54（最新达到 300） | 100～300 | 无线电波 | 设备厂商多，容易获得 |

### 7.3.2 无线网络组网模式

随着信息技术的发展，无线网络技术和产品多次更新换代，无线网络组网模式也随之有很多改进。对于提供无线移动终端接入互联网的组网模式，比较有代表性的是 Fat AP（胖 AP）和 Fit AP（瘦 AP）两种组网模式。

#### 1. Fat AP 模式

Fat AP 模式是传统的 WLAN 组网方案，无线 AP 本身承担了认证终结、漫游切换和动态密钥产生等复杂功能。相对来说，AP 承载的业务较多，因此称为 Fat AP。Fat AP 模式如图 7.19 所示。工作于 Fat AP 模式的 AP 能满足小规模组网需求，主要在无线网络建设的初期使用。

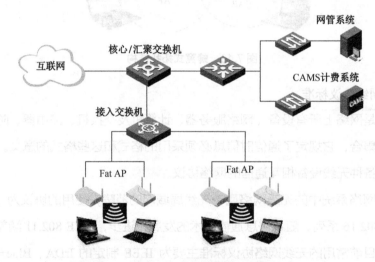

**图 7.19  Fat AP 模式**

#### 2. Fit AP 模式

Fit AP 模式是新兴的一种 WLAN 组网模式，相对 Fat AP 模式增加了无线交换机或无线控制器（AC）作为中央集中控制管理设备，原先在 Fat AP 自身上承载的认证终结、漫游切换、动态密钥等复杂业务转移到无线交换机或无线控制器上进行。Fit AP 模式如图 7.20 所示。工作于 Fit AP 模式的 AP 可适用于大规模组网，主要在无线网络建设的中后期使用。

Fat AP 是传统的无线组网模式，相对 Fit AP，AP 功能复杂，因此称为胖 AP。AP 本身承担登录认证、网络管理等功能，作为网络的核心，独立配置，负责全网的管控，在增大网络规模时，难以实现全局统一管理，调整一个 AP，其他临近的 AP 也会受到影响。使用 Fit AP 大规模无线组网，将管控等功能交给无线控制器（AC），成为无线网络的管理者，减轻了 AP 负担。无线控制器（AC）将不同接入点（AP）进行汇聚，集中管控，包括 AP 自动发现、下发 AP 配置、修改 AP 配置参数、统一接入安全控制等，有效提高了无线网的性能及其可管理性。因此，Fit AP 模式是较为常用的无线网络组网模式。

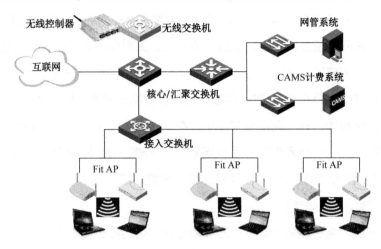

图 7.20　Fit AP 模式

## 7.3.3　无线网络典型部署方案

针对校园网络的不同应用场合，有不同的无线局域网部署方案，但首先都是进行网络需求分析；然后进行无线信号、频率的规划与设计，以保证校园各个应用场景得到充分、稳定的无线信号；最后设计规划无线网络部署方案。

### 1. 校园无线网功能需求分析

校园网络的基本要求是要在整个校区覆盖无线信号，让校园用户可以在校园内的任何一个地点都能根据需要随时随地接入网络。具体来说，所要达到的预期效果如下。

（1）覆盖范围。校园内主要场所，包括室内区域如办公楼、图书馆、教学楼、体育馆、宿舍、食堂餐厅等，空旷区域如广场、操场等，实现无线网络的全覆盖。

（2）AP 同时支持双频接入，工作在 2.4GHz、5GHz 频段，方便现有智能终端接入，使用 POE 供电，减少强电走线，降低施工难度，支持用户在不同 AP 间平滑漫游。

（3）AP 覆盖范围并发要求：每栋学生宿舍楼＞800 人，办公楼＞300 人，教学楼＞1200 人，图书馆＞1 000 人，广场＞200 人，操场＞200 人。AP 在覆盖范围内信号强度不低于 −70dBm，信噪比不低于 30dB，可以对接入端定位管理。

（4）AP 支持划分多个 SSID，为教师、学生等不同类别的无线用户基于不同身份认证策略进行认证，隔离流量，具有较强的安全性。

（5）考虑工程的美观，校园室内选用内置天线的 AP，采用壁挂和吸顶方式安装，减少强电施工，采用支持 POE 功能二层交换机对 AP 进行供电。

（6）使用 Fit AP+AC 组网模式，在核心交换机增加 AC 模块，支持 1 024 台 AP 进行控制和管理，使无线网络覆盖范围内无线信号不冲突，具有自动调优、QoS、负载均衡能力，在保障漫游及管理策略的统一下，能迅速定位和查询用户的历史记录。

（7）接入层交换机具有 POE 供电功能，每一台交换机带宽不低于 30GHz。

（8）考虑前期投资，充分利用现有设备，在不改变核心设备和网络架构的前提下，结合校园实际进行扩充，管理系统与有线网络融合，平滑升级。同时考虑未来可扩展性，预留 AC、AP 升级空间，为将来无线校园网升级扩容奠定基础。

**2．校园无线网络总体拓扑**

根据校园无线网络功能需求分析，为简单起见，针对办公楼、教学楼、体育馆和学生餐厅规划设计的校园部分楼宇无线网络拓扑如图 7.21 所示。在该解决方案中，核心交换机、汇聚交换机、日志审计、无线控制器、出口网关及管理服务器均放置于学校数据中心主机房，各楼宇的 POE 交换机通过光纤与汇聚交换机连接。在布置 POE 交换机时，所有的接入交换机均放置在每层的弱电井内，并由此向每层的 AP 进行连接。

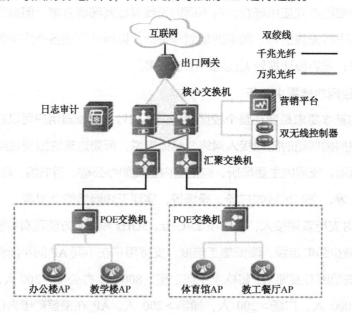

**图 7.21　校园部分楼宇无线网络拓扑**

另外，为保证无线网络能够安全运行，可配备冗余设备，实现对核心交换机、汇聚交换机及 AC 的热备份。例如，在该方案中布放了核心交换机 2 台、汇聚交换机 2 台、AC 控制器 2 台互为备份，POE 交换机的数量根据后续的 AP 点位予以确定。

### 3．频谱规划

根据 IEEE 委员会制定的标准，可以把免费公开的频段分为两大类，一类是 2.4GHz 单频段，另一类是 2.4GHz&5.8GHz 双频段。双频段与单频段相比，具有速度快、干扰低的优势，但目前 2.4GHz 内设备众多，技术标准也特别多，例如，蓝牙技术、无线局域网技术、ZigBee 技术和无线 USB 技术等。在该方案中，规划使用 2.4GHz 频段选择 1、6、11 三个互不干扰的信道。

目前，正处在 2.4GHz 设备向 5GHz 设备的转换过程中，有部分设备还仅支持 2.4GHz，所以选用设备时仍主要考虑 2.4GHz 的频率规划；5GHz 范围内频率规划以不重叠为主。

### 4．AP 部署与覆盖

AP 部署是构建无线局域网工作的基础，它直接关系网络覆盖范围、接入的有效性等。AP 部署涉及覆盖、连接等方面的技术。

所谓 AP 部署，就是在指定的区域范围内，通过适当的方法布置 AP 以满足用户接入网络需求。合理的 AP 部署不仅可以提高网络工作效率，优化利用率，还可以根据应用需求的变化改变 AP 数目，动态调整网络的 AP 密度。此外，在某些 AP 发生故障或失效时，通过一定策略重新部署 AP，可保证网络接入不受大的影响，使网络具有较强的鲁棒性。

1）AP 覆盖半径

一般来说，企业级室内单台 AP 覆盖半径在 20m 左右，室外单台 AP 覆盖半径在 200m 左右，室外定向天线为 300～500m。但在实际中，环境不可能都是空旷的，往往存在墙壁等障碍物，而这些物体都会减小 AP 的覆盖范围。因此，在部署 AP 时，必须把环境阻隔等各种影响无线信号的因素考虑在内，再综合目标覆盖面积，确定 AP 的选用和部署方案。

据实际工程测试 AP 在不同媒体间的有效距离是：① 当 AP 与终端（手机）隔一座水泥墙时，其覆盖半径将小于 5m。② 当 AP 与终端（手机）中间隔一座木板墙或玻璃墙时，其覆盖半径将小于 15m。

2）AP 布放数量

AP 的部署算法尚处在研究形成阶段。一种比较易于实施的方法是基于网格划分的算法。该类算法通过网格化覆盖区域，把网络对区域的覆盖问题转化为对网格或网格点的覆盖问题，网格划分有矩形划分、六边形划分和菱形划分等。这类算法的优点是可以利用最少的 AP 数量达到对接入区域的完全覆盖。其中，可参考使用圆覆盖方法，即在一个平面上最多需要排列多少个相同大小的圆，才能够完全覆盖整个平面。换言之，也就是给定了圆的数目，如何使得圆的半径最小。如图 7.22 所示给出了一个 7 个圆实现最优覆盖的示例，假设正方形面积为 $1m^2$，则每个圆的半径大约为 0.2742918m，即可实现最优覆盖。

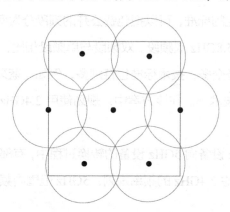

**图 7.22　7 个圆实现最优覆盖示例**

AP 布放数量还要考虑连接问题，在高密度区域，需要考虑设备的接入和数据的爆炸式增长。同时 AP 之间应该有重叠部分才能实现无线漫游。对于具有不同功能的场所应根据实际情况进行规划部署。大的空间自然是选择多个 AP 进行有效部署，对于面积小于 $150m^2$ 的普通开放空间，如公共休息区、会议室、餐厅等区域，预计用户数量不超过 30 个时，每个场所放置一个或者两个无线 AP 即可满足需求。若以就餐约 300 人的餐厅为例，按照全部使用手机的比例来算，餐厅布置 7 台低密度 AP 即可满足用户需求；同时还需要布放 1 台 POE 交换机提供供电，并传输数据。

当空间和容量需求较大，即 AP 的覆盖区域内用户数目过多时，如体育馆、图书馆等公共区域，需在同一空间放置多台 AP 以增加容量，扩大无线网络的覆盖。对于人流量密集的情况，如校园招聘会、新生报到等，还要启用高密策略。

3）AP 漫游区域

AP 每隔 100ms 发送一次探测信号，用户端据此判断网络连接质量，然后决定接入哪一个 AP。当终端在多台 AP 之间漫游时，由新的服务 AP 通过有线的形式通知原服务 AP，以建立新的连接。

AP 信号覆盖区域应当相互交叉重叠，所以，一般建议 AP 使用同一 SSID 和网段的 IP 地址，避免信号互相干扰。

4）AP 安装位置

WiFi 信号的传输以 AP 为中心呈圆形，向水平方向四周散射，当遇到墙壁等障碍物时可反射或改变方向。因此，单个房间中只安装一个 AP，最好选用吸顶 AP 将其安装在天花板的中央位置。若安装两台 AP，可将其放置在空间的两个对角上。

# 7.4 布线工程设计示例

综合布线工程方案是综合布线系统工程设计的具体体现，需要以文档的形式作为资料进行保存。综合布线工程方案的文档信息是否完整是衡量工程是否规范的一个重要方面。信息文档的建立应按照 ISO9001 的要求制定文档模板并以此组织实施。本节讨论构成综合布线系统工程方案的主要内容及其文档的编制方法，并通过具体实例给出一个综合布线系统工程设计方案范文范例。

## 7.4.1 布线工程方案的内容结构

综合布线系统工程方案涉及的内容较多，对综合布线系统的整体性和系统性具有举足轻重的作用，直接影响智能建筑的功能和质量。虽然，对于综合布线系统工程方案究竟应包括什么没有统一要求，也没有标准格式，但作为一份比较完整的工程方案还是应该既突出重要内容，又有比较固定的章节结构。一般说来，一份工程方案要包括用户所在行业的特点、综合布线应用特点、工程概况与应用需求分析、综合布线系统的设计方案、布线材料清单及工程预算、综合布线施工方案和测试及验收方案等。有时候，还包括产品选型介绍、产品质量认证、施工单位资质证明，以及质量保证计划等。其中，系统应用需求分析、系统设计方案及布线材料产品选型等内容是主要的、不可缺少的。如果工程方案用于投标服务，则应按照招、投标书的格式要求进行编制，并附有相关的附件材料。通常，一份完整的综合布线系统工程方案文档除了封面之外，应参照如下章节目录结构编制。

1. 综合布线系统概述
   1.1 建筑物结构基本情况
   1.2 综合布线系统用户需求分析
       1.2.1 综合布线系统的客观分析
       1.2.2 信息点数量及分布
2. 综合布线系统设计目标与设计原则
3. 综合布线系统工程设计方案

6.8.4 防火要求

6.9 保证布线工程质量的技术措施

7. 综合布线系统工程测试验收

7.1 综合布线系统工程测试说明

7.2 5e 类（或 6 类）配线电缆的测试说明

7.3 光纤系统的测试说明

7.4 工程测试验收

8. 培训计划与建议

9. 20 年质量及应用保证

9.1 技术支持方式

9.2 技术支持服务热线

9.2.1 电子邮件客户支援系统

9.2.2 ××公司技术支持服务网站

9.3 保修期系统维护

9.4 保修期外系统维护及技术支持服务

10. 附件

10.1 室外光缆的施工注意事项

10.2 系统集成授权证书

10.3 专项工程设计证书

10.4 施工单位资质证明

10.5 ISO 9000 系列质量保证体系认证证书

10.6 金融机构出具的财务评审报告

10.7 布线材料产品厂家授权的分销或代理证书

10.8 产品鉴定入网证书

当然，并非每一个综合布线系统工程方案都能照搬以上所有条目，呈现形式也并非固定不变的，可视综合布线系统的规模及侧重点有所不同，省略其中某些内容。有时，通过某些厂家技术支持中心、互联网或其他途径可获得综合布线系统工程方案的文档模板，作为编制参考，一定要结合用户应用特点重新编制，生搬硬套模板编制的方案是不受欢迎的。因为，一份优秀的综合布线系统工程方案，尤其是项目需求分析、系统设计方案及布线材料选择等重要部分的内容，凝聚着设计师和项目经理的智慧和大量心血。

## 7.4.2 布线工程方案的编制

综合布线系统工程方案属于科技应用文文体范畴，是对综合布线系统工程进行解说的文体。这是一种技术性文件，不允许出现任何差错，所述内容需要科学依据、正确无误，符合客观事实和规律。对因工程设计方案有误而造成的严重经济损失等，设计者负有不可推卸的法律责任。因此，需认真编制和反复审查，避免出现纰漏。

在编制综合布线系统工程方案时，要特别注意以下几项重要内容的撰写。

**1. 综合布线系统概述**

概述部分主要说明综合布线工程概况，主要内容是用户需求分析。需求分析针对性要强，语言简洁，详略得当，具体明确。范文（方案实例）中的第一部分即为概述。

**2. 综合布线系统设计目标与设计原则**

这一部分要说明综合布线系统设计的目的和意义，简要介绍项目发展情况。有时可有针对性地提出一种旧系统作为比较对象，指出其存在的缺点与问题。然后针对这些缺点与问题，提出新的设计思想、方法和设计原则，以适应技术发展和用户需求。例文（方案实例）中的第二部分即为设计目标、原则部分。

**3. 综合布线系统工程设计方案**

这一部分主要给出系统拓扑结构、各子系统的一些重要参数；数据要准确。范文（方案实例）中的第三部分，分别从工作区、配线子系统、干线子系统、入口设施（设备间和进线间）、管理系统和建筑群子系统等方面来撰写设计内容，条理很清楚。同时在各相应部分还给出了所选用的管线材料、缆线类型及其敷设方式等，内容具体翔实。

**4. 布线材料选型**

布线材料是保证综合布线工程质量的主要因素之一。布线材料产品种类繁多，质量特征不同，因此要对所选产品的适用性、可靠性和经济性给出具体表述，一般用表格形式呈现。本部分在范文（方案实例）中用表格分别给出了综合布线系统工程材料清单和经费预算，让人一目了然。

**5. 综合布线系统工程施工方案**

施工方案是保证整个布线系统工程质量的又一要素。它主要涉及工程的施工现场管理措施、工程施工流程、施工技术和方法、施工进度计划和工期安排、工程质量监督等方面。这些内容如果在工程中处理得当，保持正常状态运行，不但能按期竣工，而且工程质量也有保证。因此，在编制工程施工方案时，应该从这些方面反映组织实施布线系统工程的施工组织、施工计划、步骤和方法。

在编制工程施工流程时，要具体详细、分工明确，责任到人。同时还应体现严格按照规章制度开展各项工作的精神。这部分内容可参照网络综合布线系统施工要点部分所讲内容编制。

## 7.4.3 布线工程方案范文

从 20 世纪 80 年代起步至今，综合布线系统已成为一个比较成熟的行业，有许多成功案例可供参考。本部分按照前面所述格式，给出某公司参加投标的一个实际的某学校校园网络综合布线系统工程方案，说明综合布线系统设计的思路、方法和内容。限于篇幅，为突出综合布线系统工程方案的关键内容，在此只选择其中部分内容，供参考借鉴。

1. 综合布线系统工程方案概述

本设计方案按照中华人民共和国国家标准《综合布线系统工程设计规范》GB 50311—2016 和《综合布线系统工程验收规范》GB/T 50312—2016，并根据\*\*\*\*\*\*\*\*的招标要求及建筑楼层的分布情况，围绕\*\*\*\*\*\*\*\*单位的应用需求，从综合布线的重要性、长远性、可扩展性及所采用的综合布线系统产品特点而设计。

本方案的布线范围为《\*\*\*\*\*\*\*\*招标书》要求的范围，功能主要以满足计算机网络通信、多媒体通信、各弱电系统的联网通信及网络视频、有线电视系统传输为主，不包含各智能子系统（如监控报警系统、视频会议系统、一卡通系统）本身所需的布线；各智能子系统的布线用专用电缆敷设。

该设计方案的内容包括综合布线系统用户需求分析、布线系统方案设计、服务等部分。在方案设计部分比较详细地描述了该综合布线系统的总体结构和各子系统的设计细节，包括综合布线系统的需求分析、布线路由、器件选型、材料清单和系统检测等内容。服务部分论述了工程的品质保证和我方所要提供的培训及工程文档等。商务标书包括资质证明文件的复印件、工程预算、公司简介、工程案例及项目参与人员情况等。

1.1 建筑物结构基本情况

××学校是在当前我国经济和科学飞速发展时期而创建的现代化新型学校，目前正处在施工阶段，主要建筑物有教学楼、宿舍、实验室、图书馆及行政中心等，详见校园规划设计图（略）。从校园规划设计图可以知道，无论是在规划设计方面，还是在整个学校基础教学设施的建设方面，都具有一定的前瞻性，均处在我国校园建设的前列。作为其中重要组成部分之一的综合布线系统工程是其关键所在，要把它作为整个校园建设中的基础设施来抓实抓好。

1.2 综合布线系统用户需求分析

根据××学校提供的有关资料，对用户需求进行了初步的调研和分析。该学校校园网综合布线系统建设的目标，是将校园内各种不同应用的信息资源通过高性能的网络（交换）设备相互连接起来，形成校园园区内部的 Internet 系统，对外通过路由设备接入互联网。

1.2.1 综合布线系统的功能需求分析

具体说来，该校园网综合布线系统的目标是建设一个以办公自动化、计算机辅助教学及现代计算机校园文化为核心，以现代计算机网络技术为依托，技术先进、扩展性强、能覆盖全校主要楼宇，结构合理、内外联通的校园计算机网络系统。需要该网络将学校的各种 PC、工作站、终端设备和局域网连接起来，并与有关广域网相连，建立起能满足教学、科研和管理工作需要的网络环境，开发各类数据库、应用系统及 App，为学校各类人员提供网络通信服务。

1）总体需求

（1）以单模光纤作为主干布线缆线，并可支持主干万兆传输；水平布线采用 6 类布线系统。

（2）主干光缆的配置冗余备份，满足将来扩展的需要。

（3）满足与电信、移动、联通公司及自身专网的连接。

（4）信息点功能可视需要灵活调整。

（5）兼容不同厂家、不同品牌的网络接续部件、网络互连设备。

2）基本功能要求

（1）电子邮件系统：主要用于信息交流、开展技术合作、学术讨论、交流等活动。

（2）文件传输 FTP：主要利用 FTP 服务获取重要的科技资料和技术文档。

（3）Internet 服务：学校建立自己的主页，利用 Web 外部网页对学校进行宣传，提供各类咨询信息等；利用内部网页进行管理，例如发布通知、收集教职工和学生意见等。

（4）计算机辅助教学，包括多媒体教学和网络远程教学。

（5）图书馆访问系统，用于计算机查询、计算机检索、计算机阅读等。

（6）其他应用，如大型分布式数据库系统、超性能计算机资源共享、管理系统和视频会议等。

3）相关技术要求

（1）数据处理、通信能力强，响应速度快。

（2）网络运行安全性强、可靠性高。

（3）系统易扩充，易管理，便于增加用户。

（4）主干网支持多媒体、图像传输接口等应用，支持高性能数据库软件包的持续增长。

（5）系统开放性、互连性好。

（6）满足特殊用户高效联入互联网的需求，使用灵活。

（7）具有较强的分布式数据处理能力。

### 1.2.2 信息点数量及布线

按照校园土建施工图纸设计，包括教学楼、宿舍、实验室、图书馆及行政中心等在内所有视频、语音及数据通信信息点共计约 6 700 个。

在本项目的设计中，根据用户提出的需求、单体建筑情况，以及目前和未来的应用需求，制定的信息点位设计原则如下。

（1）教室布线方案。

每间教室多媒体讲台处预留四根网线。其中，外网 1 根，多媒体教学 2 根，电话 1 根；在每个教室墙面预留两根网线，用作后期扩展应用。

（2）标准办公室布线方案。

标准办公室面积约 88m²，按 5～6m² 一个工位计算，每间预留 16 个工位的容量。每工位布放两根 6 类网线，一根网络线一根电话线。由于校园内办公人员较复杂，办公楼有大部分楼层功能未定，所以综合布线系统只做规划，干线子系统暂时只施工到楼层电信间，配线子系统布线待后期实施。

（3）学生宿舍布线方案。

每间学生宿舍配置多媒体箱，单模光纤入户，同时预留两根 6 类网线；从多媒体箱至每个床位书桌边布放一根 6 类网线。学生宿舍布线方案设计如图 7.23 所示。

会议室、体育馆和其他功能房间按需求预留缆线。

### 2. 综合布线系统设计目标、标准与原则

#### 2.1 设计预期目标

该校园综合布线系统设计预期目标如下。

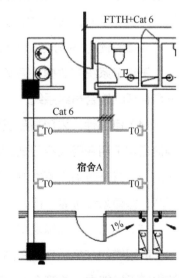

图 7.23 学生宿舍布线方案

（1）构建完整统一、技术先进、高效稳定、安全可靠的智慧校园网络系统，形成实现数据传输、交换路由、计算、存储、备份等功能的综合运行平台。

（2）适应现在和将来技术的发展，实现数据通信、语音通信和图像传输。

（3）采用模块化设计，综合布线系统中除固定于建筑物内的缆线之外，其余所有的接插件都是模块化的标准件，以方便将来扩充及重新配置。

（4）满足灵活应用的要求，即任一信息点能够连接不同类型的计算机或数据终端设备。

（5）借助于不同颜色的跳接线和配线架的端口标识，系统管理人员能方便地进行系统的线路管理。

2.2 设计标准及规范

本设计方案所采用的标准、计算依据、施工及验收遵循以下标准或规范：

（1）《综合布线系统工程设计规范》GB 50311—2016 和《综合布线系统工程验收规范》GB/T 50312—2016。

（2）《用户建筑通用布线标准》ISO/IEC 11801，ANSI/TIA /EIA 568 B。

2.3 设计原则

（1）开放性。系统设计立足于开放性原则，既支持集中式系统，又支持分布式系统；既支持目前不同厂家、不同类型的计算机及网络产品，又支持视频信号传输。将来网络升级时，还能使用现有的网络技术和产品，易于技术更新及网络扩展。

（2）灵活性。所有配线子系统采用相同类型、规格的传输媒体；所有通信网络设备的开通及更改均不需改变系统布线，只需作必要的跳线管理即可；系统组网灵活多样，各部门即可独立组网，又可方便地互连，为合理组织信息流提供必要条件。

3）经济性。充分考虑学校的经济实力，选择好用、够用、适用的网络技术。配线子系统、干线子系统的数据、语音传输采用 6 类非屏蔽双绞线布线，光缆按照 8 芯配置，构成一套合理的综合布线系统。

（4）可靠性。采用高品质传输媒体，以组合压接的方式构成高标准数据传输信道，每条信道均采用专用仪器测试，以保证电气性能良好。布线系统采用星形拓扑，点到点端接，任何一条线路故障均不影响其他线路的正常运行；同时为线路的运行维护及故障检修提供便利，保障系统可靠运行。

（5）先进性。以满足用户的需求为前提，统一规划，适当超前；采用先进而成熟的技术，所用缆线产品系列，在高速网络环境或复杂的电磁环境下，具有良好的传输可靠性、抗电磁干扰能力，并符合 EMC 电磁辐射控制的国际标准。

（6）安全性。采用防尘装置，以避免信息点意外损伤及因灰尘而产生数据传输障碍；

具有保证信息不被窃、不丢失的基本保障机制。

3．综合布线系统工程设计方案

3.1 总体方案说明

××校园网综合布线系统采用以核心节点为"根"的星形分层拓扑，各个区域模块化，基础网络、数据中心网络、各区域网络均可独立维护。校园网络系统拓扑结构如图 7.24 所示。

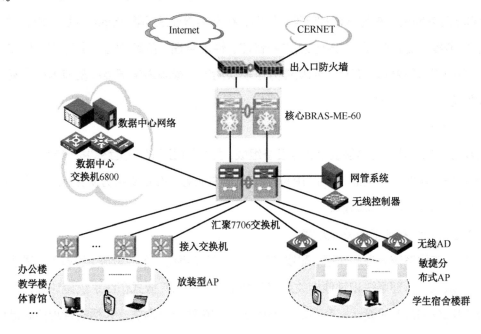

**图 7.24 校园网络系统拓扑结构**

1）校园网出口

在校园网出口部署边界防御，保证网络安全。校园网出入口由阿姆雷特防火墙实现。防火墙为高性能出入口防火墙网关设备，具备全面的网络安全防御能力，并且具有高性能的 NAT 功能。同时，阿姆雷特防火墙能针对校园网出入口多线路实现多线路负载，以提高校园网络多线路资源的利用率。

2）核心层

核心层使用华为 BRAS-ME-60 进行组建。BRAS-ME-60 向全网用户下推各种认证，实现统一实名制管理，并且承载全网所有的流量。利用虚拟化技术，建立逻辑隔离的网络通道，实现不同业务之间无干扰稳定运行。

3）汇聚层

汇聚层设备采用华为 S7706 系列交换机将众多的接入设备和大量用户经过一次汇聚后

再接入核心层，并可方便扩展核心层接入用户的数量。汇聚层关键链路均采用 Trunk 链路，保证网络的可靠性。

4）数据中心

在数据中心部署服务器和应用系统，为校园网内部和外部用户提供数据和应用服务。

5）网络管理区

网络管理区设置有计费服务器、DHCP 服务器、Portlal 服务器等，结合 BRAS 和 Agile Controller 对内网用户进行认证和管理。同时，在网络管理区部署 eSight 网管系统，对网络设备、服务器等进行管理，主要包括告警管理、性能管理、故障管理、配置管理和安全管理等。为便于网络管理，各部门和功能分区模块清晰，模块内部调整涉及范围小，易于进行问题定位。

6）接入层

接入层主要由接入交换机、AP 等设备组成，为校园用户的各类终端提供有线、无线网络接入服务，实现统一认证，一张 IP 网络承载所有业务，并且支持分支接入、远程接入、外部用户访问等各种外联场景。

3.2 综合布线系统工程设计方案

该综合布线系统分为工作区、配线子系统、干线子系统、入口设施（设备间、进线间）、建筑群子系统、管理系统和其他相关系统几个部分。采用开放式布线系统设计思想，对所有建筑物进行综合布线设计；产品以 AMP 公司的布线材料为主，包括各种规格高品质的非屏蔽双绞线（UTP）、多模/单模光纤、光纤配线架、电缆配线架、信息插座等。

3.2.1 用户工作区

用户工作区由用户终端设备连接到信息插座的连线和信息插座组成，包括装配软线、连接器和连接所需的扩展软线，并在终端设备和 I/O 接口处搭桥。通过插座既可以连接数据终端，以及其他传感器和弱电设备。

由于信息插座包括墙上、地上、桌上、软基型多种类型，有 RJ-45 的单双、多孔等各种型号，面板的安装也有墙上安装、隔板上安装、地面安装等多种形式。经过研究建筑图纸，拟使用以下几种安装方式。

1）墙面安装

一般房间采用普通的墙面安装方式，如图 7.25 所示。可在墙面或柱头内预埋管道和接线盒（包括过渡盒），墙上型暗埋盒距地面高度按标准应为 30cm；出线盒及分线盒规格为标准 86 型底盒，材料为钢制，厚度＞2.5mm。埋墙安装（需距弱电插座 20cm）、盒盖镶嵌厚度为 22mm 的地面装饰材料，出线盒内最多可安装两个 RJ-45 模块。

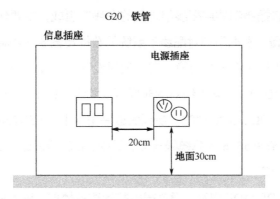

图 7.25　墙面安装方式

2）多媒体安装

会议室、多媒体教室内的信息点安装在室内系统的多媒体面板上，由室内系统统一安装。

3）地插（面）安装

办公室及大开间会议室内的信息点使用地插安装。对地面安装来说，先在地板下预埋金属线槽，线槽从弱电井（管理系统的电信间）引出，沿走廊敷设，到达工作区后，再由支线槽引入各信息点出口。强电线路可同弱电线路平行铺设，但分隔于不同的线槽中，两线槽间距≥30mm，如图 7.26 所示。

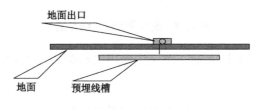

图 7.26　地（插）面安装

4）吊顶安装

相关区域的无线网络设备一般安装在吊顶之上，并为此设备提供相应的信息点。在本设计方案中，安装方式暂时全部按照墙面安装设计，具体将在施工设计中进行细化。为满足高速数据传输要求，数据点、语音点全部采用 6 类非屏蔽信息模块，使用国标双口防尘墙上型插座面板。视频信息点采用 VF-45 光纤插座。使用光纤传输视频信号主要是考虑今后发展及系统的先进性，将视频传输系统设计成一个多功能、高性能的双向图像传输系统，其带宽为 750MHz。

### 3.2.2 配线子系统

配线子系统由信息插座到楼层配线架之间的布线等组成，主要包括信息插座、转接点（CP）、水平电缆等设备。根据用户对配线子系统的数据传输要求和将来扩展的需要，由于部分配线缆线一旦埋入墙中就无法更换，在本项目设计中，设备间与各楼层、工作区之间的高速数据传输采用100Ω、6类4线对的非屏蔽双绞线（UTP），支持100MHz的带宽；语音信息传输也采用100Ω、6类UTP。视频信息采用4芯62.5/125μm多模光纤传输。配线缆线的计算按照$(L+S)*0.55+6$计算缆线长度，其中，$L$表示最远点到配线端的距离，$S$表示最近点到配线端的距离。

普通配线缆线从IDF/MDF出发，通过弱电井到达各楼层，进入吊顶里水平线槽，然后在各个用户区通过管道引至信息插座，端接在信息插座上，如图7.27所示。

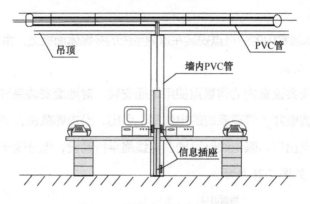

图7.27 配线子系统布线方案

其中，水平管线完成电信间到工作区信息出口线路的连接功能，可按以下两种方式走线。

（1）水平线路远的采用沿吊顶内电缆桥架转接预理在墙内的PVC管将线路引至墙上（或地上）的暗装信息点接线盒。

（2）离水平线路近的采用PVC管，直接从电信间引至墙上（或地上）的暗装信息点接线盒。

### 3.2.3 干线子系统

本系统中的干线子系统是指大楼中的主干光缆系统和大对数电缆，它源自大楼的数据和语音主配线架，采用星形拓扑结构铺设到各楼层配线架。为满足用户当前的需求，同时又能适合今后的发展，数据传输采用6芯多模室内光纤作为主干缆线；语音干线采用5类大对数电缆，同时每层增加1条6类双绞线作为光纤主干的备用线路。干线沿弱电管井内竖直桥架敷设。所选用的缆线管理器均为48.26cm(19in)标准系列产品，均可安装在

48.26cm(19in)标准机柜内。作为某一楼宇干线子系统的布线方案如图 7.28 所示。

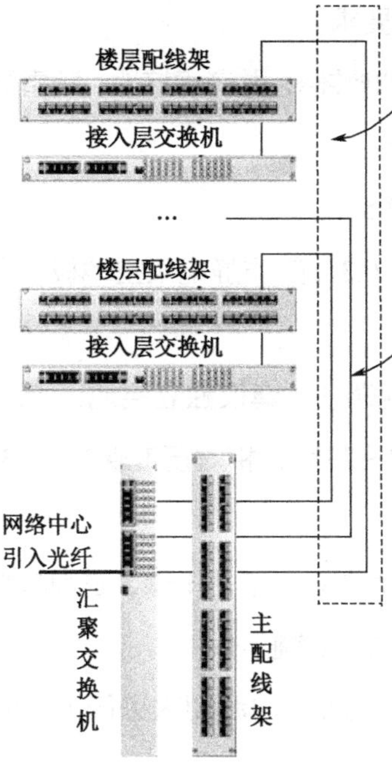

图 7.28　某楼宇干线子系统的布线方案

本布线方案所用干线缆线均为阻燃型电缆，线径为 0.5mm（即应符合美国线规24AWG），电缆的绝缘耐压为 500VAC。

3.2.4　入口设施（设备间和进线间）

入口设施包括设备间和进线间，它们是整个布线系统的中心单元。以设备间为例，每栋大楼设置一个设备间，每层设置一个电信间（交接间），实现每层楼汇接电缆的最终管理。设备间同时也是连接各建筑群子系统的场所。数据中心设在一层，电话主机房设在一层。

设备间由主配线机柜中的电缆、连接模块和相关支撑硬件组成，它把数据中心机房中的公共设备与各管理系统的设备互连，为用户提供相应的服务。

本工程的主电信间设在数据中心机房，语音和数据合用一个配线机柜，所有语音干线和数据干线全部连到该配线机柜的相应模块配线架上。主配线机柜规格为 48.26cm（19in）42U，除了安装配线设备，还可放置网络互连设备。机柜材料选用金属喷塑，并配有网络设备专用配电电源端接位置。

对于数据中心主机房（设备间），进行如下配置，并满足相应要求。

1）数据中心主机房主要设备

24 口模块配线架，24 口光纤配线架，ST 光纤耦合器，ST 光纤接头，100 对 110 配线架，42U 标准机柜。

2）对数据中心主机房的整体要求

（1）数据中心按计算机机房标准装修，并考虑接地、防雷措施，以及配套的 UPS 电源。

（2）总配线室应避免电磁干扰。

（3）室内天花板高度不小于 2.5m。

（4）机房室内铺设高约 0.25~0.3m 的防静电架空地板，为地下配线提供方便；活动地板平均荷载不小于 500kg/m$^2$。

（5）机房内应备有合适的接地端子，建议独立接地，接地电阻阻值小于 1Ω。

（6）机房内室温应保持在 18~27℃，相对湿度保持在 30%~50%，室内照明不低于 150lx。

（7）机房面积不小于 14m$^2$，室内应洁净、干燥、通风良好。防止有害气体（如 $SO_2$、$H_2S$、$NH_3$ 等）侵入，并有良好的防尘措施。

（8）机房内的电源插座按计算机设备电源要求进行工程设计，便于交换机、服务器等设备使用。

### 3.2.5 管理系统

管理系统主要由在各楼层分设的电信间（交接间）构成，以避免跨楼层布线的复杂性。电信间主要放置各种规格的配线架，用于实现配线、主干缆线的端接及分配；由各种规格的跳线实现布线系统与各种网络通信设备的连接，并提供灵活方便的线路管理。所选择的配线架均能够支持干线、配线子系统所选用缆线类型之间的交接。电信间与弱电井可合用一个小房间。

主配线架设于中心机房内，用于调配和管理每层楼的信息点和语音点。主设备机房配置 1 台 72 口 AMP 光纤跳线箱和 2 台 12 口 AMP 光纤跳线箱，通过多模光纤连接各楼层电信间的光纤跳线箱，组成一套完整的光纤管理系统。

电话语音系统由数字程控电话交换机、中继线、用户分机和直接外线组成。通过综合布线系统提供的传输通路构成电话系统，并通过管理系统向所有用户分配。

根据 ANSI/TIA /EIA 606 标准编排和制作主干缆线的编号，并使用防水塑料薄膜进行保护；同时在各电信间的桥架中用塑料标签牌标注标识，以便于查找。

### 3.2.6 建筑群子系统

建筑群子系统的建筑群配线架设置在数据中心大楼设备间，大楼之间采用通道布线法铺设光缆。通道布线法线路隐蔽安全，线路工作稳定，施工简单，检修故障及扩建较为方便。

各大楼之间的通信网络系统主要采用室外光缆（包括单模光纤和多模光纤）、室外大对数通信电缆进行连接。推荐使用注胶缆线（gel filled cables）以避免线芯受潮。同时，安装避免铜线漏电的保护设备。

3.2.7 其他相关系统

1）接地系统

为保证信号传输不受干扰，对综合布线接地系统设计如下：① 在金属铁管或金属槽内布线时，各段铁管或金属架都有牢靠的电气连接并接地；② 与布线系统有关的有源设备的外壳、干线电缆屏蔽层和接地线均采用等电位连接；③ 保护地线的接地电阻值，单独设置接地体时不大于 4Ω，采用联合接地体时不大于 1Ω。

2）有线电视网系统采用 HFC 接入。考虑到系统应具备先进性，将有线电视系统设计成一个高性能的双向图像传输系统，带宽为 750MHz。

3.2.8 系统升级的考虑

根据本方案设计实施完成后的综合布线系统，对未来的升级特别是对数据传输具有很好的开放性。数据传输采用 4 对双绞线，保证以太网在 100m 信道范围内能正常通信（≥100Mbit/s）。如将来需要提高数据传输速率，因主干光缆已备有较大的扩容余地，所以配线子系统的缆线不需作任何改变即可支持更高的数据传输速率。其他系统设备的升级同样也只是改变一下跳线方式，就可以完全支持。

4. 管线敷设方案

4.1 配线子系统的缆线敷设方案

配线子系统由电信间（交接间）到工作区信息出口线路连接组成，布线方式有以下两种。

4.1.1 墙上型信息出口

采用走吊顶的轻型装配式槽形电缆桥架方案。装配式槽形电缆桥架是一种闭合式的金属托架，安装在吊顶内，从弱电井引向各个设有信息点的房间。再由预埋在墙内不同规格的铁管，将线路引到墙上的暗装铁盒内（86 型）。双绞线（UTP）在信息点处预留 30cm，光纤出线也预留 30cm。

线槽的材料为 1.2mm 厚冷轧合金板，表面可进行相应处理，如镀锌、喷塑、烤漆等。可以根据情况选用不同规格的线槽。为保证缆线的弯曲半径，线槽需配以相应规格的分支辅件，以使线路路由弯转自如。

4.1.2 地面型信息出口

采用地面多条ϕ25 金属管走线敷设。这种敷设方式主要用于大开间办公间、实验室等有许多地面型信息出口的场所。在地面垫层中预埋$\phi 25$ 圆管。主线槽从弱电井引出,沿走廊引向各个方向,到达设有信息点的房间后,用支线槽引向房间内的分线盒,再引向各信息点出线口,信息点出线盒预留 30cm 作为信息点安装用。

4.2 干线子系统的管线敷设方案

4.2.1 干线的垂直通道

干线的垂直通道用于安装弱电井内垂直干线缆线。这部分采用预留电缆井方式,在每层楼的弱电井中留出专为布线系统的电缆和光缆通过的人孔。电缆井的位置设在靠近支持电缆的墙壁附近,但又不妨碍端接配线架的地方。在预留有电缆井一侧的墙面上安装金属桥架。干线用紧绳绑在金属桥架上面,用于固定和承重。

4.2.2 干线的水平通道

干线的水平通道用于安装从设备间到其所在楼层的弱电井的干线缆线。这部分可采用走吊顶的轻型装配式槽型电缆桥架布线方式。所用的线槽由金属材料构成,用来安放和引导电缆,可以对电缆起到机械保护作用。另外,还需提供一个防火、密封,坚固的空间,使缆线可以安全地延伸到目的地。

4.3 设备电源管线敷设方案

首先,在电信间(交接间)内至少留有两个为本系统专用的、符合一般办公室照明要求的(电压 220V、电流 10A)单相三孔电源插座。

根据电信间(交接间)内放置设备的供电需求,配有另外的带 4 个 AC 双排插座的 20A 专用线路。此线路不与其他大型设备并联,并且连接到 UPS,以确保对设备供电及电源质量。

4.4 综合布线系统设备材料

本综合布线系统设备材料清单及经费预算,见表7.3、表7.4和表7.5。

表 7.3 工作区工程材料清单(RMB 元)

| 序号 | 设备名称 | 规格型号 | 数量 | 单位 | 单价 | 金额 |
|---|---|---|---|---|---|---|
| 1 | 6 类非屏蔽模块 | GM501 | 6 237 | 个 | | |
| 2 | 英式双孔斜口面板 | PF860101 | 3 144 | 个 | | |

表 7.4 干线、配线子系统工程材料清单(RMB 元)

| 序号 | 设备名称 | 规格型号 | 数量 | 单位 | 单价 | 金额 |
|---|---|---|---|---|---|---|
| 1 | 12 芯单模光纤 | FC1212M-S | 5000 | m | | |
| 2 | 5 类 100 对主干 305 | GC301100 | 23 | 箱 | | |
| 3 | 6 类双绞线 | GC501004 | 1 450 | 箱 | | |
| 4 | 6 芯室内多模光纤 | GJFGV6 | 1 800 | m | | |

表 7.5 设备间、电信间工程材料清单（RMB 元）

| 序号 | 设备名称 | 规格型号 | 数量 | 单位 | 单价 | 金额 |
|------|---------|---------|------|------|------|------|
| 1 | 200 对安装架 | 110-200B | 9 | 个 | | |
| 2 | 4 对连接块 | G110C-4 | 425 | 个 | | |
| 4 | 1U 跳线管理器 | GB110-A | 135 | 个 | | |
| 5 | 24 口 6 类配线架 | GD1024 | 135 | 个 | | |
| 6 | 6 类模块跳线 2m | GL45-20 | 4 606 | 个 | | |
| 7 | SC 双工光纤耦合器/多模 | FD10M-SC/SC | 110 | 条 | | |
| 8 | 24 芯光纤跳线架 | FD2024 | 28 | 个 | | |
| 9 | SC-SC 62.5 双芯光纤跳线 | FJ02MCC-X | 210 | 个 | | |
| 10 | SC 62.5 多模连接块 | FD10M-SC/SC | 210 | 个 | | |
| 11 | 光纤接续工具 | | 1 | 套 | | |
| 12 | 42U 标准机柜 | PB28942 | 8 | 个 | | |
| 13 | 24U 标准机柜 | PB26626 | 20 | 个 | | |

6. 综合布线系统工程施工方案

6.1 工程施工方案说明

为了保护建筑物投资者的利益，该方案按照"总体规划，分步实施，配线子系统布线尽量一步到位"的设计思想，主干线大多数设置在建筑物弱电井内，以便更换或扩充。配线子系统布放在建筑物的天花板内或管道里。考虑今后如果更换配线电缆时可能会损坏建筑结构，影响整体美观，因此，在设计配线子系统时，选用了档次较高的缆线及连接件。

本工程由施工经验丰富的××公司负责工程实施。

6.2 工程现场的组织管理

根据布线系统工程设计方案、工程施工及项目管理经验，组建相应组织机构，并配备相关人员。

（1）工程项目：工程项目组内设项目总指挥、项目经理、项目副经理、技术总监、设计工程师、工程技术人员、质量管理工程师、项目管理人员和安全员等。

（2）设计组：按综合布线系统工程情况，配备相关技术工程师。共配备 3 名设计工程师，负责本工程设计工作。

（3）工程技术组：配备 3 名技术工程师，负责本工程施工。

（4）质量管理组：配备 1 名质检工程师和 1 名材料设备管理员，负责质量管理。

（5）项目管理组：配备 1 名项目管理人员，1 名行政助理，1 名安全员。

6.3 工程施工流程

严格按照各项规章制度、工程施工流程进行施工。

（1）设计。包括工程方案设计和实施方案设计，工程方案设计由技术总监负责组织，设计组负责完成，由项目副经理负责组织实施方案设计，技术总监协助工程技术组，质量管理组、项目管理组负责完成。

（2）实施。由项目副经理负责组织，由工程技术组、质量管理组、项目管理组完成。设计组作为支援。

（3）根据××弱电系统工程施工特点，本工程施工分以下几个阶段进行：管槽施工、缆线敷设、设备安装、线路测试、网络调试等阶段。

在整个施工过程中，以控制工程质量为主，以控制工程进度为辅，不断督导检查，以执行标准为设计依据，以工程验收标准为检验依据，保证工程顺利完成，直至工程竣工验收。

6.4 施工技术和施工方法

6.4.1 双绞线的安装与施工

在安装双绞线电缆时，应注意不能在缆线上施加足以造成缆线表面和导线上留下永久痕迹的力量，施工过程中不能对缆线使用热吹风式气焊枪等加热方法，缆线拐弯时应该保证有足够大的弯曲半径。

（1）施工参数：最小弯曲半径≥8倍缆线半径；天花板内最大暴露双绞线长度≤2cm（机柜处除外）；最大分绞长度不超过2cm；缆线上不得负载重物；如果缆线必须穿越电源线，应该垂直穿越；最大拉力，不管是多少对线，不得超过400N。

（2）在安装线槽时，首先应该计算线槽中将要布放的缆线数量与质量，以免线槽的支撑点负载超过建筑物结构所容许的载荷。如果线槽是管状的，不能开盖，安装时，在每一个拐弯的地方要求有线盒。另外，在安装时应先安装引线，以方便穿线。

6.4.2 光缆线路工程的施工

光缆布线的敷设环境和条件是光缆的外护层要达到阻水、防潮、耐腐蚀的标准，在鼠咬或白蚁严重的地方，应采用金属带皱纹纵包或尼龙护套层加以保护。光缆敷设施工技术要求如下。

（1）光缆敷设过程中，光缆的最小弯曲半径为20cm。要防止光缆打结，特别是打死结。

（2）光缆敷设过程中，人力牵引或机械牵引径向牵引力须小于980N，并且受力在外包装胶层或钢丝上。距离较长时，应分段多处同时牵引。

（3）光缆敷设过程中，避免破坏光缆胶层，防止汽车等重物横向碾压。

（4）光缆敷设到达所指定的配线柜后，应再留 10～15m 的余量，以方便光纤接续。

（5）光缆在电缆槽中敷设时，光缆要与已有缆线平行，不得与其他缆线扭绞在一起。

在光缆进入配线间时，应注意管道的进口或出口处的边沿是否光滑，否则应加套管保护。

光缆由建筑物的电缆竖井进入配线间，在竖井中敷设光缆时，为了减少光缆上的负荷，应在一定的间隔上用缆夹或缆带将光缆扣在桥架或垂直线槽上。用缆带固定光缆的步骤如下：用所选的缆带，由光缆的顶部开始，将主干光缆扣在垂直线槽上；由上而下在指定的间隔（约定 2m）上安装缆带，直到主干光缆被牢固地扣住；在光缆通道中，将光缆插入预留孔的套筒中，光缆被固定后，用水泥将孔填满。如果孔径过大，可将其中的光缆松弛地捆起来。

光缆的端接在挂墙式的光纤接线盒中进行，主干光缆由光纤接线盒的入线孔进入，要用光缆夹将光缆完全固定，不能使其松动。剥出纤芯的长度以 1m 为限。待熔接完成后，将纤芯按顺序排列在光纤盒的绕线盘中，在盘绕光纤时一定要注意纤芯的弯曲半径。将纤芯排好后，按色标和序号在尾纤标签上标明。

6.4.3 安装铜质电缆时的标记识别

（1）配线模块的标记。为完善这一工作，采用占用一个模块位置的模块式标签托架，以便标出模块并识别哪个区域或哪个办公室。为方便操作，至少为每个模块、主干电缆和电源各设一个标签托架。

（2）连接标记。为了在安装中识别连接，建议在电缆和跳线的两端进行识别标记。例如，电缆都有一个标签或一个识别套；跳线电缆根据其长度在一端或两端做记号，或在每一端都带有一个不同颜色的识别标签托架，以便识别；插座有一个正反两面都可用的标签。

6.4.4 安装光纤时的标记和识别

（1）配线模块的标记。为了便于识别，每一个光纤盘在正面 ST 连接器的右边设有标记。为便于辨别模块，上面的光纤盘标有其接受的光纤的编号，每个光纤盘根据其光缆套管的颜色很容易区别。

（2）连接标记。一个光纤连接构成如下：预布线的固定部；在预布线的两端连接有源设备的连接电缆；在配线架上直接跳线；连接发射机和接收机的交叉跳线。在光缆的每一端都有一根光纤接一个 STII 型插头，ST 型插头安装在由光纤盘托着的 STII 连接器中，在光纤盘的正面有一个醒目的彩色标签。接受光缆的模块在第一个光纤盘的标签上注明以下内容：到达配线间的辨别编号；轨道编号；轨道上的光纤盘编号；对应区域编号；连接 2 个配线间的每根光缆的序号。

7. 综合布线系统工程测试验收

由供应商、系统集成商、用户及用户聘请的技术顾问共同组成验收小组，对工程的项目进行测试验收。

7.1 阶段验收

在工程施工过程中，由施工单位项目负责人按照工程施工表、督导指派任务表配合工程单位进行工程质量的阶段验收，包括 PVC 线槽的架设、缆线的敷设、配线架的安装、信息模块的安装等。

7.2 竣工验收

本工程竣工后，由承建方组织技术人员对整个工程进行全面验收。验收内容主要有：检查设备安装，包括机柜安装情况、跳线制作是否规范、配线架接线是否美观、整齐；检查信息模块安装是否规范、平整、牢固，标志是否齐全、明显等。

7.3 布线安装检查

桥架和线槽安装位置是否正确、安装是否符合要求、接地是否正确；缆线规格、路由、标号是否正确，转角是否符合规范，竖井的缆线固定是否牢固，是否存在裸线，缆线终端安装是否符合规范，包括信息插座的安装、线头压接等。

7.4 系统测试

主要进行缆线连接正、误测试。双绞线性能测试项目为（按 5e、6 类标准）接线图、链路长度、衰减和近端串绕 NEXT 损耗等。光纤性能测试项目为光纤链路衰减和光纤链路反射测量。另外，还要测试系统接地是否符合要求（$\leq 4\Omega$）。测试结果应为：通过。

7.5 技术文档检查

技术文档是过程的踪迹，文档管理要做到及时、真实，符合标准。同时，文档归档要及时，以保证文档中的数据真实、可靠。技术文档包括技术方案、竣工平面图（蓝图）、施工报告、测试报告、施工图、设备连接报告及物品清单。工程施工竣工后，对所有技术文档检查验收合格后归档。文档管理尽可能采用电子存档方式，以提高工作效率。

8. 培训计划

公司负责对甲方 2~4 人进行系统培训，包括在施工前进行系统及产品知识培训，以便对系统及产品性能有比较详细的了解。在施工过程中进行安装培训，以达到能独立进行系统安装及维护的水平。在施工结束后进行应用培训，使之能够熟练掌握系统在各种应用环境中的使用方法。

9. 质量及服务保证

本综合布线系统工程提供 15 年的系统应用保证和产品质量保证。公司对于所承诺的综合布线系统的系统保修服务，是指对该系统在验收并投入运行后所出现的无源缆线传输部分及相应元件出现的质量、使用问题的保修服务，具体如下。

（1）对于工程中安装的所有相关元器件（如电缆、光缆、插座、配线架、光纤接续箱、ST 接头等），在保修期内如出现质量问题，公司均有责任予以随时免费更换。

（2）在保修期内如果由于使用不当造成系统组成元器件出现故障或损坏，公司亦会予以及时更换，但要收取相关元器件的成本费用。

（3）当本系统与其他系统配合使用时，本公司的工程师将赴现场及时解决其他系统与本系统配合时所出现的问题。

（4）对用户在保修期内提出的系统扩容，公司将本着用户至上的原则，进行扩容施工，只收取相关部分的材料成本费，有关设计费及施工督导费不收。

（5）在保修期内用户所提出的与本系统相关的咨询，公司给予全面详细的书面解答。

思考 与 练习

1. 分析总结住宅小区光纤到户工程有哪些技术可供选择使用，并以某新建小区为例，规划其中多层住宅楼宇的网络综合布线方案。

2. 讨论数据中心网络布线系统目前常用的拓扑结构类型。

3. 综述数据中心机房布线采用卡博菲网格式桥架方式主要有哪些优点？

4. 数据中心布线系统选用 KVM 时，一般需要考虑哪些因素。

5. 针对某一公共场所，例如会展中心，讨论研究其无线网络系统的部署方案。

6. 在选购室内、室外无线访问点（AP）时，一般要考虑哪些技术指标？

7. 一个较为完善的综合布线系统工程方案应包括哪些内容？

8. 分析归纳设计一个综合布线系统工程方案的主要步骤。

9. 试以某单位为例如办公楼，设计一个综合布线系统工程方案，并形成一个规范的信息文档。

# 第 3 单元　布线施工技术单元

# 第 **8** 章

# 综合布线施工技术

网络工程经过调研、设计，确定综合布线方案后，接着就是布线工程的实施。网络综合布线施工是整个网络综合布线工程中非常重要的一步，也是布线工程成功的关键。布线施工需遵循 GB/T 50312—2016、ISO/IEC 14763-1～3 等布线安装、测试和工程验收规范、标准，以确保布线工程实施过程中每一个部件的安装质量。

本章围绕网络综合布线工程施工过程中的技术要点，讨论介绍网络综合布线施工实用技术，包括布线工程施工基本要求、布线施工常用工具、综合布线系统中各子系统的布线与安装等实用施工技术。

## 8.1 综合布线施工要点

不论是 5 类、5e 类、6 类电缆系统，还是光缆系统，都必须经过施工安装才能完成，而施工的过程对传输系统的性能影响很大。即使选择了高性能的缆线系统，如 5e 类或 6 类，如果施工质量粗糙，其性能可能还达不到 5 类缆线系统的指标。所以，不论选择安装什么级别的缆线系统，最后的结果一定要达到与之相应的性能指标。网络综合布线工程的施工一般包括施工准备、施工、调试开通和竣工验收四个步骤。抓住网络综合布线施工要点，制定施工管理措施，是保证网络综合布线工程质量的关键。

### 8.1.1 施工前的准备工作

综合布线系统工程实施的第一步就是施工前的准备工作。在施工准备阶段，主要有硬件准备与软件准备两项工作。

**1. 硬件准备**

硬件的准备就是备料。网络综合布线系统工程施工过程需要许多施工材料，这些材料有的需要在开工前就备好，有的可以在施工过程中准备，对不同的工程有不同的需求。所用设备并不要求一次到位，因为这些设备往往用于工程的不同阶段，比如网络测试仪就不是开工第一天就要用的。为了工程的顺利进行，应该尽量考虑得充分和周到一些。

备料主要包括光缆、双绞线、插座、信息模块、服务器、稳压电源、集线器、交换机和路由器等，要落实供货厂商，并确定提货日期。同时，不同规格的塑料槽板、PVC 防火管、蛇皮管、自攻螺丝等布线用料也要考虑。如果集线器是集中供电，则要准备导线铁管，并制定好电器设备安全措施（供电线路需按民用建筑标准规范进行）。

在施工工地上可能会遇到各种各样的问题，难免会用到各种各样的工具，包括用于建筑施工、空中作业、切割成形器件、弱电施工、网络电缆的专用工具或器材设备。

1）电工工具

在施工过程中常常需要使用电工工具，比如各种型号的螺丝刀、各种型号的钳子、各种电工刀、榔头、电工胶带、万用表、试电笔、长短卷尺、电烙铁等。

2）穿墙打孔工具

在施工过程中还需要用到穿墙打孔的一些工具。比如冲击电钻、切割机、射钉枪、铆钉枪、空气压缩机、钢丝绳等，这些通常是大、重、昂贵的设备，主要用于线槽、线轨、管道的定位和加固，以及电缆的敷设和架设。一般应与从事建筑装饰装修的专业安装人员进行合作施工。

3）切割机、发电机、临时用电接入设备

这些设备虽然并非每一次都需要，但是每一次都需要配备齐全，因为在大多数综合布线系统施工中都有可能用到。特别是切割机和打磨设备等，在许多线槽、通道的施工中是必不可缺的工具。

4）架空走线时的相关用料及工具

架空走线时所需的相关器材包括不同规格的塑料槽板、PVC 防火管、蛇皮管等布线用料，膨胀螺栓、水泥钉、保险绳、脚架等也是施工需要的工具和器材，无论是建筑物，还是外墙线槽敷设，还是建筑群的电缆架空等操作都需要。

5）布线专用工具

通信网络布线需要一些用于连接同轴电缆、双绞线和光纤的专用工具。譬如需要准备剥线钳、网线钳、打线工具和电缆测试仪等。剥线钳（见图 8.1（a））使用高度可调的刀片或利用弹簧张力来控制合适的切割深度，保障切割时不会伤及导线的绝缘层；电缆测试仪（见图 8.1（b））用来测试网线的连通性，以验证网线是否制作成功。

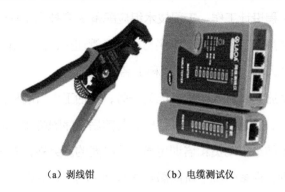

(a) 剥线钳　　　　　　　　(b) 电缆测试仪

**图 8.1　布线专用工具**

6）测试仪

用于不同类型的光纤、双绞线、同轴电缆的测试仪，既可以是功能单一的，也可以是功能完备的集成测试工具。一般情况下，双绞线和同轴电缆的测试仪比较常见，价格相对较低；光纤测试仪和设备比较专业，价格也较高。另外，还有许多专用仪器用于进行从低层到高层的通信协议全面测试，如进行协议分析等。最好准备 1 到 2 台有网络接口的笔记本计算机，并预装网络测试的相关软件。这类软件比较多，而且涉及面也相当广，有些只涵盖物理层测试，而有些甚至还可以用于协议分析、流量测试或服务侦听等。根据不同的工程测试要求，也可以选择不同的测试平台，如常用于网管的 Snifter Pro、LAN-pro、Enterprise LAN Meter 等。

7）其他工具

在准备好以上工作的基础上，还需要准备透明胶带、白色胶带、各种规格的不干胶标签、彩色笔、高光手电筒、捆匝带、牵引绳索、卡套和护卡等。如果架空线跨度较大，还需要配置对讲机、施工警示标志等工具。

**2. 软件的准备**

软件的准备也非常重要，主要工作包括以下几项。

（1）设计综合布线系统具体施工图，确定布线路由图，供施工、监管和主管人员使用。

（2）制定施工进度表。施工进度要留有适当的余地，施工过程中随时可能发生意想不到的一些事情，要立即协调解决。

（3）向工程单位提交的开工报告。

（4）工程项目管理。工程项目管理主要指部门分工、人员素质的培训、施工前的动员等。一般工程项目组应下设项目总指挥、项目经理、项目副经理、技术总监、设计工程师、工程技术人员、质量管理工程师、项目管理人员和安全员等。设计组按系统的情况应配备相应工程师，负责本工程设计工作。工程技术组应配备 3 名技术工程师，负责工程施工。质量管理组应配备 1 名质检管理人员和 1 名材料设备管理员，负责质量管理。项目管理组需要配备 1 名项目管理人员、1 名行政助理和 1 名安全员。

由于并不是每一个施工人员都明确自己的任务，包括工作目的和性质、所做工作在整个工程中的地位和作用、工艺要求、测试目标、与前后工序的衔接、时间及空间安排、所需的资源等，所以施工前进行动员和培训也是十分必要的。另外，根据工程"从上到下，逐步求精"的分治原则，许多情况下可能需要与其他工程承包商合作，如缆线的地埋、架空、楼外线槽的敷设等工作，双方的协调工作完成得怎么样？下级承包商对自己的责任区的责、权、利是否已经明确？承包商施工能力和管理水平能否达到工程要求？会不会造成与其他承包商相互冲突或推脱责任？这些都是在施工准备阶段就应准备就绪的工作。

## 8.1.2　布线工程管理

一项完美的工程，除了应有高水平的工程设计与高质量的工程材料，科学、有效的工程管理也至关重要。施工质量和施工速度的保证来自系统工程管理。为了使工程管理标准化、程序化，提高工程实施的可靠性，可专门为其布线工程的实施制定一些制度化的工程标准表格与文件。这些标准表格与文件涉及现场调查、开工检查、工作分配、工作阶段报告、返工表、下阶段施工单、现场存料、备忘录及测试表格等方面。

### 1. 现场调查与开工检查

现场调查通常先于工程设计，一个高水平、高质量的设计方案与现场调查分析是紧密相关的，而且这种现场调查可以随着现场环境的变化多次提交。现场调查表可分为多种，主要用于描述现场情况与综合布线系统工程之间的一些相关因素。

在开始施工前，应进行开工检查，主要是确认工程相关内容是否需要修改，现场环境是否有变化。首先要核对施工图纸、方案与实际情况是否一致，涉及建筑（群）重要特性的参数是否有变化。另外，还需要核查图纸上提到的打孔位置所用的建筑及装修材料，挖掘地埋的地表条件如何，是否有遗漏的设备或布线方案，是否有修改的余地等。这些都是施工前最后核查的主要内容。如果没有什么不妥，就要严格执行施工方案。因此，施工前工程师和安装工人都应该到现场熟悉环境。当然，不要忘记与项目负责人及有关人员通报，并在他们的帮助下进行核查。开工检查表格应在工程实施开始前提交给用户，且需要用户签字。

## 2．工作任务分配

在进行施工任务分配时，要认识到保证施工质量和施工速度并不矛盾。有一句俗话为"欲速则不达"，开工前首先要做的是调整心态，赶工期的工程往往会因返工而浪费更多时间，所以千万不要以牺牲施工质量来换取施工速度。如果工期紧，可以根据实际需求增加施工人员，但盲目地增加闲散人员不仅不能加快进度，反而可能有碍现场秩序的维持。理想的工程管理应该做到现场无闲人，事事有人做，人人有事做。这可采用类似于现代计算机 CPU 芯片的"并行多道流水线处理"的调度原则，即尽量将不相关的项目分解并同时施工。典型的例子就是建筑物外的地线工程和地埋工程能与建筑物内的布线线槽的敷设等工程同时进行；工作区终端信息插座的安装可以和管理间的配线架施工同时进行等。

施工任务分配包括布线工程各项工作及完成各项工作的时间要求，工作分配表要在施工开始之前提交，由施工者与各方签字认定。为保证施工进度，施工方可制定工程进度表。在制定工程进度表时，不但要留有余地，还要考虑其他工程施工时对本工程可能带来的不利影响，避免出现不能按时竣工交付使用的问题。

## 3．工作阶段报告

顾名思义，工作阶段报告指的是每一段工作完成之后所提交的报告，通常 1~2 周提交一次。报告完成后由用户方协同人员、工程经理和工程实施单位的主管一起在现场检查后，对前一阶段工作进行总结，形成工作阶段报告。同时，提出下一阶段的工作计划。

## 4．返工通知

对前一阶段工作进行总结时，如果发现有需要返工的问题，需要提交返工通知。返工通知可用表格形式给出，主要描述要求返工的原因、返工要求及返工完成的时间。施工方需提出解决问题的技术方案，以及返工费用的承担等解决相关问题的方法。

## 5．下一阶段施工单

下一阶段施工单要对下一阶段工作的现场情况、要求、人员、工具、材料等进行描述，一般在所涉及的工作开始前 1~3 天提交。相关单位根据下一阶段施工单内容进行施工准备。由相关各方负责人签字。

## 6．现场存料

工程材料的交付与使用将使现场存料不断发生变化，为使工程顺利进行，对保存的材料应该做到心中有数。为此需填写并提交现场存料表，该表主要描述材料的现存量、存放地点、运输途中的材料及到货时间等。

### 7. 备忘录

在工程实施期间，与布线工程有关的各种会议、讨论会及各相关单位的正式声明，应以备忘录的方式提交，由有关单位签收。

### 8. 测试报告

在进行现场认证测试时，要分别对光纤与双绞线进行测试，并提交测试报告。测试报告可用表格形式呈现，由相关人员填写并签字。综合布线系统工程的验收将主要依据测试报告进行。

### 9. 制作布线标记系统

综合布线的标记系统要遵循 ANSI/TIA/EIA 606 标准，标记要有 10 年以上的保质期。

### 10. 验收并形成文档

作为工程验收的一个重要部分，在上述各环节中需建立完善的文档资料。要注意，工程管理所提交的所有文件都应视为保密文件。

## 8.1.3 施工过程中的注意事项

在布线施工过程中，重要的是注重施工工艺。粗犷的布线风格不仅影响美观，更为严重的是可能会造成许多进退两难的局面。例如，信息插座中双绞线模块的制作是综合布线系统工程中比较靠后的工序，通常是线槽敷设完毕、电缆敷设到位以后才开始的，但做不好却可能使通信网络不稳定，甚至不通。虽然可以把作废的模块剪掉重做，但要注意底盒中预留的尾缆长度，所剩的尾缆长度不能太短，否则只能重新布线。所以，在网络综合布线施工有别于一般的强弱电施工的无源网络系统中，网络布线所追求的不仅是导通或接触良好，还要保证通信质量，既要保证通信双方"听得见"，还要保证通信双方"听得清"。因此，在施工中要切实注意以下几点。

### 1. 及时检查，现场督导

施工现场督导人员要认真负责，及时处理施工进程中出现的各种情况，协调处理各方意见。如果现场施工遇到不可预见的问题，应及时向工程单位汇报，并提出解决办法供工程单位研究解决，以免影响工程进度。对工程单位计划不周的问题，要及时妥善解决。对工程单位新增加的信息点要及时在施工图中反映出来。对部分场地或工段要及时进行阶段检查验收，确保工程质量。

### 2．注重细枝末节，严密管理

在布线施工中涉及管槽埋设、桥架安装、缆线敷设及缆线穿放等诸多内容，必须关注其中的每一个技术细节。在电钻和切割机轰鸣的施工现场，需要安装人员完成许多技术工作，如电缆连接、配线架安装、光纤熔接及双绞线的排线压制等，对每项工作都必须足够的重视，千万不要因小失大。一般说来，缆线敷设要重点关注以下几个方面。

（1）缆线的型号、规格应与设计规定相符。

（2）缆线的布放应自然平直，不得产生扭绞、打圈接头等现象，不应受到外力的挤压和损伤。

（3）缆线两端应贴有标签，标明编号，标签书写应清晰、端正，标签应选用非易损材料。

（4）缆线终接后，应留有余量。电信间、设备间对绞线电缆预留长度宜为 0.5～1.0m，工作区为 10～30mm；缆线布放宜盘留，预留长度宜为 3～5m，有特殊要求的应按设计要求预留长度。

（5）综合布线系统的缆线必须与电磁干扰源保持一定距离，以减小电磁干扰的强度。

施工过程中的另一项重要任务就是对所有进场设备及材料器件的保管，既要考虑施工的方便性，又要考虑施工的安全性，注意防火防盗。比如许多施工设备、测试仪器非常昂贵，应当每天施工完毕后清点并带离现场，即便是廉价的小工具，如果一时找不到也会给施工带来不便。

### 3．协调进程，提高效率

一个高效的工程计划及其实施往往依靠有效的组织和管理，并非所有条件都齐备了才能开展，也并非人员和设备越多，效率越高。在布鲁克斯著的《人月神话》（*The Mythical Man-Month*）中提出了这样的论断："向进度落后的项目中增加人手，只会使进度更加落后。"这中间还涉及如何组建施工团队，或者面对一个布线工程施工任务时，如何制定施工计划、划分任务和分配资源。也就是说，可以借鉴"外科手术队伍"的方式，即采用外科主刀医生加副手来组织团队，以保障系统设计思路的完整性。因此，一种较为科学合理的安排是，由综合布线系统方案的总设计师和施工现场项目负责人根据进度协调进场人员、设备安装、缆线敷设等任务，在不同工程阶段，安排所需要的人员、技术含量、工具及仪器设备分别进场。其原则是最大限度地提高人员工作效率和设备的利用率，有效提高生产力和工程质量。

### 4．全面测试，保证质量

测试所要做的事情包括工作区到设备间连通状况，主干线连通状况，数据传输速率、衰减、接线图、近端串扰等。

### 8.1.4 施工结束时的工作

网络布线工程施工结束时，涉及的主要工作包括：① 清理现场，保持现场清洁、美观；② 对墙洞、竖井等交接处要进行修补；③ 汇总各种剩余材料，把剩余材料集中放置，并登记还可使用的数量；④ 总结。做总结就是收集、整理文档材料，总结材料主要包括开工报告、施工过程报告、测试报告、使用报告及工程验收所需要的验收报告等。

## 8.2 布线施工常用工具

要做好一个布线系统，齐全的布线施工工具是不可或缺的。综合布线施工常用工具有许多种，按其用途可以分为电缆布线系统安装工具和光缆布线系统安装工具等。

### 8.2.1 电缆布线系统安装工具

电缆布线系统安装工具又可分为双绞线专用工具和同轴电缆专用工具两类。双绞线网线制作工具主要有剥线工具、端接工具、压接工具、铜缆线布线工具包和工具箱等；同轴电缆网线的制作材料及工具主要包括同轴电缆、中继器、收发器、收发器电缆、粗同轴电缆网线附件（N 系列接头、N 系列终端匹配器、N 系列端接器）、细同轴电缆附件（BNC电缆连接器、BNC T 型接头、BNC 桶型接头、BNC 终端匹配器）和同轴电缆网线钳等。下面主要介绍目前应用最多的双绞线网线制作工具等。

#### 1. 双绞线网线制作工具

双绞线网线制作，最简单的工具就只需一把网线钳，RJ-45 网线钳如图 8.2 所示。它具有剪线、剥线和压线三种用途。在选用网线钳时一定要注意选择种类，因为针对不同的线材，会有不同规格的网线钳，一定要选用双绞线专用的网线钳才可用来制作以太网双绞线。双绞线压接工具包括偏口钳、剥线刀与剥线钳等，剥线刀与剥线钳如图 8.3 所示。

#### 2. 打线钳

信息插座与模块是嵌套在一起的。网线的卡入需用一种专用的卡线工具，该工具称为打线钳，如图 8.4 所示。其中，第一、二副工具是两款单线打线钳，第三副工具是一款多对打线工具。多对打线工具通常用于配线架网线芯线的安装。

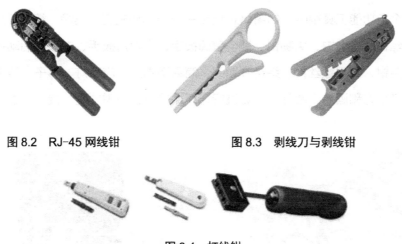

图 8.2　RJ-45 网线钳　　　　　　图 8.3　剥线刀与剥线钳

图 8.4　打线钳

### 3．打线保护装置

由于把网线的 4 对芯线卡入信息模块的过程是比较费力的，而且信息模块容易划伤手，于是人们专门设计和开发了一种打线保护装置，这样一方面能更加方便地把网线卡入信息模块中，另一方面也可以起到隔离并保护手掌的作用。如图 8.5 所示是两款掌上打线保护装置，注意，上面嵌套的是信息模块，下面的部分才是保护装置。

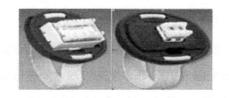

图 8.5　打线保护装置

## 8.2.2　光缆布线系统安装工具

在光缆施工过程中，一般需要一些工具，包括光缆牵引设备、光纤剥线钳、光纤固化加热炉、光纤接头压接钳、光纤切割器、光纤熔接机、光纤研磨盘、组合光纤工具及各种类型、各种接头的光纤跳线等。当然，一般小规模通信网络不需要这些工具，因为在小规模通信网络中通常不需要进行光缆敷设，但在较大的综合布线系统工程中则需要考虑光缆施工的相关工具和测试仪器。如果条件许可，还需要带上专用的现场标注签打印机和热缩设备，用于光缆、配线架、终端信息点的标注。通常是工程进行到最后阶段才会用到这些专业而昂贵的设备。

在进行光纤端接安装时，所需要的工具比较多。为便于使用，通常将光纤施工布线工具收纳在一个多功能工具箱中。如图 8.6 所示是一个光纤施工工具箱，箱内工具包括光纤剥线钳、钢丝钳、大力钳、尖嘴钳、组合套筒扳手、内六角扳手、卷尺、活动扳手、组合螺丝批、蛇头钳、微型螺丝批、综合开缆刀、简易切割刀、应急灯、镊子、清洗球、记号笔、剪刀、开缆刀和酒精泵瓶等。现场进行光纤端接时，还需要光纤接头研磨加工工具，如图 8.7 所示。

图 8.6　光纤施工工具箱

图 8.7　光纤接头研磨工具

# 8.3　工作区布线与安装

工作区被定义为从信息插座端延伸至用户终端之间的部分，它将用户终端和通信网络连接起来。从信息插座到终端设备的连接通常使用两端带 RJ-45 水晶头的插接软线，有些终端设备需要选择适当的适配器或平衡/非平衡转换器才能连接到信息插座上。工作区布线与安装的主要工作是安装工作区信息插座及双绞线网线制作。

## 8.3.1　工作区信息模块的安装

在安装工作区信息模块时，应考虑区分面板上各种接口的用途，以提醒用户将哪种适配器的缆线插头插入哪种插座，防止因阻抗失配或信令不符造成系统故障。

为防止互连失误，我们提供了一种工作区信息模块通用解决方案。这些系列产品是具有多种用途的专用插接件，可为面板上的每一种用途提供使用接口。使用这种通用的产品解决方案，比如令牌环工作区跳线可以是 6-A 型 PC 适配器缆线，100Base-T 工作区跳线可以是配有 RJ-45 水晶头的模块化连接缆线，而 3270 工作站可以采用带 BNC 连接器的同轴连接缆线。这样，自然就可以防止用户在"标准"面板上发生插孔误插的现象。

面板、模块有时还需加上底盒形成一个整体，这个整体被统称为信息插座，但有时信息插座只代表面板，可以根据不同的需求进行选择，比如可以选择单孔、双孔或数字-语音混合、双绞线-光纤混合等，有些甚至还可以选择闭路视频接口。同时，面板的内部构造、规格尺寸及安装方法等也有较大差异。信息插座的安装分为嵌入式和表面安装式两种。用户可以根据实际需要选择不同的安装方式。通常情况下，新建建筑物采用嵌入式信息插座，已有建筑物增设综合布线系统，采用表面安装式信息插座。

**1. 信息插座盒与面板的安装**

每个工作区至少要配置一个信息插座盒，对于难以再增加插座盒的工作区，至少要安装两个分离的信息插座盒。每条双绞线需终接在工作区的一个8脚（针）的模块化插座（插头）上。

面板的作用是保护内部模块，使接线头与模块接触良好。在网络布线工程中一个重要的工序就是正确地标识每一个信息插座面板的功能，使之清晰、美观、易于辨认。

**2. 信息插座的安装**

信息插座往往安放在用户认为方便的位置，而不是一律安装在距离墙脚线30cm的高度上。信息插座既可以被嵌入墙体中间，也可以被置于墙面或粘贴到办公家具上。比如，许多大空间的办公室往往被一些办公隔断分割成多个小办公区域，这时信息插座安装位置就需适应这种大开间的灵活布线要求。一种常见的做法是将多孔信息插座及电缆固定在天花板上，再将电缆接入隔断上的信息插座，最后由跳线进入用户终端。这些信息插座和信息插头基本上都是一样的。在终端（工作站）一端，将带有8针的RJ-45水晶头跳线插入网卡；在信息插座端，跳线的RJ-45水晶头连接到插座上。

**3. 信息插座的安装要求**

安装工作区信息插座时，应注意以下几点。

（1）信息插座安装前需确认所有装修工作已完成，核对信息点编号是否有误。

（2）所有信息插座按标准进行卡接。

（3）安装在地面上的信息插座应采用防水和抗压接线盒。

（4）安装在墙面或柱子上的信息插座底部距离地面的高度一般为30cm。

（5）为便于有源终端设备的使用，信息插座附近应设置扁圆两用的三孔（或五孔）已具有带地端子的220V交流电源插座。

（6）信息插座安装完毕后，应立即依照平面图在面板上做好编号。

## 8.3.2 信息模块的压接技术

信息模块是信息插座的核心，同时也是终端（工作站）与配线子系统连接的接口，因而信息模块的安装压接技术的优劣直接决定了高速通信网络系统能否运行，因此需要认真对待。

### 1. 信息模块与 RJ-45 水晶头的压线方式

信息模块与信息插座配套使用，信息模块安装在信息插座中，一般通过卡位来实现固定。实现网络通信的一个必要条件是信息模块的正确安装。信息模块与 RJ-45 水晶头压线时有 ANSI/TIA/EIA 568-A 和 ANSI/TIA/EIA 568-B 两种线序方式，如图 8.8 所示。

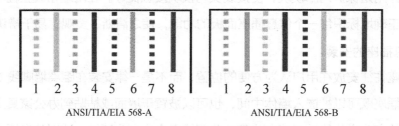

ANSI/TIA/EIA 568-A          ANSI/TIA/EIA 568-B

**图 8.8 ANSI/TIA/EIA 568-A/B 标准信息插座 8 针引线/线对安排正视图**

**注意：**对于 ANSI/TIA/EIA 568-A 从左至右线序为：绿白、绿、橙白、蓝、蓝白、橙、棕白、棕，对于 ANSI/TIA/EIA 568-B 从左至右线序为：橙白、橙、绿白、蓝、蓝白、绿、棕白、棕。

在同一个综合布线系统工程中，需要统一使用一种连接方式，一般使用 ANSI/TIA/EIA 568-B 标准制作连接线、插座、配线架，否则必须标注清楚。

为了允许在交叉连接处进行线路管理，使不同服务用的信号出现在规定的导线对上。8 针引线 I/O 插座已在内部接好线。8 针插座将工作站一侧的特定引线（工作区布线）接到建筑物布线电缆（配线子系统布线）上的特定双绞线对上。

对于模拟式语音终端，行业的标准做法是将触点信号和振铃信号置入双绞线的两个中央导线（即 4 对双绞线的引针 4 和 5）上。剩余的引针分配给数据信号和配件的远地电源线使用。引针 1、2、3 和 6 传送数据信号，即将 4 对双绞线电缆中的线对 1-2、3-6 相连；引针 7-8 直接连通，并留作配件电源之用。

凡未确定用户需要和尚未对具体应用做出承诺时，建议在每个工作区安装两个 I/O，这样在设备间或配线间的交叉连接场区不仅可灵活地进行系统配置，而且也容易管理。

### 2．信息模块的压接

目前，信息模块的供应商较多，产品的结构都类似，只是排列位置有所不同。有的面板标注有双绞线颜色标号，与双绞线压接时，注意颜色标号配对就能够正确地压接。

图 8.9　线序模式

压接信息模块时，一般有用打线工具压接和不用打线工具直接压接两种方式。根据在实际工程中的经验，一般是采用打线工具进行模块压接为好。压接时，先把剥开的双绞线线芯按线对分开，但先不要拆开各线对，只有在将相应线对预先压入打线柱时才拆开。按照信息模块上所指示的色标选择 ANSI/TIA/EIA 568-B 或 ANSI/TIA/EIA 568-A 线序模式，如图 8.9 所示。注意在一个布线系统中要统一采用一种线序模式，注意线序一定要正确。然后，将剥皮处与模块后端面保持平行，两手稍旋开绞线对，稍用力将导线压入相应的线槽内。

打线工艺是信息模块压接的关键。用户端的模块打线要求完全等同于配线架端的要求，一是严格控制开捻长度，二是要求解绕长度不超过半个捻，因为模块是引起串扰的最重要因素。在信息模块上有两排跳线槽，每一个槽口都标有颜色，与双绞线的每条线都一一对应。打线时先把双绞线的一头剥去 2～3cm 的绝缘层，然后将线头分开，将线头放在相应的各槽口中，用手将线按下；然后将打线工具的刃口向外，放在槽口上，垂直槽口用力按下，听到"喀哒"一声，说明工具的凹槽已经将线芯压到位，已经嵌入金属夹子里，并且金属夹子已经切入绝缘皮咬合铜线芯形成通路，如图 8.10 所示。注意双绞线的颜色要与槽口标识的颜色一致。采用同样方法打好其他的导线，注意最后要再次检查一下，以免出现错误，然后再将线头摘掉。最后在模块上装上面板，用螺丝钉将其固定。

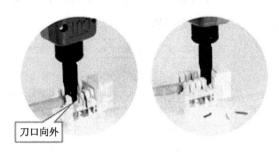

刀口向外

图 8.10　打线工艺

打线时一定要注意两点：一是刀口向外，若忘记变成向内，压入的同时也切断了本来应该连接的铜线；二是垂直插入，若打斜了，将把金属夹子的口撑开，再也没有咬合的能力，并且打线柱也会歪掉，难以修复，这样模块就报废了。打线全部完工后，可用网线钳的剪线刀口或者其他剪线工具剪除在模块卡线槽两侧多余的芯线（一般留 5mm 左右的长度）。

在现场施工过程中，有时会遇到 5 类或 3 类线，与信息模块压接时出现 8 针或 6 针模块。例如，要求将 5 类线（或 3 类线）一端压在 8 针的信息模块（或配线面板）上，另一端压在 6 针的语音模块上。对这种情况，无论是 8 针信息模块，还是 6 针语音模块，它们在交接处都是 8 针，只在输出时有所不同。所以按 5 类线 8 针压接方法压接，6 针语音模块将自动放弃不用的棕色对线。

### 3. 注意事项

压接信息模块时应注意以下几点。

（1）双绞线是成对相互扭绞在一处的，按一定距离扭绞的导线可提高抗干扰能力，减小信号的衰减，压接时一对一对拧开，放入与信息模块相对应的端口上。

（2）在双绞线压接处不能扭绞、撕开，并防止有断线的伤痕。

（3）使用压线工具压接时要压实，不能有松动的地方。

（4）双绞线解绞不能超过要求。

## 8.3.3　双绞线网线的制作

要使双绞线能够与网卡、集线器或交换机等设备相连，还需要把双绞线与 RJ-45 水晶头连接起来，即制作双绞线网线。RJ-45 水晶头其前端有 8 个压接片触点，与双绞线的连接如图 8.11 所示。人们通常认为 RJ-45 水晶头与双绞线的连接是一个小细节，没有必要专门讨论，连接的成功率只与操作人员是否细心有关。实际上，双绞线与 RJ-45 水晶头的连接是链路中很容易产生串绕的地方，需要格外注意。

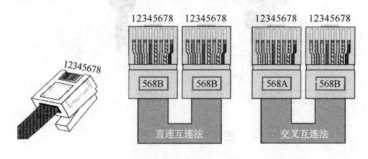

**图 8.11　双绞线与 RJ-45 水晶头的连接**

### 1. 双绞线与 RJ-45 水晶头的连接

不管是哪家公司生产的 RJ-45 水晶头，它们的排列顺序自左至右是 1、2、3、4、5、6、7、8。端接时，RJ-45 水晶头的连接分为 ANSI/TIA/EIA 568-A 与 ANSI/TIA/EIA 568-B 两种标准，如图 8.12 所示。

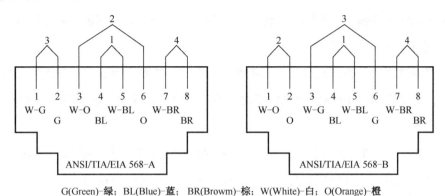

G(Green)–绿；BL(Blue)–蓝；BR(Browm)–棕；W(White)–白；O(Orange)–橙

**图 8.12　ANSI/TIA/EIA 568-A/B 标准的接线标准**

按照 ANSI/TIA/EIA 568-A 标准，水晶头的 8 针（也称插针）与线对的排线序号从左到右依次为：1-白绿、2-绿、3-白橙、4-蓝、5-白蓝、6-橙、7-白棕、8-棕。4 对双绞线电缆的线对 2 插入水晶头的 3、6 针，线对 3 插入水晶头的 1、2 针。

按照 ANSI/TIA/EIA 568-B 标准，水晶头的 8 针与线对的排线序号从左到右依次为：1-白橙、2-橙、3-白绿、4-蓝、5-白蓝、6-绿、7-白棕、8-棕。4 对双绞线电缆的线对 2 插入水晶头的 1、2 针，线对 3 插入水晶头的 3、6 针。

双绞线与 RJ-45 水晶头相连时，应按色标和线对顺序进行卡接。两种连接方式均可采用，但在同一布线工程中两种连接方式不能混合使用。

**注意**：不论采用哪种标准都必须与信息模块所采用的标准相同。对于 RJ-45 水晶头与双绞线的连接，需要依据制作直通线或是交叉线的要求，进行适当加工才能使用。ANSI/TIA/EIA 568-A 标准比较适合用于住宅线路的升级和重新安装，因为它的线对 1 和线对 2 的导线连接方式与贝尔系统的通用服务分类代码（USOC）完全相同；而 ANSI/TIA/EIA 568-B 标准是最常用的接线方案，特别是在商用通信网络的安装中更是如此。以 ANSI/TIA/EIA 568-B 为例简述如下。

（1）首先将双绞线电缆套管，自端头剥去大约 20mm，露出 4 对线。

（2）定位缆线次序，使它们的顺序号为 1&2、3&6、4&5、7&8。只有正确确定水晶头针脚的顺序，才能正确判断双绞线的线序。通常是将水晶头有塑料弹簧片的一面向下，有针脚的一面向上，使有针脚的一端指向远离自己的方向，有方型孔的一端对着自己，此时，最左边的是第 1 脚，最右边的是第 8 脚，其余依次顺序排列。另外，为防止插头弯曲时对套管内的线对造成损伤，导线应并排排列至套管内至少 8mm 长，以形成一个平整部分，平整部分之后的交叉部分呈椭圆形状态分布。

（3）为绝缘导线解扭，使其按正确的顺序平行排列，导线 6 是跨过导线 4 和 5 的，在套管里不应有未扭绞的导线。

（4）导线端面应平整，避免毛刺影响性能，导线经修整后距套管的长度为 14mm，从线头开始，至少在 10±1mm 的范围导线之间不应有交叉，导线 6 应在距套管 4mm 之内跨过导线 4 和 5。

（5）将导线插入 RJ-45 水晶头，导线在 RJ-45 水晶头部能够见到铜芯，套管内的平坦部分应从插塞后端延伸直至初张力消除，套管伸出插塞后端至少 6mm 长。

（6）用压线工具压实 RJ-45 水晶头。

**2．双绞线电缆与非 RJ-45 模块的终接**

4 对双绞线电缆与非 RJ-45 模块终接时，应按线序号和组成的线对进行卡接，如图 8.13 所示。

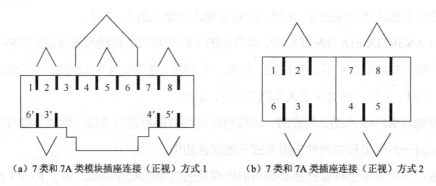

(a) 7类和7A类模块插座连接（正视）方式1　　(b) 7类和7A类插座连接（正视）方式2

**图 8.13 双绞线电缆与非 RJ-45 模块的终接**

**3．千兆位网络交叉线的制作**

根据 ANSI/TIA/EIA 568-B 标准，直通线两端的线序排列应一一对应，不改变线的排列顺序，有时也称为直连线。直通线指网线两端水晶头的制作方法相同，都采用 ANSI/TIA/EIA 568-B 标准或者都采用 ANSI/TIA/EIA 568-A 标准制作。

根据 ANSI/TIA/EIA 568-B 标准，改变线序的排列顺序，采用 1-3、2-6 的交叉原则排列，称为交叉线。交叉线就是网线两端的水晶头制作方法不相同，一端采用 ANSI/TIA/EIA 568-B 标准，另一端采用 ANSI/TIA/EIA 568-A 标准。交叉线的线序见表 8.1。

表 8.1　交叉线的线序

| 端 1 | 白橙 | 橙 | 白绿 | 蓝 | 白蓝 | 绿 | 白棕 | 棕 |
|---|---|---|---|---|---|---|---|---|
| 端 2 | 白绿 | 绿 | 白橙 | 蓝 | 白蓝 | 橙 | 白棕 | 棕 |

在综合布线系统中，Cat5/5e 和 Cat6 等常用缆线都是 8 芯的，但在大多数应用中仅使用了其中的 2 对 4 根导线。例如，通常 100Base-T 的 Ethernet 使用其中第 1、2、3、6 根，第 1、2 根线通常为 Tx+、Tx-和 Rx+、Rx-。因此，对于 10/100Mbit/s 网络的布线系统，只需把 1-3、2-6 进行交叉连接就可以了，其他的 4 根线可以不使用。但对于千兆位网络来说，原来看似无用的 4 根线都要派上用场，具体交叉线的连接如图 8.14 所示。

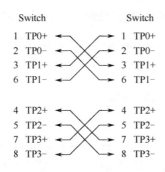

图 8.14　千兆位网络交叉线的连接

按这种方式制作的 RJ-45 水晶头，10/100/1 000Mbit/s 通信网络均可使用。

### 4．双绞线网线性能测试

制作完成双绞线网线之后，需要检测它的性能。从网络布线的角度讲，非屏蔽双绞线测试有连通性测试和认证测试两类。在造成网络故障的原因中，绝大多数是电缆链路问题，因此如何测试电缆质量来保证信息传输的顺畅无误极为重要。通常是使用电缆测试仪进行检测，如使用专门的测试工具进行测试，也可使用比较简便的网线测试仪进行测试，但只能做连通性测试。对于连通性测试，用网线测试仪比较简便。测试时将双绞线网线两端的水晶头分别插入主测试仪和远程测试端的 RJ-45 接口，将开关开至"on"（S 为慢速挡），主测试仪指示灯从 1 至 8 逐个顺序闪亮。若连接不正确，依据导线连接情况，指示灯会有不同的显示。例如，当有一根导线断路时，主测试仪和远程测试端对应线号的指示灯都不亮。如果出现红灯或黄灯，说明导线接触不良，此时可先用压线钳再次压制两端的水晶头，然后再测。如果故障依然存在，则需要检查芯线的排列顺序是否正确。如果芯线顺序有误，则应重新制作。

**注意：** 如果测试的缆线为直通线，测试仪的 8 个指示灯依次闪烁。如果测试的缆线为交叉线，其中一侧依次闪烁，另一侧按 3、6、1、4、5、2、7、8 的顺序闪烁。如果芯线顺序一样，测试仪显示红色或黄色灯，表明其中肯定存在对应芯线接触不良的情况。

**5. 双绞线电缆终接时的注意事项**

双绞线电缆终接属于一种操作性工作，经过实践很快就能掌握，但应注意以下几点。

（1）按双绞线色标顺序排列，不要有差错。

（2）把 RJ-45 水晶头点斩实，用压力钳压实。

（3）在终接时，每对双绞线对应保持扭绞状态，对于扭绞松开长度，3 类电缆不应大于 75mm；5 类电缆不应大于 13mm；6 类及以上类别的电缆不应大于 6.4mm。

（4）屏蔽双绞线电缆的屏蔽层与连接器件终接处屏蔽罩应通过紧固器件可靠接触，缆线屏蔽层应与连接器件屏蔽罩 360° 圆周接触，接触长度不宜小于 10mm。

（5）对不同的屏蔽双绞线或非屏蔽电缆，屏蔽层应采用不同的端接方法。应使编织层或金属箔与汇流导线进行有效的端接。

（6）信息插座底盒不宜兼做过线盒使用。

# 8.4 配线子系统的布线与安装

配线子系统是楼层内部由管理间到用户信息插座的最终信息传输信道，即在同一个楼层中的布线系统，由于智能建筑对通信系统的要求，需要把通信系统设计成易于维护、更换和移动的结构，以适应未来发展的需要。配线子系统分布于智能建筑的各个角落，相对干线子系统而言，一般安装得比较隐蔽。在智能建筑竣工后，该子系统较难接近，不但更换和维护缆线的费用高，而且技术要求也较高。如果需要经常对配线子系统的缆线进行维护和更换，就会影响建筑物内用户的正常工作，严重时还要中断用户通信。由此可见，配线子系统的管路敷设、缆线选择是布线施工的一个重要组成部分。显然，掌握综合布线系统的基本知识，从施工图中领悟设计者的意图，并从实用的角度为用户着想，减少或消除日后用户对配线子系统的更改是非常有意义的。

配线子系统的管路在综合布线系统中所占比例较大，若与其他专业管路间的布置处理不当，会给电气施工带来不便。可利用 AutoCAD 绘出三维样图，在样图上注明其他专业管路的走向、标高及各种管路的规格型号，制定最优敷设管路的施工方案，满足管线路由最短且便于安装的要求。目前，配线子系统布线方法比较多，主要有墙面管线方式布线、地面线槽方式布线、格形楼板线槽与沟槽相结合布线、吊顶架空线槽方式布线和网络地板布线等方式。

## 8.4.1　墙面管线方式布线

墙面管线方式布线可分为墙面预埋管线布线和墙面明装线槽布线。

### 1．墙面预埋管线布线

所谓墙面预埋管线布线，就是将金属管或阻燃高强度 PVC 管直接预埋在混凝土楼板或墙体中，并由电信间向各信息插座辐射，如图 8.15 所示。

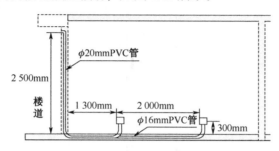

**图 8.15　预埋管线布线法**

墙面预埋管线布线方式具有节省材料、配线简单、技术成熟等特点。其局限性在于建筑楼板的厚度可能不够，因此，预埋在楼板中的暗管内径宜为 15～25mm，一般多选用 $\phi$20mm 的圆管；墙体中间的暗管内径不宜超过 50mm。同一根管道宜穿 1 条缆线，若管道直径较大，同一管道中允许最多布放 5 根缆线。直线暗管长度一般不超过 30m，弯管长度超过 20m 或有 2 个弯角的暗管在大于 15m 处应设置过线盒，以便于布放缆线。暗管管口应光滑，并加有绝缘套管，管口伸出建筑物的部位应在 25～50mm 之间。

光缆与电缆同管敷设时，应在预埋暗管内预置塑料子管，将光缆敷设在子管内，使光缆和电缆分开布放。子管的内径应为光缆外径的 1.5 倍。

墙面预埋管线布线一般用于房间小或信息点较少的地方。实践经验证明：信息点较多时，墙面预埋管线布线法就不适宜了，但可以采用地面线槽方式布线。

### 2．墙面明装线槽布线

墙面明装线槽布线由管道或线槽、缆线交叉穿行的接线盒、电源和出线盒及其配件组成，如图 8.16 所示。墙面明装线槽布线时要保持线槽水平，必须确定统一的高度。

## 8.4.2　地面线槽方式布线

地面线槽布线方式是为了适应智能建筑弱电系统日趋复杂、出线口位置变化不定而推出的一种新型布线方式。地面线槽布线就是从楼层电信间引出的缆线走地面线槽到地面出线盒或由分线盒引出的支管到墙上的信息出口的布线方式，如图 8.17 所示。

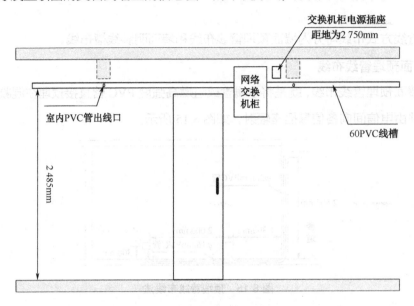

**图 8.16　墙面明装线槽布线**

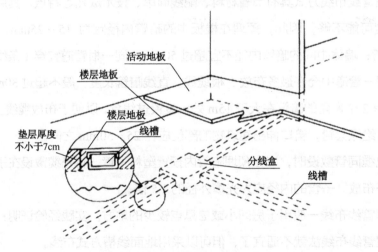

**图 8.17　地面线槽方式布线**

**图 8.18　金属线槽**

地面线槽有单槽、双槽、三槽和四槽之分，分为 50×25 mm、50×100 mm、100×100 mm、100×200 mm 等多种规格，可根据建筑情况合理选用。一种金属线槽的外形如图 8.18 所示，由槽底和槽盖组成，一般每根槽的长度为 2m，槽与槽连接时使用相应尺寸的铁板和螺丝固定。

敷设地面线槽时，电气专业应与土建专业密切配合，结合施工图出线口的位置、线槽的走向，确定分线盒的位置。线槽在交叉、转弯或分支处应设置分线盒；当线槽的长度超过 6m 时，应加设分线盒。设备间配线架、集线器、配电箱等设备引至线槽的线路，用终端变形连接器与线槽连接。线槽每隔 2m 设置固定支架和调整支撑，并与钢筋连接防止移位。线槽的保护层厚度应达到 35mm 以上，线槽连接之后应进行整体调整，由测量工人利用水准仪进行复核，严禁地面线槽超高。连接器、分线盒、线槽接口处应用密封条粘贴好，防止砂浆渗入而腐蚀线槽内壁。在连接线槽过程中，出线口、分线盒应加防水保护盖，待底板的混凝土强度达到 50%时，取下保护盖，换上标示盖。施工中，应用钢锉将线槽的毛刺锉平，否则会划伤双绞线的外皮，使系统的抗干扰性、数据保密性、数据传输速度降低，甚至导致系统不能顺利开通。

对于明敷的线槽或桥架，通常采用黏结剂黏合或螺钉固定。当线槽（桥架）水平敷设时，应整齐平直，直线段的固定间距不大于 3m，一般为 1.5～2.0m。垂直敷设时，应排列整齐，横平竖直，紧贴墙体。在线槽（桥架）的接头处、转弯处，以及离线槽两端 0.5m（水平敷设）或 0.3m（垂直敷设）处，应设置支承构件或悬吊架，以保证线槽（桥架）稳固。

地面线槽布线方式的优点是节省空间，使用美观，出线灵活，比较适用于较高档的智能建筑，建筑物内信息点密集、大开间需要安装隔断的办公场所；缺点是投资较多，工艺要求高，施工比较困难，局部利用率也不高。

## 8.4.3 格形楼板线槽与沟槽相结合布线

格形楼板线槽与沟槽相结合布线是指将格形楼板线槽与沟槽连通成网，沟槽内电缆为干线布线路由，分束引入各预理线槽，在线槽的出线口处安装信息插座，如图 8.19 所示。

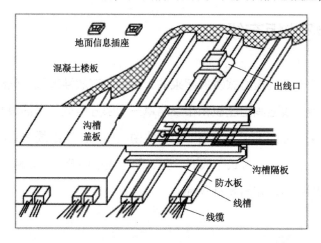

图 8.19 格形楼板线槽与沟槽相结合布线示意图

不同种类的缆线分槽或同槽分室（用金属板隔开）布放。一般线槽高度不超过 25mm，宽度不大于 600mm，主线线槽宽度宜为 200mm 左右；支线线槽宽度不小于 70mm。沟槽的盖板采用金属材料，方便开启；盖板面不得凸出地面；盖板四周和通信引出端（信息插座）出口处应采取防水和防潮措施，以保证通信安全。这种方式适用于大开间或需隔断的场所。

## 8.4.4　吊顶架空线槽方式布线

吊顶架空线槽方式布线是指先走吊顶线槽、管道，再走墙体内暗管的布线方式，常用于大型建筑物或布线系统较复杂的场所，如图 8.20 所示。通常将线槽放在走廊的吊顶内，到房间的支管适当集中在检修孔附近。由于楼层内走廊一般最后吊顶，综合布线施工不影响室内装修，且走廊在建筑物的中间位置，布线平均距离最短。这种布线方式一般作为地面走线补充方式，比较适用于公共建筑物。

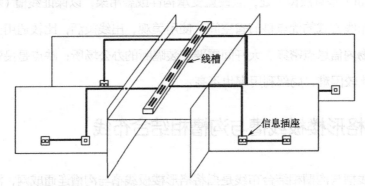

图 8.20　吊顶线槽、管道与墙内暗管结合布线示意图

## 8.4.5　网络地板布线

网络地板是基于架空地板方式发展起来的大面积、开放性地板。网络地板布线从下至上由网络状阻燃地板、线路固定压板和布线路罩三大部分组成，可铺设地毯。各种线路可以任意穿连到位，保证地面美观。网络地板布线由电信间出来的缆线走线槽到地面出线盒或墙上的信息插座。采用这种方式布线时，强、弱电线槽要分开，每隔 4～8m 或在转弯处设置一个分线盒或出线盒，如图 8.21 所示。

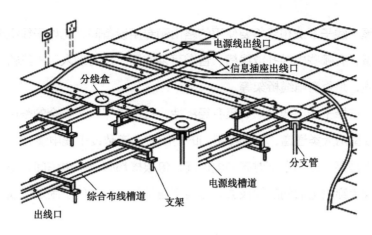

图 8.21 网络地板布线

网络地板布线适合于普通办公室和家居布线。网络地板布线会降低房间净空高度，一般用于计算机机房布线，信息插座和电源插座一般安装在墙面上，必要时也可安装于地面或桌面。网络活动地板内的净空高度应不小于 15cm，当活动地板作为通风系统的风道使用时，活动地板的净空高度应不小于 30cm，活动地板块应具有抗压、抗冲击和阻燃性能。

## 8.5 干线子系统的布线与安装

干线子系统的布线是网络综合布线工程中的关键部分。典型的通信网络公用设备，如 PBX 和用户服务器，都是通过干线子系统进行延伸的。当一条配线电缆路径发生故障时，可能只影响一个或几个用户；但当一条干线电缆发生故障时，则有可能使几百个用户受到影响。因而对许多情况，如备份、物理独立路径、接地、雷击、浪涌保护、备件及扩容等问题，在干线子系统布线时都应予以考虑。

### 8.5.1 干线子系统路由选择

通常，干线子系统的布线系统采用分层星形拓扑结构，并用图标出可选用安装的、能提供高保密性和可靠性的电信间到电信间缆线敷设线路。通常情况下，这种星形拓扑结构方式安装可通过配线架配置完成。确定实施的拓扑结构将决定路由设计的逻辑方法。一旦了解了路由设计目标，便开始收集信息，为用户提供可能的路由来选择每种方法的性价比。

当调查干线子系统的最佳路由时，需研究并考虑设施和建筑群的各个方面。因此，需调查并全面掌握干线子系统布线将要使用的路由和专用设备间，比如干线机柜是否完备，现有干线的数量，有哪些电缆孔或线槽、管道可供使用，是否埋入了干线管道系统，它们是否含有牵引线，是否有电缆桥架等。

布线走向应选择干线电缆最短、最有经济性，且能确保人员安全的路由。一般建筑物有封闭型和开放型两大类通道，宜选择带门的封闭型通道敷设干线电缆。

封闭型通道是指一连串上下对齐的电信间，每层楼都有一个电信间，电缆竖井、电缆孔、管道、托架等穿过电信间的地板层。电信间通常还有一些便于固定电缆的设施和消防装置。

开放型通道是指从建筑物的地下室到楼顶的一个开放空间，中间没有任何楼板隔开。例如通风通道或电梯通道，不能用于敷设干线子系统缆线。

## 8.5.2　干线子系统的布线安装

综合布线系统中的干线子系统并不一定是垂直布置的。从概念上讲，它是建筑物内的主干通信系统。在某些特定环境，如在低矮而又宽阔的单层平面的大型厂房，干线子系统就是平面布置的，它同样起着连接各电信间的作用。而在大型建筑物中，干线子系统可以由两级甚至多级组成。因此，干线子系统可分为垂直干线布线和水平干线布线两种安装形式。

### 1. 垂直干线布线安装

垂直干线是在从建筑物底层直到顶层垂直（或称上升）电气竖井内敷设的通信线路。建筑物垂直干线布线可采用电缆孔垂直布线和电缆竖井垂直布线两种方法，如图 8.22 所示。在楼层电信间浇注混凝土时预留电缆孔，并嵌入直径为 100mm 的钢管，楼板两侧分别预留钢管长度为 25～100mm；电缆竖井是预留的长方孔。各楼层电信间的电缆孔或电缆竖井应上下对齐。缆线应分类捆箍在梯架、线槽或其他支架上。电缆孔布线法也适用于改造旧建筑物的布线。

电缆桥架内缆线垂直敷设时，在缆线的顶端，每间隔 1.5m 处应将缆线固定在电缆桥架的支架上，如图 8.23（a）所示；水平敷设时，在缆线的首、尾、转弯及每间隔 3～5m 处进行固定，如图 8.23（b）所示。电缆桥架与地面保持垂直，不应倾斜，其垂直度偏差应不超过 3mm。

电缆竖井中缆线穿过每层楼板的孔洞宜为矩形或圆形。矩形孔洞尺寸不宜小于 30×10cm，圆形孔洞处应至少安装三根圆形钢管，管径不宜小于 10cm。

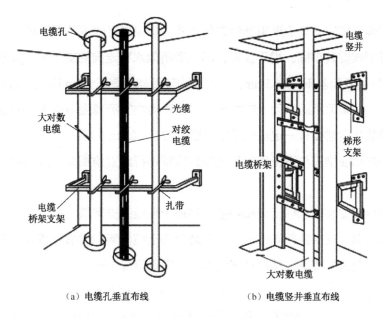

（a）电缆孔垂直布线　　　　（b）电缆竖井垂直布线

图 8.22　垂直干线的安装

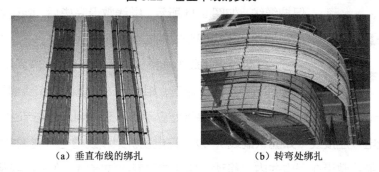

（a）垂直布线的绑扎　　　　（b）转弯处绑扎

图 8.23　电缆桥架内缆线绑扎

## 2. 水平干线布线安装

水平干线布线安装可以采用桥架线槽（托架法）、管道托架（管道法）敷设方式，如图 8.24 所示。

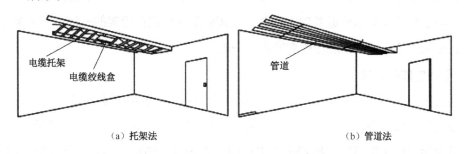

（a）托架法　　　　　　　　（b）管道法

图 8.24　水平干线布线安装

电缆桥架安装方式主要包括沿顶板安装、沿墙水平和垂直安装、沿竖井安装、沿地面安装及管道支架安装等。无论采用哪种安装方式，都应满足如下几项要求。

（1）电缆桥架安装牢固、横平竖直，沿电缆桥架水平走向的支（吊）架左右偏差应不大于 10mm，其高低偏差不大于 5mm，离地面的架设高度宜在 2.2m 以上。如在吊顶内安装时，线槽和电缆桥架顶部距吊顶上的楼板或其他障碍物的距离应不小于 30mm。若为封闭型线槽，其槽盖开启需要有一定垂直净空，要求应有 80mm 的操作空间，以便槽盖开启和盖合。水平桥架和线槽应与设备和机架的安装位置平行或直角相交，其水平度偏差每米应不超过 2mm。

（2）沿着墙壁安装的水平桥架和线槽，在墙上埋设的支持铁件位置应水平一致。电缆桥架安装牢固可靠，支持铁件间距均匀，安装后的电缆桥架和线槽应整齐一致，不应出现起伏不平或扭曲歪斜的现象，其水平度偏差每米应不超过 2mm。

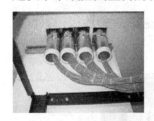

**图 8.25　套管保护**

（3）电缆桥架和线槽穿越楼板或墙壁洞孔处，应当增设保护措施和电缆桥架支承装置。缆线进出墙壁时，也必须安装套管以保护缆线，如图 8.25 所示。缆线敷设完毕后，除用盖板盖严桥架和线槽外，还应用密封的防火堵料封好洞口。

（4）两段直线段电缆桥架和线槽连接处，应采用连接件连接，并保证装置牢固、端正，相接处的电缆桥架和线槽的水平度偏差也应不超过 2mm。线槽横断面及两段线槽拼接处应平滑、无毛刺。节与节之间接触良好，必要时应增设电气连接线（如编织铜线），以保证电缆桥架和线槽电气连通并接地。

（5）主干缆线敷设在弱电井内，移动、增加或改变比较容易。布放在线槽内的缆线可以不绑扎，但槽内缆线应顺直，尽量不交叉、不溢出。在缆线进出线槽部位、转弯处应绑扎固定。在水平、垂直桥架和垂直线槽中敷设缆线时，应对缆线进行绑扎。4 对双绞线电缆以 24 根为一束，25 对或以上的主干对绞电缆、光缆及其他信号电缆应根据缆线的类型、缆径、缆线芯数分束绑扎。绑扎间距不宜大于 1.5m，扣间距应均匀，松紧适度。

（6）电缆桥架与其他管道共架安装时，电缆桥架应布置在管架的一侧。当有易燃气体管道时，电缆桥架应配置在危险程度较低的一侧。

**3．干线电缆的端接**

干线电缆可采用点对点端接，也可采用分支递减端接及电缆直接连接方法。点对点端接是最简单、最直接的接合方法，它将每根干线电缆直接延伸到指定的楼层和电信间。分支递减端接是用 1 根足以支持若干个电信间或若干楼层的通信容量的大容量干线电缆，经过电缆接头保护箱分出若干根小电缆，然后分别延伸到每个楼层的电信间，并端接于目的地的连接硬件。电缆直接连接方法是用于特殊情况的连接技术，一种情况是一个楼层的所有水平端接都集中在楼层干线电信间，另一种情况是二级电信间太小，只能在干线电信间完成端接。

另外，干线子系统布线时还应注意以下两点。

（1）网络线一定要与电源线分开敷设，可以与电话线及电视信号线放在一个线管中。布线时拐角处不能将网线折成直角，以免影响传输性能。

（2）网络设备需分级连接，主干线是多路复用的，不可能直接连接到用户端设备，所以不必安装太多的缆线。如果主干距离不超过100m，当网络设备主干高速端口选用RJ-45水晶头时，可以采用单根8芯5e类或6类双绞线作为通信网络主干线。

## 8.6 设备间的布线与安装

设备间是一个设备集中安装区，连接系统公共通信设备，如PBX、局域网（LAN）、主机、建筑自动化系统，以及通过干线子系统连接至管理系统。在一个单独的设备间内通常可以设置一种或多种布线系统设备，其种类也比较多，在此仅讨论设备间、配线架、机柜的布线方式及安装事宜。

### 8.6.1 设备间的布线方式

设备间是建筑物中数据、语音主干缆线终接的场所，也是来自建筑群的缆线进入建筑物终接的场所，更是各种数据、语音主机设备及保护设施的安装场所。

由于设备间是安装支持智能建筑或建筑群通信需求主要设备的地点，所以一个良好的设备间可支持独立建筑或建筑群环境下的所有主要通信设备。设备间可支持专用小交换机、通信网络服务器、计算机、控制器、集线器、路由器和其他支持局域网与互联网连接的设备。另外，设备间还应起外部通信电缆端接点的作用，而就此用途来说，设备间也是放置通信的总接地的最佳位置，总接地用于接地导线与接地主干线的连接。在作为建筑通信电缆入口使用的情况下，设备间布线缆线也可以采用铜缆。数据通信局的分界点应安装主保护器，若条件允许，还可增加二级保护器。由于设备间中可能安装重型机械，因此水泥地板或任何高架地板需具备额定的承载力。

设备间内的缆线敷设可以采用活动地板方式、地板或墙壁内沟槽方式、预埋管路方式和卡博菲网格式桥架布线方式。

### 1. 活动地板方式

活动地板敷设方式是在房屋建筑建成后进行装设。通常活动地板高度为 30～50cm，简易活动地板高度为 6～20cm。由于地板下空间大，因此缆线容量和条数多，路由灵活自由，节省缆线费用，而且缆线敷设和拆除也简单方便，能适应线路增减变化，有较高的灵活性，便于维护管理。但这种方式造价较高，会降低房屋的净高，对地板表面材料也有一定要求，如应具备耐冲击性、耐火性、抗静电、稳固性等。

### 2. 地板或墙壁内沟槽方式

地板或墙壁内沟槽方式是在建筑中预先建成的墙壁或地板内沟槽中敷设缆线，沟槽的断面尺寸大小根据缆线终期容量来设计的，上面设置盖板保护。这种方式造价较活动地板方式低，便于施工和维护，也有利于扩建，但沟槽设计和施工必须与建筑设计和施工同时进行，在配合协调上较为复杂。沟槽方式因是在建筑中预先制成，因此在使用时会受到限制，缆线路由不能自由选择和变动。

### 3. 预埋管路方式

预埋管路方式是在建筑的墙壁或楼板内预埋管路，其管径和根数根据缆线需要设计的。这种方式穿放缆线比较容易，利于维护、检修和扩建，并且造价低廉，技术要求不高，是一种常用方式。但预埋管路必须在建筑施工中进行，缆线路由受管路影响，不能变动，所以使用中会受到一些限制。

### 4. 卡博菲网格式桥架布线方式

卡博菲网格式桥架布线方式是在设备（机架）上沿墙安装卡博菲桥架，卡博菲桥架和槽道的尺寸根据缆线需要设计。设备间卡博菲网格式桥架布线方式如图 8.26 所示。这种方式不受建筑的设计和施工限制，可以在建成后安装，既便于施工和维护，也有利于扩建。在卡博菲网格式桥架上安装走线架或槽道时，应结合设备的结构和布置来考虑，不宜在层高较低的设备间内使用。

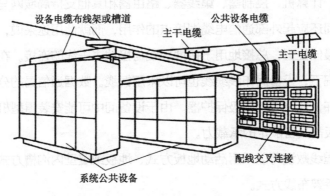

图 8.26　设备间卡博菲网格式桥架布线方式

如在设备间内设有多条平行桥架和线槽时，相邻桥架和线槽之间应有一定间距，平行的线槽或桥架其安装的水平度偏差应不超过 2mm。所有桥架和线槽的表面涂料层应完整无损，如需补涂油漆时，其颜色应与原漆色基本一致。

机柜、机架、设备和缆线屏蔽层及钢管和线槽应就近接地，保持良好的连接。当利用桥架和线槽构成接地回路时，桥架和线槽应有可靠的接地装置。

## 8.6.2　配线架的安装

对于设备间的布线安装，比较复杂的工作是对一些连接器件的安装，如配线架、跳线模块等的安装。配线架的布局、选型及环境条件是否恰当，直接影响将来信息系统的正常运行与维护、使用的灵活性。按照配线架的功能可分为语音配线架（110 配线架）和数据配线架（RJ-45 配线架）的安装。

### 1．110 配线架的安装

语音配线架一般为 110 配线架，主要是端接上级程控交换机过来的接线与到桌面终端的语音信息点连接线，主要目的是便于管理、维护和测试。110 配线架的安装步骤如下。

（1）利用十字螺丝刀把 110 跳线架用螺丝直接固定在机柜或墙面上。

（2）从机柜进线处开始整理电缆，将电缆沿机柜两侧整理至配线架处，并留出大约 25 cm，用剥线钳把大对数电缆的外皮剥去，使用绑扎带固定好电缆，将电缆穿过 110 语音配线架左右两侧的进线孔，按照大对数分线原则分线后摆放至配线架打线处，如图 8.27 所示。

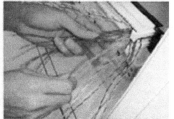

　　（a）将缆线穿过 110 配线架进线孔　　　　　　（b）按分线原则分线

**图 8.27　端接 110 配线架准备工作**

（3）对 25 对缆线进行线序排线，首先进行主色排列，再按主色里的配色进行分配，然后根据电缆色谱排列顺序，将对应颜色的线对逐一压入线槽内相应位置，如图 8.28 所示。

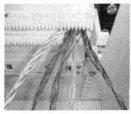 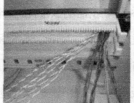 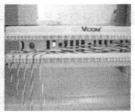

（a）先按主色排列　　　（b）再按主色里的配色排列　（c）将排列好的线压入相应位置

**图 8.28　排线并将对应颜色的线对逐一压入配线架槽内**

（4）将排列好的线卡入配线架相应位置，使用专用的 110 压线工具将线对冲压入线槽内，要确保每个线对可靠压入线槽内，同时将伸出线槽外多余的导线截断，如图 8.29 所示。注意在冲压线对之前，还要重新检查线对的排列顺序是否符合要求。

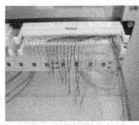  

（a）将线卡在配线架　　　（b）打断多余的线　　　（c）打线结束后的效果

**图 8.29　使用打线工具固定线对连接**

（5）使用多线对压接工具，将 4 对或 5 对线对连接块冲压到 110 配线架的线槽内，完成下层端接，如图 8.30 所示。最后完成标签制作，贴上编号标签，做好标识。

**图 8.30　把 110 配线架的连接端子压入槽内**

110 配线架有多种结构，有些结构也较为简单。110 配线架的接线单元一般由数排或多排 110 单元连接器构成。电缆的各条线插入连接单元，并用一种专用工具冲压，使之与内部金属片连接。

**2．RJ-45 配线架的安装**

RJ-45 配线架的一面是 RJ-45 接口，并标有编号；另一面是跳线接口，也标有编号。

这些编号和 RJ-45 接口的编号逐一对应。每一组跳线都标识有棕、蓝、橙、绿的颜色，双绞线的色线要与这些跳线逐一对应。RJ-45 配线架端接遵循 ANSI/TIA/EIA 568-A 或者 ANSI/TIA/EIA 568-B 标准，同一综合布线系统的标准应统一。数据配线架的安装步骤如下。

（1）检查配线架和配件完整，若采用模块化配线架，可先将模块安装在配线空架上；使用螺钉将配线架固定在机架上，同时在配线架下方安装理线架；若为屏蔽系统，则需要打开屏蔽装置。

（2）将电缆整理好，并使用绑扎带固定。根据每根电缆连接接口的位置测量终接电缆应预留的长度，使用平口钳截断电缆，然后依照安装标准选定线序。用网线钳把双绞线的一端剥去 2～3cm 的绝缘层，并剪掉白色牵引线。然后分开 4 组线，先将棕色的线放在 1 号口的棕色跳线槽中，用手将其向下按，然后按照颜色标识依次放好其他的线。使用打线工具，将有刃口的一面朝外，放在棕色线上，然后用力垂直向下按，听到"喀哒"一声，就表明线已打好。然后再将棕白线放在棕白跳线槽中，用打线工具将其打好。接下来依次打剩下的其他 6 条线。最后用手将线头摘下，这时会发现打线工具的刃口将线头切断了，而且看起来也很美观，如图 8.31 所示。

（a）分线和压线　　　　　　　（b）打线

图 8.31　将 4 对线打入到配线架上

（3）按照步骤（2）完成其他缆线的端接，对每组缆线进行扎线，如图 8.32 所示，并在配线架端口上贴标签。打好线之后，先将集线器、配线架安装在机柜中，再用 3 英尺（0.914 4m）线把集线器与配线架连接起来。

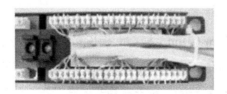

图 8.32　扎线

一般情况下，配线架集中安装在交换机、路由器等设备的上方或下方，而不应与它们交叉放置，否则缆线可能会变得十分混乱。另外，配线架、模块要购买同一品牌类型的。

综上所述，安装配线架及端接时，一般需要注意以下几点。

（1）配线架挂墙安装时，下端应高于 30cm，上端应低于 2m，配线架挂墙安装时应保证垂直，垂直偏差度不得大于 3mm；采用壁挂式机柜安装时，机柜垂直倾斜误差不应大于 3mm，底座水平误差每平方米应不大于 2mm。

（2）系统端接前应确认电缆和光缆敷设已经完成，电信间土建及装修工程竣工完成，具有洁净的环境和良好的照明条件，配线架已安装好，核对电缆编号无误。

（3）剥除电缆护套时，应采用专用电缆开线器，不得刮伤绝缘层，缆线中间不得出现断接现象。

（4）按照楼层顺序分配配线架，画出机柜中配线架信息点分布图。

（5）以表格形式填写清楚信息点分布编号和配线架端口号。在缆线端接时依照所制定的端接一览表进行。

## 8.6.3 机柜的安装

早期的网络通信设备通常是直接放置的，但标准机柜目前已经广泛应用于通信网络机房、有线、无线通信设备间等场合。使用机柜不仅可以增强电磁屏蔽、削弱设备工作噪声、减少设备占地面积、便于使用和维护，重要的是对一些较高档次的机柜，通常还具有提高散热效率、空气过滤等作用，用于改善精密设备的工作环境质量。

机柜的结构比较简单，主要包括基本框架、内部支撑系统、布线系统和通风系统。对于一般的标准机柜，其外形有宽度、高度和深度 3 个常规指标。一般工控设备、交换机、路由器等设计宽度为 49.26cm（19in）或 58.42cm（23in），机柜高度一般在 0.7～2.4m 之间。常见的标准机柜高度约为 1.2～2.2m，机柜的深度常见的有 50cm、60cm 或 80cm。通常，因安装的设备不同而不同。除此之外，有一些机柜是半高、桌上型或墙体式的，还有一些机柜是针对一些特殊行业而设计的，比如行业专用机柜、配电柜（电力柜）、测试机柜等。对于一些特殊应用，机柜厂商可以量身定制各种特型机柜。

在机柜中，一台 48.26cm（19in）标准面板设备安装所需高度通常可用一个特殊单位"U"来表示，1U 大约为 4.445cm，一般为设备的安装高度，因而使用标准机柜的设备面板一般都是按 U 的整数倍规格制造的。对于一些非标准设备，大多可以通过附加适配挡板装入 48.26cm（19in）机箱并固定。一般，机柜内上方安装配线架，下方放置交换机或集线器，例如，一台标准机柜具体连接分布如图 8.33 所示。

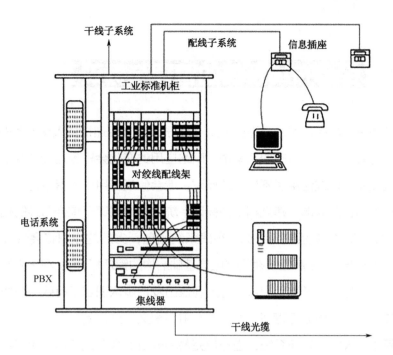

图 8.33 标准机柜连接分布

在安装综合布线机柜、机架及设备时应当特别细心，即使是熟练的安装人员，在安装机柜之前也应参考相应的技术说明，注意认真清点附件以确保安装过程的顺利进行。安装过程中应当注意以下几个具体细节。

（1）机柜安装时通常应当有 3 个人以上在现场，注意螺丝紧固时不要用力过猛，导致损坏设备螺口；机柜台安装位置应符合设计要求，机柜应离墙 1m，便于安装和施工。

（2）底座安装应牢固，应按设计图纸的防震要求进行施工。机柜应垂直放置，柜面保持水平。

（3）机台表面应完整、无损伤，每平方米表面凹凸度应小于 1mm；柜内接插件和设备接触可靠，接线应符合设计要求，接线端子的各种标志应齐全，且保持良好。

（4）机柜内配线设备、接地体、保护接地、导线截面，颜色应符合设计要求；所有机柜应设接地端子，并接入建筑物接地端。

（5）电缆通常从下端进入（有些设备间也从上部进入），并注意穿入后的捆扎，宜对标注签进行保护性包扎。电缆宜从机柜两边上升接入设备，当电缆较多时应借助于理线架、理线槽等理清电缆，并整理标注签使其朝外，根据电缆功能分类后进行轻度捆扎。

# 8.7 综合布线系统的管理与标识

管理系统的主要功能是配线/干线连接、干线子系统互相连接和入楼设备的连接，以及线路的色标标记管理。在综合布线系统中，网络应用的变化会导致连接点经常移动、增加或减少。一旦没有标识或使用了不恰当的标识，就会使最终用户不得不付出更高的维护费用来解决连接点的管理问题。建立和维护标识系统的工作贯穿于综合布线的建设、使用及维护过程之中，好的标识系统会给综合布线系统增色；劣质的标识将会带来麻烦。随着ANSI/TIA/EIA 606 标准（《商业及建筑物电信基础结构的管理标准》）在国内智能建筑行业的不断推广应用，越来越多的用户从自身的利益出发逐步认识到了有效的布线标识对于综合布线系统的安装、网络运行管理与维护具有重要意义，这也使众多网络公司开始在网络综合布线工程中引入标识管理系统，进一步完善和规范综合布线工程，使布线过程中的每一个步骤都符合标准要求。

## 8.7.1 管理系统中的缆线连接

管理系统的设备一般设置在设备间和各楼层电信间内。设备间主要管理建筑的主干系统、干线子系统和设备间的缆线，建筑群子系统的缆线也在这里交汇。电信间在楼层范围进行配线管理，配线子系统和干线子系统的缆线在这里的配线架（柜）上进行交接。管理系统提供了与其他子系统连接的手段，因而通信线路能够延伸到连接建筑物内部的各个信息插座，从而实现综合布线系统的管理。

### 1. 管理系统中的配线架连接

为了适应对用户移动、增加、变化的管理要求，电信间中的设备均应采用一定的配线方式进行连接。在 ISO11801 中，定义了两种配线架连接方式，一种是直接互连，另一种是交叉连接，分别简称为互连与交连，如图 8.34 所示。

所谓直接互连，是指配线（水平）缆线的一端连接至工作区的信息插座，另一端连接至电信间的配线架，配线架和网络设备（交换机）通过接插缆线进行连接的方式。直接互连使用的配线架前面板通常为 RJ-45 端口，因此，网络设备与配线架之间使用 RJ-45到 RJ-45 接插软缆线。

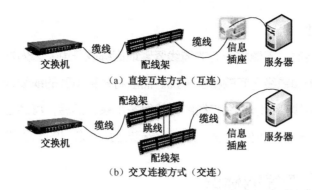

**图 8.34　直接互连方式和交叉连接方式**

所谓交叉连接，是指在配线（水平）链路中安装两个配线架。其中，配线缆线的一端连接至工作区的信息插座，另一端连接至配线架；网络设备（交换机）通过接插缆线连接至另一个配线架，再通过一条软跳线将两个配线架连接起来，以便对网络用户进行管理。

显然，交叉连接在服务器与交换机之间多使用了一个配线架，故直接互连方式在提高传输性能的同时，经济性较强。但是，交叉连接所具有的管理便利性与可靠性是直接互连方式无法比拟的。使用交叉连接方式，可以将与交换机、服务器连接的缆线固定，视为永久连接；当需要移动、添加和更换时，维护人员只需变更配线架之间的跳线即可。而直接互连方式则难以避免插拔交换机端口的缆线的情况。因此，对于数据中心，尤其在电子配线架的应用中，多采用交叉连接方式。

**2. 管理系统缆线连接时的注意事项**

对于综合布线系统中的管理系统，一般由大楼主配线架、楼层分配线架和跳线等组成。在电信间可以通过更改、增加、交接缆线来设置和改变缆线路由。布线时要注意以下几点。

（1）楼层配线架和双绞线跳线应当与水平布线采用同一厂商、同一标准、同一型号的非屏蔽布线产品。

（2）光缆配线架和光缆跳线应当与垂直主干布线采用同一厂商、同一标准、同一型号的布线产品。

（3）当配线和干线进入管理系统（电信间）之后，要在各种配线架（柜）和相应的管理设备上进行终结。配线架（柜）之间通常采用跳接线进行管理。因此选择合适的配线管理设备，并将其进行良好的连接非常重要。

（4）在管理系统中，需充分考虑缆线的预留，这不仅可以保证有足够长的缆线用于连接到配线架上，还可以逐步消除在网络布线施工中形成的缆线拉力。否则，可能会影响通信网络系统的可靠性。

（5）在布线安装时，不能将所有的缆线紧紧地捆绑成一束，因为这不利于消除缆线的残余应力，还可能增加缆线之间的相互干扰。而应将各种类型的缆线分开，选择各自最合适的位置，分别使用线套或绑扎绳将缆线扎成很多小束。然后，再经过线槽之类的设备，将缆线束盘绕起来，保留一定的余量。最后，安装连接到各自的配线架上去。

## 8.7.2　综合布线的标识

大多数人认为布线施工结束后的工作就只有测试验收了，然而，对于综合布线系统来说，标识管理是日渐突出的问题，也是布线施工验收中倍受重视的工作。因为它会影响布线系统能否有效地管理和运行维护。

综合布线系统的管理规范对综合布线系统工程有许多积极的意义。ANSI/TIA/EIA 606标准对综合布线系统各个组成部分的标识做了说明，提供了一套独立于系统应用之外的统一管理方案。

综合布线系统通常利用标签来进行管理，根据不同的应用场合和连接方法，分别选用不同的标记方式。常见的标记方式有缆线标记、场标记和插入标记3种。

### 1. 缆线标记

缆线标记主要用于交接硬件安装之前缆线的起始点和终止点，如图 8.35 所示。缆线标记由背面为不干胶的白色材料制成，可以直接贴到各种表面上，其尺寸和形状根据实际需要而定。在交接场安装和做标记之前，可利用这些缆线标记来辨别缆线的源发地和目的地。

**图 8.35　缆线标记**

常用标签有 3 种类型：① 粘贴型，通常是背面为不干胶的标签纸，可以直接贴到各种设备、器材的表面。② 插入型，通常是硬纸片，在需要时由安装人员取下来使用。③ 特殊型，是指用于特殊场合的标签，如条形码、标签牌等。

## 2. 场标记

场标记通常用于设备间和远程通信（卫星通信）接线间、中继线/辅助场及建筑物的分布场。场标记也是由背面为不干胶的材料制成的，可以贴在设备间、电信间、二级交接间、中继线/辅助场及建筑物的分布场的平整表面上，如图 8.36 所示。

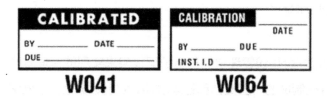

图 8.36　场标记

## 3. 插入标记

插入标记用于设备间和二级交接间的管理场，用颜色来标记端接缆线的起始点。插入标记是硬纸片，可以插入 1.27cm×20.32cm 的透明塑料夹里。这些塑料夹位于接线模块上的两个水平齿条之间，如图 8.37 所示。每个标记都用色标来指明缆线的源发地、所端接的设备间和电信间的管理场。

图 8.37　插入标记

粘贴型、插入型标签应符合 UL969 中所规定的清晰、磨损、附着力及外露要求。某些信息可以预先印刷在标记位置上，某些信息可以由安装人员填写。如果设计人员希望有空白标记，也可以订购空白标记带。

# 8.7.3　综合布线系统的标识管理

网络传输媒体从同轴电缆发展到现在的双绞线电缆和光缆，数据传输速率由 10Mbit/s、100Mbit/s 发展到 1 000Mbit/s。测试验收标准也由 ANSI/TIA/EIA 568-A 更新到了 ANSI/TIA/EIA 568-B。与此同时，还推出了 ANSI/TIA/EIA 606《商业及建筑物电信基础结构的管理标准》。但 ANSI/TIA/EIA 606 在国内推广应用却非常缓慢，主要原因是综合布线工程的甲乙双方和工程监理所关心的主要是工程的质量，如缆线敷设是否符合标准、能否通过测试验收、工程造价是否超预算等，而与用户关系最为密切的网络文档和标签标识却往往被忽略。因此，经常发生的情况是，当网络运行维护人员进入机房时，发现缆线和相关设备上贴的标识已经脱落，用户线路信息无处查找。

随着综合布线工程的普及和布线灵活性的不断提高，用户变更网络连接或跳接的频率也在不断增加，网管人员已不可能再根据工程竣工图或网络拓扑结构图来进行网络维护。那么，如何通过有效的方法实现网络综合布线的管理，使网管人员有一个清晰的网络维护工作界面呢？这就是综合布线系统的管理。综合布线系统管理一般分两种方式，一种是逻辑管理，另一种是物理管理。

**1．逻辑管理**

逻辑管理是通过综合布线管理软件和电子配线架来实现的管理方式。通过以数据库和 CAD 图形软件为基础制成的一套文档和管理软件，实现数据录入、网络变更、系统查询等功能，使用户随时拥有更新的电子数据文档。逻辑管理方式需要网管人员有很强的责任心，需要根据网络的变更，及时将信息录入数据库。另外，逻辑管理需要用户一次性投入的费用也较高。

**2．物理管理**

物理管理是目前普遍使用的标识管理系统。通常，综合布线系统需要标识的部位是缆线（电信介质）、通道（走线槽/管）、空间（设备间）、端接硬件（电信介质终端）和接地 5 个部分。这 5 个部分的标识既相互关联，又相互补充，其标记方法及使用的材料也有区别。

根据 ANSI/TIA/EIA 606 标准，传输机房、设备间、传输媒体终端、双绞线、光缆、接地线等都要有明确的编号标准和方法。为保证缆线两端的正确端接，施工人员通常会在缆线上贴上标签。用户可以根据每条缆线的唯一编码，在配线架和面板插座上识别缆线。由于用户每天都在使用综合布线系统，而且用户通常自己负责综合布线系统的维护，因此越是简单易识别的标识越容易被用户接受。一般使用简单的字母和数字进行识别。现在许多制造商在生产面板插座时预印了"电话""电脑""传真"等字样，但我们并不建议在面板插座上使用这些图标。因为，这些标识信息既不完整，达不到管理的目的；也不会使综合布线基础设施具有通用性。

# 8.8 网络设备的连接

如今的网络设备多种多样，但常用的主要是集线器、交换机、路由器等。这些网络设备都提供了非常丰富的端口，完全可以满足组建网络的不同需求。网络设备在网络中的位置和连接方式是非常灵活的，其实这主要取决于网络设备提供的端口类型。每种端口连接的传输媒体和应用条件也会有所不同。

在进行网络设备连接时，通常将设备的 RJ-45 接口分为 MDI（Medium Dependent Interface）和 MDIX（Medium Dependent Interface cross-over）两类，计算机和路由器的接口通常为 MDI，以太网交换机和集线器的接口为 MDIX。当两种同类型的接口通过双绞线互连（两个接口都是 MDI 或者都是 MDIX）时，使用交叉线。当不同类型的接口通过双绞线互连时，使用直通线。例如，交换机与计算机相连采用直通线，路由器与计算机相连采用交叉线。表 8.2 列出了常用设备之间连接所使用的连线，其中，N/A 表示不可连接。

表 8.2　网络设备之间的连线

|  | 计算机 | 路由器 | 交换机（MDIX） | 交换机（MDI） | 集线器 |
|---|---|---|---|---|---|
| 计算机 | 交叉 | 交叉 | 直通 | N/A | 直通 |
| 路由器 | 交叉 | 交叉 | 直通 | N/A | 直通 |
| 交换机（MDIX） | 直通 | 直通 | 交叉 | 直通 | 交叉 |
| 交换机（MDI） | N/A | N/A | 直通 | 交叉 | 直通 |
| 集线器 | 直通 | 直通 | 交叉 | 直通 | 交叉 |

随着网络技术的发展，许多网络设备已经支持 Auto MDI/MDIX 自适应，采用直通线或者交叉线均可以。

## 8.8.1　交换机的连接

随着计算机网络规模的扩大，在越来越多的局域网环境中，交换机取代了集线器，多台交换机互连取代了单台交换机。因此，在网络布线工程中，交换机的连接既是常见的，也是非常繁重的技术工作。

### 1．交换机的接口（端口）

交换机的品牌种类较多，不同品牌的交换机前后面板的端口配置也不尽相同。一般说来，大多数交换机都在其前面板提供了 RJ-45 端口、LED 指示灯和电源指示灯，有些交换机为了实现与上层设备的远程连接还提供了光纤端口及插槽。

在交换机的后面板，设置的 AUI 端口专门用于连接粗同轴电缆，是一种 D 型的 15 针接口；BNC 端口是专门用于连接细同轴电缆的，这两种接口现在已经很少见。早期还有一种光纤分布式数据接口（FDDI）网络类型，现已被淘汰。目前，交换机的端口有电口和光口两种，即双绞线 RJ-45 端口和光纤端口。交换机前后面板端口示意图参见图 8.38。

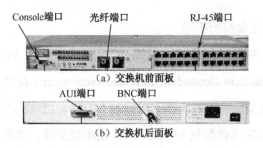

**图 8.38  交换机前后面板端口示意图**

1）RJ-45 端口

绝大多数交换机都提供有 10/100/1 000Mbit/s 双绞线连接端口（RJ-45 端口），支持 100Mbit/s 和 1 000Mbit/s 的设备接入，而且这些端口一般支持 Cat5、Cat5e、Cat6 UPT（或 STP）双绞线连接。一些较新的交换机还支持 Cat7 UTP 连接。通常，交换机的 RJ-45 端口分为普通端口和级联端口（Uplink 端口）两种。

级联端口是交换机常见的一种端口，主要用于两台交换机之间的级联。它与其相邻的普通端口使用同一通道，因而如果使用了级联端口，另一个与之相邻的普通端口就不能再使用了。

现在，很多交换机都支持端口自动翻转功能，所有端口既可用作级联端口，也可用作普通端口，而且用直通线和交叉线均可联通。

2）光纤端口

低端的交换机一般不配备光纤端口。光纤端口主要用于与上层网络设备的连接，并根据交换机的功能配有 GBIC 模块与插槽、SFP 模块与插槽、10GE 模块与插槽。光纤端口的类型较多，用于交换局域网的是 SC 光纤端口。

光纤端口均不支持自适应，不同速率和不同工作模式（如双工、半双工、全双工）的端口无法连接并通信。因此，相互连接的光纤端口必须拥有完全相同的传输速率和工作模式，既不可将 1 000Mbit/s 的光纤端口与 100Mbit/s 的光纤端口连接在一起，也不可将全双工模式的光纤端口与半双工模式的光纤端口连接在一起，否则将导致连通故障。

3）Console 端口

交换机的 Console 端口是专门用于管理的端口。绝大多数交换机的 Console 端口都采用 RJ-45 端口，但也有少量采用 DB-9 串口端口或 DB-25 串口端口。与计算机的连接方式同路由器与计算机的连接方式相同。通过专用的 Console 连接电缆，一端插入交换机的 Console 端口，另一端与计算机的串口相连。

**2. 交换机的连接方式**

当单一的交换机所提供的端口数量不足以满足网络需求时，可以通过增加模块或通过两个以上的交换机互连来达到目的。多台交换机的互连主要有级联（Uplink）和堆叠（Stack）两种方式。

1）交换机的级联

所谓级联，是指使用普通的缆线（双绞线、光纤）将交换机连接在一起，实现相互之间的通信。交换机的级联可以延伸网络距离，但不能无限制级联，超过一定数量的交换机进行级联会引起广播风暴，导致网络性能下降。级联可以分为用普通端口级联、Uplink 端口级联和光纤端口级联三种方式。

（1）使用 Uplink 端口级联。目前，许多品牌的交换机都提供了 Uplink 端口，使得交换机之间的连接非常简单。Uplink 端口是专门用于与其他交换机连接的端口，可以利用直通线将该端口连接至其他交换机上除了 Uplink 端口之外的任意端口，如图 8.39 所示。

（2）使用普通端口级联。如果交换机没有提供专门的级联端口（Uplink 端口），则只能使用交叉线，将两台交换机的普通端口连接在一起，以扩展网络端口数量，如图 8.40 所示。

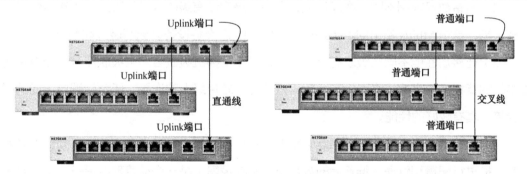

图 8.39　利用直通线通过 Uplink 端口级联交换机　　图 8.40　利用交叉线通过普通端口级联交换机

交换机级联既可以使用普通端口，也可以使用特殊的 MDI-II 端口。当相互级联的两个端口分别为普通端口（MDIX）和 MDI-II 端口时，使用直通线；当相互级联的两个端口均为普通端口（MDIX）或均为 MDI-H 端口时，则应当使用交叉线。

**注意**：有些品牌的交换机使用一个普通端口兼做 Uplink 端口，并利用一个开关（MDI/MDIX 转换开关）在两种类型之间进行切换。

2）交换机的堆叠

交换机的堆叠就是利用堆叠线通过堆叠模块把两台或多台交换机连接起来，作为一个交换机使用，从而增大端口密度、提高端口的性能。若干台堆叠在一起的交换机可以看作

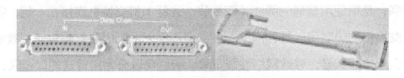

是一台具有多端口的大型交换机，但不同的交换机堆叠起来的数目是不同的，有的限制堆叠的最大数目是 5 个，而有的可以堆叠的数目达 8 个。

交换机上的堆叠模块有两个口：一个进口（UP 向上线），一个出口（DOWN 向下线），用厂商提供的专用连接电缆（堆叠线），从一台交换机的 UP 堆叠端口直接连接到另一台交换机的 DOWN 堆叠端口，交换机的堆叠连接如图 8.41 所示。

图 8.41　交换机的堆叠连接

3）级联与堆叠的区别

（1）实现方式不同。级联是通过交换机的某个端口、利用一根双绞线在任何厂家的交换机之间向上级交换机进行连接；堆叠只能在同一厂家的交换机之间进行，且交换机必须具有堆叠功能才能实现。

（2）设备数目限制不同。在理论上，交换机级联没有级联数目的限制（集线器级联有个数限制，且 10Mbit/s 和 100Mbit/s 的要求不同），而堆叠设备会标明最大堆叠个数。

（3）连接后性能不同。级联有上下关系，多个交换机级联会产生级联瓶颈；堆叠是将交换机的背板通过高速线路连接在一起，是建立在芯片级上的连接，任意两端口之间的时延相等，具有较好的性能。

（4）连接后逻辑属性不同。相互级联的交换机在逻辑上是各自独立的，必须依次对每台交换机进行配置和管理。堆叠后的数台交换机在逻辑上是一个被管理的设备，可以对所有交换机进行统一的配置与管理。

（5）连接距离限制不同。级联可以增加连接距离，级联范围可以扩展到 400m。堆叠缆线长度最长只有几米，一般堆叠的交换机处于同一个机柜中。

### 3. 交换机光纤端口的交叉连接

当需要级联的交换机相距较远时，可以用光纤跳线进行级联。交换机的光纤端口比 RJ-45 端口性能高，用光纤进行级联时，可以提高整个网络的速度。但光纤端口的价格较高，一般用于核心交换机与汇聚交换机之间的连接，或用于汇聚交换机之间的级联。注意，光纤端口均没有堆叠能力，只能用于级联。

**注意：**所有交换机的光纤端口都是 2 个，分别是一发一收。同样，光纤跳线也必须是

2根，否则端口之间将无法进行通信。

（1）当交换机通过光纤端口级联时，必须将光纤两端的收发对调，当一端接"收"时，另一端接"发"；同理，当一端接"发"时，另一端接"收"，如图8.42所示。

图8.42 光纤端口的级联

（2）如果光纤跳线的两端均连接"收"或者"发"，则该端口的LED指示灯不亮，说明该连接有误。只有当光纤端口连接正确时，LED指示灯才显示为绿色。

（3）同样，当汇聚交换机连接至核心交换机时，光纤的收发端口之间也采用交叉连接。

**4．光电收发转换器的连接**

当建筑物之间或楼层之间的布线采用光缆，而水平布线采用双绞线时，需要在两种缆线之间进行连接。一种方法是采用同时拥有光纤端口和RJ-45端口的交换机，利用交换机实现光电端口之间的互连；另一种方法是采用廉价的光电收发转换器，一端连接光纤，另一端连接双绞线端口，实现光电之间的相互转换。通常采用如下方法连接。

光电收发转换器的一端使用光纤跳线连接至光纤配线架，实现与远端光纤接口的连接；另一端使用双绞线跳线连接至交换机的RJ-45端口，实现与交换机上其他计算机之间的连接，从而完成网络骨干的光纤传输。

## 8.8.2 路由器的连接

路由器主要用于实现网络互连，如局域网接入互联网、分支机构与总部网络连接等。由于网络连接和传输方式多种多样，所使用的接口类型也有所不同，这就要求路由器必须能够提供尽可能丰富的网络接口，以满足不同环境的需求。在此仅以最常用的RJ-45端口为例，介绍路由器、交换机与计算机之间的连接方法。

如果路由器、交换机均提供RJ-45端口，可以使用双绞线跳线将它们的两个端口连接在一起。路由器与交换机之间的连接不使用交叉线，而是使用直通线，也就是说，跳线两端的线序完全相同，但路由器与路由器之间的连接要使用交叉线，如图 8.43 所示。

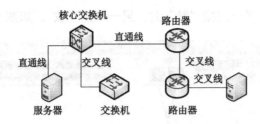

图 8.43　路由器、交换机与计算机之间的连接

## 8.8.3　网络的安全配置连接

为增强网络运行的安全性，通常需要配置网络安全设备。常见的网络安全设备主要是防火墙，用于隔离不同安全需求的网络。就连接方式而言，它与路由器类似，都是连接不同的网络或网段。通常情况下，网络防火墙的物理端口非常简单，相对于路由器而言，防火墙的物理连接较为简单。

### 1．双绞线端口的连接

使用双绞线跳线，将一端连接至防火墙设备的以太网端口，另一端根据拓扑规划连接至路由器、交换机或其他网络设备。

### 2．光纤端口的连接

网络防火墙的光纤端口主要用于连接内网，以实现高速传输。用户可以通过安装提供的小型可插拔（SFP）模块插槽的业务板卡获得光纤端口。在连接之前，应当先安装 SFP 模块，然后使用 LC-LC 光纤跳线，并根据拓扑规划将防火墙与交换机、路由器等其他网络设备连接在一起。

### 3．内、外网的隔离连接

实现内、外网的隔离，比较简单的方法是使用跳线将配线架上的端口连接至不同交换机，即可将连接至相应信息插座的计算机连接到不同网络，从而实现内网和外网的分离。而计算机所使用的水平布线和工作区布线是一致的。例如，若某电信间内安装一个 20U 的落地机柜，机柜内应安装两台 24 口的千兆位以太网交换机，分别连接两个不同的网络系统；机柜内安装两个楼宇综合布线网络（IBDN）24 口的模块化数据配线架，以分别端接两个不同网络系统信息点。实现内、外网隔离的连接布线方式如图 8.44 所示。

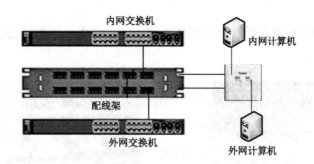

图 8.44　实现内、外网隔离的连接布线方式

## 8.8.4　网络布线链路的连接

无论是工作区、配线子系统或者主干子系统，还是建筑群子系统，都必须借助于光纤或者双绞线才能将网络设备、终端等连接在一起，最终构成一个完整的布线系统。在此以局域网中双绞线布线系统为例，介绍如何借助跳线将每段链路完整地连接在一起，实现计算机之间的通信。

在组建计算机网络时，当需要把某台计算机接入局域网时，除了需要使用一条跳线连接至其工作区中的信息插座，还应当使用一条跳线将该信息接口所对应的配线架端口连接至交换机，才能使该用户接入到网络。双绞线整体布线链路的连接方式如图 8.45 所示。

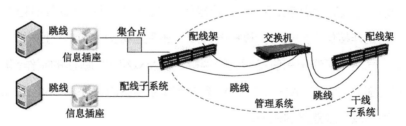

图 8.45　双绞线整体布线链路的连接方式

### 1．配线架与交换机的放置

配线架与交换机的放置通常采用两种形式：一种是将配线架与交换机放置于同一机柜内，彼此间隔摆放，如图 8.46（a）所示。另一种是将配线架和交换机分别放置于不同的机柜，机柜间隔摆放，如图 8.46（b）所示。

### 2．连接跳线

当几乎所有的信息端口都需要连接至网络时，交换机的端口数量应当与配线架的端口数量一致，以便于实现配线架端口与交换机端口的一一对应，方便网络布线系统的日常管理和维护，以及日后的网络连通性故障检测。因此，为便于区分不同的楼层、房间或部门的连接，可以采用不同颜色（如红、黄、蓝、绿等）的跳线连接配线架、集线设备，如图 8.47 所示。

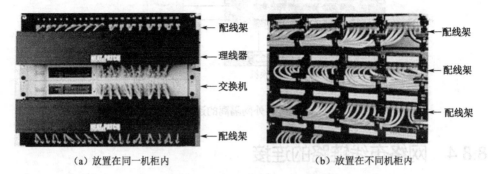

（a）放置在同一机柜内　　　　　　　　　　（b）放置在不同机柜内

图 8.46　配线架与交换机的放置

图 8.47　使用不同颜色的跳线连接

跳线的一端连接至信息插座，另一端连接至计算机网卡，从而将计算机连接入局域网。

**注意**：无论是连接信息插座与计算机的跳线，还是连接配线架与交换机的跳线，都应当采用直通线。同时，配线架和信息插座的端接，以及双绞线的跳线的制作都应当采用同一标准，或者全部为 ANSI/TIA/EIA 568-A 或者全部为 ANSI/TIA/EIA 568-B，切不可混合使用，以保证整条双绞线链路的统一。

**3．整理布线系统**

当缆线布放到位后应当绑扎（一般每隔 1.5m 固定一次）。由于双绞线结构的特殊性，绑扎不能过紧，不应使缆线产生应力。布线系统的整理主要包括以下几项工作。

1）整理桥架中的缆线

通常情况下，楼层桥架中的缆线只需理顺即可，无须进行捆扎。对于主干桥架中的缆线，需要使用扎带进行简单的捆扎，以区别不同的楼层，同时减少重力拉伸缆线，避免改变其物理属性（如绞合度、长度等）和电气性能。

2）整理配线架中的缆线

如果交换机与配线架位于同一机柜，只需选择适当长度的跳线，将跳线打个环后置于理线器，然后将其两端分别连接至交换机和配线架端口。当把所有连接都完成后，盖上理线器的盖板即可。

如果交换机与配线架位于不同的机柜，则需要使用较长的跳线（一般在 5m 左右），并对跳线进行梳理。除了配线架和交换机的前面板需要使用水平理线器对缆线进行水平理线，垂直部分要使用垂直理线器进行垂直理线整理，如图 8.48 所示。

配线架后部集中网络布线系统中的所有配线（水平）布线，有大量的缆线需要进行整理。通常情况下，每一个配线架中的缆线在理顺后，都要使用尼龙扎带依次捆扎固定，如图 8.49 所示。水平缆线的捆扎固定方向应当左右交替，以便将垂直部分固定在机柜的两侧。

图 8.48　用理线器理线整理　　　　　图 8.49　捆扎固定水平缆线

最后，再将所有垂直部分缆线依次捆扎在机柜的两侧，如图 8.50 所示。在捆扎固定缆线时，要注意不能过分折弯缆线，并且扎带不能扎得过紧，以免影响缆线的电气性能。

图 8.50　捆扎固定垂直缆线

### 4．标签标记

对布线系统进行整理后，在配线架端口、跳线两端和信息插座上，要使用标签进行标记，必要时还应注明楼宇名称、楼层等信息，且每条链路的标记必须完全一致。如果条件许可，也可借助打印机打印标签实现标签的标准化。

双绞线跳线通常使用机打不干胶标签。配线架通常使用硬纸片式的插入标记。为了区分不同位置的缆线可使用不同颜色的标签进行标记。信息插座也应采用硬纸片式的插入标记，并注意与配线架的相应端口一致。

1. 综合布线系统工程施工前应做哪些准备工作？

2. 综合布线系统工程施工应注意哪些要点？

3. 试分别按照 ANSI/TIA/EIA 568-A 与 ANSI/TIA/EIA 568-B 标准制作 RJ-45 水晶头。

4. 试分别按照 ANSI/TIA/EIA 568-A 与 ANSI/TIA/EIA 568-B 标准压接信息模块。

5. 压接信息模块时应注意哪些要点？

6. 工作区信息模块的安装主要涉及哪些器部件的安装？

7. 信息插座的安装有哪几种方式？各有什么要求？

8. 试分别画出 ANSI/TIA/EIA 568-A 和 ANSI/TIA/EIA 568-B 线序方式。

9. 配线子系统布线时有什么要求，有哪些布线方式？

10. 干线子系统有哪些布线方式？

11. 试简述配线架、面板和模块的作用及其安装步骤。

12. 机柜中"1U"代表什么含义？安装机柜时应注意哪些细节？

13. 如何正确对缆线进行标识？

# 第9章

# 光缆布线技术

众所周知，光纤是石英玻璃制成的，光信号被封闭在由光纤包层所限制的光波导管里进行传输。就像煤气管（水管）不允许煤气（水）由于连接处有缝隙而向外泄漏那样，光传输信道也不允许光信号从光纤的接续处辐射出来。由于光缆布线系统的特殊性，其施工技术从理论到实践，都比电缆布线施工难得多。然而，光缆布线的施工又是综合布线系统工程的重点。合理应用成熟的光缆布线技术，采用正确的光缆敷设方法，进行迅速、准确布线是综合布线系统工程中细致而精确的工作。

本章就光缆布线施工中，有关光缆布线的施工要求、光缆敷设技术、光纤连接器的组装、光纤的接续和管理标识等进行讨论介绍。

## 9.1 光缆布线的施工要求

光缆与电缆都是综合布线系统的主要传输媒体，在建筑物中凡是可敷设电缆的地方均可以敷设光缆。光缆布线系统的施工与电缆布线系统的施工过程基本相似，但因其所用材质和信号传输原理、方式有根本区别，对于光缆布线施工的要求自然也就有所不同。

### 9.1.1 光缆布线的施工准备

光缆布线施工前的准备工作主要是确定光缆敷设方法、备料，以及制订施工进度等。

**1. 确定光缆敷设方法**

这主要是强调光缆布线时光缆的现场敷设方法及工艺。根据通信网络的连接方式，光缆及敷设方法主要有如下几种方法。

（1）智能建筑、智能小区等与互联网的连接，即 LAN 与 WAN 或 MAN 之间的连接，通常所采用的光缆多为单模光纤，光缆的敷设宜采用地下管道或光缆沟敷设方式。

（2）智能小区内建筑物之间的连接，可以视为 LAN 与 LAN 之间的连接，所采用的光缆多为多模光纤，也可采用单模光纤，光缆的敷设宜采用地下管道或光缆沟敷设方式。

（3）建筑物中的干线子系统所采用的光缆多为多模光纤，光缆敷设主要采用缆线桥架方式。

（4）全光纤网中的配线子系统所采用的光缆多为多模光纤，光缆的敷设主要采用直埋缆线方式、管道方式或缆线桥架方式。

当光缆及敷设方法确定后，就可以确定最可行的光缆布线技术进行光缆布放了。

**2. 备料**

在确定了光缆的敷设方法后，敷设光缆需要的施工材料随之而定。这些材料需在开工前或在开工过程中准备好，主要有以下几项准备工作。

（1）落实光缆、各种连接器、配线架、信息插座、信息模块等材料的供货厂商，并确定提货日期。在货物到达后及时验收入库，由相关人员签收。验收时要进行必要的性能抽检、测试。

（2）根据施工的实际需要，列出设备清单，准备施工设备，如不同规格的塑料槽板、PVC 防火管、金属软管、自攻螺丝等布线用料都要到位。

（3）供电导线、电器设备安全措施（供电线路需按民用建筑标准规范进行）。

（4）设备间应有良好的电气接地点。

**3. 向业主提交开工报告，制订施工进度表**

向业主提交开工报告是一种正式的、规范化的必要程序。报告的主要内容包括合同号、综合布线系统设计书号、开工时间、工程说明、估计工程竣工时间、所需经费金额估算及所需设备清单等。在制订工程进度表时，既要留有余地，又要考虑其他工程施工时可能对本工程带来的影响，以及材料供应问题对本工程带来的影响。因此，一般在工程中多使用督导指派任务表、工作时间施工表来对布线工程进行监督管理，将管理工作细化到每一个信息点，做到任务到人、职责到人。

**4. 施工前光缆布线系统的材料检验**

布放光缆前，要对已购光缆进行检验。这是提前发现光缆问题、减少返工损失的一种简捷措施，也是比较容易忽视的问题。施工前对光缆检验的内容如下。

1）光缆类型检验

光缆入库时虽然已经过验收，但在施工领用时，领用人还应对其进行核对，主要核对内容包括以下内容。

（1）光缆类型：检查欲敷设的光缆（光缆外保护层上所印的规格、型号、产品说明书）与综合布线系统设计所要求的光缆类型是否一致。

（2）光纤对数：检查欲敷设的光缆（光缆外保护套上所印的规格、产品说明书）与综合布线系统设计所要求的光纤对数是否一致。

（3）光缆所附标记、标签内容是否齐全、清晰，包括光缆生产单位、产品合格证明、生产日期、有关认证标志及性能抽检情况等。光缆外护套需完整无损，光缆应附有出厂质量检验合格证。

2）光缆质量性能检验

（1）剥开光缆头，对有 A、B 端要求的，应容易识别端别，并在光缆末端外应标出类别和序号。

（2）光缆开盘后，应先检查光纤有无断点、压痕等；光缆外观有无损伤；光缆端头封装是否良好。

（3）连通性检验。检查欲敷设光缆中的每一根光纤的连通性，最简单的方法是用手电筒对光纤的一端进行照射，从光纤的另一端应能看到有光射出，而且所有光纤射出的光强度要一致。若其中某一光纤射出的光强度较弱，则说明该光纤的连通性不好。当连通性差的光纤对数多于设计要求的剩余光纤对数时，则被测光缆不能用于本次光缆布线。

（4）当采用 62.5/125μm 或 50/125μm 渐变折射型多模光纤和 8.3/125μm 突变型单模光纤时，应对光纤损耗常数和光纤长度进行现场检验测试。

损耗测试：宜采用光时域反射仪（OTDR）进行测试。测试结果若超出标准或与出厂测试数值相差较大时，应再用光功率计测试，并将光功率计测试结果与光时域反射仪测试结果加以比较，判定是测试误差，还是光纤本身损耗过大的问题。

长度测试：要求对每根光纤进行测试，测试结果应与盘标长度一致。如果在同一盘光缆中，光纤长度差异较大，则应从另一端再进行测试或做通光检查，以判定是否存在断纤现象。

3）光纤跳线检验

光纤跳线应符合下列规定。

（1）光纤跳线应具有经过防火处理的光纤保护包皮，两端的活动连接器（活接头）端面应装配有合适的保护盖帽。

（2）每根光纤跳线的光纤类型应有明显的标记，并符合设计要求。

4）光纤连接硬件的检验

（1）光纤连接器的型号、数量和位置应与设计相符。

（2）光纤插座面板应有明显的发射（$T_X$）和接收（$R_X$）标记。

5）配线设备的检验

（1）光缆交接设备的型号、规格应符合设计要求。

（2）光缆交接设备的编排及标记名称应与设计相符；各类标记名称应统一，标记位置要正确、清晰。

## 9.1.2 光缆布放基本要求

光缆布线与电缆布线施工之间的重要区别主要有两点：① 光缆的纤芯是石英玻璃的，非常容易折断；② 光纤的抗拉强度比铜电缆线小。因此，在进行光缆布线施工时，基本的布放要求及注意事项主要有以下几点。

**1. 光缆布放要求**

（1）光缆布放前，应再一次核对规格、型号、数量与设计规定是否相符。光缆两端应贴有标签，以标明起始和终端位置。标签的书写应清晰、工整和正确。

（2）布放光缆时，光缆出盘处要保持松弛的弧度，既保留一定的缓冲余量，又不宜过多，以避免光缆出现背扣。

（3）光缆布放应平直，不得出现扭绞、打圈等现象，不应受到外力挤压。在敷设一段后，应检查光缆有无损伤，并对光纤敷设损耗进行抽测，确认无损伤时，再进行接续。光纤接续应由受过专门训练的技术人员操作；接续时，应用光功率计或其他仪器进行监视，使熔接损耗最小；接续后应做接续保护，安装光缆接头护套。

（4）光缆与建筑物内其他管线应保持一定的间距，与其他弱电缆线也应分管布放。各缆线间的最小净距应符合设计要求。

（5）光缆端头应用塑料胶带包扎，盘成圈置于光缆预留盒中，预留盒应固定在电杆上，地下光缆引上电杆，必须穿入金属管中。所有光缆不应外露。

（6）光缆敷设完毕，需测量信道的总耗损，并用光时域反射计观察光纤信道全程波导损耗特性曲线。光缆的接续点和终端应作永久性标记，并填写布放记录。

（7）遵守最小弯曲半径要求，最好以直线方式敷设光缆。若在敷设时无法避免弯曲的情况，光缆的弯曲半径在静止状态时至少应为光缆外径的 10 倍，在施工过程中至少应为 20 倍。一般光缆生产商都会标明光缆干线的弯曲半径要求，如果无法从生产商获知弯曲半径参数，则建筑物内部光缆在非重压条件下，2 芯或 4 芯光缆的弯曲半径为 25mm，在拉伸过程中为 50mm。

（8）遵守最大拉力限制。光纤的抗拉强度比铜缆线小，因此在布放光缆时，不允许超过各种类型光缆的拉力强度。如果在敷设光缆时，违反了弯曲半径和抗拉强度的规定，则会导致光缆内光纤纤芯断裂，使光缆不能使用。光缆的牵引力应小于光缆允许张力的 80%。对光缆瞬间最大牵引力不应超过光缆允许的张力。在以牵引方式敷设光缆时，主要牵引力应加在光缆的加强芯上。对涂有塑料涂覆层的光纤，由于光纤细如毛发，光纤表面的微小伤痕将使耐张力显著地恶化。另外，当光纤受到不均匀的侧面压力时，光纤损耗将明显增大。因此，敷设时，应控制光缆的敷设张力，避免使光纤受到过大的外力（如弯曲、侧压、牵拉、冲击等）。这是提高布线工程质量，保证光缆传输信道性能所必须注意的问题。建筑物光缆的最大布放张力及最小弯曲半径见表 9.1。

表 9.1　光缆布放张力及弯曲半径

| 光 纤 数 | 张力/kN | 半径/cm |
|---|---|---|
| 4 | 450 | 5.08 |
| 6 | 560 | 7.60 |
| 12 | 675 | 7.62 |

### 2．管道填充率

在未经润滑的管道内，同时可穿设的光缆最大数量是有限制的，通常用管道填充率来表示，一般管道填充率在 31% ~ 50%。如果管道内原先已有光缆，则应用软鱼杆在管道中穿入一根新拉绳，这样可以最大限度地避免原有的拉绳与原有的光缆相互缠绕，提高敷设新光缆的成功率。拉绳要用纱线绑在光缆上。

### 3．光缆布线系统的 PDH 标准

光缆数字传输系统的数字系列比特率、数字接口特性，应符合下列规定。

（1）PDH 数字系列比特率等级应符合 GB 4110—1983 国家标准《脉冲编码调制通信系统系列》的规定，见表 9.2。

表 9.2　光缆数字传输系统的数字系列比特率

| 数字系列等级 | 基群 | 二次群 | 三次群 | 四次群 |
|---|---|---|---|---|
| 标称比特率（KB/s） | 2 048 | 8 448 | 34 368 | 139 264 |

（2）数字接口的比特率偏差、脉冲波形特性、码型、输入口与输出口规范等，应符合 GB 7611—1987 国家标准《脉冲编码调制通信系统网路数字接口参数》的规定。

## 9.1.3 光缆施工安全防护

与电缆布线相比，光缆布线的施工有更为严格的操作规程，在布线施工过程中极微小的差错都有可能导致布线故障或失败，严重时可能还会危及人身安全。

通常，人们观看正在工作的光纤时，不会伤害人的眼睛视网膜。只有少数光纤系统有较强的红外光会对眼睛造成伤害。然而，大多数已折断的光纤头会使漫射的光线射入人的眼睛，应该对这种伤害引起关注。

折断的或零星光纤碎屑对人体会产生危害。折断的光纤碎屑实际上是很细小的玻璃针形光纤，当它像碎片一样扎入皮肤时，人会感到相当疼痛。如果该碎片被吸入人体，可能会危及生命安全。因此，参加施工的人员必须经过严格培训，掌握光纤接续技术，遵守操作规程。未经严格训练的人员不许参加施工。

在光缆施工过程中，即使工作人员能熟练操作，也应遵守下列规程。

（1）当光纤正在传输光信号时，不得检查其端头。只有光纤为深色（未传输光信号）时，方可进行检查。由于大多数光学系统中采用的光不是可见光，所以在操作光传输信道时要格外仔细。

（2）若需在光纤工作时对其进行检查，特别是当系统用激光作为其光源工作时，操作人员应佩带具有红外滤波功能的保护镜，以免因光纤连接不好或断裂受到光波辐射。

（3）光纤工作区域应干净、安排有序、照明充足，并且配备瓶子或其他适宜的容器，以供装破碎或零星纤维碎屑使用。

（4）在对光纤进行接续或端接的区域，或在处理裸光纤的地方，不得有食物、饮料和烟酒等。

（5）组装光纤连接器或使用裸光纤时，需戴上眼镜和手套，穿上工作服，或者提供其他有效保护后，才能拣拾破碎的或零星纤维碎屑，并予以妥善处理；在将其倒入废物筐之前，应将其密封在容器内。在可能存在裸光纤的所有工作区内应该反复清扫，确保没有任何裸光纤碎屑。

（6）在离开工作区之前，所有接触过裸光纤的人员应立即洗手，并检查自己的衣服，用干净胶带拍打，去除光纤碎屑。

（7）不允许观看已通电的光源、光纤及其连接器，更不允许用光学仪器去观看已通电的光纤传输信道器件。

（8）只有在断开所有光源的情况下，才能对光缆布线系统进行维护操作。

## 9.2 光缆敷设技术

光缆作为综合布线的一种重要传输媒体，其敷设施工具有一定的特殊性。通常，光缆的敷设施工可分为建筑群干线光缆的敷设和建筑物内干线光缆的敷设两大类。

### 9.2.1 建筑群干线光缆的敷设

建筑群干线光缆的敷设主要采用管道、直埋和架空的敷设方式。在实际工程中，由于直埋光缆和架空光缆易受到损害，应尽量避免使用这两种方法。而在地下管道中，敷设光缆则是一种较好的方法，因为管道可以保护光缆，防止因挖掘、有害动物及其他故障源对光缆造成损害。

**1．管道光缆的敷设**

管道光缆敷设方式就是在地下管道中敷设光缆，即在建筑物之间或建筑物内预先敷设一定数量的管道，如塑料管道，然后再用牵引或真空法布放光缆。

1）核对与清扫

在光缆敷设前，应根据设计文件和施工图样对选用光缆穿放的管孔数和其位置进行核对。如果采用塑料管，要求对塑料管的材质、规格、管长进行检查，均应符合设计规定。一般塑料管的内径为光缆外径的 1.5 倍，一个水泥管管道中布放两根以上的塑料管时，塑料管的等效总外径不宜大于管道内径的85%。

管道光缆敷设前应逐段将管道清刷干净并试通。清扫时应用清扫工具，清扫后用试通棒试通，检查合格后，方可穿放光缆。

光缆敷设前应使用光时域反射计和光纤损耗测试仪检查光纤是否有断点，损耗值是否符合设计要求。核对光纤的长度，根据施工图上给出的实际敷设长度来选配光缆。配盘时要使接头避开河沟、交通要道及其他障碍物。

2）制作光缆牵引头

光缆布放过程中为避免受力扭曲，应制作合格的牵引端头。光缆的牵引头既可以预制，也可现场制作。为防止在牵引过程中发生扭转而损伤光缆，在牵引端头与牵引索之间应加装转环。如果采用机械牵引，应根据光缆牵引的长度、布放环境、牵引张力等因素选用集中牵引或分散牵引等方式。光缆出盘处要保持松弛的弧度，并留有缓冲的余量，余量不宜过多，避免光缆出现背扣。如图 9.1 所示是较具代表性的 4 种不同结构光缆牵引头制作示意图。

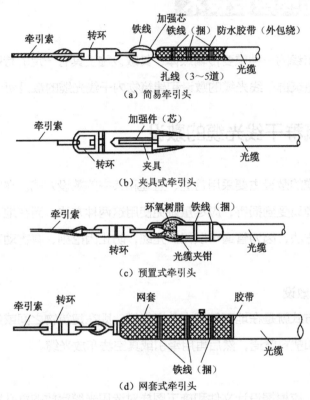

图 9.1　光缆牵引头制作示意图

　　另外，光缆的牵引头应做好技术处理，采用具有自动控制牵引性能的牵引机进行。在光缆的牵引过程中，吊挂光缆的支点间距不应大于 1.5m。当同时牵引几根光缆时，每根光缆承受的最大安装张力应降低 20%，牵引速度宜为 10～15m/min，牵引长度一般不要超过 1 000m。超长距离布放时，应将光缆盘成倒 8 字形分段牵引或在中间适当地点增加辅助牵引，以减少光缆拉力。

　　在光缆穿入管道拐弯处或与其他障碍物有交叉时，应采用导引装置或喇叭口保护管等进行保护。必要时，可在光缆四周加涂中性润滑剂等材料，以减少摩擦阻力。

　　3）布放光缆

　　如果采用机械牵引，应根据光缆牵引的长度、布放环境、牵引张力等因素选用集中牵引或分散牵引等方式。以常用的机械牵引为例，光缆的管道布放步骤为：① 预放钢丝绳。通常，管道或子管已有牵引索，若没有，应及时预放，一般用钢丝绳或尼龙绳。机械牵引敷设时，应先在光缆盘处将牵引钢丝绳与管孔内预放的牵引索连接好，另一端将钢丝绳牵引至牵引机位置，并做好由端头牵引机牵引管孔内预放的牵引索的准备；② 安装光缆牵引设备。光缆牵引设备的安装需视安装现场的具体情况而定，通常有以下几种情况。

（1）缆盘放置及引入口安装。由光缆拖车或千斤顶支撑管道人孔一侧，光缆盘一般距地面 5 ~ 10cm。为保障光缆安全，在光缆引入口可采用输送管，如图 9.2（a）所示为将光缆盘放置在光缆入口处近似直线的位置，也可以按图 9.2（b）所示位置放置。

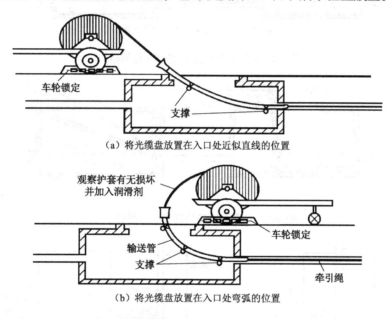

（a）将光缆盘放置在入口处近似直线的位置

（b）将光缆盘放置在入口处弯弧的位置

图 9.2　光缆人孔处的安装

（2）光缆引出口的安装。在光缆引出口的安装有导引器、滑轮两种方式。采用导引器方式是把导引器和导轮按如图 9.3（a）所示方法安装，应使光缆引出时尽量呈直线。可以把牵引机放在合适的位置。若人孔出口窄小或牵引机无合适位置时，为避免光缆侧压力过大或摩擦光缆，应将牵引机放置在前边一个人孔（光缆牵引完后再抽回引出人孔），但应在前一个人孔另外安装一个光缆导引器或滑车，如图 9.3（b）所示。

若采用滑轮方式安装，基本上是与布放普通电缆的方式相同，如图 9.4 所示。

（3）拐弯处减力装置的安装。光缆拐弯处，牵引张力较大，一般应安装导引器或减力轮，如图 9.5 所示。采用导引器时，可参考如图 9.6 所示方法安装。

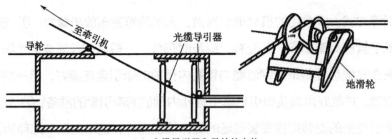

（a）光缆导引器和导轮的安装

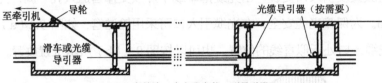

（b）在前边一个人孔安装一副导引器

图9.3　光缆引出口处的安装（导引器）

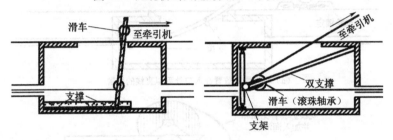

图9.4　光缆引出口处的安装（滑轮）

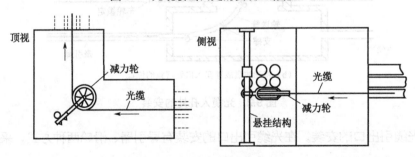

图9.5　拐弯处减力装置的安装

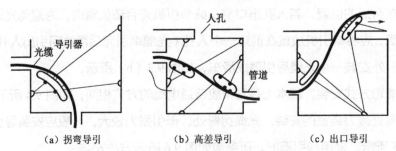

（a）拐弯导引　　　（b）高差导引　　　（c）出口导引

图9.6　光缆导引器的使用

（4）管孔高差导引器的安装。为减少因管孔不在同一平面（存在高差）所引起的摩擦力和测压力，通常是在高低管孔之间安装导引器，具体安装方法如图9.7所示。

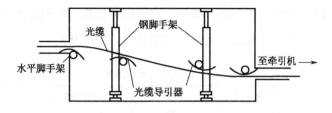

图9.7　管孔高差导引器的安装

4）光缆的牵引

光缆的牵引按照如下步骤进行：① 遵照图9.1所示方法制作合格的牵引头，并接至钢丝绳。② 按牵引张力、速度要求开启终端牵引机。③ 光缆引至辅助牵引机位置后，将光缆按规定安装好，并使辅助机与终端机以同样的速度运转。④ 光缆牵引至接头人孔时，应留足接续及测试用的长度。若需将更多的光缆引出人孔，必须注意引出孔处导轮及人孔壁摩擦点的侧压力，以避免光缆受压变形。光缆出盘处要保持松弛的弧度，并留有缓冲的余量，余量不宜过多，避免光缆出现背扣。为防止在牵引过程中发生扭转而损伤光缆，在光缆的牵引端头与牵引索之间应加装转环。超长距离布放时，应将光缆盘成倒8字形分段牵引或在中间适当地点增加辅助牵引，以减少光缆拉力。

5）人孔内光缆的安装

光缆牵引完毕后，由人工将每一个人孔中的余缆用蛇皮软管包裹后沿人孔壁放至规定的托架上，并用绑扎线进行绑扎，使之固定。人孔内光缆的固定和保护方法如图9.8所示。人孔内供接续用的预留光缆（长度一般不小于8m）应采用端头热缩密封处理后按弯曲的要求，盘圈后挂在人孔壁上或系在人孔内盖上，注意端头不要浸泡在水中。

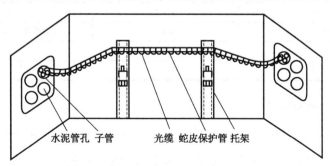

图9.8　人孔内光缆的固定和保护方法

6）注意事项

管道光缆敷设施工需要注意以下几个问题。

（1）施工前应核对管道占用情况，清洗、安放塑料子管，同时放入牵引线。

（2）计算好布放长度，一定要有足够的预留长度，见表9.3。

表9.3　管道光缆布放要求

| 自然弯曲增加长度（m/km） | 人孔内拐弯增加长度（m/孔） | 接头重叠长度（m/侧） | 局内预留长度（m） | 备　注 |
|---|---|---|---|---|
| 5 | 0.5～1 | 8～10 | 15～20 | 其他余留长度按设计预留 |

（3）一次布放长度不要太长，布放时应从中间开始向两边牵引。

（4）布线牵引力一般不要超过1 500N，而且应牵引光缆的加强芯部分，并作好光缆头部的防水处理。

（5）光缆引入和引出处需加顺引装置，不可直接拖地。

（6）管道光缆也要注意可靠接地。

**2．直埋光缆的敷设**

直埋光缆的敷设与直埋电缆的施工技术基本相同，就是将光缆直接埋入地下，除了穿过基础墙的那部分光缆有导管保护，其余部分没有管道保护。

1）埋设深度

直埋光缆沟要按标准进行挖掘，埋设深度应符合表9.4中的规定。

表9.4　直埋光缆的埋设深度

| 光缆敷设的地段或土质 | 埋设深度/m | 备　注 |
|---|---|---|
| 市区、村镇的一般场合 | ≥1.2 | 不包括车行道 |
| 街坊和智能小区内、人行道下 | ≥1.0 | 包括绿化地带 |
| 穿越铁路、道路 | ≥1.2 | 距路面 |
| 全石质 | ≥0.8 | 从沟底加垫10cm细土或沙土 |
| 普通土质（硬土等） | ≥1.2 | |
| 砂砾土质（半石质土等） | ≥1.0 | |

2）光缆沟的清理及回填

在光缆埋设前，应先清理沟底，沟底应保证平整坚固、无碎石和硬土块等有碍光缆敷设的杂物。若沟槽为石质或半石质，在沟底可预填10cm厚的细土、水泥或支撑物，经平整后才能敷设光缆。光缆敷设后应先回填20cm厚的细土或砂土保护层。保护层中严禁混入碎石、砖块等，保护层可人工轻轻踏平，然后在细土层上面覆盖混凝土盖板或完整的砖块加以保护。

3）直埋光缆敷设

敷设直埋光缆时，施工人员手持 3～3.5m 光缆，并将其弯曲为一个水平 U 形，然后向前滚动推进光缆，使光缆前端始终呈 U 形，如图 9.9 所示。

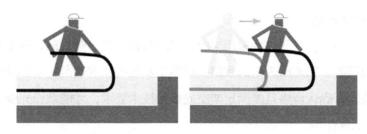

图 9.9　将光缆弯曲为 U 形，并向前滚动推进

当光缆向上引出地面时，应当在地下拐角处填充支撑物，避免光缆在泥土的重力压迫下发生变形，改变了弯曲半径。当光缆进入位于地面之下的建筑物入口或沿建筑物外墙向上固定时，均应当保持相应的弧度，因此，要求光缆接收沟必须具有相应的深度和宽度，如图 9.10 所示。光缆接收沟的尺寸随光缆或导管的尺寸而改变。

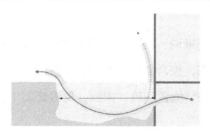

图 9.10　光缆接收沟

敷设直埋光缆时可利用人工或机械牵引，但要注意导向和润滑。在同一路径上，且同沟敷设光缆时，应同期分别牵引敷设。若与直埋电缆同沟敷设，应先敷设电缆，后敷设光缆，在沟底应平行排列。如果同沟敷设光缆，应同时分别布放，在沟底不得交叉或重叠放置，光缆需平放于沟底，或自然弯曲使光缆应力释放。光缆如果有弯曲腾空或拱起现象，应设法放平，不能用脚踩光缆使其平铺沟底。

直埋光缆与其他管线及建筑物间的净距要遵循最小净距要求。

光缆敷设完毕后，应检查光缆的外护套，如果有破损等缺陷，应立即修复，并测试其对地绝缘电阻。单盘直埋光缆敷设后，其金属外护套对地绝缘电阻应不低于 10MΩ/km。光缆接头盒密封组装后要浸水 24h，测试光缆接头盒内所有金属构件对地绝缘电阻应不低于 20 000MΩ/km（DC 500V）。

4）标识

直埋光缆的接续处、拐弯点或预留长度处，以及与其他地下管线交汇处，均应设置标记，以便日后的维护检修。标记既可以使用专制的标识，也可以借用光缆附近的永久性建筑，测量该建筑物某部位与光缆的距离，进行记录以备考查。

### 3. 架空光缆的敷设

对于建筑群子系统，有时也会采用架空光缆的敷设方式。敷设前，应按照《本地网通信线路工程验收规范》和《市内电话线路工程施工及验收技术规范》中的规定，在现场对架空杆路进行检验，确认合格且能满足架空光缆的技术要求，才能敷设光缆。一般有以下3种敷设方式供选择使用。

（1）吊线托挂架空方式。这种方式简单、便宜，应用最广泛，但挂钩加挂、整理较费时。

（2）吊线缠绕式架空方式。这种方式较稳固，维护工作少，但需要专门的缠绕机。

（3）自承重式架空方式。这种方式对缆线杆要求较高，施工、维护难度大，造价也高，目前很少采用。

在进行建筑群子系统干线架空光缆敷设时，可按照以下步骤施工。

1）架设钢绞线

对于非自承重的架空光缆来说，应当先架设承重钢绞线，并对钢缆进行全面的检查。钢绞线应无伤痕和锈蚀等缺陷，绞合紧密、均匀、无跳股。吊线的原始垂度和跨度应符合设计要求，固定吊线的铁杆安装位置正确、牢固，周围环境中无施工障碍。

2）光缆的预留

光缆在架设过程中和架设后，受到最大负荷所产生的伸长率应小于 0.2%。在中负荷区、重负荷区和超重负荷区布放的架空光缆，应在每根缆线杆上适当预留；对于中负荷区，每3～5杆档作一处预留。光缆在缆线杆上的预留及保护如图 9.11 所示。

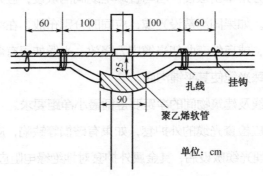

图 9.11　光缆在缆线杆上的预留及保护

配盘时应将架空光缆的接续点放在缆线杆上或邻近电缆杆 1m 左右处。在接续处的预留长度应包括光缆接续长度和施工中所需的消耗长度。一般架空光缆接续处每侧预留长度为 6 ~ 10cm，在光缆终端设备一侧预留长度应为 10 ~ 20m。

在缆线杆附近，架空光缆接续的两端应分别作伸缩弯，安装尺寸和形状如图 9.12 所示。两端的预留光缆盘放在相邻的缆线杆上。

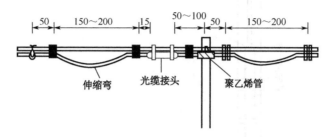

图 9.12 在缆线杆附近架空光缆接续的安装

光缆配盘时，一般每千米增加约 5m 左右的预留长度。

3）光缆的弯曲

敷设光缆时，应借助于滑轮牵引，下垂度不得超过光缆所允许的曲率半径。当光缆经过十字形吊线连接或丁字型吊线连接处时，光缆弯曲应圆顺，并符合最小弯曲半径要求，光缆的弯曲部分应穿放聚乙烯管加以保护，其长度约为 30cm，如图 9.13 所示。

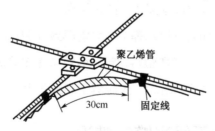

图 9.13 光缆在十字吊线处的保护

架空光缆用光缆挂钩将光缆卡挂在钢绞线上，要求光缆统一调整平直，无上下起伏或蛇形。

4）光缆的引上

管道光缆或直埋光缆引上后，光缆引上线处需加导引装置；与吊挂式的架空光缆连接时，要留一段用于伸缩的光缆。其引上光缆的安装及保护如图 9.14 所示。

5）其他注意事项

注意光缆中金属物体的可靠接地。特别是在山区、高电压电网区，一般每千米要有 3 个接地点，甚至可选用非金属光缆。

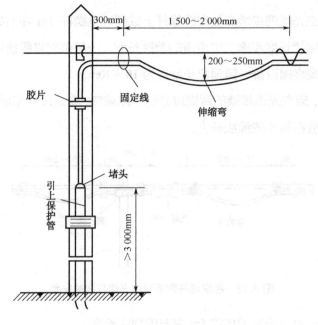

图 9.14 引上光缆的安装及保护

架空光缆线路的架设高度，与其他设施接近或交叉时的间距，应符合有关电缆线路部分的规定。

架空光缆与电力线交叉时，应在光缆和钢绞线吊线上采取绝缘措施。在光缆和钢绞线吊线外面使用塑料管、胶管或竹片等捆扎，使之绝缘。

架空光缆因某些情况（如紧靠树木等）有可能导致外护套磨损时，在与光缆的接触部位，应套长度不小于 1m 的聚氯乙烯塑料软管、胶管或蛇皮管对光缆加以保护。如靠近易燃材料建造的房屋或温度过高的场所时，还应套耐温或防火材料加以保护。

## 9.2.2 建筑物内干线光缆的敷设

建筑物内干线光缆敷设的基本要求与干线电缆敷设方式基本类似。

### 1. 干线光缆的垂直敷设

通常，在新建的建筑物内每一层的同一或不同位置都设有一个电信间（弱电间），并在其楼板上留有上下对齐的槽空，形成一个专用的弱电竖井，可在这个弱电井内敷设综合布线系统所需的干线光缆。在弱电竖井中敷设光缆有向下垂放和向上牵引两种敷设方式。

1）向下垂放敷设光缆方法

当选择向下垂放敷设光缆时，通常按以下方法施工。

（1）将光缆卷轴搬放到建筑物的顶层。

（2）在离建筑物顶层电信间距槽孔 1～1.5m 处安放光缆卷轴，以使卷筒在转动时能控制光缆布放。将光缆卷轴安置于平台上，以便保持在所有时间内光缆与卷筒轴心都是垂直的，放置卷轴时要使光缆的末端在其顶部，然后从卷轴顶部牵引光缆。

（3）在引导光缆进入槽孔时，如果是一个小孔，则需要安装一个塑料导向板，以防止光缆与混凝土摩擦导致损害光缆。如果要通过一个大孔布放光缆，则需在空洞的中心上方安放一个滑轮，然后把光缆拉出绞绕到滑轮上。

（4）慢慢转动光缆卷轴，将光缆从其顶部牵出。牵引光缆时，要保持不超过最小弯曲半径和最大张力的规定。

（5）慢慢引导光缆向下垂放，进入敷设好的缆线桥架中，注意不要快速放缆。

（6）继续慢慢地从光缆卷轴上牵引光缆，直到下一层的施工人员可以接到光缆，并引入下一层的孔洞。在每一层楼均重复以上步骤，当光缆达到底层时，要使光缆盘在地上。

2）向上牵引敷设光缆方法

当选择向上牵引敷设光缆时，通常按以下方法施工。

（1）先往绞车上穿一条拉绳。

（2）启动绞车，并往下垂放拉绳，拉绳向下垂放直到安放光缆的底层。

（3）将光缆与拉绳牢固绑扎在一起。

（4）启动绞车，慢慢地将光缆通过各层的孔洞向上牵引。

（5）光缆的末端到达顶层时，停止绞车。

（6）在地板孔边沿上用夹具将光缆固定。

（7）当所有连接制作好之后，从绞车上释放光缆的末端。

3）垂直敷设光缆时的注意事项

由垂直敷设光缆的步骤可知，向下垂放比向上牵引容易。如果将光缆卷轴机搬到建筑物顶层有困难，则只能由下向上牵引，但要注意以下几个问题。

（1）垂直敷设光缆时，应特别注意光缆的承重问题。为了减少光缆上的负荷，一般每隔两层要将光缆固定一次。用这种方法，光缆不需要中间支持，但要小心地捆扎光缆，不能弄断光纤。为了避免弄断光纤及产生附加的传输损耗，在捆扎光缆时不要碰破光缆外护套。固定光缆的步骤为：使用塑料扎带从光缆的顶部开始，将干线光缆扣牢在缆线桥架上；由上往下，在指定的间隔（如 5～8m 处）安装扎带，直到干线光缆被牢固地扣好；检查光缆外套有无破损，盖上桥架的外盖。

（2）光缆布放时应有冗余。光缆在设备端的接续预留长度一般为 5~10m；自然弯曲增加长度 5m；在弱电井中的光缆需要接续时，其预留长度一般应为 0.5~1.0m。如果在设计中有特殊预留长度要求时，应按规定位置妥善处理。

（3）光缆在弱电竖井中间的管孔内不得有接头。光缆接头应放在弱电竖井正上方的光缆接头托架上，光缆接头预留线应盘成 O 型圈紧贴人孔壁，用扎线捆扎在人孔铁架上固定，O 型圈的弯曲半径不得小于光缆直径的 20 倍，如图 9.15 所示。按设计要求采取保护措施，保护材料可以采用蛇形软管或软塑料管等。

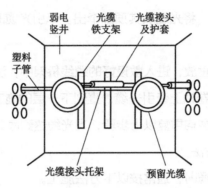

图 9.15　弱电竖井中光缆接续安装

（4）如果在建筑物内同一路径上有其他缆线时，光缆与它们应平行或交叉敷设，还应有一定间距，要分开敷设和固定，各种缆线间的最小净距应符合设计规定。

（5）光缆全部固定牢靠后，应将建筑物内各个楼层光缆穿过的所有槽洞、管孔的空隙部分，先用油性封堵材料堵塞密封，再加堵防火材料等，以求做到防潮和防火。在严寒地区，还应按设计要求采取防冻措施，以防光缆受冻损伤。

（6）光缆及其接续应有识别标志，标志内容有编号、光缆型号和规格等。

（7）光缆敷设后应检查外护套有无损伤，不得有压扁、扭伤和折裂等缺陷。否则应及时检测，若为严重缺陷或有断纤现象，应检修、测试合格后才能允许使用。

**2．干线光缆的水平敷设**

建筑物内从弱电井到电信间的这段路径，一般采用走吊顶（桥架）敷设的方式，步骤包含以下几步。

（1）沿着所设计的光缆敷设路径打开吊顶。

（2）利用工具切去一段光缆的外护套，一般由一端开始的 0.3m 处环切，然后除去外护套。

（3）将光纤及加固芯切去并掩埋在外护套中，只留下纱线。对需敷设的每条光缆重复此过程。

（4）将纱线与带子扭绞在一起。

（5）用胶布紧紧地将20cm长度范围内的光缆护套缠住。

（6）将纱线馈送到合适的夹子中去，直到被带子缠绕的护套全塞入夹子中为止。

（7）将带子绕在夹子和光缆上，将光缆牵引到所需的地方，并留下足够长的光缆供后续处理使用。

### 3．进线间的光缆敷设

光缆穿墙或穿过楼层时，要加带护口的塑料管，并且要用阻燃的填充物将管子填满。进线间光缆的安装固定如图 9.16 所示。光缆由进线间敷设至机房的光纤配线架，由楼层间爬梯引至所在楼层。光缆在爬梯上的可见部位需在每只横铁上用粗细适当的麻线绑扎。对无铠装光缆，每隔几挡应衬垫一块胶皮后扎紧。在拐弯受力部位，还需套一段胶管加以保护。

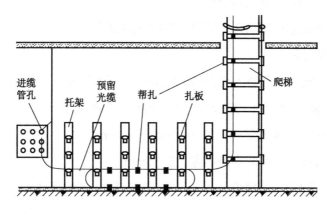

图 9.16　进线间光缆的安装固定

### 4．入户光缆的布放

入户光缆进入用户桌面或家庭居室主要有 86 型信息面板或家居配线箱两种方式。因此，应在土建施工时预埋在墙体内，或以后在缆线的入户位置明装。

1）入户光缆敷设要求

（1）入户光缆室内走线应尽量安装在暗箱、桥架或线槽内。

（2）对于没有预埋穿线管的楼宇，入户光缆可以采用卡钉固定方式沿墙明敷，应选择不易受外力碰撞、能确保安全的地方。采用卡钉固定方式时，应每隔 30cm 用塑料卡钉固定，必须注意不得损伤光缆，穿越墙体时应套保护管。皮线光缆也可以布放在地毯下。

（3）在暗管中敷设入户光缆时，可以采用石蜡油、滑石粉等无机润滑材料。竖向管中允许穿放多根入户光缆。水平管宜穿放一根皮线光缆，从光缆配线箱到用户家庭光缆终端盒宜单独敷设，避免与其他缆线共穿一根预埋管。

（4）明敷引上光缆时，应选择较隐蔽的位置。在人可以接触的部位，应加装 1.5m 引上保护管。

（5）线槽内敷设光缆应顺直不交叉，无明显扭绞和交叉，不应受到外力的挤压和操作损伤。

（6）光缆在线槽的进出部位、转弯处应绑扎固定；垂直线槽内光缆应每隔 1.5m 固定一次。

（7）桥架内光缆垂直敷设时，自光缆的上端向下，每隔 1.5m 绑扎固定；水平敷设时，应在光缆的首、尾、转弯处，每隔 5~10m 都应绑扎固定。转弯处应均匀圆滑，弯曲半径应大于 30mm。

（8）光缆两端应用统一的标签标识，标签上注明两端连接的位置。标签书写应清晰、端正、正确。标签应选用不宜损坏的材料。

（9）入户光缆敷设应达到防火、防鼠、防挤压的要求。

2）皮线光缆的敷设

（1）牵引力不应超过光缆最大允许张力的 80%。瞬间最大牵引力不得超过光缆最大允许张力 100N。光缆敷设完毕后，应释放张力保持自然弯曲状态。

（2）敷设过程中，皮线光缆弯曲半径不应小于 40mm。

（3）固定后，皮线光缆弯曲半径不应小于 15mm。

（4）楼层光缆配线箱一端预留 1m，用户光缆终端盒一端预留 1m。

（5）皮线光缆在户外采用墙挂或架空敷设时，可采用自承式皮线光缆，应将皮线光缆的钢丝适当收紧，并固定牢固。

（6）室内型皮线光缆不能长期浸泡在水中，一般不宜直接在地下管道中敷设。

**5. 光纤盘纤**

光纤盘纤是在熔接、热缩之后在光纤配线箱内对余留光缆的整理盘绕操作。光纤盘纤示意图如图 9.17 所示，科学的盘纤方法既可使光纤布局合理、附加损耗小，经得住时间和恶劣环境的考验，又避免因挤压造成的断纤现象。

1）光纤盘纤的规则

根据接线盒内预留盘中能够安放的热缩管数目，沿松套管或光缆分支方向为单元进行盘纤，前者适用于所有的接续工程，后者仅适用于主干光缆末端为一进多出，且分支多为小对数光缆。该规则是每熔接、热缩完一个或几个松套管内的光纤或一个分支方向光缆内的光纤后，就进行一次盘纤。其优点是避免了光纤松套管间或不同分支光缆间光纤混乱的现象，使布局合理，易盘，易拆，更便于日后维护。

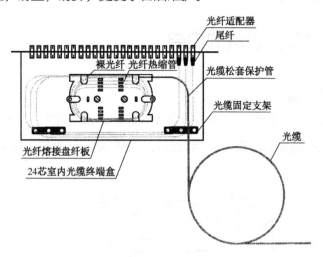

图 9.17　光纤盘纤示意图

以预留盘中热缩管安放单元为单位盘纤，此规则是根据接续盒内预留盘中某一小安放区域内能够安放的热缩管数目进行盘纤。例如，GLE 型桶式接头盒，在实际操作中每 6 芯为一盘，极为方便。其优点是避免了由于安放位置不同而造成的同一束光纤参差不齐、难以盘纤和固定，甚至还可以避免出现急弯、小圈等现象。

2）光纤盘纤的方法

（1）先中间后两边，即先将热缩后的套管逐个放置于固定槽中，然后再处理两侧余纤。这种盘纤方法有利于保护光纤接点，避免盘纤可能造成的损害。在光纤预留盘空间小、光纤不易盘绕和固定时，常使用此种方法。

（2）以一端开始盘纤，即从一侧的光纤盘起，然后固定热缩管，再处理另一侧余纤。这种盘纤方法的优点是可根据一侧余纤长度灵活选择铜管的安放位置，方便、快捷，可避免出现急弯、小圈现象。

（3）对于某些特殊情况，如个别光纤过长或过短时，可将其放在最后单独盘绕。如在接续中出现光分路器、上/下路尾纤、尾缆等特殊器件时，要先熔接、热缩、盘绕普通光纤，再依次处理。若与普通光纤共盘时，应将其轻置于普通光纤之上，两者之间加缓冲衬垫，以防挤压造成断纤，且特殊光器件尾纤不可太长。

（4）根据实际情况，采用多种图形盘纤。按余纤的长度和预留盘空间大小，顺势自然盘绕，切勿生拉硬拽，应灵活地采用圆、椭圆、CC、波纹线等多种形式盘纤（注意弯曲半

径 $R \geqslant 4\text{cm}$），按余纤长度和预留盘空间大小，顺势自然盘绕，切勿生拉硬拽，应尽可能最大限度地利用预留盘空间，有效降低因盘纤带来的附加损耗。

## 9.2.3 光缆配线设备的安装

### 1. 光缆终端箱（盘）

在电信间、设备间等场所，光缆布放宜盘留，预留长度宜为 3～5m，有可能挪动位置时，预留长度应视现场情况而定，然后进入光缆终端箱。光缆中断箱（盒）成端方式如图 9.18 所示。

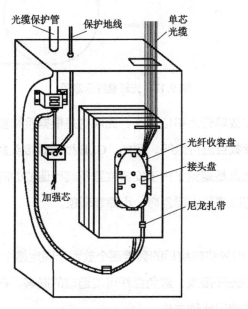

图 9.18　光缆终端箱（盒）成端方式

光缆进入光纤配线架（ODF）光缆终端盘前，直埋光缆一般在进架前将铠装层剥除；松套管进入盘纤板后应剥除。按光缆及光纤成端安装图操作，成端完成后将活动支架推入光纤配线架内。推入时注意光纤的弯曲半径，并用仪表检查光纤是否正常。

### 2. 室外光设备

光缆是光信号传输媒体，分为光纤素线光缆和带状光纤光缆两大类。光缆中的光纤素线是无法与光设备直接连接的，必须通过转接。每根光纤素线均要与一根光纤熔接，熔接完毕，用钢丝塑料套管套好，然后再将尾纤的光纤插头插到法兰盘上。法兰盘的另一端通过跳线与设备连接。因此，对于室外光设备的安装连接需要格外注意。

1）光纤节点（FN）

（1）在钢绞线上吊装。对于体积较大、质量较重的光纤节点应装在距电杆 1.5～2m 处，机壳下应有辅助托架支撑。

（2）在墙上安装。把光纤节点安装在墙壁上，需要选用合适的支撑和横担，使其稳固，不松动。光纤节点外壳要紧贴墙壁，尽量缩短悬空光缆的长度，防止接头松动、缩芯。光纤节点应距离地面约 6m，装在支架的中间部位，并保证接地良好。

（3）尾缆连接。① 打开光纤节点盒盖，取下光缆口堵头，并谨慎地将尾缆的光纤插头穿进光缆口，每次穿一根尾纤，并保证光纤弯曲不超过允许范围。② 将尾缆的光缆螺套推到光纤节点的光缆口，拧紧光缆螺套和橡胶圈，保证尾缆不随它转动，主体可承受扭矩为 60～70mp（meter poundm，米磅）。③ 纤缆固定后，在接续盒内的位置要比较顺畅、宽松，然后拧紧密封螺母，密封螺母拧到底部为止。最后拧紧内螺母、防水密封螺母，一直到拧紧为止。④ 光纤熔接完成后，按施工工艺要求对光缆进行悬挂。

（4）光纤节点内的面板螺丝，在调试或做完接头后，所有螺丝松开后严格按标注顺序，分二次紧固，并检查螺钉是否齐全。

2）柱形光分路器

对于柱形光分路器需要格外注意以下安装事项。

（1）柱形光分路器都是二分路器，长约 50mm，直径约 3mm，一端为单光纤素线，一端为双光纤素线，均需安装并熔接在接续盒内。

（2）柱形光分路器的根部非常脆弱，稍有硬折即会折断，操作时应比熔接光纤素线更加小心。

（3）确认 1 310nm 或 1 550nm 适用波长是否正确。

（4）确认各端口不同的分光比及其连接对象是否正确。

3）盒形光分路器

盒形光分路器均为 SC/APC 法兰盘入出，为防止尾纤断裂，不要使用尾纤入出形式，并且需要确认 1 310nm 或 1 550nm 适用波长及各端口不同的分光比及其连接对象的正确性。

## 9.3 光纤的接续连接

光纤的接续连接主要是指现场进行光纤连接器安装和光缆互连的过程。在光纤布线系统中，除了预端接光纤布线系统之外，在光缆布放工序完成后，均涉及现场的光纤接续。

光纤接续是光缆施工中工程量大、技术要求复杂的一道重要工序。接续质量好坏将直接影响网络通信系统的传输质量和寿命。光纤的接续不仅要求施工人员操作熟练，而且要求施工组织严密，应在保证质量的前提下再确保施工进度。由于光纤直径仅 8 ~ 10μm，相当于一根头发丝，因此，光纤的接续比较困难，不仅要求连接处的接触面光滑平整，而且要求光纤的接触端中心应完全对准，允许偏差极小。所以对光纤接续技术要求较高，且需要具有较多新技术含量的接续设备，否则会使光纤产生较大的损耗而影响通信质量。

由于目前光纤供应商的生产工艺普遍比较稳定，产品质量较高，由光纤构成的光缆和各类光纤连接器、跳线、尾纤等组件的特性也相对比较稳定。影响光纤网络质量的多数因素，可能会集中到光纤接续技术方面。

## 9.3.1 光纤连接的类型

光纤的接续是完成两段光纤之间的连接。在光纤网络的设计和施工中，当链路距离大于光纤盘长、大芯数光缆分支为数根小芯数光缆时，都要考虑以低损耗的方法把光纤或光缆相互连接起来，以实现光纤链路的延长或者大芯数光缆的分支应用。光纤的接续连接主要有如下几项技术。

### 1. 永久性光纤连接

永久性光纤连接又称为光纤热熔接，简称熔接。光纤热熔接是指用放电的方法将光纤的连接点熔化并连接在一起，即用光纤熔接机进行高压放电使待接续光纤端头熔融，合成一段完整的光纤。热熔接一般用于长途接续、永久或半永久固定连接。在所有的连接方法中，热熔接的连接损耗最低，而且可靠性较高，典型连接损耗为 0.01 ~ 0.03dB/点。但热熔接时需要专用设备（熔接机）和专业人员进行操作，而且连接点也需要用专用容器保护。

### 2. 应急连接

应急连接又称冷熔接，主要是指用机械和化学的方法将两根光纤固定并粘接在一起。因此又称为机械拼接技术或磨接。机械拼接技术比较简单，先将铺设光纤与尾纤均剥去外皮，切割、清洁后，插入接续匹配盘中对准、相切，并锁定即可。这种冷熔接方法的主要特点是连接迅速、可靠，典型连接损耗为 0.1 ~ 0.3dB/点。但连接点长期使用会不稳定，损耗也会大幅度增加，所以只能作为短时间内应急使用。

### 3. 活动连接

活动连接也称为端接，是指利用各种光纤连接器件（插头和插座），将站点与站点，或站点与光纤连接起来的一种方法。这种方法灵活、简单、方便、可靠，多用在建筑物内的通信网络布线中，其典型连接损耗为 1dB/点。

#### 4．现场端接光纤连接器

对于现场端接方式来说，凡是从事过工厂加工和生产光纤产品的人员对此都比较清楚，现场研磨与工厂生产制造是完全不同的两种方式。工厂采用专用研磨机器，一般采用由粗到精的研磨工艺。现场端接采用的是无法调整压力、无法保持一致的手工研磨。在低速通信网络中，即使出现损耗超标、连接不稳定等情况，可能是无关紧要的事情，因为光纤在传输中有足够的富裕量抵消这些情况带来的影响。但在高速通信网络中，许多技术指标都是极为敏感的，或许会因为只是几米的距离而无法接通，就让通信网络设计者或施工者伤透脑筋；在施工后，也经常发生损耗超标、测试无法通过等现象。

## 9.3.2　光纤接续前的准备工作

光缆接续位置、环境和工作条件是影响接续质量的重要因素。光纤接续前的准备工作十分重要。

#### 1．光缆和连接器的防护

光缆和连接器在安装前，应适当防护，以确保其安全。其主要防护工作包括以下几方面。

（1）光缆必须从缆盘上退绕，宜采用 8 字型盘绕，以避免光缆缠绕。光缆超过 30m 长就应避免单一方向盘绕。

（2）对于松套光缆，建议 8 字型盘绕 4.5m，光纤盘绕直径约 1.5～2.4m。

（3）退绕的光缆必须在相对空旷的环境，设置警示区域标志，防止光缆受到外界损伤。

（4）如果敷设光缆末端有连接器，必须注意不可以直接连接拉拽连接器部分。这一部分是不能承受外部拉力的。

（5）含有预端接安装保护管的光缆，敷设保护管应当保留到光缆与硬件连接时再移除。

（6）需要对预端接光缆的连接器部分给予充分保护。

#### 2．光缆安装规划和准备

选择什么位置进行光缆接续，在设计路由、订购光缆长度和施工配盘时就应该进行考虑。接续位置不能选在架空线中间，要避开粉尘区和灰尘较大的公路边。因此，线路走向确定后，应选择环境和工作条件较好的地方作为接续点，进而确定光缆的长度。这对于提高光纤接续质量，便于维护管理，加快施工进度等起着决定性作用。如果实在避不开恶劣环境，也应采取必要的有效措施，如在接续点安装特殊帐篷，或在专用施工车中进行接续工作，以保证施工的顺利进行。如果措施采取不当，由于自动熔接机要求精度高，无法进行正常的接续工作，会影响施工进度；即使熔接机能勉强完成接续工作，若熔接损耗较大，达不到接续指标要求，也必须断开，重新接续。因此，选择接续位置的环境条件也是一项重要的工作。

### 3. 安装过程注意事项

（1）安装人员一定要戴好防护镜。

（2）妥善处置施工现场的光纤碎末和施工现场用到的危险化学品。

（3）施工要在通风良好的地方进行，不要在密闭空间内使用光纤熔接机等。

## 9.3.3  光纤的熔接

在实际光缆布线工程中，普遍使用的方法是熔接方法。使用熔接法连接光纤不产生缝隙，不会引入反射损耗，入射损耗也很小（0.01 ~ 0.15dB）。

### 1. 光纤熔接操作流程

在光纤熔接过程中，为保证熔接质量，需严格遵照熔接的操作流程进行，如图 9.19 所示。

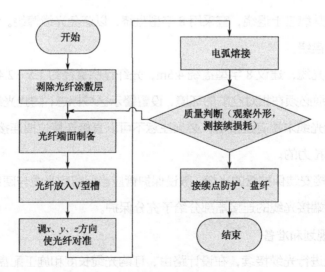

**图 9.19  光纤熔接操作流程图**

### 2. 光纤熔接需要准备的工具

（1）光纤熔接机。光纤熔接机是结合了光学、电子技术和机械原理的精密仪器，如

图 9.20 所示为一种常用的光纤熔接机。其主要工作原理为：在高压包的作用下，两根电极棒释放瞬间高压，击穿空气后会产生一个瞬间的电弧，产生高温，将已经对准的两条光纤的前端融化，然后推进融化的光纤，于是两条光纤就熔接完毕了。

（2）光纤切割刀。光纤切割刀用于切割石英玻璃光纤，切好后的光纤末端经数百倍放大后观察仍是平整的。光纤切割刀如图 9.21 所示。

光纤切割刀的刀片

图 9.20　光纤熔接机　　　　　　图 9.21　光纤切割刀

（3）光纤热缩管。其作用为光纤熔接处提供强度和防护，避免安装过程中光纤的损坏。

（4）光纤熔接盒。也叫光缆接续盒，用来保护光纤熔接的接点。

（5）其他工具。包括钢锯（锯断光缆）、钢丝钳（剪断加强芯）、美工刀（开剥光缆辅助工具）、光缆剥线工具（开剥光缆）、剥纤钳（剥除光纤一次涂覆层）、高纯度酒精、棉纸或长纤维棉花（用于清洁光纤）和光纤剪刀（剪断芳纶纤维）等。

**3．光纤熔接操作**

光纤熔接包括开剥光缆、端面制备、熔接、盘纤等环节，要求操作者仔细观察，周密考虑，操作规范。

1）光纤熔接准备工作

（1）开剥光缆。光缆护套开剥长度为 70cm，加强芯保留长度为 7.5～10cm。在光纤上预先套上对接续部位进行补强的带有钢丝的热缩套管。光纤松套管保留长度为 7.6cm 左右，其余部分应剥除，并用卫生纸沾清洁剂擦去光纤表层的油膏。

（2）光纤涂覆层的剥除。对光纤进行熔接前要把它的涂敷层剥离，可以用剥线钳或刀片剥除 2～3cm 长的一次涂覆层和二次涂覆层。当用剥线钳剥除时，左手拇指和食指捏紧光纤，所露光纤长度为 5cm 左右，其余光纤在无名指和小拇指之间自然打弯，以增加力度，防止打滑，剥线钳应与光纤垂直，上方向内倾斜一定角度，然后用钳口轻轻卡住光纤，右手随之用力，沿光纤轴向平推出去。整个过程要自然流畅，争取一次成功。当用刀片剥除时，首先用浓硫酸将 3～5cm 长的光纤端头浸泡 1～2min，然后用酒精棉擦拭干净。左手捏紧光纤，持纤要平稳，防止打滑，右手用刀片沿光纤向端头方向，与光纤成一定倾斜角度，顺次剥除表面涂敷层聚合物材料。

（3）包层表面的清洁。观察光纤剥除部分的包层是否全部去除，若有残留必须去掉，如有极少量不易剥除的涂覆层，可用棉球沾取适量酒精，边浸渍，边擦除。将脱脂棉撕成层面平整的扇形小块，沾少许酒精（以两指相捏无溢出为宜），折成 V 形，夹住已剥覆的光纤，沿光纤轴向擦拭，尽量一次成功。一块脱脂棉使用 2 到 3 次后要及时更换，每次要使用脱脂棉的不同部位和层面，这样既可提高脱脂棉的利用率，又可防止对光纤包层表面产生的二次污染。

2）光纤端面制备

光纤端面制备也称为端面处理，是光纤接续中的关键工序。光纤端面制备的好坏将直接影响光纤熔接后的传输质量，在熔接前一定要制作好被熔接光纤的端面。要求制备后的端面平整，无毛刺、无缺损，与轴线垂直，呈现一个光滑平整的镜面区。还要保持清洁，避免灰尘污染。

光纤端面制备有三种方法：一是刻痕法，采用机械切割刀，用金刚石刀在表面上向垂直于光纤的方向划一道刻痕，距涂覆层 10mm，轻轻弹碰，光纤在此刻痕位置上自然断裂。二是切割钳法，即利用手持简易钳进行切割操作。三是超声波电动切割法。这三种方法只要器具良好，操作得当，光纤端面的制备效果都非常好。

3）熔接光纤

将准备熔接的两根光纤放入熔接机中进行熔接。熔接就是对准光纤，并加热光纤的过程。把光纤放入熔接机 V 型槽时，要确保 V 型槽底部无异物，并且光纤紧贴 V 型槽底部。自动熔接机开始熔接时，首先将左右两侧 V 型槽中的光纤相向推进，在推进过程中会产生一次短暂放电，其作用是清洁光纤端面灰尘，接着继续推进光纤，直至光纤间隙处在原先所设置的位置上，这时熔接机测量切割角度，并把光纤端面附近的放大图像显示在屏幕上。纤芯/包层对准程度与光纤端面制备一样直接影响熔接损耗。熔接机会在 $X$ 轴、$Y$ 轴方向上同时进行对准，并且把轴向、轴心偏差参数显示在屏幕上。如果误差在允许范围之内，光纤熔接机将使用电弧把两条光纤永久地焊接在一起。

如果熔接机荧光屏显示的三维图像不能自动对齐光纤芯线，熔接工作就不会自动进行。若是因光纤的嵌入位置有偏差而造成的不能自动对齐光纤芯线，应重新将光纤嵌入。有时遇到这种情况，人们总认为是熔接机出了故障，实际上是两根光纤中的某一根所放的位置有偏差造成的。偏差超过了熔接机允许的误差范围，熔接机就不能正常工作。熔接好的连接点损耗一般低于 0.05dB 以下方可认为合格。若高于 0.05dB 以上，可用手动熔接钮再熔接一次。实践经验证明，一般熔接次数以 1 到 2 次为最佳，超过 3 次，熔接损耗反而会增加，这时应断开重新熔接，直至达到标准要求为止。

4）接续点的防护

由于光纤在连接时去掉了接续部位的涂覆层，使其机械强度降低。熔接后需要重新涂覆熔接区域，或使用光纤热缩管对光纤进行补强保护。热缩管应在光纤剥除前穿入，严禁在光纤端面制备后再穿。将预先穿置光纤某一端的热缩管移至光纤接续处，使熔接点位于热缩管中间，轻轻拉直光纤接头，放入加热器内加热，醋酸乙烯内管熔化，聚乙烯热缩管收缩后紧套在接续好的光纤上。由于此管内有一根不锈钢棒，不仅增加了抗拉强度，同时也避免了因聚乙烯热缩管的收缩而可能引起接续部位的微弯。

5）盘纤

盘纤是一个技术含量很高的环节，实际中有许多盘纤方法：① 可以从一侧的光纤盘起，固定热缩管，然后再处理另一侧余纤。该方法可根据一侧余纤长度灵活选择热缩管安放位置，方便、快捷，可避免出现急弯、小圈等现象。② 可以先将热缩套管逐个放置于固定槽中，然后再处理两侧余纤。该方法有利于保护光纤接续点，避免盘纤可能造成的损害。在光纤预留盘空间较小、光纤不易盘绕和固定时，常用此种方法。③ 当个别光纤过长或过短时，可将其放在最后单独盘绕。④ 当带有特殊光器件时，可单独盘绕处理，若与普通光纤共盘时，应将其轻置于普通光纤之上，两者之间加缓冲衬垫，以防因挤压造成断纤，且特殊光器件尾纤不可太长。

光纤接续后，要及时将已盘绕的光纤固定于绕纤板上，然后再往下接续，不允许将全部光纤接完后（指大于 8 芯的光缆）再分层盘绕，这样容易使光纤混乱。光纤接续及盘绕完毕后，要在绕纤板上盖板，并用螺母固定。

6）光纤熔接损耗的检测

光纤熔接损耗是度量光纤接续质量的重要指标，使用光时域反射仪（OTDR）或熔接接头的损耗评估方案等测量方法可以确定光纤熔接损耗。

加强 OTDR 的监测，对确保光纤熔接质量，减少因盘纤带来的附加损耗和封装可能对光纤造成的损耗，具有十分重要的意义。在整个接续工作中，需严格执行 OTDR 的 4 道监测程序。

（1）在熔接过程中，对每一根光纤进行实时跟踪监测，检查每个熔接点的质量。

（2）每次盘纤后，对所盘光纤进行检验以确定盘纤带来的附加损耗。

（3）封装前对所有光纤进行检测，以查明有无漏测、对光纤及接续点有无挤压。

（4）封装后对所有光纤进行最后复测，检查封装是否对光纤造成损耗。

此外，某些熔接机使用一种光纤成像和测量几何参数的断面排列系统，通过从两个垂直方向观察光纤，计算机处理并分析该图像来确定包层偏移、纤芯畸变、光纤外径变化和其他关键参数，并使用这些参数来评价熔接损耗。当然，仅依赖于接续点和损耗评估算法求得的熔接损耗可能与真实值差异较大。

### 4. 光纤熔接机的简易操作

光纤熔接机的操作步骤为：① 开启熔接机。② 熔接前的检查。③ 选择熔接程序。④ 安放光纤。⑤ 在自动工作方式下，按压"自动"键，自动设置间隙，进行粗、精校准。⑥ 在监视屏上观察到无明显错位时，按压"加热"键，熔接光纤。

正确使用熔接机能够降低光纤熔接损耗，主要是根据光纤类型正确合理地设置熔接参数、预放电电流、放电时间及主放电电流、主放电时间等，并且在使用过程中和使用后及时去除熔接机中的灰尘，特别是夹具、各镜面和 V 型槽内的粉尘和光纤碎末。每次使用前应使熔接机在熔接环境中放置至少 15min，并根据当时的气压、温度、湿度等环境情况，设置熔接机的放电电压，调整 V 型槽驱动器的复位。

### 5. 影响光纤熔接损耗的主要因素

光纤熔接是目前采用较多的一种方式，也是熔接成功率较高的一种方式。通常情况下，熔接可以得到较小的熔接损耗。但不容质疑的是，在光纤熔接过程中，环境条件（包括温度、风力、灰尘等）、操作的熟练程度（包括光纤端面的制备、电极棒的老化程度）、光缆与尾纤的匹配性（包括光纤类型、光纤生产厂商匹配）等都会影响光纤接续质量，但最重要的是熔接损耗。光纤熔接损耗是由于接续点不完善而产生的损耗，影响接续点不完善的因素很多，归纳起来有光纤自身和接续技术两大类因素。

### 1）光纤自身因素

因光纤自身影响光纤熔接损耗的因素主要有四点：① 光纤模场直径不一致；② 两根光纤芯径失配；③ 纤芯截面不圆；④ 纤芯与包层同心度不佳。其中，光纤模场直径不一致对熔接损耗影响最大。根据 ITU-T 建议，单模光纤的容限标准一般为：模场直径（9~10μm）±10%，即容限为 ±1μm；包层直径 125±3μm；模场同心度误差≤6%，包层不圆度≤2%。所以，在接续测试中，熔接损耗值会出现大正大负的现象。通过多次接续只能使单向值小一些，平均值趋于零，但正负现象不能避免。正负现象对光纤熔接损耗有一定的影响。在工程中，光缆配盘时应尽量选用同一批出厂的光缆，A、B 端尽量一一对应，尽可能地完善接续工艺以减少熔接损耗。

2）接续技术因素

因接续技术影响光纤熔接损耗的因素主要有以下五点。

（1）轴心错位。单模光纤纤芯很细，两根对接光纤轴心错位会影响熔接损耗。当错位 1.2μm 时，熔接损耗达 0.5dB。

（2）轴心倾斜。当光纤断面倾斜角度为 1° 时，约产生 0.6dB 的熔接损耗。如果要求熔接损耗≤0.1dB，则单模光纤的倾角应≤0.3°。

（3）端面分离。当光纤熔接机放电电压较低时，容易产生端面分离，此情况一般在有拉力测试功能的光纤熔接机中就能够发现。

（4）端面质量。光纤端面污染，光纤端面的平整度较差等也会产生熔接损耗。

（5）接续点附近光纤物理变形。光缆在架设过程中的拉伸变形，接续盒中夹固光缆压力太大等，都会对熔接损耗有影响，甚至熔接几次都不能改善。

另外，接续人员的操作水平、步骤、盘纤工艺水平、光纤熔接机中电极清洁程度、热熔接参数设置、工作环境清洁程度等因素也会影响熔接损耗。

由实际经验得知，光纤的熔接损耗一定要现场测试。在光纤芯数较多的情况下，不小心会损伤甚至碰断已经完成的接续点。测试时，如果测试结果不理想或不达标，都要重新将其挑选出来进行返工。

# 9.4 光纤连接器的组装

在光纤两端都装有连接器插头，用于实现光路活动连接的器件称为光纤连接器（又称跳线）；若一端装有连接器插头则称为尾纤；若光纤两端的连接器插头类型或接触面不同，则称为转接跳线。光纤连接器有 ST、SC、LC 及 FC 等类型。

根据光纤连接器的连接对象（光缆连接、底板连接和光模块连接）不同，其连接模式也呈现出多样化的特点。插座式、螺纹式、自保持机构、简化插座等都是基于不同应用场合下的可靠性和经济性考虑的。从网络的应用场合来说，对于长距离通信（如骨干网、中心局），需要插入损耗小、性能稳定、安装灵活的单模连接器，如 FC、SC；对于短距离通信（用户和局域网），由于精度要求不高，可考虑采用多模光纤连接器，如 SC、ST、SMA 等。多芯光纤连接器一般只用于局域网，适于高密度、低速率接入，而且通常在配线架上使用。然而，不论哪种光纤连接器的现场安装，都是一项不容易普及掌握的技术。因此，本节比较详细地介绍几种不需要抛光、连接和清除固体胶体，现场组装光纤连接器的方法。

## 9.4.1　标准 ST 型护套光纤连接器的组装

ST 型光纤连接器是为 62.5/125µm 多模、900µm 缓冲层或保护套光纤而设计的连接器，如图 9.22 所示为标准 ST 型光纤连接器部件结构。这种连接器的前部使用连接面很光滑的陶瓷陶管，以确保光纤的接触良好，提高耐用性；后部采用弹性套管，可以防止光纤断裂。

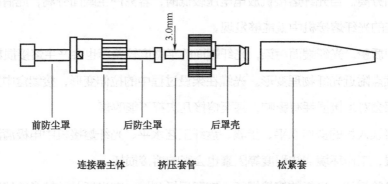

图 9.22　标准 ST 型光纤连接器部件结构

标准 ST 型光纤连接器的现场组装主要包括以下几个步骤。

**1．组装部件的准备**

（1）打开材料袋，取出连接体和后罩壳。为了选择正确的挤压护套和松紧套，应先确定欲安装的光纤缓冲层或保护套的尺寸。

（2）转动安装平台，使安装平台打开。用所提供的安装平台底座，把安装工具固定在工作台上。

（3）把连接体插入安装平台插孔内，释放拉簧朝上。把连接体的后壳罩向安装平台插孔内推。当前防尘罩全部被推入安装平台插孔后，顺时针旋转连接体 1/4 圈，并缩紧在此位置上，并将防护罩留在上面。

（4）在连接体的后罩壳上拧紧松紧套（捏住松紧套有助于插入光纤）；将后壳罩带松紧套的细端先套在光纤上，并向前滑动；挤压套管也沿着芯线方向向前滑。对于 2.4mm 挤压套管，应使挤压套管有刻槽的一端先套上。后壳罩和挤压套管都不要妨碍连接。

**2．光纤的处理**

（1）用剥线器从光纤末端剥去约 40～50mm 外护套。3.0mm 光纤用剥线器的 1.02mm 槽，2.4mm 光纤用剥线器的 0.813mm 槽。护套必须剥干净，并且与端面成直角。

（2）让纱线头离开缓冲层集中向后面。在护套末端的缓冲层上做标记：如果光纤直径小于 2.4mm，就在 11mm 处做标记；否则在 6mm 处做标记。

（3）在裸露的缓冲层处拿住光纤，把离光纤末端 6mm 或 11mm 标记处的 900μm 缓冲层剥去。为了不损坏光纤，从光纤上一小段一小段（如每次 5mm）剥去缓冲层。在剥线的过程中，参考标号不能移动。操作时，握紧护套可以防止光纤移动。

（4）用一块沾有酒精的纸或布小心地擦洗裸露的光纤（擦 2 到 3 次即可）。光纤清洗后禁止触摸。

（5）将纱线抹向一边，把缓冲层压在光纤切割器上。从缓冲层的末端切割光纤。用镊子取出废弃的光纤，并妥善地置于废物瓶中。

（6）把切割后的光纤插入显微镜的边孔里，检查切割是否合格。操作时，可以把显微镜置于白色面板上，可以获得更清晰、明亮的图像；也可用显微镜的底孔来检查连接体的末端套圈。如果切割不合格，必须从第一步开始重新准备光纤。如果光纤或光纤端面不干净，可重新清洗几次。

**3．ST 连接部件的组装**

（1）从连接体上取下后端防尘罩并扔掉。前端防护罩和后端防护罩都是用中性密度的聚乙烯材料制作的。

（2）检查缓冲层上的参考标记位置是否正确。把裸露的光纤小心地插入连接体内，直到感觉光纤碰到了连接体的底部为止。用固定夹子固定光纤。

（3）按压安装平台的活塞。保证活塞钩住将要拉出的拉簧，慢慢地松开活塞。

（4）把连接体向前推动，并逆时针旋转连接体 1/4 圈，以便从安装平台上取下连接体。把连接体放入打褶工具，并使之平直。用打褶工具的第一个刻槽，在缓冲层上的缓冲褶皱区域打上褶皱。

（5）把连接体重新插入安装平台插孔内锁紧。把连接体逆时针旋转 1/8 圈，小心地剪去多余的纱线。

（6）在纱线上滑动挤压套管，保证挤压套管紧贴在连接到连接体后端的扣环上，用打褶工具中间的那个槽给挤压套管打褶。

（7）松开芯线，将光纤铺直，推后罩壳使之与前套结合。正确插入时能听到一声轻微的响声，此时可从安装平台上卸下连接体。

## 9.4.2 标准 SC 型护套光纤连接器的组装

SC 型光纤连接器也是为 62.5/125μm 多模、900μm 缓冲层或保护套光纤而设计的一种连接器，如图 9.23 所示是标准 SC 型护套光纤连接器结构。标准 SC 型护套光纤连接器与 ST 型光纤连接器一样，前部使用连接面很光滑的陶瓷陶管，以确保光纤的接触良好，提高耐用性；后部采用弹性套管，以防止光纤断开。作为标准 SC 型护套光纤连接器，其现场组装步骤如下。

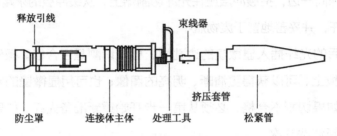

释放引线　　　　　　　　束线器

防尘罩　　连接体主体　处理工具　　挤压套管　　松紧管

图 9.23　标准 SC 型护套光纤连接器结构

### 1．组装部件的准备

（1）打开材料袋，选取现场安装标准 SC 型护套光纤连接器的部件，如连接体、后壳罩。

（2）转动安装平台，使安装平台打开。用所提供的安装平台底座，把这些工具固定在工作台上。

（3）把连接体插入安装平台内，释放拉簧朝上。操作时，把连接体的后壳罩向安装平台插孔推，当前防尘罩全部推入安装平台插孔后，顺时针旋转连接体 1/4 圈，并锁紧在此位置上。防尘罩留在上面。

（4）将松紧套管套在光纤上，挤压套管也沿着芯线方向滑动，细端在前。该松紧套管和挤压套管都不应妨碍连接。

### 2．光纤的处理

（1）用剥线器从光纤的末端剥去长度 40～50mm 的外护套。将光纤放在剥线器的正确刻槽内，3.0mm 光纤用剥线器的 1.02mm 槽，2.4mm 光纤用剥线器的 0.813mm 槽。外护套需剥得干净，与端面成直角。

（2）将纱线头集中拢向 900μm 缓冲光纤后面，将所有散乱的光纤都推向护套。在缓冲层上做第一个标记（如果光纤直径小于 2.4mm，在保护套末端做标记；否则在束线器上做标记）；然后在缓冲层上做第二个标记（如果光纤直径小于 2.4mm，就在 6mm 和 17mm 处做标记；否则就在 4mm 和 15mm 处做标记）。

（3）在裸露的缓冲层处拿住光纤，把光纤末端到第一个标记处的 900μm 缓冲层剥去。为了不损坏光纤，从光纤上一小段一小段（每次 5mm）剥去缓冲层。在剥线的过程中，参考标记不能移动。操作时，握紧护套可以防止光纤移动。

（4）用一块沾有酒精的纸或棉签小心擦洗裸露的光纤（擦 2 到 3 次即可）。光纤清洗后禁止触摸。

（5）将纱线抹向一边，把缓冲层压在光纤切割器上。从缓冲层的末端切割 7mm 光纤。用镊子取出废弃的光纤，并妥善地置于废物瓶中。

（6）把切割后的光纤插入显微镜的边孔里，检查切割是否合格。操作时，可以把显微镜置于白色面板上，可以获得更清晰、明亮的图像；还可用显微镜的底孔来检查连接体的末端套圈。如果切割不合格，需从第一步开始重新准备光纤。如果光纤或光纤端面不洁净，可重新清洗几次。

**3. SC 连接部件的组装**

（1）从连接体上取下后端防尘罩并扔掉。

（2）检查缓冲层上的参考标记位置是否正确。把裸露的光纤小心地插入连接体内，直至感觉光纤碰到了连接体的底部为止。

（3）按压安装平台的活塞，保证活塞钩住将要拉出的拉簧，然后慢慢地松开活塞。

（4）小心地从安装平台上取出连接体，松开光纤，在缓冲层上的缓冲褶皱区域打褶。把打褶工具松开，放置于处理工具（Disposable Tool）突起处，并使之平直，使打褶工具保持水平，并适当地拧紧（听到三声轻微的响声）。把连接体装入打褶工具的第一个槽，处理工具突起处指向打褶工具的柄，在缓冲层的缓冲褶皱区域用力打上褶皱。

（5）抓住处理工具（轻轻）拉动，使滑动部分露出约 8mm。听到一声轻微的响声时即表明已拉到位。如果采用了束线器，应小心托住束线器，使束线器与滑动部件吻合好。之后取出处理工具并扔掉。

（6）轻轻朝连接体方向拉动纱线，并使纱线排整齐。在纱线上滑动挤压套管；将纱线均匀地绕在连接体上；从安装平台上小心地取下连接体；保证挤压套管紧靠在连接体的后端，将挤压套管用力打上褶皱；用打褶工具中间的那个槽打褶，并剪去多余的纱线。

（7）抓住连接体的环，使主体滑入连接体的后部，直到它到达连接体的挡位为止。

## 9.4.3 LC 型光纤连接器的现场组装

ST 型、SC 型连接器属于传统的连接器，特点是粘接型连接器，制作工艺繁、体积较大。为了使光纤端口与安装过程变得快速、简单、整洁和无粘接，一种压接式光纤连接技术及其相应的 LC（Light Crimp Plus）接头便应运而生。LC 型光纤连接器压缩了面板、墙板及配线箱所需要的空间，使其占有的空间只相当于 ST 型和 SC 型连接器的一半，因此得到了迅速普及和应用。

与 SC 型连接器类似，LC 型连接器也是一种插入式连接器。现场组装 LC 型连接器时，需采用与该连接器配套的压接工具组件，包括剥线工具、切断刀、压接工具、缆线托架、切线长度引导、ST/SC 模具等。相对 ST 型连接器而言，LC 型连接器安装制作工艺比较简单，只有以下四个步骤。

（1）剥开缆线。选择工具箱中适当的剥线工具，分别剥除光缆的外套（最外层）、外护套（内层），并用沾有酒精（纯度>99%）的纸或布清洁光纤。

（2）切断光纤。将光纤穿过带色标的外部保护套，以及装在压接工具上的陶瓷套圈和压接器，用切断刀切出符合要求的光纤截面。

（3）压好接头。将穿好光纤的 LC 型连接组件定位后，用标准手持式压接工具压接 LC 连接器。

（4）检查 LC 型连接器。检查方法与 ST 连接检查方法相同。

## 9.5　光纤的端接连接

由于有些光纤连接器构成了光纤链路的末端，所以附加的连接器也被称为光缆终端。连接器的端接分为现场安装和尾纤两种。所谓现场安装即直接在现场将连接器接到光纤上。尾纤是由工厂安装的连接器，它带有一段附加的光纤，要求把尾纤连接到光缆上。光纤端接的主要材料包括连接器件、套筒（黑色用于直径 3.0mm 的光纤，银色用于 2.4mm 的单模光纤）、缓冲层光纤缆支撑器、带螺纹帽的扩展器和保护帽等。

### 9.5.1　光纤的端接方式

光纤端接主要有以下几种方式。

#### 1. 干燥箱固化的环氧树脂型端接

这是最常用（也是最早）的直接端接方法。所谓直接端接，是指把连接器连接到每条光纤的末端，它采用标准连接器、环氧树脂和各种打磨纸，具体视制造商而异。这种方式先拆掉缓冲层，清洁裸光纤，准备光纤。然后混合环氧树脂（黏合剂和催化剂），并传送到注射器中。再把环氧树脂注入连接器的套圈，直到端面上出现环氧树脂。最后把光纤插入套圈，并把套圈放到套管中，大约 5min 后放到干燥箱中。在烘干冷却之后取下套管，剪掉光纤末端，然后进行打磨、清洁和检查。这种端接方法虽然容易学习和掌握，但已很少使用。

### 2. 预装环氧树脂型端接

预装环氧树脂型端接方法是干燥箱固化环氧树脂端接方法的完善发展。它取消了麻烦的环氧树脂填充工作环节，预装有预先混合的环氧树脂。另外，还能重新熔化（尽管制造商不推荐这种做法），取出并更换断开的光纤。由于它缩短了安装时间，因此，连接器价格较高。

### 3. 冷固化环氧树脂型端接

冷固化环氧树脂型端接方法的前期准备工作与干燥箱固化环氧树脂端接方法相同，但进行了一些简化。通常是直接从分配器中把催化剂和黏合剂放到光纤或套圈上，而不需混合/传送到注射器中，也不需注入超高黏度的环氧树脂。因为黏合剂具有厌氧性（在没有空气时仍能固化），在室温下其固化时间一般为 2min 左右。在剪断光纤后，还要进行打磨、清洁和检查。另外，打磨过程非常容易，也不要求使用干燥箱或电源。因此，这种方法被较多使用。

### 4. 机械弯曲和打磨

目前有许多机械弯曲和打磨方法，应用机械弯曲工作原理，把光纤固定在套圈中。在插入套圈前，先拆掉缓冲层，清洁光纤。然后把光纤"弯曲"（使用机械夹具）到相应位置，然后剪掉光纤，进行打磨。

### 5. 带有预打磨套圈的机械弯曲

这可能是最简单的带连接器的解决方案。连接器的套圈带有一小段出厂时已经打磨好的光纤。在这一小段光纤后面有一定的空间，已经填充了与光折射率相符的凝胶。只需剥掉光纤，清洁后剪成预定的长度，插入套圈中，再把光纤弯曲到相应位置，剪掉光纤，进行打磨即可。现场端接中常使用这种方式。

## 9.5.2 光纤连接器的端接

光纤连接器的端接比较简单。对互连模块来说，光纤连接器的端接是将两条半固定的光纤通过其上的连接器与此模块嵌板上的耦合器连接起来。具体做法就是将两条半固定光纤上的连接器从嵌板的两边插入其耦合器中。对于交叉连接模块而言，光纤连接器的端接就是将一条半固定光纤上的连接器插入嵌板上耦合器的一端，该耦合器的另一端插入光纤跳线的连接器。然后，将光纤跳线另一端的连接器插入要交叉连接的耦合器一端，该耦合器的另一端要交叉连接另一条半固定光纤连接器。所谓交叉连接，就是在两条半固定光纤之间使用跳线作为中间链路，使管理员易于对线路进行重新布置。

### 1．光纤连接器的端接步骤

下面以 ST 型连接器为例，介绍其端接步骤。

（1）清洁 ST 型连接器。摘下 ST 型连接器头上的黑色保护帽，用沾有酒精的医用棉签轻轻擦拭连接器头。

（2）清洁耦合器。摘下耦合器两端的红色保护帽，用沾有酒精的杆状清洁器穿过耦合孔，擦拭耦合器内部，以除去其中的碎片，如图 9.24 所示。

（3）使用灌装气吹除去耦合器内部的灰尘示意图如图 9.25 所示。

图 9.24　用杆状清洁器清洁耦合器　　　　图 9.25　用罐装气吹除去耦合器内部的灰尘

（4）将 ST 型光纤连接器插到一个耦合器中。将光纤连接器的头插入耦合器的一端，耦合器上的突起对准连接器槽口，插入后扭转连接器以使其锁定。如经测试发现光能量损耗较大，则需摘下连接器并用灌装气重新净化耦合器，然后再插入 ST 型光纤连接器。在耦合器的两端插入 ST 型光纤连接器，并确保两个连接器的端面在耦合器中接触，如图 9.26 所示。

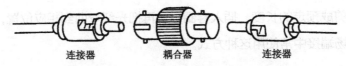

连接器　　　　　　耦合器　　　　　连接器

图 9.26　将 ST 光纤连接器插入耦合器

（5）重复以上步骤，直到所有的 ST 型光纤连接器都插入耦合器为止。若一次来不及装上所有的 ST 型光纤连接器，则光纤连接器头要盖上黑色保护帽，而耦合器空白端或已经插上连接器头的一端要盖上红色保护帽。

**2. 光纤连接器的端接极性**

每一条光纤传输信道包括两根光纤，一根用于接收信号，另一根用于发送信号，即光信号只能单向传输。如果收对收、发对发，光纤传输系统就不能工作。因此，在实际工程中，应先确定信号在光缆中的传输方向，然后才能把光缆连接到通信网络设备上。显然，如何保证极性正确是综合布线应考虑的重要问题。

ST 型光纤连接器通过编号方式来保证光纤极性。SC 型光纤连接器为双工接头，在施工中对号入座就能完全解决极性问题。

综合布线采用的光纤连接器配有单工和双工光纤软线。在光缆终接处的光缆侧，采用单工光纤连接器；在用户侧，采用双工光纤连接器，以保证光纤连接极性的正确。

对于电信间和设备间跳线到双工耦合器的连接，建议采用一个双工光纤连接器部件来完成。

信息插座的极性既可通过锁扣插座来确定，也可以通过耦合器 A 位置和 B 位置的标记来确定。这些光纤连接器及标记可用于所有非永久的光纤交叉场。应用系统的设备一旦安装完成，则其极性就已经确定。光纤传输系统就能保证正确发送和接收信号。

用双工光纤连接器时，需用锁扣插座定义极性。双工光纤连接器与耦合器连接的配置，应有它们自己的锁扣插座。双工光纤连接器的配置如图 9.27 所示。

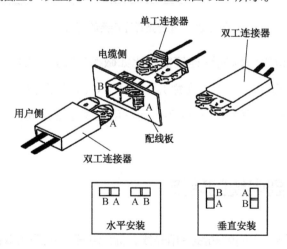

图 9.27　双工光纤连接器的配置

使用单工光纤连接器（Bfoc/2.5）时，应在连接器上做标记，标明它们的极性。单工光纤连接器的配置如图 9.28 所示。

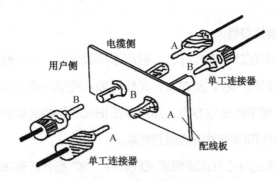

图 9.28　单工光纤连接器的配置

当用一个混合光纤连接器（Bfoc/2.5-SC）代替两个单工耦合器时，需用键锁扣插座定义极性。混合光纤连接器的配置如图 9.29 所示。

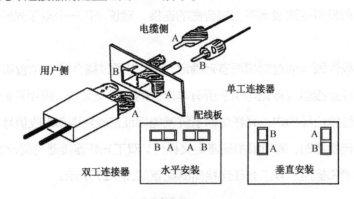

图 9.29　混合光纤连接器的配置

另外，对于万兆位以太网光纤连接器，比如微型光纤连接器（如 LC、EJ、MT-RJ 型等），要成对使用，即一个输出（光源），一个输入（光检测器）。例如路由器和交换机的光纤连接。在使用时，可成对一块使用，而不用考虑连接方向，而且连接简洁、方便，也不会误插。

### 9.5.3　光纤到电缆的转接

当建筑物之间或楼层之间的布线采用光缆，而配线子系统采用双绞线时，需要在两种传输媒体之间进行转接，其转接方式有两种：一种是采用同时拥有光纤端口和 RJ-45 端口的交换机，在交换机之间实现光电端口之间的互连；另一种是采用光电转换器，一端连接光纤，一端连接交换机的双绞线端口，以实现光电端口之间的相互转换。

#### 1．光纤收发器的连接

光纤收发器是一种将短距离的双绞线电信号和长距离的光信号进行互换的以太网传输

媒体转换单元，也被称为光电转换器。光纤收发器一般应用在以太网电缆无法覆盖、必须使用光纤来延长传输距离的网络环境中，用光纤收发器实现光电收发转换示意图如图 9.30 所示。

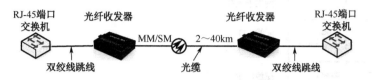

图 9.30　用光纤收发器实现光电收发转换示意图

简单来说，光纤收发器的作用就是实现光信号与电信号之间的相互转换。从光纤收发器的光口输入光信号，从电口（常见的 RJ-45 端口）输出电信号，反之亦然。其工作过程大概为：把电信号转换为光信号，通过光纤传送出去；在另一端再把光信号转化为电信号，再接入路由器、交换机等网络设备。

光纤收发器分为单模和多模光纤转换，分别支持用户利用单模或多模光纤扩展双绞线通信网络。单/多模光纤转换器有全双工、半双工或自动选择的工作状态，通过设备本身提供的状态指示灯，用户可实时监测设备当前的工作情况。衡量光纤收发器的主要性能为：① 能否支持 IEEE 802.3、IEEE 802.3U Ethernet、IEEE 802.1d、10Base-T/100Base-TX 和 10Base-FL/100Base-FX 协议。② 传输速率为：10Mbit/s，100Mbit/s，10/100Mbit/s。③ 双绞线接口：RJ-45，UTP。④ 光纤接口：SC，ST 接口，50/125μm，62.5/125μm 或 100/140μm 多模光纤，8.3/125μm，9.7/125μm，9/125μm 或 10/125μm 单模光纤。⑤ 波长：850nm，1 310nm，1 550nm。⑥ 最大传输距离：UTP 电缆为 100m；多模光纤全双工状态下为 2km；单模光纤全双工状态下为 20km、40km、60km 或 120km。⑦ 通信方式：支持全双工或半双工。

在选用光纤收发器时，单模光纤、多模光纤、传输速率及光信号传输距离都是重要参数。光纤收发器的光纤端口模式必须与所连接的光纤模式相同。另外，光纤收发器要与通信网络类型一致，选用时要注意其参数。

## 2. 光电混合布线的连接

当配线子系统采用双绞线，而干线子系统采用光纤布线时，通常应当采用带有光纤端口（或光纤插槽）的电口（即双绞线端口）有源设备（即交换机），实现光纤链路与双绞线链路的融合与通信。在各种类型的布线系统中，光电混合布线的连接方式如图 9.31 所示。

在综合布线系统中，当需要将光纤与双绞线连接起来时，比较典型的连接方式是借助同时拥有光纤端口和双绞线端口的交换机来实现，如图 9.32 所示。其中，光纤跳线一端连接至光纤配线架，另一端连接至交换机的光纤端口。

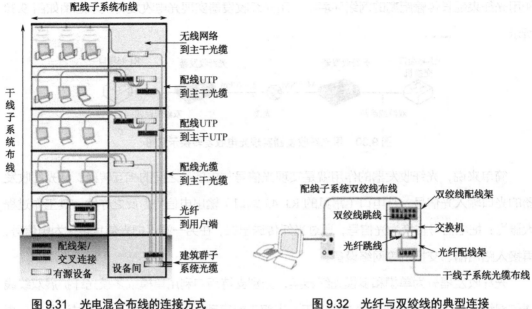

图 9.31　光电混合布线的连接方式　　　　图 9.32　光纤与双绞线的典型连接

## 9.6 光纤布线系统的管理

除光纤连接器安装技术外，在光缆布线工程中还需要一些与光缆连接密切相关的设备（如光纤布线元件中的线路管理件），以实现光纤的交连、互连、光纤连接管理等，统称为光纤连接设备。光纤布线元件中的线路管理件主要包括交连硬件、光纤交连场、推荐的跨接长度、光纤交连部件管理/标记、光纤互连场和其他机柜附件等。不同的综合布线产品制造商产生的光纤连接设备的型号及款式不同，但均以符合相关的综合布线标准作为基础。

### 9.6.1　光纤交连连接

将若干个光纤配线箱、相应的光纤适配板、跨接线过线槽（垂直）、捷径过线槽（水平）及其他机架附件，组成一个大型的光纤配线架，称之为光纤交连场。光纤交连场为管理光纤布线链路提供一个集成场所，它可以使每一根输入光纤通过两端均有套箍的跨接线连接到另一根输出光纤上。也就是说，交叉连接方式利用光纤跳线（两头有端接好的连接器）实现两根光纤的连接，无须改动在交叉连接模块上已端接好的永久性光缆（如干线光缆），就可以重新安排光纤链路。

### 1. 交连硬件

组成交叉连接和互连的基本器件是光纤互连装置（LIU），它是综合布线中常用的标准光纤连接硬件，具有识别线路用的附有标签的盒子，因此也称为光纤连接盒，其容量范围有 12 根、24 根、48 根光纤之分。当交连的光纤根数不同时，应采用不同型号的光纤互连装置，对应类型有 10A、100A、200A 和 400A。光纤互连装置利用 10A ST 光纤连接器面板来提供 ST 光纤连接器所需的端接能力。如图 9.33 所示是 LIU 实物结构图，该装置用来实现交叉连接和互连的管理功能，还可直接支持带状光缆和束管式光缆的跨接线。

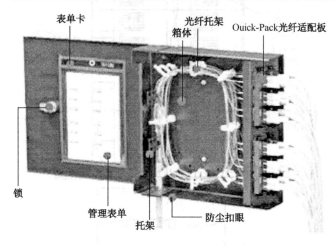

**图 9.33　LIU 实物结构图**

LIU 硬件具体包括以下几个部件。

（1）100A 光纤互连装置（LIU），可完成 12 根光纤端接。该装置宽为 190.5mm（7.5in），长为 222.25mm（8.75in），深为 76.2mm（3.0in）。

（2）10A 光纤连接器面板，可安装 6 个 ST 耦合器。该面板安装在 100A LIU 上开挖的窗口上。

（3）200A 光纤互连装置（LIU），可完成 24 根光纤端接。该装置宽为 190.5mm（7.5in），长为 222.25mm（8.75in），深为 101.6mm（4.0in）。

（4）400A 光纤互连装置（LIU），可容纳 48 根光纤或 24 个交接和 24 个端接。该装置利用 ST 连接器面板来提供 STII 连接器所需的端接能力。该装置高 279.4mm（11in），宽为 42.93mm（1.69in），深为 152.4mm（6in）。

### 2. 光纤交连场

光纤交连场即集中光纤交连（实现数十至数百根光纤交连）的场所，可以使每一根输入的光纤通过两端有套箍的跨接线光缆连接到输出光纤。光纤交连由若干个模块组成，通常每个 LIU 模块允许端接 12 根光纤。如图 9.34 所示是一个二列交连场，它包括 8 个光纤配线箱、8 个光纤适配器面板、8 根跨接线过线槽和 2 根捷径过线槽的光纤交连场。若强调光纤交连场的强度及保护光缆，可改用铝制过线槽，并配有可拆卸盖板以加强对光纤跨接线的机械保护。

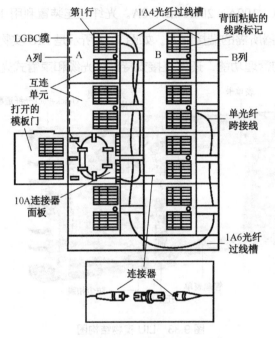

图 9.34　二列交连场

　　一个光纤交连场最多可以扩充到 12 列，每列有 6 个 100A LIU，每列可端接 72 根光纤，因而一个全配置的交连场可容纳 864 根光纤，占用的墙面积可达 3.54m×1.40m（11.61ft×4.59ft）。目前，较新的光纤交连箱多采用刀片形式的 LIU 模块，该种模块将 12 个光纤端接口排成一行，极大地降低了 LIU 模块占用的体积。

　　光纤交连方法比较灵活，尤其是在用户后期管理阶段更能体现其优势，会给计算机网络管理人员在系统维护、用户更改、网络扩容等方面带来很大的便利。但光纤交连模式会使其连接器数目增加一倍，导致综合布线系统的前期成本增加。

## 9.6.2　光纤互连连接

　　当主要需求不是重新安排链路时，可将光纤配线箱组成光纤互连场，使每根输入光纤通过金属套箍直接连接到另一根输出光纤上。与光纤交连场相比，光纤互连场减少了一根光纤跳线，同时也利于链路的管理。

**1. 采用 LIU 模块的互连连接**

光纤配线箱是一种标准光纤交连模块，每个完整的光纤配线箱侧面可安装两个光纤适配板。光纤配线箱的安装模式有单个和组合两种模式。单个模式是把光纤配线箱单个钉在墙上，并在侧面安装相应的光纤适配板，构成小型应用系统。组合模式是把光纤配线箱组成光纤互连场，即将若干个光纤配线箱、相应的光纤适配板、跨接线过线槽（垂直）、捷径过线槽（水平）及其他机架附件组成一个大的光缆配线箱。可能的组合形式如下。

1）单列互连场

若安装单列互连场，可把第一个光纤配线箱放在规定空间的左上角。其他的光纤配线箱顺序放在前一个模块的下方。在这列最下方应增加一个光纤过线槽。如果需要增加列数，每一个新增加列都应先增加一个过线槽，并与第 1 列下方已有的过线槽对齐。

2）多列互连场

当安装的交连场多于一列光纤配线箱时，应把第 1 个光纤配线箱放在规定空间的最下方，而且先给每行配上一个光纤过线槽（把它放在最下方光纤配线箱的底部，且至少应比楼板高出 30.5mm）。

3）光纤配线架

光纤配线架（ODF）是最常用的光纤互连设备之一，主要用于：① 实现光缆的固定、保护和接地功能。② 完成光缆纤芯与尾纤的熔接。③ 提供光路的调配，并提供测试端口。④ 实现冗余光纤及尾纤的存储管理。光纤配线架有多种规格，能满足用户不同容量、不同结构、不同熔纤和不同配线方式的需要。光纤配线架统一采用 48.26cm（19in）标准安装结构，具有与其他设备的兼容性，可用于不同芯数普通光缆、带状光缆与各种规格的光纤活动连接器的连接。

**2. 采用光纤交连箱的互连连接**

光纤配线箱组成光纤互连场，可使每根输入光纤通过金属套箍直接连至输出光纤上。光纤互连场包括若干个模块，每个模块允许 12 根输入光纤与 12 根输出光纤连接起来。如图 9.35 所示表示了一个光纤互连场，其中包括两个 100A（光纤配线箱）、两个 10A 连接器面板和四个光纤 ST/SC 型光纤适配器板。

两种连接方式相比，互连方式的光能量损耗比交叉连接小，这是由于在互连中，光信号仅通过一次连接，而在交叉连接中，光信号要通过两次连接。但交连方式灵活，便于重新安排链路。

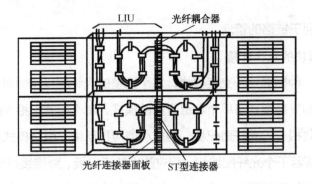

图 9.35　光纤互连场

## 9.6.3　光纤连接的器件

光纤连接器件主要有连接器（如 ST 型、SC 型）、光纤耦合器、光纤连接器面板、托架和光纤跳线等。光纤连接器件的连接关系如图 9.36 所示。其中，ST 型连接器分为用于缓冲光纤的 ST 接线盒（每根光纤只有 2 个部件）和夹套光纤的 ST 接线盒（包括 3 个部件）两种。SC 型连接器有用于缓冲光纤的 SC 复式接线盒（包括 3 个部件）、夹套光纤的 SC 复式接线盒（包括 4 个部件）两种。

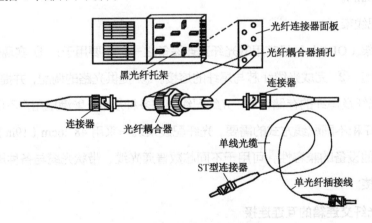

图 9.36　光纤连接器件的连接关系

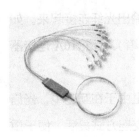

图 9.37　光纤扇出件

在光纤配线箱中，还有一个光纤扇出件，如图 9.37 所示。光纤扇出件通常与某款 LIU 配合使用，使带阵列连接器的光缆容易在端接面板处变换成 12 根单独的光纤。标准光纤扇出件是一个带阵列连接器的带状光缆，它的另一端为 12 根带连接器的光纤。每根光纤都有特别结实的缓冲层，以便在操作时获得更好的保护。标准光纤扇出件的长度为 182.88cm，其中，带状光缆的长度为

121.92cm，12 根彼此分开的单光纤的长度为 60.96cm。所有类型的光纤和连接器均有相应的光纤扇出件。

此外，光纤跳线也是光纤连接的管理硬件中必不可缺的组成部分，主要用于交连场，通过它实现交连场（互连场）内任意两根光纤之间的连接，同时还可以实现不同光纤连接器之间的转换连接。对光纤跳线，除了对光纤模式、光纤直径和连接器类型要求一致以外，对用于多个光纤交连模块间跨接线的单光纤互连光缆还有长度要求（不论是预装连接器，抑或是现场安装连接器）。

## 9.6.4 光纤交连部件的管理与标记

在光缆布线工程中，对光纤交连部件进行管理是应用、维护光缆布线系统重要的手段和方法。例如，工作区中的光缆采用光纤双芯连接器（SC-D，又称为双联连接器）连接到配线子系统，应对连接硬件和适配器有正确标记，保证不同型号的光纤不致互相混淆，发生错接等问题。为了确保双芯光纤布线链路连接极性的正确，光纤双芯连接器宜采用必要的极性标记与定位销，而且这些标记不能代替其他标准要求的标记。

为了便于维护和管理，光纤或光缆连接方式都应使用颜色标记（色码）或标签，以便鉴别各种类型的光纤，建议采用颜色标记来区别单模光纤或多模光纤用的连接器和适配器，采用其他附加颜色标记或标签来区分各种多模光纤的不同型号。

光纤双芯连接器规定的极性应在综合布线系统中始终保持一致，可以采用定位销定位或采取适当的管理方式（例如用标签），或两者都采用。

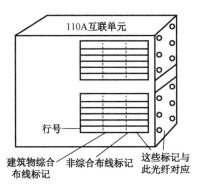

**图 9.38 交连场光纤管理标记**

通常，对于光纤端接场按功能进行管理，可将管理分成两级，即分别标记为 Level 1 和 Level 2。

Level 1 标记用于点到点的光纤连接，即用于互连场。

Level 2 标记用于交连场，标记每一条输入光纤通过单光纤跳线连接到输出光纤。

交连场的每根光纤上都有两种标记：一种是非综合布线系统标记，它标明该光纤所连接的具体终端设备；另一种是综合布线系统标记，它标明该光纤的识别码，如图 9.38 所示。

每根光纤标记应包括两大类信息：① 光纤远端的位置，包括设备位置、交连场、墙或楼层连接器等。② 光纤本身的说明，包括光纤类型、该光纤所在光缆的区间号、离此连接点最近处的光纤颜色等，如图 9.39（a）所示。

除了各个光纤标记提供的信息，每条光缆上还可增加标记以提供该光缆远端的位置及其特殊信息。光缆的特殊信息包括光缆编号、使用的光纤数、备用的光纤数及长度，用两行来描述。例如，第 1 行表示此光缆的远端在 MUS A77 房间。第 2 行表示启用光纤数为 6 根，备用光纤数为 2 根，光缆长度为 357m，如图 9.39（b）所示。

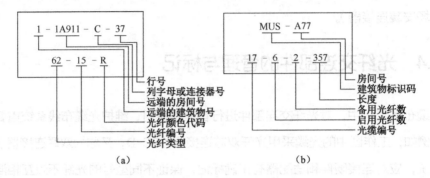

图 9.39　光纤交连部件管理与标记

1. 简述光缆布线系统施工的一般要求。

2. 敷设管道光缆时应注意哪些事项？

3. 管道光缆施工中如何清洗管道和人孔？

4. 室内光缆应如何引上安装及固定？

5. 光纤接续连接技术的特点是什么？

6. 光纤的接续连接主要有哪几种方法？

7. 简述 ST 光纤连接器的组装步骤。

8. 如何进行光纤连接器的端接？

9. 什么是光纤交连场？

10. 光纤收发器的功能是什么？

11. 什么是光纤交连场？

12. 按功能管理光纤端接场标记可分为哪两级？

# 第4单元　布线系统测试与工程验收单元

# 第10章

# 布线系统测试与工程验收

综合布线系统的布线质量直接影响网络的"健康"。众所周知，综合布线是一项隐蔽工程，若出现差错将会带来无法挽回的巨大损失。因此，综合布线工程竣工后，一定要经过严格的布线系统测试，并保证符合 GB/T 50312—2016 所规定指标值的要求，以确保布线系统长期安全可靠运行。

本章介绍网络布线系统测试与工程验收，包括测试标准、测试链路模型、测试参数、电缆布线系统的测试、光纤布线系统的测试及其故障分析与定位，然后介绍布线工程的验收方法。

## 10.1　测试标准与链路模型

网络布线系统的测试是一项技术性很强的工作，它不但可以作为布线工程验收的依据，同时也给工程的业主一份质量保证。通过科学有效的测试，还能及时发现布线故障，分析和处理问题。但综合布线是一个系统工程，需要分析、设计、施工、测试、维护各环节都必须执行的标准，获得全面的质量保障。

### 10.1.1　测试类型及有关标准

布线系统测试是综合布线工程中的一个关键环节，它能够验证综合布线前期工程中的设计和施工的质量水平，为后续的网络调试及工程验收作必要的、定量的准备。

**1. 测试类型**

布线系统的测试可分为验证测试、鉴定测试和认证测试三大类。这三类测试均是对某个综合布线工程所布的缆线进行测试，只是所测试的项目不同。

（1）验证测试是测试电缆的通断、长度及双绞线电缆的接头连接是否正确等。验证测试并不测试电缆的电气性能指标，所以不代表被测缆线以至整个布线工程是否符合标准。

（2）鉴定测试是在验证测试的基础上增加了故障诊断测试和多种类别的电缆测试。

（3）认证测试是根据综合布线系统测试标准进行的测试。它包括鉴定测试的全部内容，测试指标主要为衰减、特征阻抗等。只有通过了认证测试才能保证所安装的缆线可以支持或达到某种相应的质量等级。

**2．测试标准**

布线系统的测试与布线系统的标准紧密相关。对于不同的网络类型和网络缆线，测试标准和所要求的测试参数是不一样的。近年来布线标准发展很快，主要是由于有像千兆位以太网这样的应用需求促使布线系统性能提高，导致了对布线标准的要求提高。

2001 年 3 月通过的 ANSI/TIA/EIA 568-B 标准，集合了 ANSI/TIA/EIA 568-A、TSB-67、TSB 95 等标准的内容，是常用的布线测试标准。该标准对布线系统测试的连接方式重新进行了定义，放弃了原测试标准中的基本链路方式。

2002 年 6 月，ANSI/TIA/EIA 568-B.2-1-2002 铜缆双绞线电缆 6 类线标准正式出台。6类布线系统的测试标准与 5 类布线系统相比在许多方面都有较大的提升，提出了更严格、更全面的测试指标体系，主要体现在以下几个方面。

（1）为保证在 200MHz 时综合 ACR 为正值，6 类布线系统的测试标准对参数 PS ACR（功率和串扰衰减比）、NEXT（近端串扰）、PS NEXT（综合近端串扰）、PS ELFEXT（综合等效远端串扰）、传播时延、时延偏差、Attenuation（衰减）和 Return Loss（回波损耗）等都有具体的要求。因此，真正区分 6 类布线系统最重要的标准就是检验布线系统是否能够达到 6 类标准中对所有参数的要求。

（2）6 类系统标准取消了基本链路模型，采用符合 ISO 标准的信道模型，保证了测试模型的一致性。

（3）6 类系统标准要求采用 4 连接点 100m 的方法进行测试，更符合实际应用时的信道特征。

（4）6 类系统标准要求在 0～250MHz 整个频段上及整个长度上有一致的测试指标。

（5）6 类系统标准要求全线产品都要达到 6 类性能指标要求，包括模块、配线架、跳线和缆线等部件。

（6）6 类系统标准提供了 1～250MHz 频率范围内实验室和现场测试程序两种方式。

（7）6类标准对100Ω平衡双绞线电缆、连接硬件、跳线、信道和永久链路提出了详细的要求。

（8）6类标准还提出了提高电磁兼容性时对缆线和连接硬件的平衡建议。

在国际标准的制定过程中，新版本标准的内容只是在原版本的基础上进行内容补充，而不会对全文进行重新制定。因此，在国家标准GB 50311和GB/T 50312中，综合布线系统的性能指标参照ISO 11801：2008.4国际标准《用户建筑通用布线系统》列出的指标内容；永久链路和CP链路的性能指标则参照了ISO 11801：2010.4国际标准《用户建筑通用布线系统》列出的指标内容。

## 10.1.2　测试链路模型

对综合布线系统进行测试之前首先需要确定被测链路的测试模型。按照《综合布线系统工程验收规范》GB/T 50312—2016标准，各等级的布线系统应按照永久链路性能测试连接模型和信道性能测试连接模型进行测试。

### 1．永久链路性能测试连接模型

永久链路又称固定链路，适合5类以上的即D、E、EA、F、FA级别的布线系统测试，并由永久链路测试方式替代基本链路测试。永久链路性能测试连接模型包括了配线（水平）电缆及相关连接器件，如图10.1所示。其中，$H$表示从信息插座至楼层配线设备（包括集合点）的水平电缆长度，$H \leqslant 90\text{m}$。双绞线电缆两端的连接器件也可以是配线架模块。

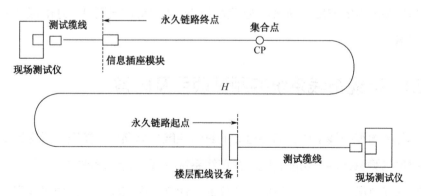

图 10.1　永久链路性能测试连接模型

永久链路测试方式排除了测试线在测试过程本身带来的误差，使测试结果更准确。当测试永久链路时，测试仪表应能自动扣除测试电缆的影响。

### 2. 信道性能测试连接模型

信道性能测试连接模型是在永久链路连接模型的基础上，包括了工作区和电信间的设备电缆和跳线在内的整体通道，如图 10.2 所示。其中，$A$ 表示工作区终端设备电缆长度；$B$ 表示集合点（CP）缆线长度；$C$ 表示配线（水平）缆线长度；$D$ 表示配线设备连接跳线长度；$E$ 表示配线设备到设备连接电缆长度，并且 $B+C \leqslant 90\mathrm{m}$，$A+D+E \leqslant 10\mathrm{m}$，信道总长度不得大于 100m。

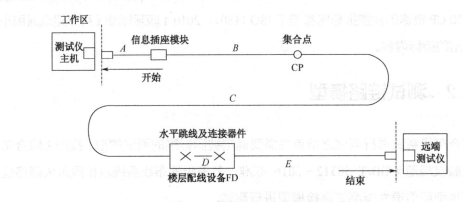

图 10.2　信道性能测试连接模型

## 10.2　电缆布线系统的测试

缆线及相关硬件安装的质量对数据传输起决定性的作用。在综合布线系统工程中，只有对电缆与相关硬件的连接、网络互连设备的连接情况都进行测试，才能保证所建立的通信网络健康运行。

### 10.2.1　电缆布线系统的测试项目及内容

对于实际的电缆布线系统，需要检测的具体性能指标项目应按照工程设计要求和测试仪表能够提供的测试条件与功能确定。在布线系统的现场测试参数方面，要注意测试参数项目是随布线测试所选定的标准不同而变化的。通常，测试项目主要为接线图、链路长度和相关的电气性能指标。

### 1. 接线图

接线图测试的目的是确认链路的连接是否正确。这不是一个简单的逻辑测试，而是要确认链路一端的每一个针与另一端相应针的物理连接是否正确。此外，接线图测试要确认链路电缆中线对是否正确，判断是否有开路、短路、反向、交错和串对等情况。如图 10.3 所示是 RJ-45 端口线序的正确连接。接线图正确的线对组合为 1/2、3/6、5/4、7/8，并分为非屏蔽和屏蔽两类。非 RJ-45 的连接方式应符合产品的连接要求。

常见的错误连接线序一般有以下三种情况。

（1）反向线对，即将同一线对的线序接反，通常是由于在打线时粗心大意造成的，如图 10.4 所示。

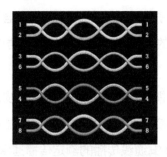

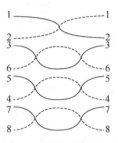

图 10.3　RJ-45 端口线序的正确连接　　　　图 10.4　反向线对

（2）交叉线对（错对），即同一对线在两端针位接反，如一端 1→2，另一端接在 4→5，如图 10.5 所示。出现这种情况最有可能的原因是在施工之初没有确定所使用的线序标准所导致的。例如，一端使用 ANSI/TIA/EIA 568-A 线序标准，而另一端使用了 ANSI/TIA/EIA 568-B 线序标准。

（3）串对（串绕），将原来的两对线分别拆开而又重新组成新的线对，即没有按照标准排列线序，如图 10.6 所示。串对的端对端连通性是好的，但用万用表等工具检查不出来，必须用专用电缆测试仪才能检测出来。

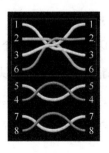

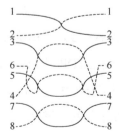

图 10.5　交叉线对（错对）　　　　图 10.6　串对（串绕）

应特别注意，分岔线对是经常出现的接线故障，使用简单的通断仪器不能准确地查出。测试时会显示连接正确，但这种连接会产生极高的串扰，使数据传输产生错误。在 10Base-T 网络中，由于对布线系统的要求较宽松，这种接线故障对网络的整体运行不会产生太大的影响，但在高速网络中，测试仪器（如 Fluke MicroScanner Ⅱ 测试仪）的接线图测试能发现这种错误。保持线对正确绞接是非常重要的，因此应选用知名度较高的品牌测试仪器检测各种接线问题。

### 2. 链路长度

布线链路及信道缆线长度应在测试连接图所要求的极限长度范围之内。每一条链路长度都要记录在管理系统中。

链路长度是指连接电缆的物理长度，常用电子长度测量来估算。所谓电子长度测量是应用时域反射仪（TDR）的测试技术、基于链路的传输时延和电缆的额定传播速率（NVP）而实现的。

时域反射仪（TDR）的工作原理是，TDR 从铜缆线一端发出一个脉冲波，在脉冲波行进时如果碰到阻抗变化，如开路、短路或不正常接线时，就会将部分或全部脉冲波能量反射回来。依据来回脉冲波的延迟时间及已知信号在铜缆线传播的额定传播速率（NVP），TDR 就可以计算出脉冲波接收端到该脉冲波返回点的长度。返回脉冲波的幅度与阻抗变化的程度成正比，因此在阻抗变化大的地方，如开路或短路处，会返回幅度相对较大的回波；而接触不良产生的阻抗变化（阻抗异常）会产生小幅度的回波。

若将电信号在电缆中传输速度与光在真空中传输速度的比值定义为额定传播速率（NVP），则有：

$$NVP = (2 \times L) / (T \times c) ;$$

其中，$L$ 是电缆长度；$T$ 是信号传送与接收之间的时间差；$c$ 是真空状态下的光速（约为 300 000 000m/s）。一般典型的非屏蔽双绞线电缆的 NVP 值为 62%～72%，则电缆长度为：

$$L = NVP \times (T \times c) / 2 ;$$

显然，测量的链路长度是否精确取决于 NVP 值，因此，应该用一个已知长度数据（必须在 15 m 以上）来校正 TDR 的 NVP 值。但 TDR 的精度很难达到 2%以内，同时，同一条电缆的各线对间的 NVP 值也有 4%～6%的差异。另外，双绞线线对的实际长度也比一条电缆自身要长一些。在较长的电缆里运行的脉冲波会变成锯齿形，这也会产生几纳秒的误差。这些都是影响 TDR 测量精度的因素。

TDR 发出的脉冲波宽约 20ns，而传播速率约 3ns/m，因此该脉冲波行至 6m 处时才是脉冲波离开测试仪的时间。这也就是 TDR 在测量长度时的"盲区"，故在测量链路长度时将无法发现这 6m 内可能发生的接线问题（因为还没有回波）。

因此，在处理 NVP 时存在不确定性，一般会导致至少 10%左右的误差。考虑电缆厂商所规定的 NVP 值的最大误差和长度测量的时域反射仪（TDR）误差，测量长度的误差极限为：

　　信道性能测试连接模型：100m+10%×100m=110m；

　　永久链路性能测试连接模型：90m+10%×90m=99m。

也就是说，缆线如果按信道性能测试连接模型测试，那么理论上最大长度不超过 100m，但实际测试长度可达 110m；如果是按永久链路性能测试连接模型测试，那么理论规定最大长度不超过 90m，而实际测试长度最大可达到 99m。另外，TDR 还应该能同时显示各线对的长度。如果只能得到一条电缆的长度结果，并不表示各线对都有同样的长度。

### 3. 国家标准要求的电气性能测试内容

在综合布线系统工程中，双绞线电缆布线系统永久链路和信道测试项目及性能指标按照 GB/T 50312—2016 标准规定执行，其电气性能测试分为 100Ω 双绞线电缆组成的永久链路或 CP 链路的电气性能测试、100Ω 双绞线电缆组成信道的电气性能测试两大类，主要是对衰减、近端串扰（NEXT）、衰减串扰比（ACR）等指标值的测试。

1）永久链路或 CP 链路的电气性能测试内容

在综合布线系统工程中，对于 100Ω 双绞线电缆组成的永久链路或 CP 链路，其电气性能测试内容如下。

（1）回波损耗（RL）值，并且布线的两端均应符合要求。

（2）布线系统永久链路的最大插入损耗（IL）值。

（3）线对之间的近端串扰（NEXT）值，且在布线的两端均应符合 NEXT 值的要求。

（4）近端串扰功率和（PS NEXT）值，且在布线的两端均应符合 PS NEXT 值要求。

（5）线对之间的衰减近端串扰比（ACR-N）值，且在布线的两端均应符合 ACR-N 值要求。

（6）布线系统永久链路的衰减近端串扰比功率和（PS ACR-N）值。

（7）线对之间的衰减远端串扰比（ACR-F）值，且在布线的两端均应符合 ACR-F 值要求。

（8）布线系统永久链路的衰减远端串扰比功率和（PS ACR-F）值。

（9）布线系统永久链路的直流环路电阻。

（10）布线系统永久链路的最大传播时延。

（11）布线系统永久链路的最大传播时延偏差。

（12）外部近端串扰功率和（PS ANEXT）值，且在布线的两端均应符合 PS ANEXT 值要求。

（13）外部近端串扰功率和平均值（PS ANEXTavg），且在布线的两端均应符合 PS

ANEXTavg 值要求。

（14）外部 ACR-F 功率和（PS AACR-F）值，在布线的两端均应符合 PS AACR-F 值要求。

（15）外部 ACR-F 功率和平均值（PS AACR Favg）值，在布线的两端均应符合 PS AACR-Favg 值要求。

2）信道的电气性能测试内容

在综合布线系统工程中，对于双绞线电缆组成的信道，其电气性能测试内容与 $100\Omega$ 双绞线电缆组成的永久链路电气性能测试内容中前 4 条相同；对于 5e 类、6 类和 7 类信道的测试项目与永久链路相同，但测试值不同。

**4．测试指标及记录**

双绞线电缆布线系统永久链路和信道的测试项目及性能指标要符合《综合布线系统工程验收规范》GB/T 50312—2016 附录 B 中的指标要求。

布线系统各项测试结果应有详细记录，并应作为竣工资料的一个重要组成部分。测试记录可采用自制表格、电子表格记录方式或采用仪表自动生成的报告文件等，但表格形式与内容应包含表 10.1 所列内容。

表 10.1 电缆性能指标测试记录表

| 工程名称 | | | 备注 |
|---|---|---|---|
| 工程编号 | | | |
| 测试模型 | 链路（布线系统级别） | | |
| | 信道（布线系统级别） | | |
| 信息点位置 | 地址码 | | |
| | 缆线标识编号 | | |
| | 配线端口标识码 | | |
| 测试记录 | 测试日期、测试环境及工程实施阶段： | | |
| | 测试单位及人员： | | |
| | 测试仪表型号、编号、精度校准情况和制造商、测试连接图、采用的软件版本、测试双绞线电缆及配线模块的详细信息（类型、制造商及相关性能指标）： | | |

## 10.2.2　电缆布线系统的测试方法

根据综合布线系统测试和工程验收，以及现场施工的需要，通常从工程的角度，将电缆布线系统的测试分为电缆的验证测试和认证测试两种方式。

**1．电缆布线系统的验证测试**

验证测试也被称为随工测试，即边施工边测试，主要目的是督察缆线质量和安装工艺。若发现施工质量不符合要求，以便于及时采取措施修改，保证所完成的每一个连接正确无误。因而随工随测十分重要，它能及时发现并纠排除施工中出现的故障。

电缆布线系统的验证测试通常是通过简单的测试手段来判断链路的物理特性是否正确，如电缆有无开路或短路、UTP 电缆的两端是否按照有关规定正确连接、电缆的走向如何等。现场验证测试接线图如图 10.7 所示。由于验证测试是通过简单的测试设备（如电缆测试仪等）来确认链路的通断、长度及接线图等物理性能的，不能对复杂的电气特性进行分析，因此验证测试仅适用于随工检测。也就是说，在布线施工过程中为了确保布线施工质量，及时发现物理故障，可用测试仪进行随工随测。

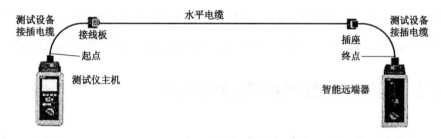

图 10.7　现场验证测试接线图

在进行验证测试时要特别注意的一个特殊错误是串绕。所谓串绕就是将原来的两对线分别拆开而又重新组成新的绕对。串绕会引起很大的近端串扰（NEXT）。

**2．电缆布线系统的认证测试**

认证测试也被称为验收测试，是在工程验收时对布线系统的链路连接性能、电气特性，以及施工质量的全面检验，是评价综合布线工程质量的科学手段。链路的认证测试通常分为连接性能测试与电气性能测试两部分。

1）连接性能测试

连接性能测试确认链路的安装是否符合标准，即测试缆线是否存在物理连接错误，链路的安装是否准确，是否符合标准，是否存在接线开路、短路、反接、错对、缠绕等现象。

2）电气性能测试

电气性能测试主要是检查布线系统中链路的电气性能指标是否符合标准，如衰减、特征阻抗、电阻、近端串扰、串扰衰减比等参数。对于视频传输媒体（同轴电缆及有关的信息端口）的性能测试，可采用场强仪、信号发生器等设备，对各视频信息的信号电平进行测试。

认证测试接线图如图 10.8 所示。认证测试要以测试标准（如 GB/T 50312—2016、ANSI/TIA/EIA 568-A/B、ANSI/TIA/EIA TSB 67 等）为依据，对布线系统的物理性能和电气性能进行严格测试。

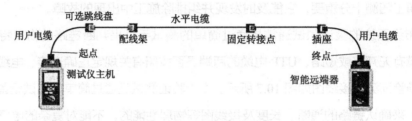

图 10.8　认证测试接线图

需要注意的是，根据综合布线标准的定义，信道不包括与用户电缆相接的连接插头，因此，在图 10.8 中特别指出了信道的起点和终点位置。认证测试往往是在布线工程全部竣工之后，甲乙双方共同参与，由第三方进行的验收性测试，最终要形成认证测试报告。

## 10.2.3　电缆布线链路的连通性测试

对于小型网络或者对传输速率要求不高的布线系统，一般只需进行网络布线的连通性测试即可。通常使用集多种测试功能于一身的网络测试仪器 Fluke MicroScanner Ⅱ 检测电缆线路的线序是否正确，如图 10.9 所示。该测试仪能够识别开路、短路、跨接、串扰或任何错误连接，并且能够迅速定位故障。

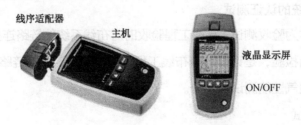

图 10.9　Fluke MicroScanner Ⅱ 测试仪

使用 Fluke MicroScanner Ⅱ 测试仪进行链路连通性测试的具体方法是：将需要测试的双

绞线的一端插入 Fluke MicroScanner Ⅱ 上的 RJ-11/45 端口，另一端插入线序适配器端口。按下 ON/OFF 按钮，打开电源开关。按 MODE 按钮，直至液晶显示屏上显示测试活动指示符。此时，将显示测试结果。测试结果均以数字表示，上面一行数字显示的是线序适配器一端插头处检测到的线路，下面一行显示的是主机一端的实际接线情况。如图 10.10（a）所示为连接正常，链路长度为 55.4m；图 10.10（b）所示为第 4 根线开路，电缆长度为 75.4m；图 10.10（c）所示为线对 4、5 和 3、6 跨接，线位号闪烁表示故障，这可能是由于接错 ANSI/TIA/EIA 568-A 与 ANSI/TIA/EIA 568-B 电缆引起的，当然也可能是专门制作的交叉线，电缆长度为 53.9m，电缆为屏蔽式。

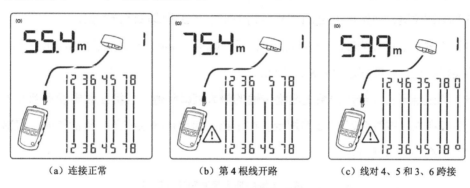

（a）连接正常　　　　　　（b）第 4 根线开路　　　　　（c）线对 4、5 和 3、6 跨接

**图 10.10　电缆链路的测试结果示例**

测试时主要根据接线图来测试和确认链路的连通性，即确认链路导线的线对正确而且不能产生任何串绕。

对于连通性测试，要求所有连接完好的信息点连接的正确性要保证为 100%，必须保证所有信息点无短路现象，即无短路信息点。在所有信息点中，一对线开路的信息点所占的比例不超过 5%，两对线开路的信息点所占的比例不超过 1%。

## 10.2.4　电缆布线链路的电气性能测试

对于规范的网络布线系统，应当对双绞线布线链路作电气性能测试，以保证在连通性完好的同时，能够实现相应布线所能提供的带宽和传输速率。电缆布线链路的电气性能测试主要是对衰减、近端串扰（NEXT）等参数指标的测试。

### 1．衰减测试

衰减是因缆线阻抗（$R$、$L$、$C$）导致信号沿链路传输而产生的能量损失的度量。现场测试设备应能测量出每一线对衰减的最严重情况，并且通过将衰减最大值与衰减允许值比较后，给出合格（PASS）或不合格（FAIL）的结论。

衰减随频率而变化，所以应测量应用范围。例如，测量 5 类非屏蔽双绞线的信道衰减，要从 1~100 MHz 以最大步长为 1MHz 来进行。3 类非屏蔽双绞线测试频率范围是 1~16MHz。4 类非屏蔽双绞线频率测试范围是 1~20MHz。在测量衰减量时，需确定测量是单向进行的，而不是通过测量环路的衰减量再除以 2 而得到的值。

（1）测试对象：5 类联合测试。

（2）测试条件：对 3 类、5 类线及相关产品实现从 1~100MHz 的测试，测试温度为 20~30℃；信息点到电信间距离不能超过 90m。

（3）测试仪器：可选用 Fluke DTX 系列中文数字式缆线认证分析仪。

（4）测试方法：被测线路一端接仪器，另一端接 Loop Back，仪器的显示屏上将显示测试结果或结论，一般显示 PASS 或 FAIL。

（5）测试结果：综合布线系统链路传输的最大衰减限值，包括配线电缆和两端的连接硬件、跳线在内，应符合表 10.2 的规定。在不超过综合布线系统链路传输的最大衰减限值的情况下，视为测试通过。

表 10.2　链路传输的最大衰减限值（D 级）

| 测试频率/MHz | 1.0 | 4.0 | 9.0 | 16.0 | 20.0 | 31.25 | 62.5 | 100.0 |
|---|---|---|---|---|---|---|---|---|
| 衰减值/dB | 2.5 | 4.8 | 7.5 | 9.4 | 9.5 | 13.1 | 18.4 | 23.2 |

## 2. 近端串扰（NEXT）测试

在一条典型的 4 对 UTP 布线链路上测试 NEXT 值时，需要在每一对线之间进行测试，即 1-2/3-6、1-2/4-5、1-2/7-8、3-6/4-5、3-6/7-8、4-5/7-8。近端串扰本身对终接点（配线架、信息插座）处的非对绞金属导线材料非常敏感，对粗劣的安装也非常敏感。例如，在终接点处不对绞的缆线长度最长不能超过 13mm（对 5 类线而言）。因此，对 NEXT 的测试相当重要。

（1）测试对象：5 类产品的联合测试。

（2）测试条件：5 类线及相关产品实现从 1~100MHz 的测试，测试温度为 20~30℃；信息点到电信间距离不超过 90m。

（3）测试结果：在测试仪器上，显示的测试结果不应超过表 10.3 所列数值（注意:表中数值为负数），并给出 PASS 或 FAIL 的测试结论。

表 10.3　多芯双绞线满足的 NEXT 指标值

| 测试频率/MHz | 5 | 10 | 100 |
|---|---|---|---|
| NEXT/dB | ≥28.5 | ≥24.0 | ≥21.5 |

通常产生过量 NEXT 的原因包括：使用了不是绞线的跳线等，没有按规定压接信息模块等，使用了非数据级的连接器等，使用了语音级的电缆等，使用了插座对插座的耦合器。

### 3. Fluke DTX 测试仪使用方法

进行双绞线布线链路性能测试时，常用测试仪器是 Fluke DTX 系列测试仪，分为主机和远端机，如图 10.11 所示。Fluke DTX 系列测试仪有 DTX-LT AP（标准型，350 M 带宽）、

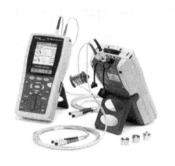

DTX-1200 AP（增强型，350 M 带宽）、DTX-1800 AP（超强型，900 M 带宽，7 类）等几种类型可供选择。Fluke DTX 系列测试仪既可用于基本的连通性测试，也可以进行复杂的电缆电气性能测试，如指定频率范围内的衰减、近端串扰等各种参数的测试，从而确定布线系统能否支持高速网络通信。

对双绞线布线系统进行电气性能测试前，要将 Fluke DTX 测试仪的主机和远端机连接至被测试的布线链路中。需要注意的是，测试不同的链路（例如永久链路或信道）需要

图 10.11　Fluke DTX 测试仪

使用不同模块。测试双绞线配线子系统的水平布线（永久）链路时，Fluke DTX 测试仪的连接如图 10.12（a）所示。若要测试双绞线布线系统的整个信道（包括跳线），Fluke DTX 测试仪的连接如图 10.12（b）所示。具体测试操作步骤如下。

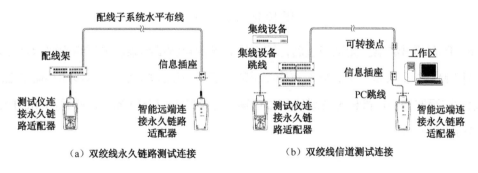

（a）双绞线永久链路测试连接　　　　（b）双绞线信道测试连接

图 10.12　双绞线电气性能测试连接示意图

（1）根据需求确定测试标准是永久链路测试，还是信道测试，是 5e 类测试、6 类测试，还是其他双绞线电缆测试。将测试标准对应的适配器安装在主机和远端机上。例如，选择 TIACAT5E CHANNEL 信道测试标准时，在主机和远端机上安装 DTX-CHA001 信道适配器模块；如果选择 TIACAT5E PERM.LINK 永久链路测试标准，在主机和远端机上安装

DTC-PLA001 永久链路适配器，在末端加装 PM06 个性化模块。

（2）启动 Fluke DTX，并选择中文或英文界面。

（3）选择双绞线、测试类型和标准，设置测试工具 Fluke DTX 的参数。需要注意，如果之前使用过该测试仪，可直接选择使用，否则需按"更多"按钮或者 F1 键进行参数选择。

（4）按下 TEST 键，启动自动测试。将旋钮转至 AUTO TEST 挡位，以测试所选标准的全部参数；或者将旋钮转至 SINGLE TEST 挡位，只测试标准中的某个参数（在此挡位可按"↑"和"↓"键选择将要测试的参数）。按下 TEST 键，即可开始测试，最快 9s 完成一条正确链路的测试。

（5）测试完成后，自动进入如图 10.13 所示的界面，显示测试结果，并提示测试"通过"或者"失败"。按 Enter 键可以查看参数明细；按 F2 键可以返回上一页；按 F3 键可以前进至下一页。按 EXIT 键退出后，按 F3 键可查看内存中的数据存储情况。测试失败时，如需检查故障，可以按 X 键查看具体情况。

图 10.13　测试结果

（6）保存测试结果。测试通过后，按 SAVE 键保存测试结果。测试结果可保存在内部存储器和 MMC 多媒体卡中。当所有要测试的信息点测试完毕后，可将移动存储卡上的测试结果发送至安装在计算机上的缆线测试管理软件（Fluke LinkWare），并输出测试报告，以便进行管理分析。

## 10.3　光纤布线系统的测试

　　由于在光纤布线系统施工过程中涉及光缆的铺设、光缆的弯曲半径、光纤的接续连接、光纤跳线跳接，更由于设计方法及物理布线结构的不同，会导致光纤布线系统上的光信号传输衰减等指标发生变化，因此，需要对光纤布线系统进行全面的测试。

用于测量光纤布线系统性能参数的仪器比较多。根据测试项目的不同，光纤测试仪可分为光功率计、光纤测试光源、光时域反射仪（OTDR）和光损耗测试仪（OLTS）等，如图 10.14 所示。利用这些测试仪器就可完成对光纤布线系统各种性能的测试。

  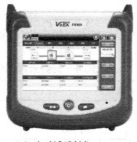 

（a）光功率计　　　　（b）光纤测试光源　　　　（c）光时域反射仪（OTDR）　　（d）光损耗测试仪（OLTS）

**图 10.14　光纤测试仪器**

## 10.3.1　光纤布线系统的测试等级与指标

对于光纤布线系统，光纤链路和信道的测试需要参照国际标准 IEC 61280-4-2J《光纤通信子系统基础测试程序》第 4-2 部分：光缆设备 单模光缆的衰减及 IEC 146763-3《信息技术-用户建筑物布缆的执行与操作》第 3 部分：光纤布缆测试，并遵照 GB/T 50312—2016 规定的测试方法和要求实施。

**1．光纤布线系统的测试等级**

根据工程设计的应用情况，一般要按等级 1 或等级 2 测试模型与方法进行测试。

1）等级 1 测试

（1）测试内容包括光纤链路或信道的衰减、长度与极性。

（2）使用光损耗测试仪（OLTS）测量每条光纤链路的衰减，并计算光纤长度。

2）等级 2 测试

等级 2 测试除包括等级 1 测试要求的内容之外，还包括利用 OTDR 曲线获得信道或链路中各点的衰减、回波损耗值。

ISO11801/TIA568C 2009 及 GB/T50312—2016 指出，数据中心机房高速多模光纤 OM3/OM4 等需要使用 EF 光源进行等级 1 测试。

**2．光纤布线系统测试的主要技术指标**

建筑物内布线系统常使用多模光纤，随着网络应用的发展及与公用通信网络互连互通的需求，单模光纤在满足传输带宽和传输距离的基础上，也越来越凸显优势，并获得广泛应用。因此，在保证网络带宽的情况下，传输衰减成为光纤链路最重要的技术参数。

当对光纤信道或链路的衰减进行测试时，将测试光跳线的衰减值作为设备光缆的衰减参考值。综合布线工程所采用光纤的性能指标及光纤链路和信道指标应符合设计要求，并符合下列规定。

（1）不同类型的光纤在标称波长、每千米的最大衰减值符合光纤衰减限值表10.4规定。

表 10.4   光纤衰减限值/（dB/km）

| 光纤类型 | 多模光纤 | | 单模光纤 | | | | |
|---|---|---|---|---|---|---|---|
| | OM1、OM2、OM3、OM4 | | OS1 | | OS2 | | |
| 波长/nm | 850 | 1 300 | 1 310 | 1 550 | 1 310 | 1 383 | 1 550 |
| 衰减/dB | 3.5 | 1.5 | 1.0 | 1.0 | 0.4 | 0.4 | 0.4 |

（2）光纤信道在规定的传输窗口测量出的最大光纤信道衰减不应大于表10.5规定的数值，该指标应已包括光纤接续点与连接器件的衰减在内。

表 10.5   光纤信道衰减范围

| 类　　别 | 最大信道衰减/dB | | | |
|---|---|---|---|---|
| | 单　　模 | | 多　　模 | |
| | 1 310nm | 1 550nm | 850nm | 1 300nm |
| OF-300 | 1.80 | 1.80 | 2.55 | 1.95 |
| OF-500 | 2.00 | 2.00 | 3.25 | 2.25 |
| OF-2000 | 3.50 | 3.50 | 8.50 | 4.50 |

注：光纤信道包括的所有连接器件的衰减合计不应大于1.5dB。

### 3. 注意事项

通常，光纤链路或信道的测试分为水平和垂直两种干线。典型的水平连接段是从位于工作区的信息插座/连接器到电信间。对于水平连接段来说，在一个波长（850nm或1 300nm）上进行测试就已经足够了。对于垂直干线连接段，通常采用光时域反射计（OTDR）或其他光纤测试仪进行测试，无论是单模（SM）光纤，还是多模（MM）光纤，都要在两个波长（SM在1 310/1 550nm，MM在850/1 300nm）上进行测试，这样可以综合考虑在不同波长上的衰减情况。

测试前应对综合布线系统工程所有的光连接器件进行清洗，并应将测试接收器校准至零位。在施工前进行光器材检测时，应检测光纤的连通性。

在进行光纤链路或信道的各种参数测量之前，必须使光纤与测试仪器之间的连接良好，否则将会影响测试结果。在具体测试中要注意以下几点。

（1）对光纤链路或信道进行连通性、端-端损耗、收发功率和反射损耗四种测试时，要严格区分单模光纤和多模光纤的基本性能指标、基本测试标准和测试仪器或测试配件。

（2）为了保证测试仪器的精度，应选用动态范围为 60dB 或更高的测试仪器。在这一动态范围内，功率测量的精确度通常被称为动态精确度或线性精度。

（3）为使测量结果准确，首先要对测试仪器进行校准。需要注意，即使是经过校准的光功率仪器也大约有 ±5%（0.2dB）的不确定性。其次，为确保光纤中的光有效耦合到光功率仪中，最好是在测试中采用发射电缆和接收电缆（电缆损耗低于 0.5dB）。最后还需让全部光都照射到检测器的接收面上，又不能使检测器过载。

## 10.3.2　光纤布线系统的测试项目

对于光纤布线系统，基本的测试项目包括光纤链路和信道的光学连通性、光功率、光功率损耗，以及光纤的模式带宽（在此省略介绍）等。

### 1．光学连通性测试

光纤布线系统的光学连通性表示光纤通信系统传输光功率的能力。进行光纤布线系统的连通性测试时，通常是在光纤通信系统的一端连接光源，把红色激光、发光二极管或者其他可见光注入光纤；在另一端连接光功率计，并监视光的输出，通过检测到的输出光功率确定光纤通信系统的光学连通性。如果在光纤中有断裂或其他的不连续点，光纤输出端的光功率就会减少，或者没有光输出。当输出端测到的光功率与输入端实际输入的光功率的比值小于一定的数值时，则认为这条链路光学不连通。光功率计和光纤测试光源是进行光纤传输特性测量的常用设备。

### 2．光功率测试

对光纤布线工程最基本的测试是在 EIA 的 FOTP-95 标准中定义的光功率测试，它确定了通过光纤传输信号的强度，是光功率损失测试的基础。测试时把光功率计放在光纤的一端，把光纤测试光源放在光纤的另一端即可进行。

### 3．光功率损耗测试

光功率损耗这一通用于光纤领域的术语代表了光纤通信链路的衰减。衰减是光纤通信链路的一个重要的传输参数，单位是分贝（dB），它表明了光纤通信链路对光能的传输损耗（传导特性），对光纤质量的评定和确定光纤通信系统的中继距离起到决定性的作用。光信号在光纤中传播时，平均光功率沿光纤长度方向成指数规律减少。一根光纤从发送端到接收端之间存在的衰减越大，两者之间可能传输的最大距离就越短。衰减对所有种类的布线系统在传输速度和传输距离上都会产生负面影响。由于在光纤传输中不存在串扰、EMI、RFI等问题，所以光纤传输对衰减的反应特别敏感。

光功率损耗测试实际上就是衰减测试，测试的是光信号在通过光纤后的减弱程度。光功率损耗测试能验证光纤和连接器安装的正确性。

光功率损耗测试的方法类似于光功率测试，只不过是使用一个标有刻度的光纤测试光源产生信号，使用一个光功率计来测量实际到达光纤另一端的信号强度。

测试过程首先应将光源和光功率计分别连接到参照测试光纤的两端，以参照测试光纤作为一个基准，对照它来度量信号在光纤链路上的损耗。在参照测试光纤上测量了光源功率之后，取下光功率计，将参照测试光纤连同光源连接到要测试的光纤的一端，而将光功率计接到另一端。测试完成后将两个测试结果进行比较，就可以计算出实际链路的信号损耗。这种测试能够有效测量在光纤中和参照测试光纤所连接的连接器上的损耗量。

对于配线子系统光纤布线链路的测量仅需在一个波长上进行测试。这是因为由于光纤长度短（小于90m），因波长变化而引起的衰减是不明显的，衰减测试结果小于2.0dB。对于干线光纤链路应以两个操作波长进行测试，即多模干线光纤链路使用850nm和1300nm的波长进行测试，单模干线光纤链路使用1310nm和1550nm的波长进行测量。1550nm的测试能确定光纤是否支持波分复用，还能发现在1310nm的测试中不能发现的由微小的弯曲所导致的损耗。由于在干线光纤链路现场测试中，干线长度和可能的接头数取决于现场条件，因此应使用光纤链路衰减方程式根据ANSI/TIA/EIA 568-B中规定的部件衰减值来确定测试的极限值。

## 10.3.3　光纤信道和链路的测试方法

尽管光纤种类很多，但光纤布线系统传输性能的测试方法基本上是相同的。光纤链路和信道的测试可采用单跳线、双跳线和三跳线测试方法。

### 1. 单跳线测试方法

采用测试仪表厂商提供的一根测试跳纤进行仪表的校准。单跳线测试校准连接方法如图10.15所示。

单跳线信道测试连接方式是使用一根测试仪表厂商提供的带有连接器的测试跳纤，以及工程中安装的光纤适配器、布放的带有连接器的光纤（被测配置光纤）和连接通信设备的设备光纤，组成光纤信道，完成信道测试，如图 10.16 所示。

图 10.15　单跳线测试校准连接方式

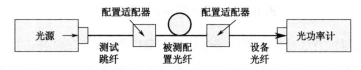

图 10.16　单跳线信道测试连接方式

### 2．双跳线测试方法

采用测试仪表厂商提供的两根测试跳纤和一个光纤适配器进行仪表的校准。双跳线测试校准连接方法如图 10.17 所示。

图 10.17　双跳线测试校准连接方式

双跳线信道测试方法是使用测试仪表厂商提供的两根带有连接器的测试跳纤和一个光纤适配器，及工程中安装的另一个光纤适配器、布放的带有连接器的光纤，组成光纤信道，完成信道测试，其连接方式如图 10.18 所示。

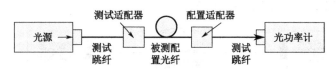

图 10.18　双跳线信道测试连接方式

### 3．三跳线测试方法

采用测试仪表厂商提供的三根测试跳纤和两个光纤适配器进行仪表的校准。三跳线测试校准连接方式如图 10.19 所示。

图 10.19　三跳线测试校准连接方式

三跳线链路测试方式是使用两根测试仪表厂商提供的带有连接器的测试跳纤和两个光

纤适配器,以及工程中布放的带有连接器的光纤(取代了一根校准的测试跳纤),组成光纤链路,完成链路测试。三跳线链路测试连接方式如图 10.20 所示。

图 10.20　三跳线链路测试连接方式

三跳线信道测试方法是使用两根测试仪表厂商提供的带有连接器的测试跳纤,以及工程中布放的带有连接器的光纤(取代了一根校准的测试跳纤)和工程中安装的两个光纤适配器(取代了两个校准的测试适配器),组成光纤信道,完成信道测试。三跳线信道测试连接方式如图 10.21 所示。

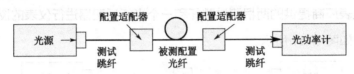

图 10.21　三跳线信道测试连接方式

由此可以看出,三跳线信道测试方法测试了工程中配置的光缆及光纤适配器,更符合工程的实际情况。

### 4. 光纤到用户单元系统光纤链路测试

对于光纤到用户单元系统工程,光纤链路衰减测试连接模型应包括两端的测试仪器所连接的光纤和连接器件,如图 10.22 所示。

图 10.22　光纤链路衰减测试连接方式

在工程检测中,只需要对上述光纤链路采用 1 310nm 波长进行衰减指标测试即可。在整个光纤接入网(范围为 2～5km)工程中,为准确验证 PON 技术的单芯光纤、双向和波分复用的传输特性,光纤链路的下行与上行方向应分别采用 1 550nm 和 1 310nm 波长进行衰减测试。但是在光纤到用户单元系统中,大部分光纤链路只在几百米的范围之内,在保证布线工程质量的前提下,为减少测试工作量,GB/T50312—2016 对光纤链路仅提出了单向(1 310nm 波长)的测试要求,而要求较高的用户可选择双向波长测试。

典型场景下，光缆长度在 5km 以内时，分光比应采用 1：64，最大全程衰减不大于 28dB。GB/T50312-2016 中所指的光纤链路仅体现了无源光网络中光纤链路终端（OLT）至光网络终端（ONU）全程光纤链路中的一段，即用户接入点用户侧光纤连接器件通过用户光缆至用户单元信息配线箱的光纤连接器件。一般情况下，用户光缆的长度范围为 300～500m。

光纤链路中，光纤熔接接头数量一般为 3 个，即用户光缆光纤两端带有尾纤的连接器 2 个，用户光缆路由中分纤箱处的 1 个用户光缆光纤接续点。如果存在室外用户光缆需引入建筑物的情况，在进线间入口设施部位还会出现 1 个光纤熔接点。需要注意，在光纤到用户单元系统中，光纤接续与终接处推荐采用熔接的方式，机械（冷接）的连接方式只在维护检修时才有可能被使用。

### 5. 光纤性能测试记录

同电缆布线系统一样，对光纤布线系统的各项性能测试也要有详细记录，并应作为竣工资料的一部分进行存档。测试记录可采用自制表格、电子表格或仪表自动生成的报告文件等方式记录，但表格形式与内容应包含表 10.6 所列栏目内容。

**表 10.6　光纤性能指标测试记录表**

| 工程名称 | | | 备注 |
|---|---|---|---|
| 工程编号 | | | |
| 测试模型 | 链路（布线系统级别） | | |
| | 信道（布线系统级别） | | |
| 信息点位置 | 地址码 | | |
| | 缆线标识编号 | | |
| | 配线端口标识码 | | |
| 测试指标项目 | 光纤类型 | 测试方法 | 是否通过测试 | 处理情况 |
| | | | | |
| | | | | |
| 测试记录 | 测试日期及工程实施阶段： | | |
| | 测试单位及人员： | | |
| | 测试仪表型号、编号、精度校准情况和制造商、测试连接图、采用的软件版本、测试光缆及适配器的详细信息（类型、制造商及相关性能指标）： | | |

## 10.3.4 光纤链路测试示例

利用 Fluke DTX 测试仪不仅可以检测双绞线布线系统的电气性能，还可以测试光纤链路或信道的连通性，以及光纤链路的性能。当使用 Fluke DTX 测试仪测试光纤链路时，必须配置光纤链路测试模块，并根据光纤链路的类型选择单模或多模模块。利用 Fluke DTX 测试光纤链路性能的方法和步骤如下。

（1）在对光纤链路测试之前，先按照说明书正确安装光纤链路测试模块，如图 10.23（a）所示，然后开启 Fluke DTX 电源，将旋钮转至 Setup 位置，选择"光纤类型"选项，接着按 Enter 键，即可查看需要设置的选择项，如图 10.23（b）所示，其中包括光纤类型、测试极限值和智能远端设置等选项，按照默认顺序依次进行设置即可。

（a）光纤链路测试模块　　　　　　　（b）"光纤类型"选项

**图 10.23　利用 Fluke DTX 测试光纤链路性能**

（2）选择"光纤类型"之后按 Enter 键，选择"通用"光纤类型，然后再选择对应的光纤型号，也可以根据制造商的不同，选择相应的光纤类型，一般选择"通用"即可。

（3）选择"通用"后按 Enter 键，进入详细的光纤类型选择界面，如图 10.24 所示。其中包括了各种分类标准所产生的分类结果。

（4）使用上下移动键可以选择不同的选项，最后按下 Enter 键，即可确认保存，选择返回光纤设置界面。

（5）通过上下移动方向键选中"测试极限值"选项，按 Enter 键，打开如图 10.25 所示界面，这里默认显示的是 DTX 测试仪自动保存的最近使用的测试极限值，按照保存时间的先后依次排序。如果对同一任务进行反复测试，则可省去重新设置的步骤，以提高工作效率。

图 10.24 选择对应的光纤类型　　图 10.25 最近使用的测试极限值

（6）将旋钮转至 SPECIAL FUNCTIONS（特殊参数）位置，此时会显示在此需要设置的"设置基准"界面，其他选项均可保持默认状态。

（7）选择设置基准后按 Enter 键，打开设置基准的界面。在设置过程中会弹出详细的提示信息帮助用户完成每一步操作，因此，即便用户对 DTX 测试仪不熟悉也能很快学会如何使用。从该界面中的提示信息可以看到，当前的 DTX 测试仪所安装的光纤测试模块，可以在"链路接口适配器"下面选择"光纤模块"。如果既安装了光纤模块，又连接了双绞线适配器，为了保证测试任务的顺利完成，应当确认被选择的是"光纤模块"。

（8）按 Enter 键，在打开的设置基准界面中可显示出用于所选测试方法的基准连接，清洁测试仪上的连接器及跳线，连接测试仪及智能远端，然后按 TEST 键。

（9）完成参照设置后，DTX 会以两种波长显示选择信息，并且同时显示选择的测试方法、参照日期和具体时间。

（10）清洁光纤布线系统中的待测连接器，然后将跳线连接至布线系统。DTX 测试仪将显示用于所选测试方法的连接方式，以便进行更精确的测试。

（11）按下 F2（确定）键，保存所做的设置，即可开始光纤的自动测试。

（12）将旋钮转至 AUTO TEST 挡位。确认介质类型设置为光纤，如果需要切换，按 F1 键切换即可实现。

（13）按下 DTX 测试仪或者智能远端的 TEST 键，即可开始测试。按下 EXIT 键，可取消测试。

（14）测试完成之后即可显示测试结果，从中可以查看详细的测试结果，包括输入光纤和输出光纤的损耗及长度。

（15）选择某项摘要信息后，按 Enter 键即可进入查看其详细结果的界面。

（16）根据提示信息，按 SAVE 键保存测试结果。一般应在查看每项测试结果之前进行保存，以免误操作导致数据信息丢失。

# 10.4 布线系统故障分析与诊断

综合布线系统是随着智能建筑的发展而发展起来的，随着智能建筑的普及，网络用户日益增加，布线系统故障带来的问题也越显突出。因此，为保障智能建筑通信网络的稳定运行，准确排查各种故障原因，迅速定位故障点，对于网络通信系统的正常运行具有重要的意义。即便在布线工程的测试验收阶段，也难免会遇到不同的布线故障，或遇到有关性能指标不达标的现象，需要查明故障原因，及时排除，确保布线系统性能指标符合要求，顺利通过测试验收，交付用户使用。

## 10.4.1 电缆布线故障分析与诊断

布线系统测试的目的不是为了判断哪条布线链路不合格，而是通过测试技术手段认证布线链路能全部达到标准要求。无论是对于综合布线系统的验收测试，还是维护测试，重要的是利用测试仪对电缆电气性能故障进行精确的分析与定位，为排除故障提供可靠依据。

### 1. 布线故障的类型

布线故障有很多种，概括起来可以将其分为物理故障（也可称为连接故障）和电气性能故障两大类。

#### 1）物理故障

物理故障主要是指由于主观原因引起的可以直接观察到的故障。多数物理故障是由于布线施工工艺或对电缆的意外损伤所造成的。例如在布线施工中，负责布线施工的人员可能因为用力过大或不正确的布线方法，或因金属管/线槽边沿锋刃将缆线全部或部分割断，从而造成缆线开路，使缆线不能连续。常见的物理故障有如下几种。

（1）开路、短路：在布线施工时，因安装工具或接线技巧，以及墙内穿线技术等问题，所产生的故障。

（2）反接：同一对线在两端针位接反，如一端为1—2，另一端为2—1。

（3）错对：将一对线接到另一端的另一对线上，比如一端是1—2，另一端接在4—5针上。

（4）串绕：是指将原来的两对线分别拆开而又重新组成新的线对。由于串绕使相关的线对没有扭结，信号在线对间通过时会产生很高的近端串扰（NEXT）。

2）电气性能故障

电气性能故障主要是指布线链路的电气性能指标未达到布线标准要求，即电缆在信号传输过程中达不到设计要求。影响电气性能的因素除电缆材料本身质量之外，还包括布线施工过程中电缆的过度弯曲、捆绑太紧、过力拉伸和过度靠近干扰源等，如近端串扰、衰减、回波损耗等。

**2．布线故障的分析定位**

当某个布线链路发生故障而不能达到布线标准要求时，应能有效地进行故障分析，迅速定位故障点。针对电缆布线链路测试中常见故障，可以利用高精度时域反射（HDTDR）测试技术、高精度时域串扰分析（HDTDX）定位测试技术，进行故障的分析判断和定位。

1）高精度时域反射测试

为了对有阻抗变化的故障，如开路、短路、超长等物理故障进行精确定位，通常运用具有高精度时域反射（HDTDR）技术的设备进行测试。该技术通过在被测线对中发送测试信号，同时监测信号在该线对的反射相位和强度来确定故障类型。当信号在电缆中传输时，如果遇到一个阻抗突变，部分或所有的信号会被反射回来。反射信号的时延、大小及极性表明了电缆中特征阻抗不连续的位置和性质，据此可以精确定位故障。HDTDR 图形的水平坐标表示电缆长度，垂直坐标代表反射信号相对原信号的百分比。利用 HDTDR 可以测试电缆长度，定位由于开路、短路、连接不良和电缆不匹配连接等引起的阻抗异常点。例如，对一回波损耗不合格的布线链路进行故障分析定位，结果如图 10.26 所示，可以看出故障点在布线链路 1.8m 处。

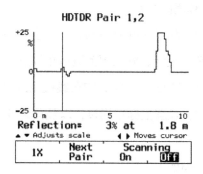

图 10.26　HDTDR 故障点分析定位

2）高精度时域串扰分析（HDTDX）技术

为了对各种导致串扰的故障进行精确分析与定位，可采用高精度时域串扰分析（HDTDX）技术。以往对近端串扰的测试仅能提供串扰发生的频域结果，即只能知道串扰发生在那个频点（MHz），并不能报告串扰发生的物理位置，这样的结果远远不能满足现场解决串扰故障的需求。HDTDX 技术通过在一个线对上发送测试信号，在时域上测试相邻线对的串扰信号。由于是在时域进行测试，因此，根据串扰发生的时间及信号的传输速度，可以精确地定位串扰发生的物理位置。这是目前对近端串扰进行精确定位并且不存在测试死区的常用技术。

HDTDX 的分析图能显示被测试电缆的所有串扰源的幅度与位置。图形的水平坐标表示被测电缆的位置，垂直坐标表示被测串扰的幅度。由于电缆的衰减，距测试仪较远地方的串扰峰值会显得很小，测试仪能够自动进行补偿并显示。这样就可以通过比较串扰峰值的相对幅度来判定最大的串扰源。例如，在某工程验收测试时发现，链路中的两个点 NEXT 不合格，结果如图 10.27 所示，利用 HDTDX 进行故障定位分析，发现这两点分别在链路中 2.0m 和 7.5m 处。经现场检查发现，是由于在这两处安装模块时双绞线开绞过多造成的。

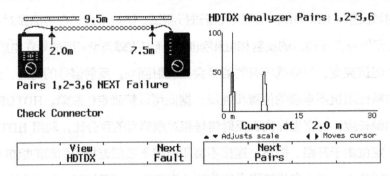

图 10.27　HDTDX 串扰故障的分析与定位

### 3. 常见布线链路故障及其原因分析

在众多的布线链路故障中，除了一部分是因元件质量问题引起的，绝大部分是由于人为因素造成的。因此，严格遵循设计、施工规范进行布线施工是确保综合布线系统质量的根本。对 UTP 电缆布线链路进行测试时，常见的布线链路故障主要有近端串扰未通过、衰减指标未通过、接线图未通过、长度指标未通过，以及测试仪问题等。

1）近端串扰未通过

近端串扰未通过的可能原因如下。

（1）近端连接点有问题。

（2）远端连接点短路。

（3）串对。

（4）外部噪声。

（5）链路缆线和接插件性能有问题，或不是同一类产品。

（6）缆线的端接质量有问题。

2）衰减指标未通过

衰减指标未通过的可能原因如下。

（1）长度过长。

（2）温度过高。

（3）连接点有问题。

（4）链路缆线和接插件性能有问题，或不是同一类产品。

（5）缆线的端接质量有问题。

3）接线图未通过

接线图未通过的可能原因如下。

（1）两端的接头断路、短路、交叉、破裂开路。

（2）跨接错误（某些网络需要发送端和接收端跨接，当为这些网络构建测试链路时，由于设备线路的跨接，测试接线图会出现交叉）。

4）长度指标未通过

长度指标未通过的可能原因如下。

（1）NVP设置不正确（可用已知的好缆线确定并重新校准NVP）。

（2）实际长度过长。

（3）开路或短路。

（4）设备连线及跨接线的总长度过长。

5）测试仪问题

测试仪出现问题的可能原因如下。

（1）测试仪不启动（检查、更换电池或充电）。

（2）测试仪不能工作或不能进行远端校准（应确保两台测试仪都能启动，并有足够的电池电量或更换测试线）。

（3）测试仪设置为不正确的电缆类型（应重新设置测试仪的参数、类别、阻抗及标称的传输速率）。

（4）测试仪设置为不正确的链路结构（按要求重新设置为永久链路或信道链路）。

（5）测试仪不能储存自动测试结果（确认所选的测试结果名字是唯一的，或检查可用内存的容量）。

（6）测试仪不能打印储存的自动测试结果（应确定打印机和测试仪的接口参数设置为相同，或确认测试结果已被选为打印输出）。

在综合布线施工过程中，要及时使用电缆测试仪做电缆的验证测试，发现问题随时纠正，保证每一个连接正确无误，以便为布线工程的合格验收奠定良好基础。

## 10.4.2　常见光缆线路故障及其检测

随着 WDM（波分复用）技术的广泛应用，光纤传输容量和传输速率越来越大，作为通信网络的基础设施，保证光缆线路的安全性，对整个通信网络至关重要。因此，分析研究故障产生的原因，积极做好光缆线路的防护，及时准确查找故障点，并组织抢修，是保证通信网络中传输设备安全、稳定、可靠运行的重要工作之一。

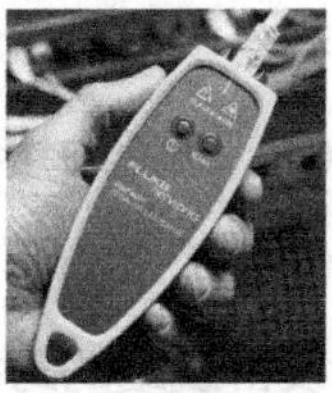

**1. 光缆线路故障原因分析**

一般情况下，常用光纤故障定位仪查找光缆线路故障。光纤故障定位仪是一种可以识别光纤链路故障的设备，如图 10.28 所示，它可以从视觉上识别出光纤链路的断开或光纤断裂。

**图 10.28　光纤故障定位仪**

1）接头

由于光纤接续处完全失去了原有光缆结构对其强有力的保护，仅靠接续盒进行补充保护，易发生故障。如接续质量较差或接续盒内进水，也会给光纤的使用寿命和接头损耗造成影响。

2）外力

光缆线路大多敷设在室外，直埋光缆埋设深度要求是 1.2m，因此，机械施工、鼠咬、农业活动、人为破坏等都会对光缆线路安全构成威胁。据资料统计显示，除接续故障外，外力造成的故障占 90%以上。

3）绝缘不良

光缆绝缘不良将导致光缆、接续盒在受潮或渗水后，因腐蚀、静态疲劳易使光缆强度降低，甚至断裂，并且 OH、过渡金属离子等也会使吸收损耗增大、涂覆层剥离强度降低。此外，光缆对地绝缘不良，也会使光缆的防雷、防蚀、防强电能力降低。

4）雷电

光纤虽然可免受电流冲击，但光缆的铠装元件都是金属导体，当电力线接近短路和雷击金属件时会感应出交流电浪涌电流，可能会导致线路设备受损或人员伤亡。

5）强电

当光缆与高压电缆悬挂在同一铁塔，并处于高压电场环境中时，会对光缆造成电腐蚀。表10.7列出了光缆线路常见故障现象及其产生原因。

表10.7　光缆线路常见故障现象及其产生原因

| 故障现象 | 故障产生原因 |
| --- | --- |
| 光纤接续损耗增大 | 保护管安装有问题或接续盒渗水 |
| 光纤衰减曲线出现台阶 | 光缆受机械力作用，部分光纤断，但并未完全断开 |
| 某根光纤出现衰减台阶或断纤 | 光缆受外力影响或光缆制造工艺不当 |
| 接续点衰减台阶水平拉长 | 接续点附近出现断纤 |
| 通信全部中断 | 光缆受外力影响或挖断、炸断或塌方拉断，或供电系统中断 |

### 2．光缆线路的防护

光缆线路防护工作的基本要求是保持设备完整，保证传输性能良好。一旦发生故障，应能及时快速排除。

1）日常技术维护

日常技术维护是光缆防护的基础工作，包括根据质量标准，定期按计划维护，使设备处于良好状态，并掌握好维护工作的主要项目和周期。加大护线宣传力度，多方位、深层次地进行宣传教育，使广大群众都清楚地意识到护线的重要性，并将保护光缆作为一种自觉自愿行为。

光缆线路的技术维护主要对光缆进行定期测试，包括光缆线路的性能测试和金属外护套对地绝缘测试。

2）光缆线路的防雷

光缆加强芯和金属铠装层容易受雷电影响。光缆的防雷首先应注重光缆线路的防雷，其次要防止光缆将雷电引入机房。光缆线路可采取以下防雷措施。

（1）采取外加防雷措施，如布防雷线（排流线）。

（2）当光缆与建筑物等其他物体较近时，可采用消弧线保护光缆。为防止光缆把雷电引入机房，用横截面积 $25 \sim 35 \text{mm}^2$ 的多股铜线将光缆加强芯接地，并做好加强芯与设备机架和DDF（数字式配线架）机架的绝缘。

3）光缆线路的防蚀

直埋式长途光缆线路，由于所经地方的地理环境易受周围介质的电化学作用影响，使金属护套及金属防潮层发生腐蚀而影响光缆的使用寿命。对光缆线路一般应采用以下防蚀措施。

（1）改进金属护套及金属防潮层的结构和材料，采用防水性能良好的防蚀覆盖层。

（2）采用新型的防蚀管道。

4）技术防护

有铜线的光缆线路，其防护强电影响的措施与电缆通信线路基本相同。对只有金属加强芯而无铜线的光缆线路，一般应采取以下防护措施。

（1）在光缆的接头上，两端光缆的金属加强件、金属护套不做电气连通，以缩短电磁感应电动势的积累段长度，减少强电的影响。

（2）在交流电和铁路附近进行光缆施工或检修作业时，应将光缆中的金属加强件做临时接地，以保证人身安全。

（3）在发电厂、变电站附近，不要将光缆的金属加强件接地，以避免将高电位引入光缆。

（4）当光缆经过高压电场环境时，合理选用光缆护套材料及防振鞭材料，以防电腐蚀。

### 3. 光缆线路故障检测

光缆线路一旦发生故障，最直接和最主要的表现就是整个线路损耗增大。通过测量光纤链路衰减，可判断故障点及故障性质。

在实际工程施工维护中，一般多采用后向散射法来测量光纤损耗。首先将大功率的窄脉冲注入被测光纤，然后在同一端检测光纤后向散射光功率。由于光纤的主要散射是瑞利散射，因此测量光纤后向瑞利散射光功率就可以获得光沿光纤的衰减和其他信息，通常采用光时域反射仪（OTDR）进行测量。OTDR 采用取样积分仪和光脉冲激励原理，对光纤中传输的光信号进行取样分析，可以判断出光纤的接续点和损耗变化点。

1）OTDR 的参数设置

使用 OTDR 时，应注意设置以下参数。

（1）脉冲宽度。脉冲宽度是每次取样中激光器打开的时间长度，其数值由选定的激光器决定。脉冲宽度也取决于当前最大测量距离的设定，通常这两个参数相互关联。窄脉冲可测试较短的光纤，测试精度较高；宽脉冲可以低分辨率测试较长的光纤。

（2）最大范围。最大范围是指 OTDR 所能测试的最大距离，其设定值至少应与被测光纤一样长，通常应为被测光纤长度的 1.5 倍以上。

（3）平均化次数（时间）。较高的平均化次数会产生较好的信噪比，但所需时间较长，而较低的平均化次数会缩短平均化时间，噪声也更大。

（4）折射率。折射率的设定与光纤纤芯的折射率一致，否则将引起测量距离的误差。测量时的折射率设定值应由光纤制造厂家提供。

2）OTDR 使用注意事项

利用 OTDR 进行故障精确定位时，测试精度与操作人员对线路熟悉程度及 OTDR 操作熟练程度有很大关系。一般应注意以下几个方面。

（1）距离的精确定位。若测某点至测试仪表的距离，只需将任意一个光标精确定位后便可读出距离值；若测定整个曲线内某一段的长度，则两个光标都应正确定位，以两光标之间的距离为准；若确定一个非反射性接头的位置时，应将光标定位于曲线斜率改变处。对于脉冲反射处的正确定位，幅度大于 3dB 的未削波脉冲反射，可将光标调到反射波前沿比峰值低 1.5dB 的位置，幅度小于或等于 3dB 的未削波脉冲反射，可将光标调至其前沿峰值一半以上的位置。无论是非反射接头，还是反射接头，在精确定位时都应当尽可能地将曲线进行放大，以便精确检测光纤。

（2）OTDR 的盲区。光纤的测试盲区分为事件盲区和衰减盲区。在测量中，OTDR 的盲区随脉冲宽度的增加而增加。为提高测试精度，在进行短距离测试时，应采用窄脉冲；在进行长距离测试时，应采用宽脉冲，以减少盲区对测量精度的影响。

（3）测试中的"增益"现象。由于接续的两根光纤具有不同的模场直径或后向散射光功率，当第二根光纤的后向散射光功率高于第一根光纤时，OTDR 波形会显示出第二根光纤有更大的信号电平，接头好像有功率增益。当从另一方向测量同一接头时，所显示的损耗将大于实际损耗，所以只能将两个方向的测量结果平均才能得到真实的接续损耗值。

（4）测试精度。提高测试精度主要是对不同的光缆线路采取不同的设置方法。首先应正确设定被测光纤的折射率和估计长度。其次用宽脉冲粗测光纤长度，当光纤长度基本明确后，调整脉宽和测试量程，使量程为测试长度的 1.5 ~ 2 倍，脉宽小于事件盲区，这时的测试精度最高。

光缆的维护对光网络的可靠运行十分重要。在已开通的光网络中，光缆的维护和监测应该是在不中断通信的前提下进行的。一般采用通过监测空闲光纤的方式来检测在用光纤的状态，更有效的方式是直接监测正在通信的光纤。在施工和维护中，如何降低成本，节省劳动力和时间，推广先进的施工方法，完善光缆通信网络的自动监测维护系统，提高光缆通信网络的不中断维护水平已是众心所望。

### 4. 光纤端接面的故障检测

灰尘及其他的污染是光纤布线链路面临的主要问题，特别是对高速通信网络而言。千兆位以太网标准规定对光纤布线链路损耗的余量只有 2.38dB，很小的污染物就可以造成严重的影响。检查连接器的洁净度及使用防尘盖（套）可以有效地保护连接器不受污染。

图 10.29 用视频放大镜检查
光纤端接面

检查光纤端接面最有效的方法是使用视频放大镜。视频放大镜可以直接插入配线架及设备的接口,如图 10.29 所示。由于不必在配线架背板上拆开适配器进行检查,以及检查后再重新连接,从而可以节省大量时间。视频放大镜提供 400 倍的放大能力及各种类型的光纤连接器探头,包括微型连接器(SFF),同时还可避免由于工作中存在的红外光源可能对眼睛造成的损伤。与传统方法相比,用这种方式检查端接面可以节省大约 90%的时间。也就是说,6 个连接器用 6min 就可检测完毕,而用传统方法需要 60min。

视频放大镜也可以安全地用于处于工作状态的光缆。例如,如果一个 100Base-FX 24 口交换机的某一个端口有故障,就可使用视频放大镜直接检测端口的洁净度,即使交换机在开机及其他端口都在工作的情况下也可以检测到。这类情况可以直接确定故障,只要不断电,也并不会影响交换机其他端口的正常工作。

# 10.5 综合布线工程验收

综合布线工程的验收是一项系统性的工作,它不仅包含利用各类测试仪进行的现场认证测试,同时还包括对施工环境,设备质量及安装工艺,电缆、光缆在建筑物内及建筑物之间的布放工艺,缆线终接,竣工技术文件等众多项目的检查验收。验收依据为《综合布线系统工程验收规范》GB/T 50312—2016。综合布线工程验收工作实际上是贯穿于整个施工过程的,而不只是布线工程竣工后的工程电气性能测试及验收。

## 10.5.1 综合布线工程的验收方式

在进行综合布线工程验收时,认证测试实际上是对整个施工过程的最后检验。对于用户来说,要想保证综合布线工程质量,必须对综合布线系统工程进行验收。由于布线施工单位与用户所处的角度不同,理想的情况是选择第三方布线认证测试机构进行认证测试,这对用户和施工单位来说也都是公正的。布线认证测试机构不仅能提供专业的认证测试仪器及专业测试人员,而且能提供完整的认证测试文档报告,有利于以后用户对网络的维护管理。但在实际认证测试过程中,由于诸多客观原因,多数由用户与施工单位双方进行认证测试。

综合布线系统施工、测试和试运行一段时间后要进行工程验收。一般综合布线系统工程采取三级验收方式。

（1）自检自验：由施工单位自检、自验，发现问题及时改进与完善。

（2）现场验收：由施工单位和建设单位联合验收，并作为工程结算的根据。

（3）鉴定验收：上述两项验收后，乙方提出正式报告作为竣工报告，由甲乙双方共同呈报上级主管部门或委托专业验收机构进行工程鉴定。

对网络综合布线系统工程验收是施工方向用户方移交工程的正式手续之一，也是用户对工程的认可。网络综合布线工程的验收项目可分为施工前检查、随工检验、隐蔽工程签证，以及竣工检验等几部分，并给出相应的验收结果，见表10.8。

表 10.8　网络综合布线工程验收项目

| 阶　　段 | 验收项目 | 验收内容 | 验收方式 | 结　　果 |
|---|---|---|---|---|
| 施工前检查 | 1. 环境要求 | ① 土建施工情况：地面、墙面、电源插座及接地情况 | 施工前检查 | |
| | | ② 土建工艺：机房面积 | | |
| | 2. 器材检验 | ① 外观 | 施工前检查 | |
| | | ② 型号、规格、数量 | | |
| | | ③ 电缆电气性能测试 | | |
| | | ④ 光纤特性测试 | | |
| | 3. 安全、防火要求 | ① 消防器材 | 施工前检查 | |
| | | ② 危险物的存放 | | |
| 设备安装 | 1. 设备机柜 | ① 规格、外观 | 随工检验 | |
| | | ② 安装垂直度、水平度 | | |
| | | ③ 油漆不得脱落，标志完整齐全 | | |
| | | ④ 螺丝紧固 | | |
| | | ⑤ 抗震措施和加固 | | |
| | | ⑥ 接地措施 | | |
| | 2. 配线部件及 8 位模块式信息插座 | ① 规格、位置、质量 | 随工检验 | |
| | | ② 螺丝紧固 | | |
| | | ③ 标志齐全 | | |
| | | ④ 安装工艺 | | |
| | | ⑤ 屏蔽层可靠连接 | | |
| 楼内电缆、光缆布放 | 1. 电缆桥架及线槽布放 | ① 安装位置 | 随工检验 | |
| | | ② 安装工艺 | | |
| | | ③ 缆线布放工艺 | | |
| | | ④ 接地 | | |
| | 2. 缆线暗敷 | ① 缆线规格、路由、位置 | 隐蔽工程签证 | |
| | | ② 缆线布放工艺 | | |
| | | ③ 接地 | | |

| 阶 段 | 验收项目 | 验收内容 | 验收方式 | 结 果 |
|---|---|---|---|---|
| 楼外电缆、光缆布放 | 1. 架空缆线 | ① 吊线规格、架设位置、装设规格 | 随工检验 | |
| | | ② 吊线垂度，卡、挂间隔 | | |
| | | ③ 缆线规格 | | |
| | | ④ 缆线的引入 | | |
| | 2. 管道缆线 | ① 缆线规格 | 隐蔽工程签证 | |
| | | ② 缆线走向 | | |
| | | ③ 缆线防护措施 | | |
| | 3. 直埋式缆线 | ① 缆线规格 | | |
| | | ② 敷设位置、深度 | | |
| | | ③ 缆线防护措施 | | |
| | | ④ 回填土夯实质量 | | |
| | 4. 其他 | ① 通信线路与其他设施的间距 | | |
| | | ② 进线室安装、施工质量 | | |
| 缆线终接 | 1. 8位模块式信息插座 | 符合工艺要求 | 随工检验 | |
| | 2. 配线部件 | 符合工艺要求 | | |
| | 3. 光纤插座 | 符合工艺要求 | | |
| | 4. 各类跳线 | 符合工艺要求 | | |
| 系统测试 | 1. 电缆传输信道性能 | ① 连接图 | 竣工检验 | |
| | | ② 长度 | | |
| | | ③ 衰减 | | |
| | | ④ 近端串扰（两端都应测试） | | |
| | | ⑤ 设计中特殊规定的测试内容 | | |
| | 2. 光纤传输信道性能 | ① 衰减 | | |
| | | ② 长度 | | |
| 工程总验收 | 1. 竣工技术文件 | 清点、交接各种技术文档 | 竣工检验 | |
| | 2. 工程验收评价 | 考核工程质量，确认验收结果 | | |

## 10.5.2  布线工程验收组织准备

综合布线工程竣工后，施工单位应在计划验收前10日通知验收机构，同时送交一套完整的竣工报告，并将竣工技术资料一式三份交给建设单位。竣工技术资料包括布线工程说明、布线工程量、设备器材明细表、随工测试记录、竣工图纸和隐蔽工程记录等。

联合验收之前要成立综合布线工程验收的组织机构，如专业验收小组，全面负责对综合布线系统工程的验收工作。专业验收小组由施工单位和用户或其他外聘单位联合组成，成员为5~7人，一般由专业技术人员组成，须持证上岗。

一般，验收工作分为布线工程现场（物理）验收和文档验收两部分。

## 10.5.3 布线工程现场（物理）验收

作为网络综合布线系统，在物理上有以下几个主要验收点。

### 1．工作区验收

对于众多的工作区不可能逐一验收，通常是由甲方抽样挑选工作区进行。验收的重点如下。

（1）线槽走向，布线是否美观大方，是否符合规范。

（2）信息插座是否按规范进行安装。

（3）信息插座安装是否做到一样高、平、牢固。

（4）信息面板是否固定牢靠。

### 2．配线子系统验收

对于配线子系统，主要验收点如下。

（1）线槽安装是否符合规范。

（2）线槽与线槽、线槽与槽盖是否接合良好。

（3）托架、吊杆是否安装牢固。

（4）配线子系统缆线与干线、工作区交接处是否出现裸线。

（5）配线子系统干线槽内的缆线是否固定好。

### 3．干线子系统验收

干线子系统的验收除了类似配线子系统的验收内容外，重点要检查建筑物楼层与楼层之间的孔洞是否封闭，以防出现火灾时成为一个隐患点。还要检查缆线是否按间隔要求固定，拐弯缆线是否符合最小弯曲半径要求等。

### 4．电信间、设备间验收

主要检查设备安装是否规范整洁，各种管理标识是否明晰。验收工作不一定要等工程结束时才进行，有些工作是需要随时验收的。

### 5．系统测试验收

系统测试验收是对信息点进行有选择的测试，并检验测试结果。测试综合布线系统时，要认真详细地记录测试结果，对发生的故障、参数等都要逐一进行记录。系统测试验收的主要内容如下。

1）电缆传输信道的性能测试

（1）5类线要求：接线图、长度、衰减、近端串扰要符合规范。

（2）5e类线要求：接线图、长度、衰减、近端串扰、延迟、延迟差要符合规范。

（3）6类线要求：接线图、长度、衰减、近端串扰、延迟、延迟差、综合近端串扰、回波损耗、等效远端串扰、综合远端串扰符合规范。

（4）系统接地电阻要求小于4Ω。

2）光纤传输信道的性能测试

（1）类型：单模/多模、根数等是否正确。

（2）衰减。

（3）反射。

3）测试报告

综合布线系统测试完毕，施工单位应提供包含如下内容的测试报告：测试组人员姓名，测试仪表型号（制造厂商、生产系列号码），生产日期，光源波长（仅对多模光纤布线系统），光纤光缆的型号、厂商，终端（尾端）地点名，测试方向，相关功率测试得出的网段光功率衰减、合格值的大小等。

## 10.5.4　文档验收

技术文档、资料是布线工程验收的重要组成部分。完整的技术文档包括电缆的标号、信息插座的标号、电信间配线电缆与干线电缆的跳接关系、配线架与交换机端口的对应关系。若采用布线工程管理软件和电子配线设备组成的智能配线系统进行管理和维护工作时，应按专项系统工程进行验收。

为了便于工程验收和管理使用，施工单位应编制工程竣工技术文件，按协议或合同规定的要求交付所需要的文档。综合布线系统工程的竣工技术资料应包括下列内容。

（1）竣工图纸。

（2）设备材料进场检验记录及开箱检验记录。

（3）系统中文检测报告及中文测试记录。

（4）工程变更记录及工程洽商记录。

（5）随工验收记录，分项工程质量验收记录。

（6）隐蔽工程验收记录及签证。

总之，竣工技术文件和相关文档资料应内容齐全、真实可靠，数据准确无误，语言通顺，层次清晰，文件外观整洁，图表内容清晰，不应有互相矛盾、彼此脱节、错误和遗漏等现象。

1. 综合布线系统主要有哪些测试参数？

2. 什么是永久链路？什么是信道？

3. 简述综合布线系统的两种测试模型。

4. 电缆认证测试的标准或规范有哪些？什么是电缆的验证测试和认证测试？

5. 双绞线布线系统的常见故障有哪些？

6. 分析测试近端串扰未通过的可能原因。

7. 在光纤布线链路测试中有哪几个主要指标？

8. 简述综合布线系统物理验收要点。

# 附　录

本书虽然比较详细地介绍了网络综合布线的基本理论、组成结构、工程设计、布线施工技术、布线系统测试与工程验收等，但实际工程中的技术细节要更复杂。随着综合布线系统、计算机网络技术的迅速发展和高速通信网络对布线要求的不断提高，网络布线工程的所有技术细节都要严格按照相关标准进行实施，绝不能容忍任何不符合要求的自由度存在。为此，在这里通过附录给出网络综合布线工程需要严格遵守的主要参考标准目录、常用名词术语，以及综合布线系统常用图形符号，供读者查阅参考使用。

## 附录 A　综合布线系统标准参考目录

| 序　号 | 标准名称 | 标准标号 |
| --- | --- | --- |
| 1 | 综合布线系统工程设计规范 | GB 50311—2016 |
| 2 | 综合布线系统工程验收规范 | GB/T 50312—2016 |
| 3 | 住宅区和住宅建筑内光纤到户通信设施工程设计规范 | GB 50846—2012 |
| 4 | 住宅区和住宅建筑内光纤到户通信设施工程施工及验收规范 | GB 50847—2012 |
| 5 | 通信线路工程设计规范 | GB 51171—2016 |
| 6 | 通信线路工程验收规范 | GB 51171—2016 |
| 7 | 光缆线路对地绝缘指标及测试方法 | YD 5012—2003 |
| 8 | 架空光（电）缆通信杆路工程设计规范 | YD 5148—2007 |
| 9 | 宽带光纤接入工程设计规范 | YD 5206—2014 |
| 10 | 宽带光纤接入工程验收规范 | YD 5207—2014 |
| 11 | 光纤到户（FTTH）工程施工操作规程 | YDT 5228—2015 |
| 12 | 有线接入网设备安装工程设计规范 | YD 5139—2005 |
| 13 | 有线接入网设备安装工程验收规范 | YD 5140—2005 |
| 14 | 通信管道与通道工程设计规范 | GB 50373—2006 |
| 15 | 通信管道工程施工及验收规范 | GB 50374—2006 |
| 16 | 通信管道人孔和手孔图集 | YD 5178—2017 |
| 17 | 通信管道横端面图集 | YD 5162—2007 |
| 18 | 通信电缆配线管道图集 | YD 5062—1998 |
| 19 | 数据中心设计规范 | GB 50174—2017 |
| 20 | 数据中心网络布线技术规程 | T/CECS 485—2017 |

| 序　号 | 标准名称 | 标准标号 |
|---|---|---|
| 21 | 智能建筑设计标准 | GB 50314—2015 |
| 22 | 智能建筑工程质量验收规范 | GB 50339—2013 |
| 23 | 火灾自动报警系统设计规范 | GB 50116—2013 |
| 24 | 建筑物电子信息系统防雷技术规范 | GB 50343—2012 |
| 25 | 建筑设计防火规范 | GB50016—2014 |
| 26 | 建设电子文件与电子档案管理规范 | CJJ/T 117—2007 |

# 附录 B　网络综合布线常用名词术语

| 名词术语符号 | 英文名词或解释 | 中文名词或解释 |
|---|---|---|
| ACR | Attenuation to Crosstalk Ratio | 衰减-串扰衰减比率 |
| ACR-F | Attenuation to Crosstalk Ratio at the Far-end | 衰减远端串扰比 |
| ACR-N | Attenuation to Crosstalk Ratio at the Near-end | 衰减近端串扰比 |
| AP | the subscriber Access Point | 用户接入点 |
| BA | Building Automation | 建筑自动化 |
| BD | Building Distributor | 建筑物配线设备 |
| CA | Communication Automation | 通信自动化 |
| Cable | Cable | 缆线，电缆和光缆的统称 |
| Cabling | Cabling | 布线 |
| CD | Campus Distributor | 建筑群配线设备 |
| CP | Consolidation Point | 集合点 |
| CSMA/CD FOIRL | CSMA/CD Fiber Optic Inter-Repeater Link | CSMA/CD 中继器之间的光纤链路 |
| CISPR | Commission International Special des Perturbations Radio | 国际无线电干扰特别委员会 |
| dB | dB | 分贝（电信传输单位） |
| dBm | dBm | 取 1mW 作基准值，以分贝表示的绝对功率电平 |
| dBmo | dBmo | 取 1mW 作基准值，相对于零相对电平点，以分贝表示的信号绝对功率电平 |
| d. c. | Direct Current loop resistance | 直流环路电阻 |
| DCE | Data Circuit Equipment | 数据电路设备 |
| DTE | Date Terminal Equipment | 数据终端设备 |
| EDA | Equipment Distribution Area | 设备配线区 |
| EIA | Electronic Industries Association | 美国电子工业协会 |
| ELFEXT | Equal Level Far End Crosstalk | 等电平远端串扰 |
| ELTCTL | Equal Level TCTL | 两端等效横向转换损耗 |
| EMC | Electro Magnetic Compatibility | 电磁兼容性 |
| EMI | Electro Magnetic Interference | 电磁干扰 |

| 名词术语符号 | 英文名词或解释 | 中文名词或解释 |
|---|---|---|
| EOR | End Of Rack | 列头模型 |
| ER | Equipment Room/ Entrance Room | 设备间/进线间 |
| FC | Fiber Channel | 光纤信道 |
| FD | Floor Distributor | 楼层配线设备 |
| FDDI | Fiber Distributed Data Interface | 光纤分布数据接口 |
| FEP | [(CF(CF)–CF)(CF–CF)] | FEP 氟塑料树脂 |
| FEXT | Far End Crosstalk Attenuation(loss) | 远端串扰 |
| FN | Fiber Node | 光纤节点 |
| FTP | Foil Twisted Pair | 金属箔双绞线 |
| FTTB | Fiber To The Building | 光纤到大楼 |
| FTTD | Fiber To The Desk | 光纤到桌面 |
| FTTH | Fiber To The Home | 光纤到户 |
| FWHM | Full Width Half Maximum | 谱线最大宽度 |
| GCS | Generic Cabling System | 综合布线系统 |
| HDA | Horizontal Distribution Area | 水平配线区 |
| Hub | Hub | 集线器 |
| IBS | Intelligent Building System | 智能大楼系统 |
| ID | Intermediate Distributor | 中间配线设备 |
| IDA | Intermediate Distribution Area | 中间配线区 |
| IDC | Insulation Displacement Connection | 绝缘压穿连接 |
| IEC | International Electro technical Commission | 国际电工技术委员会 |
| IEEE | The Institute Of Electrical and   Electronic Engineers | 美国电气及电子工程师学会 |
| IL | Insertion Loss | 插入损耗 |
| IP | Internet Protocol | 互联网协议 |
| ISO | Integrated Organization for Standardization | 国际标准化组织 |
| ITU–T | International Telecommunication Union–Telecommunications (formerly CCITT) | 国际电信联盟-电信（前称 CCITT） |
| LAN | Local Area Network | 局域网 |
| Link | Link | 链路 |
| LSHF–FR | Low Smoke Halogen Free–Flame Retardant | 低烟无卤阻燃 |
| LSLC | Low Smoke Limited Combustible | 低烟阻燃 |
| LSNC | Low Smoke Non–Combustible | 低烟非燃 |
| LSOH | Low Smoke Zero Halogen | 低烟无卤 |
| MDA | Main Distribution Area | 主配线区 |
| MDNEXT | Multiple Disturb NEXT | 多个干扰的近端串扰 |
| MOR | Middle Of Rack | 列中模型 |
| MUTO | Multi–User Telecommunications Outlet | 多用户信息插座 |
| MPO | Multi–fiber Push On | 多芯推进锁闭光纤连接器件 |
| NEXT | Near End Crosstalk Attenuation(loss) | 近端串扰 |

| 名词术语符号 | 英文名词或解释 | 中文名词或解释 |
|---|---|---|
| NI | Network Interface | 网络接口 |
| OA | Office Automation | 办公自动化 |
| OC | Optical Cable | 光缆，由单芯或多芯光纤构成的缆线 |
| OF | Optical Fibre | 光纤 |
| OLT | Optical Line Terminal | 光线路终端 |
| OLTS | Optical Loss Test Set | 光损耗测试 |
| OTDR | Optical Time Domain Reflectometer | 光时域反射计 |
| PBX | Private Branch exchange | 用户电话交换机 |
| PDS | Premises Distribution System | 建筑物布线系统 |
| PFA | [(CF(OR)−CF)(CF−CF)] | PFA 氟塑料树脂 |
| PMD | Physical Layer Medium Dependent | 依赖于物理层模式 |
| POE | Power Over Ethernet | 以太网供电 |
| PSELFEXT | Power Sum ELFEXT | 等电平远端串扰的功率和 |
| PSNEXT | Power Sum ELFEXT | 近端串扰的功率和 |
| RF | Radio Frequency | 射频 |
| RL | Return Loss | 回波损耗 |
| SC | Subscriber Connector(Optical Fiber) | 用户连接器（光纤） |
| SC−D | Subscriber Connector−Dual(Optical Fiber) | 双联用户连接器（光纤） |
| SCS | Structured Cabling System | 结构化布线系统 |
| SFF | Small Form Factor connector | 小型光纤连接器件 |
| SFTP | Shielded Foil Twisted Pair | 屏蔽金属箔双绞线 |
| STP | Shielded Twisted Pair | 屏蔽双绞线 |
| TCL | Transverse Conversion Loss | 横向转换损耗 |
| TE | Terminal Equipment | 终端设备 |
| TIA | Telecommunications Industry Association | 美国电信工业协会 |
| TO | Telecommunications Outlet | 信息点（电信引出端） |
| TOR | Top Of Rack | 置顶模型 |
| TP | Transition Point | 转接点 |
| TP−PMD/CDDI | Twisted Pair−Physical Layer Medium Dependent/cable Distributed Data Interface | 依赖双绞线介质的传送模式/或称铜缆分布数据接口 |
| UL | Underwriters Laboratories | 美国保险商实验所安全标准 |
| UNI | User Network Interface | 用户网络侧接口 |
| UPS | Uninterrupted Power System | 不间断电源系统 |
| UTP | Unshielded Twisted Pair | 非屏蔽双绞线 |
| VOD | Video on Demand | 视频点播 |
| Vr.m.s | Vroot.mean.square | 电压有效值 |
| WAN | Wide Area Network | 广域网 |
| ZDA | Zone Distribution Area | 区域配线区 |

# 附录 C　综合布线系统常用图形符号

| 序号 | 名称 | 图形符号 | 序号 | 名称 | 图形符号 | 序号 | 名称 | 图形符号 |
|---|---|---|---|---|---|---|---|---|
| 1 | 主配线架[①] | | 14 | 配线箱 | DD | 27 | 二分配器 | |
| 2 | 分配线架[②] | | 15 | 电话 | | 28 | 三分配器 | |
| 3 | 信息插座[③] | nTO　nTO | 16 | 程控数字交换机 | PABX | 29 | 四分配器 | |
| 4 | 多媒体信息插座 | nM TO | 17 | 网络交换机 | SWH | 30 | 发达器 | |
| 5 | 交叉连线 | | 18 | 路由器 | RUT | 31 | 线槽 | |
| 6 | 接插线 | | 19 | 调制解调器 | MD | 32 | 地面线槽 | |
| 7 | 直接连线 | | 20 | 集线器 | HUB | 33 | 向上配线 | |
| 8 | 机械端接 | | 21 | 不间断电源 | UPS | 34 | 向下配线 | |
| 9 | 转接点 | | 22 | 微机 | | 35 | 由下引来 | |
| 10 | 电缆[④] | a,b,c | 23 | 服务器 | | 36 | 由上引来 | |
| 11 | 光缆 | | 24 | 小型计算器 | | 37 | 垂直通过配线 | |
| 12 | 光纤连接盒 | LIU | 25 | 打印机 | PRT | 38 | 由上向下引 | |
| 13 | 光纤端接箱 | OTU | 26 | 测试仪 | | 39 | 由下向上引 | |

说明：① 标记 CD 表示建筑群配线架，BD 表示建筑物配线架。

② FD 表示楼层配线架。

③ n 为信息插座数量。

④ a、b、c 表示缆线数量、型号、穿管管径。

# 参 考 文 献

[1] 刘化君. 网络综合布线[M]. 北京：电子工业出版社，2006.

[2] 刘化君. 综合布线系统（第 3 版）[M]. 北京：机械工业出版社，2014.

[3] 陈光辉，黎连业. 网络综合布线系统与施工技术（第 5 版）[M]. 北京：机械工业出版社，2018.

[4] 何敏丽. 综合布线系统设计与实施[M]. 北京：北京理工大学出版社，2016.

[5] 穆华平，武万军，王相利. 网络综合布线技术案例教程[M]. 上海：上海交通大学出版社，2016.

[6] 张宜. 数据中心综合布线系统工程应用技术[M]. 北京：电子工业出版社，2016.

[7] 刘化君，刘枫. 网络设计与应用（第 2 版）[M]. 北京：电子工业出版社，2019.

[8] 刘化君. 计算机网络与通信（第 3 版）[M]. 北京：高等教育出版社，2016.

[9] 黄治国，李颖. 网络综合布线与组网实战指南[M]. 北京：中国铁道出版社，2017.

[10] 邓泽国. 综合布线设计与施工（第 3 版）[M]. 北京：电子工业出版社，2018.

# 读者调查表

尊敬的读者：

　　自电子工业出版社工业技术分社开展读者调查活动以来，收到来自全国各地众多读者的积极反馈，除了褒奖我们所出版图书的优点外，也很客观地指出需要改进的地方。读者对我们工作的支持与关爱，将促进我们为您提供更优秀的图书。您可以填写下表寄给我们（北京市丰台区金家村 288#华信大厦电子工业出版社工业技术分社　邮编：100036），也可以给我们电话，反馈您的建议。我们将从中评出热心读者若干名，赠送我们出版的图书。谢谢您对我们工作的支持！

姓名：_____　　　　　　性别：□男　□女

年龄：_____　　　　　　职业：_____

电话（手机）：_____　　**E-mail**：_____

传真：_____　　　　　　通信地址：_____

邮编：_____

1. 影响您购买同类图书因素（可多选）：

□封面封底　　　□价格　　　　□内容提要、前言和目录

□书评广告　　　□出版社名声

□作者名声　　　□正文内容　　□其他_____

2. 您对本图书的满意度：

从技术角度　　　　□很满意　　　□比较满意

　　　　　　　　　□一般　　　　□较不满意　　　　□不满意

从文字角度　　　　□很满意　　　□比较满意　　　　□一般

　　　　　　　　　□较不满意　　□不满意

从排版、封面设计角度　□很满意　　　□比较满意

　　　　　　　　　□一般　　　　□较不满意　　　　□不满意

3. 您选购了我们哪些图书？主要用途？

_____

4. 您最喜欢我们出版的哪本图书？请说明理由。

_____

5. 目前教学您使用的是哪本教材？（请说明书名、作者、出版年、定价、出版社），有何优缺点？

---

6. 您的相关专业领域中所涉及的新专业、新技术包括：

---

7. 您感兴趣或希望增加的图书选题有：

---

8. 您所教课程主要参考书？请说明书名、作者、出版年、定价、出版社。

---

邮寄地址：北京市丰台区金家村 288#华信大厦电子工业出版社工业技术分社

邮　　编：100036

电　　话：18614084788　E-mail：lzhmails@phei.com.cn

微 信 ID：lzhairs

联 系 人：刘志红

# 电子工业出版社编著书籍推荐表

| 姓名 | | 性别 | | 出生<br>年月 | | 职称/职务 | |
|---|---|---|---|---|---|---|---|
| 单位 | | | | | | | |
| 专业 | | | | E-mail | | | |
| 通信地址 | | | | | | | |
| 联系电话 | | | | 研究方向及<br>教学科目 | | | |
| 个人简历（毕业院校、专业、从事过的以及正在从事的项目、发表过的论文） | | | | | | | |
| 您近期的写作计划：<br><br><br>您推荐的国外原版图书：<br><br><br>您认为目前市场上最缺乏的图书及类型： | | | | | | | |

邮寄地址：北京市丰台区金家村288#华信大厦电子工业出版社工业技术分社

邮　　编：100036

电　　话：18614084788　E-mail：lzhmails@phei.com.cn

微 信 ID：lzhairs

联 系 人：刘志红

# 反侵权盗版声明

电子工业出版社依法对本作品享有专有出版权。任何未经权利人书面许可，复制、销售或通过信息网络传播本作品的行为；歪曲、篡改、剽窃本作品的行为，均违反《中华人民共和国著作权法》，其行为人应承担相应的民事责任和行政责任，构成犯罪的，将被依法追究刑事责任。

为了维护市场秩序，保护权利人的合法权益，我社将依法查处和打击侵权盗版的单位和个人。欢迎社会各界人士积极举报侵权盗版行为，本社将奖励举报有功人员，并保证举报人的信息不被泄露。

举报电话：（010）88254396；（010）88258888

传　　真：（010）88254397

E-mail：　dbqq@phei. com. cn

通信地址：北京市万寿路 173 信箱

　　　　　电子工业出版社总编办公室

邮　　编：100036